Análise de sobrevivência aplicada

Política editorial do Projeto Fisher

O Projeto Fisher, uma iniciativa da Associação Brasileira de Estatística (ABE), tem como finalidade publicar textos básicos de estatística em língua portuguesa.

A concepção do projeto fundamenta-se nas dificuldades encontradas por professores dos diversos programas de bacharelado em Estatística no Brasil em adotar textos para as disciplinas que ministram.

A inexistência de livros com as características mencionadas, aliada ao pequeno número de exemplares em outros idiomas em nossas bibliotecas, impede a utilização de material bibliográfico de forma sistemática pelos alunos, corroborando o hábito de acompanhamento das disciplinas exclusivamente pelas notas de aula.

Em particular, as áreas mais carentes são: amostragem, análise de dados categorizados, análise multivariada, análise de regressão, análise de sobrevivência, controle de qualidade, estatística bayesiana, inferência estatística, planejamento de experimentos etc. Embora os textos que se pretendem publicar possam servir para usuários da estatística em geral, o foco deverá estar concentrado nos alunos do bacharelado.

Nesse contexto, os livros devem ser elaborados procurando manter um alto nível de motivação, clareza de exposição, utilização de exemplos preferencialmente originais e não devem prescindir do rigor formal. Além disso, devem conter um número suficiente de exercícios e referências bibliográficas e apresentar indicações sobre implementação computacional das técnicas abordadas.

A submissão de propostas para possível publicação deverá ser acompanhada de uma carta com informações sobre o objetivo do livro, conteúdo, comparação com outros textos, pré-requisitos necessários para sua leitura e disciplina onde o material foi testado.

Associação Brasileira de Estatística (ABE)

Blucher

Análise de sobrevivência aplicada

2ª edição

Enrico Antônio Colosimo

Departamento de Estatística

Universidade Federal de Minas Gerais

Suely Ruiz Giolo

Departamento de Estatística

Universidade Federal do Paraná

Análise de sobrevivência aplicada

2ª edição – 2024
Editora Edgard Blücher Ltda.

Publisher Edgard Blücher
Editores Eduardo Blücher e Jonatas Eliakim
Coordenação editorial Andressa Lira
Produção editorial Thaís Pereira
Revisão de texto Renata Truyts
Adaptação de capa Laércio Flenic
Imagem da capa Suely Ruiz Giolo

Blucher

Rua Pedroso Alvarenga, 1245, 4º andar
04531-934 - São Paulo - SP - Brasil
Tel.: 55 11 3078-5366
contato@blucher.com.br
www.blucher.com.br

Segundo o Novo Acordo Ortográfico, conforme 6. ed. do *Vocabulário Ortográfico da Língua Portuguesa*, Academia Brasileira de Letras, julho de 2021.

Dados Internacionais de Catalogação na Publicação (CIP
Angélica Ilacqua CRB-8/7057

Colosimo, Enrico Antônio
Análise de sobrevivência aplicada / Enrico Antônio Colosimo, Suely Ruiz Giolo. – 2. ed. – São Paulo : Bluc
2024.
380 p.

Bibliografia
ISBN 978-85-212-2199-9

1. Análise de sobrevivência (Biometria) 2. Pesquisa mé
– Métodos estatísticos I. Título II. Giolo, Suely Ruiz

23-4859 CDD 61(

Índices para catálogo sistemático:
1. Análise de sobrevivência (Biometria)

Conteúdo

Prefácio à segunda edição

O desenvolvimento de métodos estatísticos para a análise de dados de sobrevivência continuou a emergir nas últimas duas décadas. Assim, o propósito desta segunda edição é oferecer um material didático com atualizações e tópicos adicionais aos apresentados na primeira edição.

De modo geral, o texto pode ser utilizado em cursos de graduação e de pós-graduação em Estatística e em disciplinas de Estatística ministradas para alunos e profissionais de outras áreas, dentre elas, as áreas Biológicas, Humanas, da Saúde e de Engenharias.

O livro é composto por onze capítulos, sendo os dois primeiros dedicados à apresentação de conceitos básicos e técnicas não paramétricas utilizadas para a análise de dados de sobrevivência. Os Capítulos 3 e 4 abordam os principais modelos probabilísticos e de regressão propostos para a análise desse tipo de dados. O Capítulo 5 é dedicado ao modelo semiparamétrico de Cox, e o Capítulo 6 às extensões deste modelo. O modelo aditivo de Aalen, assim como alguns de seus casos particulares, são apresentados no Capítulo 7. Modelos para a análise de dados de sobrevivência intervalar e grupados são tratados no Capítulo 8. Os Capítulos 9 e 10, inseridos nesta nova edição, apresentam metodologias para a análise de dados de sobrevivência na presença de riscos competitivos e de fração de imunes, respectivamente. Por fim, o Capítulo 11 traz métodos para a análise de dados de sobrevivência multivariados, dentre eles, o modelo de fragilidade.

As metodologias estatísticas aqui expostas são ilustradas por meio da análise de vários exemplos, a maioria deles proveniente da área da saúde. O *software* estatístico *R*, de domínio público e disponível gratuitamente no endereço eletrônico http://www.r-project.org, foi adotado para a execução das análises. Ademais, os códigos em *R* utilizados para a análise dos exemplos podem ser encontrados no endereço https://docs.ufpr.br/~giolo/asa, sendo vários deles também apresentados no decorrer dos capítulos.

Similar à primeira edição, os autores optaram por não utilizar a linguagem de processos de contagem. Dentre os que a utilizam estão Andersen et al. (1993) e Fleming e Harrington (2005). A análise de sobrevivência sob a perspectiva Bayseana também não foi abordada no livro. Os interessados podem consultar, dentre outros, Ibrahim et al. (2001) e Congdon (2001).

Os autores são gratos aos alunos de graduação e de pós-graduação, assim como aos docentes e profissionais de várias áreas, que utilizaram a primeira edição deste livro. As sugestões de muitos deles foram importantes para o aperfeiçoamento do texto. Os autores agradecem, também, aos que cederam alguns dos conjuntos de dados analisados no decorrer dos capítulos.

Para a preparação do texto, foi utilizado editor em LaTeX. Os eventuais erros e imperfeições não detectados são de exclusiva responsabilidade dos autores. Críticas, sugestões e comentários são bem-vindos.

Enrico Antônio Colosimo — *enricoc@est.ufmg.br*

Suely Ruiz Giolo — *giolo@ufpr.br*

Prefácio à primeira edição

Este livro é o resultado de um esforço conjunto dos autores no sentido de oferecer um material didático sobre a análise de dados de sobrevivência. Foi escrito, em especial, para servir de texto em cursos de graduação em Estatística. Entretanto, com uma bibliografia auxiliar, também pode ser utilizado tanto em cursos de pós-graduação em Estatística quanto, com o devido cuidado, em cursos de Estatística ministrados para alunos e profissionais de outras áreas, tais como as áreas médica e biológica.

Existem algumas publicações, em português, sobre este tema, dentre elas, Bolfarine et al. (1991), Colosimo (2001), Louzada-Neto et al. (2002) e Carvalho et al. (2005). A primeira se concentra, essencialmente, em apresentar os modelos paramétricos; a segunda, que é parte integrante de alguns capítulos deste livro, apresenta diversos tópicos em comum com a terceira. A última é direcionada, em especial, aos profissionais das áreas de epidemiologia e saúde. Este livro apresenta aspectos que o diferenciam das publicações citadas. No geral, ele abrange os tópicos abordados nas quatro publicações, mas, em alguns casos, a apresentação é feita de forma mais detalhada, como é o caso, por exemplo, das técnicas de diagnóstico dos modelos. Apresenta, também, tópicos adicionais, dentre eles, o modelo aditivo de Aalen e a análise de dados de censura intervalar e grupados.

Dos nove capítulos que compõem o livro, os dois primeiros são dedicados à apresentação de conceitos básicos e técnicas não paramétricas utilizadas na análise de dados de sobrevivência. Nos Capítulos 3 e 4, são apresentados os principais modelos probabilísticos e de regressão utilizados no contexto de sobrevivência. O Capítulo 5 é dedicado ao modelo de regressão de Cox. No Capítulo 6, são apresentadas extensões do modelo de Cox e no

Capítulo 7 é apresentado o modelo aditivo de Aalen. Modelos para a análise de dados de sobrevivência intervalar e grupados são tratados no Capítulo 8. A análise de sobrevivência multivariada, em especial os modelos de fragilidade, é tratada no Capítulo 9.

As técnicas e métodos apresentados no decorrer dos capítulos são ilustrados por meio de exemplos provenientes, na sua maioria, de situações clínicas. Dentre os diversos pacotes estatísticos que disponibilizam as técnicas de análise de sobrevivência, foi adotado, neste livro, o pacote estatístico *R*. Este pacote é de distribuição livre e, portanto, o leitor pode obtê-lo, gratuitamente, no endereço eletrônico http://www.r-project.org. Os comandos utilizados neste pacote para obtenção dos resultados são sempre descritos no decorrer dos capítulos ou no apêndice do texto, podendo também ser encontrados em http://www.ufpr.br/~giolo/Livro.

Neste livro, os autores optaram por não utilizar a linguagem de processos de contagem. Esta linguagem, embora elegante e eficaz nas provas de resultados importantes em análise de sobrevivência, torna o texto difícil de ser lido por alunos de graduação, que é a principal audiência deste material. Livros importantes que fazem uso desta linguagem são, dentre outros, os de Fleming e Harrington (1991) e Andersen et al. (1993). A análise de sobrevivência em uma perspectiva bayseana também não foi abordada neste livro. O leitor interessado pode, contudo, consultar, por exemplo, Ibrahim et al. (2001) e Congdon (2001).

Vários alunos de graduação e de pós-graduação tiveram acesso a este material, ou parte dele, em disciplinas ministradas pelos autores nas Universidades Federais de Minas Gerais e do Paraná. Ficam registrados nossos agradecimentos a todos que contribuíram, de forma direta ou indireta, para a produção deste material. Agradecemos, também, aos que nos cederam os conjuntos de dados utilizados no decorrer dos capítulos. Alguns nomes, no entanto, não podem deixar de aparecer. O Capítulo 7 e parte do Capítulo 8 são partes da dissertação de mestrado na UFPE da Profa. Tarciana Liberal Pereira e da tese de doutorado na Esalq-USP da Profa. Liciana V. A. S. Chalita, respectivamente. A contribuição de ambas foi importante para a existência desses capítulos. Não poderíamos, também, deixar de mencionar a Profa. Clarice Garcia Borges Demétrio, da Esalq-USP, e o Prof. Silvano Cesar da Costa, da Universidade Estadual de Londrina, que incentivaram os autores a produzir este livro em conjunto.

A versão atual deste livro foi preparada utilizando o editor de textos LaTeX e não se encontra livre de erros e imperfeições. Desse modo, comentários, críticas e sugestões dos leitores são bem-vindos.

Enrico Antônio Colosimo *Suely Ruiz Giolo*

enricoc@est.ufmg.br *giolo@ufpr.br*

Capítulo 1

Conceitos básicos e exemplos

1.1 Introdução

A análise de sobrevivência é uma das áreas da estatística que mais cresceu nos últimos tempos, o que se deve ao desenvolvimento e aprimoramento de técnicas estatísticas combinados com computadores cada vez mais velozes. Uma evidência quantitativa deste crescimento é o número de aplicações de métodos de análise de sobrevivência em medicina. Segundo Bailar III e Mosteller (1992), o uso desses métodos cresceu de 11% em 1979 para 32% em 1989 nos artigos do conceituado periódico *The New England Journal of Medicine*. De acordo com os autores, esta foi a área da estatística que mais se destacou no período avaliado. Stigler (1994) também constatou que o artigo do estimador de Kaplan-Meier (KAPLAN; MEIER, 1958) e o do modelo de Cox (COX, 1972) foram os dois artigos mais citados na literatura estatística no período de 1987 a 1989. Em 2014, estes artigos foram classificados nas posições 11ª e 24ª entre os 100 mais citados de todos os tempos, com 38.600 e 28.439 citações, respectivamente (VAN NOORDEN et al., 2014). Em 2017, com 44.319 citações na Web of Science®, o artigo de Kaplan e Meier tornou-se a publicação de estatística mais citada na literatura científica. Um grande impulso para a utilização crescente do método de Kaplan-Meier foi, sem dúvida, o próprio artigo de Cox (1972) em que ele deixou clara a importância deste método (STALPERS; KAPLAN, 2018).

Em análise de sobrevivência, a variável resposta é usualmente o tempo medido desde uma data base até a ocorrência de um evento de interesse, denominado *tempo até o evento* ou *tempo de sobrevida*. Em estudos de câncer, pode ser o tempo desde o diagnóstico da doença até a morte do paciente ou até a remissão (quando não há sinais de câncer nos exames clínicos, laboratoriais e de imagem), ou, então, o tempo desde a remissão do câncer até a recidiva, conhecida como recaída, recorrência ou retorno da doença.

A principal característica dos dados de sobrevivência é a presença de *censuras*, definidas como observações parciais da resposta. Isso se refere às situações em que o seguimento do paciente foi interrompido porque, dentre outros motivos, ele mudou de cidade, ou foi a óbito por alguma outra razão não associada àquela em análise, ou o estudo terminou para a análise dos dados. Portanto, a informação referente à resposta se resume ao conhecimento de que o tempo até o evento é superior ao observado.

Na ausência de censuras, as técnicas estatísticas clássicas, como análise de regressão e análise de variância, podem eventualmente ser consideradas para a análise de dados de sobrevivência, provavelmente utilizando uma transformação para a resposta. No entanto, na presença de censuras, tais técnicas tornam-se inviáveis. Assim, são necessários métodos estatísticos para a análise de dados de sobrevivência que possibilitem incorporar na análise a informação contida tanto nas observações completas quanto nas parciais (censuras).

O termo análise de sobrevivência refere-se basicamente às situações na área da saúde que envolvem dados censurados. Todavia, condições similares ocorrem em outras áreas que usam as mesmas técnicas de análise de dados. Em engenharia, por exemplo, são comuns os estudos em que componentes são colocados sob teste com a finalidade de se estimar características relacionadas aos seus tempos de vida, tais como o tempo médio ou a probabilidade de certo componente durar mais de cinco anos. Exemplos podem ser encontrados em Nelson (1990), Freitas e Colosimo (1997) e Meeker e Escobar (1998). Os engenheiros denominam esta área confiabilidade. O mesmo ocorre em Ciências Sociais, em que, para várias situações, a resposta de interesse é o tempo entre eventos (ELANDT-JONHSON; JONHSON, 1980, ALLISON, 1984). Os cientistas sociais denominam esta área análise de história de eventos (BOX-STEFFENSMEIER; JONES, 2004). Ainda, criminalistas estudam o tempo entre a liberação de presos e a ocorrência de crimes; estudiosos do trabalho se concentram nos tempos relativos às mudanças de empregos, desempregos, promoções e aposentadorias; e os demógrafos nos tempos associados a nascimentos, mortes, casamentos, divórcios e migrações. O crescimento observado no número de aplicações na área da saúde também pode ser observado nestas outras áreas.

Este texto foi motivado por ilustrações essencialmente da área da saúde, de modo que os exemplos e colocações são, em geral, conduzidos para esta área. Contudo, as técnicas estatísticas apresentadas são de ampla utilização em várias outras áreas do conhecimento, como enfatizado anteriormente.

Este capítulo é dedicado à apresentação de conceitos básicos e funções importantes para a análise de dados de sobrevivência. Na Seção 1.2, são apresentados os objetivos e o planejamento de alguns estudos clínicos e industriais. A Seção 1.3 trata a caracterização dos dados de sobrevivência. Exemplos que envolvem dados de sobrevivência são descritos na Seção 1.4. A Seção 1.5 finaliza o capítulo mostrando as principais funções utilizadas para a análise de dados de sobrevivência, bem como algumas relações probabilísticas importantes entre elas.

1.2 Objetivo e planejamento dos estudos

Os estudos clínicos e epidemiológicos são investigações científicas conduzidas com o objetivo de estimar quantidades desconhecidas ou realizar predições. Tais investigações são realizadas coletando dados e analisando-os por meio de métodos estatísticos. Em geral, esses estudos apresentam três etapas, que são comuns a qualquer situação envolvendo a análise estatística de dados. São elas:

1. Formulação da pergunta de interesse (*research question*).
2. Planejamento e coleta dos dados.
3. Análise estatística dos dados para responder à pergunta de interesse.

A primeira etapa de um estudo é gerada pela curiosidade científica do pesquisador. Identificar fatores de risco para uma doença é o objetivo que aparece com mais frequência em estudos observacionais. Por outro lado, a comparação de drogas ou diferentes opções terapêuticas caracteriza-se como o principal objetivo dos ensaios clínicos controlados.

Os textos estatísticos concentram todo o esforço na terceira etapa, ou seja, na análise estatística dos dados, mesmo admitindo a importância de um adequado planejamento do estudo. Este texto não é diferente dos demais, mas traz a seguir uma breve descrição da segunda etapa.

Em análise de sobrevivência, a resposta é por natureza longitudinal. O delineamento de estudos com respostas dessa natureza pode ser observacional ou experimental, assim como retrospectivo ou prospectivo. As quatro formas básicas de estudos epidemiológicos são: descritivo, caso-controle, coorte e ensaio clínico aleatorizado. Os três primeiros são observacionais, e o último é experimental devido à intervenção do pesquisador em alocar tratamento ao paciente de forma aleatória. O uso das técnicas de análise de sobrevivência é mais frequente nos estudos de coorte e ensaios clínicos, mas o seu uso também é possível nos demais estudos, desde que os tempos até o evento de interesse possam ser claramente definidos e mensurados.

Os estudos envolvendo somente uma amostra, usualmente de doentes, são descritivos, pois não há grupos de comparação. Nestes estudos, o objetivo é usualmente a identificação de fatores prognósticos para a doença em estudo. Os outros tipos de estudo são comparativos, o que significa que o objetivo deles é a comparação entre dois ou mais grupos.

Os estudos caso-controle são retrospectivos. Neles, dois grupos de indivíduos, um de doentes (casos) e outro de não doentes (controles), são comparados em relação à exposição a um ou mais fatores de interesse. Estes estudos são simples, de baixo custo e rápidos, pois a informação já se encontra disponível. Contudo, eles têm algumas limitações por estarem sujeitos a alguns tipos de vieses relacionados à informação disponível sobre a história da exposição, bem como à incerteza sobre a escolha do grupo controle. Uma discussão mais ampla sobre esses estudos pode ser encontrada, dentre outros, em Breslow e Day (1980) e Rothman et al. (2012).

As limitações dos estudos caso-controle podem ser superadas pelos estudos de coorte. Neles, dois grupos de indivíduos, um exposto e outro não exposto ao fator de interesse, são acompanhados por um período de tempo registrando-se a ocorrência da doença ou do evento de interesse. As vantagens dos estudos de coorte são: poder avaliar a comparabilidade dos grupos no início do estudo e identificar as variáveis de interesse a serem medidas. Por outro lado, é um estudo longo que, em geral, envolve custos elevados, pois os indivíduos são acompanhados por um período de tempo muitas vezes superior a alguns anos. Além disso, eles não são indicados para doenças raras. Uma importante referência é Breslow e Day (1987).

A forma mais consagrada de pesquisa clínica é o ensaio clínico aleatorizado, dito experimental devido à intervenção direta do pesquisador ao alocar tratamento ao paciente de forma aleatória. O objetivo da alocação aleatória de tratamentos é garantir a comparabilidade dos grupos. Ensaios clínicos duplo-cegos são realizados sempre que possível a fim de evitar vieses por parte dos envolvidos no estudo. Para mais detalhes podem ser consultados Pocock (1983), Friedman et al. (1998) e Giolo (2017).

Quanto aos estudos industriais, eles são usualmente de campo ou realizados na própria empresa simulando situações de campo. Entretanto, há também os estudos denominados testes de vida acelerados. Neles, os itens amostrais são estressados para falhar mais rápido com o objetivo de reduzir o tempo de coleta dos dados. As estimativas das quantidades de interesse nas condições de uso são obtidas, nesses estudos, por extrapolações. Mais detalhes são encontrados em Nelson (1990) e Freitas e Colosimo (1997).

Os testes de degradação, que podem ou não ser acelerados, são extensões dos testes de vida acelerados que vêm ganhando espaço na literatura de engenharia. Neles, uma variável numérica associada ao tempo até a falha é registrada ao longo do período de acompanhamento. Com base nos valores desta variável, podem-se obter as estimativas de interesse mesmo quando nenhuma falha tenha sido registrada. Detalhes são encontrados em Meeker e Escobar (1998), Oliveira e Colosimo (2004) e Freitas et al. (2009).

1.3 Caracterização dos dados de sobrevivência

Os dados de sobrevivência são caracterizados pelos tempos até o evento ou tempos de sobrevida e, frequentemente, pelas censuras. Em geral, covariáveis também são registradas para os indivíduos. Os três elementos que caracterizam o tempo de sobrevida são: o tempo inicial, a escala de medida e o evento de interesse. Esses elementos e a censura são tratados a seguir.

1.3.1 Tempo até o evento ou tempo de sobrevida

O tempo de início do estudo deve ser sempre precisamente estabelecido. Nele, os indivíduos devem ser comparáveis, com exceção de diferenças medidas pelas covariáveis. Em um ensaio clínico aleatorizado, a data da aleatorização é a escolha natural para o tempo inicial do estudo. Contudo, outras escolhas são possíveis, tais como a data de início do tratamento da doença ou a data do diagnóstico da doença.

A escala de medida é quase sempre o tempo de relógio (horas, dias, semanas, meses etc.), apesar de existirem alternativas. Em testes de engenharia, por exemplo, escalas usuais de medida são: o número de ciclos, a quilometragem de veículos, ou qualquer outra medida de carga.

O terceiro elemento é o evento de interesse que, na maioria das vezes, consiste em eventos indesejáveis e, usualmente, chamados de falha. Nos estudos de sobrevivência, é importante definir qual é o evento de forma clara e precisa. Para algumas situações, a definição do evento é clara (são exemplos, morte e recidiva), mas para outras pode assumir termos ambíguos. Por exemplo, fabricantes de produtos alimentícios têm interesse no tempo desde a chegada do produto ao supermercado até ele ficar inapropriado ao consumo. Neste caso, o evento *inapropriado ao consumo* precisa ser claramente definido antes do início do estudo. Pode ser, por exemplo, quando a área do produto atingir certa concentração de microorganismos por mm^2.

Quanto ao tempo registrado em análise de sobrevivência, ele pode ser de natureza cronológica, idade ou de duração. O tempo cronológico é usual em estudos de coorte em que todos os indivíduos iniciam o estudo na mesma data. O objetivo desses estudos consiste, em geral, em investigar o desenvolvimento e a evolução de patologias devido ao envelhecimento de populações. A coorte do estudo de Framingham, iniciado em 1948, se destaca como a mais importante envolvendo doenças cardiovasculares (MAHMOOD et al., 2014). No Brasil, a coorte do Estudo Longitudinal de Saúde de Adultos (ELSA) vem acompanhando cerca de 15 mil funcionários de seis instituições públicas desde 2008 com o objetivo de investigar a incidência de diabetes e doenças cardiovasculares (AQUINO et al., 2012).

Já o tempo cuja natureza é a idade surge para caracterizar padrões particulares ao longo da vida de seres humanos, cobaias ou plantas. A idade de crianças ao desmame e o tempo de vida de mangueiras, mencionados em dois dos exemplos da Seção 1.4, ilustram esta situação.

Por fim, o tempo cuja natureza é a duração caracteriza-se como o exemplo mais usual em análise de sobrevivência. Neste caso, a data de entrada no estudo não é a mesma para todos os indivíduos. Na área da saúde, por exemplo, é usual que os pacientes não sejam recrutados na mesma data, mas sim que a amostra seja formada ao longo de um período de tempo, que pode durar meses ou até mesmo anos. Isso significa que o tempo inicial de estudo dos pacientes ocorre em datas cronológicas diferentes, como ilustra a Figura 1.1. Após a inclusão no estudo, cada paciente é acompanhado até a ocorrência do evento de interesse ou então até a perda de seguimento ou final do estudo (censura), quando os dados são analisados.

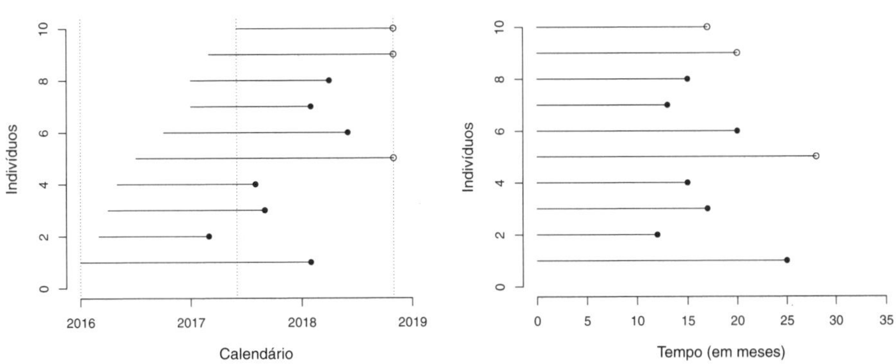

Figura 1.1 – Data cronológica de entrada no estudo (à esquerda) e tempo de seguimento (à direita) medido a partir da entrada até o evento • ou até a censura ∘.

A representação à esquerda na Figura 1.1 ilustra as datas cronológicas de recrutamento de dez indivíduos. Nela, é possível observar que o primeiro recrutamento ocorreu em 01/01/2016 e o último em 31/05/2017, bem como que a finalização do estudo se deu em 30/10/2019. A representação à direita mostra os tempos de seguimento dos indivíduos medidos a partir do tempo inicial, que corresponde à data cronológica de entrada no estudo (referencial $t = 0$ na representação à direita), até a ocorrência do evento ou da censura.

1.3.2 Censura e dados truncados

Os estudos que envolvem uma resposta temporal são frequentemente prospectivos e de longa duração. Mesmo sendo longos, os estudos de sobrevivência geralmente terminam antes de todos os indivíduos terem apresentado o evento de interesse. Assim, uma característica desses estudos é a presença de observações incompletas ou parciais, denominadas censuras, que podem ocorrer por várias razões, dentre elas, a necessidade de finalizar o estudo, a perda de seguimento do paciente e a ocorrência de outro evento que impede observar aquele de interesse. Para os indivíduos cujo evento não aconteceu, tudo o que se sabe é que o tempo até a ocorrência do evento de interesse é superior ao tempo até a última data de contato.

Ressalta-se o fato de que todas as observações provenientes de um estudo de sobrevivência (completas e parciais) devem ser utilizadas na análise estatística. Duas razões justificam tal procedimento: (i) mesmo sendo incompletas, as censuras fornecem informações relevantes sobre o tempo de sobrevida dos pacientes; e (ii) a omissão das censuras no cálculo das estatísticas de interesse pode acarretar conclusões viesadas.

Os estudos de sobrevivência podem apresentar diferentes mecanismos de censura. Censuras tipo I ocorrem nos estudos que, ao serem finalizados após um período preestabelecido, registram em seu término alguns indivíduos que ainda não apresentaram o evento de interesse. Por outro lado, censuras tipo II resultam de estudos que são finalizados após a ocorrência do evento de interesse para um número preestabelecido de indivíduos. Um terceiro mecanismo, o de censuras aleatórias, é o mais comum na área da saúde.

Dentre outros motivos, ele ocorre quando há a necessidade de remover um paciente do estudo sem ter ocorrido o evento, ou quando o paciente morre por algum motivo não associado àquele em análise. A Figura 1.2 ilustra os três mecanismos de censura mencionados.

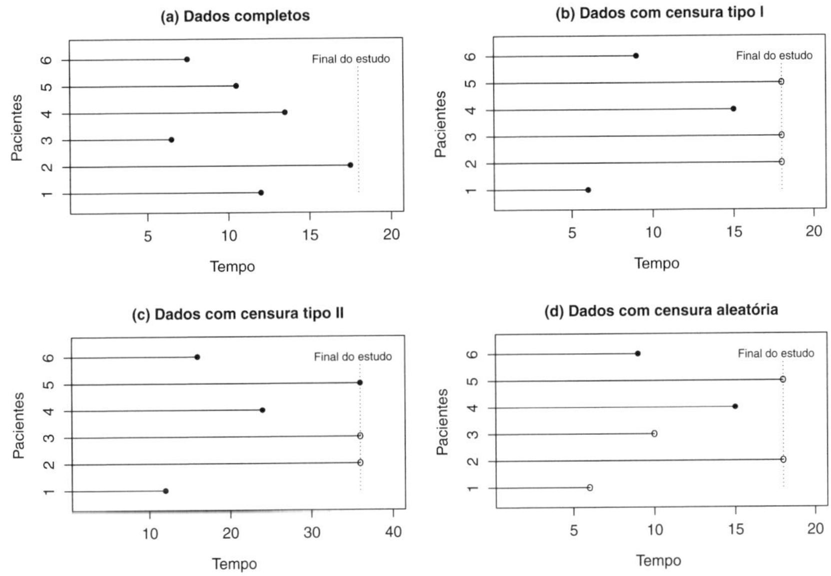

Figura 1.2 – Mecanismos de censura com • falha e ∘ censura. (a) todos experimentam o evento antes do final do estudo, (b) alguns não experimentam o evento até o término do estudo, (c) o estudo é finalizado após um número prefixado de falhas, e (d) alguns não experimentam o evento por razões diversas.

A representação probabilística do mecanismo de censuras aleatória pode ser feita considerando duas variáveis aleatórias independentes T e C, em que T é o tempo até o evento e C é o tempo até a censura. Para cada indivíduo, observa-se $t = \min(T, C)$ e δ tal que

$$\delta = \begin{cases} 1 & \text{se } T \leq C \\ 0 & \text{se } T > C. \end{cases}$$

Quando C é uma constante fixa sob o controle do pesquisador, tem-se a censura tipo I. Ou seja, a censura tipo I é um caso particular da aleatória. Neste caso, a variável aleatória t tem probabilidade maior que zero em $t = C$, o que significa, no caso de censura tipo I, que t é uma variável aleatória mista com um componente contínuo e outro discreto.

Os mecanismos de censura descritos e representados na Figura 1.2 são conhecidos como censura à direita devido ao tempo até a ocorrência do evento de interesse estar à direita do tempo registrado. Esta situação é a mais frequente em estudos envolvendo dados de sobrevivência. Contudo, outras duas formas de censura podem ocorrer: censura à esquerda e intervalar.

A censura à esquerda ocorre quando o tempo registrado é maior do que o tempo até o evento, o que indica que o evento de interesse já havia ocorrido quando o indivíduo foi observado. Para ilustrar esta situação, pode ser citado um estudo realizado em uma comunidade para determinar a idade em que as crianças aprendem a ler. Quando o estudo foi iniciado, algumas crianças já sabiam ler, mas não se lembravam a idade exata em que isto havia ocorrido, caracterizando a presença de censuras à esquerda.

Para esse mesmo estudo, observa-se a possibilidade de se ter simultaneamente a presença de censuras à direita, visto que algumas crianças podem não aprender a ler até o término do estudo. Na presença simultânea de dois tipos de censura em um mesmo estudo, diz-se que os dados de sobrevivência são duplamente censurados (TURNBULL, 1974).

A censura intervalar é um tipo mais geral de censura que ocorre, por exemplo, em estudos nos quais os pacientes são monitorados em visitas periódicas, sendo conhecido somente que o evento de interesse ocorreu em um intervalo de tempo. Devido ao tempo exato até o evento T não ser conhecido, mas somente o intervalo a que ele pertence, isto é, $T \in (L, U]$, tais dados são denominados *dados de sobrevivência intervalar* ou, ainda, *dados de censura intervalar*. Lindsey e Ryan (1998) observam que tempos exatos de sobrevida, bem como censuras à direita e à esquerda, são casos especiais de dados de sobrevivência intervalar, com $L = U$ para os tempos exatos, $U = \infty$ para censuras à direita e $L = 0$ para censuras à esquerda.

Outra característica presente em alguns estudos de sobrevivência é o truncamento, muitas vezes confundido com censura. De modo geral, o truncamento é caracterizado por uma condição que exclui certos indivíduos do estudo. Por exemplo, se para estimar a distribuição do tempo de vida dos moradores de uma certa localidade for extraída uma amostra do banco de dados da previdência local, somente farão parte da amostra os moradores aposentados vivos. Ou seja, os que faleceram antes da amostra ser extraída são excluídos do estudo, e a amostra é dita truncada à esquerda. Por outro lado, em estudos sobre a Aids, a data da infecção é bastante utilizada como tempo inicial, com o desenvolvimento da Aids sendo usualmente o evento de interesse. Neste caso, o número de pacientes infectados é desconhecido. Então, indivíduos já infectados e que ainda não desenvolveram a doença são desconhecidos para o pesquisador, não sendo incluídos na amostra. Somente fazem parte da amostra os pacientes com comprovação da doença, e a amostra é dita truncada à direita. Outros exemplos podem ser encontrados em Nelson (1990a), Kalbfleisch e Lawless (1992) e Klein e Moeschberger (2003).

A presença de censuras traz dificuldades para a análise estatística. Para a censura tipo II, há métodos exatos de inferência estatística para situações simples, que ocorrem raramente em estudos de sobrevivência (LAWLESS, 2003). Na prática, resultados assintóticos são utilizados para a análise de dados de sobrevivência. Como esses resultados não exigem o reconhecimento do mecanismo de censura, as mesmas técnicas estatísticas são utilizadas na análise de dados oriundos dos três mecanismos de censura à direita.

Neste texto, o foco se concentra nos dados de sobrevivência com censuras à direita, muito frequentes em medicina, engenharia e ciências sociais. Assim, quando for simplesmente mencionado *censura*, entenda-se censura à direita. Para o tratamento de dados censurados e truncados, recomenda-se Turnbull (1976) e Klein e Moeschberger (2003). Quanto aos dados de sobrevivência intervalar, algumas técnicas são abordadas no Capítulo 8.

1.4 Exemplos de dados de sobrevivência

As técnicas de análise de sobrevivência são úteis em várias situações. Na área da saúde, por exemplo, elas são utilizadas para a identificação de fatores prognósticos de uma doença, bem como para a comparação de tratamentos. Em oncologia, qualquer nova terapêutica ou droga para o combate ao câncer requer a realização de estudos em que a resposta é, em geral, o tempo de sobrevida dos pacientes, denominada pelos oncologistas de sobrevida global. Estudos epidemiológicos sobre a Aids também têm utilizado essas técnicas, como o publicado por Jacobson et al. (1993).

A seguir, são apresentados alguns exemplos utilizados no decorrer do texto para ilustrar as técnicas estatísticas descritas. Vários deles retratam situações provenientes de assessorias estatísticas realizadas pelos autores, enquanto outros foram extraídos da literatura.

1.4.1 Dados de hepatite viral aguda

Um ensaio clínico foi realizado para investigar o efeito de uma terapia com esteroide no tratamento de hepatite viral aguda. Os 29 pacientes com a doença foram aleatorizados para receber um placebo ou o tratamento com esteroide. O acompanhamento de cada paciente foi de no máximo 16 semanas. Os tempos até a morte ou perda de acompanhamento ou, ainda, até o final do estudo estão na Tabela 1.1, com + indicando censura.

Tabela 1.1 – Dados registrados em um ensaio clínico sobre hepatite viral

Grupo	Tempo de sobrevida em semanas
Controle	1^+ 2^+ 3 3 3^+ 5^+ 5^+ 16^+ 16^+ 16^+ 16^+ 16^+ 16^+ 16^+ 16^+
Esteroide	1 1 1 1^+ 4^+ 5 7 8 10 10^+ 12^+ 16^+ 16^+ 16^+

Fonte: Gregory et al. (1976).

1.4.2 Dados de camundongos infectados pela malária

Um estudo experimental foi realizado com 44 camundongos no Centro de Pesquisas René Rachou, Fiocruz-MG, com o objetivo de investigar a eficácia da imunização pela malária. Os camundongos foram aleatorizados em três grupos e infectados pela malária (*Plasmodium berghei*). No entanto, os camundongos do grupo 1 foram imunizados 30 dias antes da infecção. Além da infecção pela malária, os camundongos dos grupos 1 e 3 também foram infectados pela esquistossomose (*Schistosoma mansoni*). A duração do estudo após a infecção foi de 30 dias. Os tempos medidos desde a infecção até a morte estão na Tabela 1.2, com + indicando censura.

Tabela 1.2 – Dados registrados em camundongos infectados pela malária

Grupo	n	Tempo de sobrevida em dias
1	16	7 8 8 8 8 12 12 17 18 22 30^+ 30^+ 30^+ 30^+ 30^+ 30^+
2	15	8 8 9 10 10 14 15 15 18 19 21 22 22 23 25
3	13	8 8 8 8 8 8 9 10 10 10 11 17 19

1.4.3 Dados de leucemia pediátrica

A leucemia aguda é a neoplasia de maior incidência na população com idade inferior a 15 anos, com a maioria dos casos sendo de Leucemia Linfoblástica Aguda (LLA). O objetivo do tratamento de crianças com LLA é a obtenção de períodos longos de sobrevida livre da doença, o que, eventualmente, significa a cura. Assim, para identificar os fatores que afetam o tempo de sobrevida de crianças brasileiras com LLA, um estudo foi realizado pelo Grupo Cooperativo Mineiro para Tratamento de Leucemias Agudas. Neste estudo, 128 crianças com idade inferior a 15 anos, todas com LLA, foram acompanhadas de 1988 a 1992. A variável resposta foi o tempo, em anos, desde a remissão (ausência de sinais da doença) até a recidiva ou a morte, a que ocorreu primeiro. Das 128 crianças, 120 entraram em remissão e são elas que compõem o conjunto de dados. Os fatores registrados no estudo foram: idade, peso, estatura, contagem de leucócitos, porcentagem de linfoblastos, porcentagem de vacúolos, fator de risco e indicador de sucesso da remissão. Detalhes adicionais sobre o estudo podem ser encontrados em Colosimo et al. (1992) e Viana et al. (1994).

1.4.4 Dados de sinusite em pacientes infectados pelo HIV

Há vários trabalhos na literatura sobre a Aids, a maioria com foco na sobrevida de pacientes infectados pelo HIV. Outras investigações, contudo, são de interesse, tal como o estudo conduzido pela Profa. Denise Gonçalves, da UFMG, cujo objetivo consistia em investigar se a infecção pelo HIV aumenta o risco de ocorrência de sinusite. Nesse estudo, 112 pacientes foram acompanhados no período de março de 1993 a fevereiro de 1995, sendo 91 HIV positivo e 21 HIV negativo. A classificação quanto à infecção pelo HIV seguiu os critérios do *Center for Disease Control* (CDC, 1987), sendo ela: HIV soronegativo (não possui o HIV), HIV soropositivo assintomático (possui o vírus, mas não desenvolveu o quadro clínico de Aids), com ARC (*Aids Related Complex*: apresenta baixa imunidade e outros indicadores clínicos que antecedem o quadro clínico de Aids), ou com Aids (apresenta infecções oportunistas que definem Aids). Esta classificação foi reavaliada a cada consulta, sendo elas trimestrais e cuja frequência mediana ao longo do estudo foi 4. Esta é a principal variável a ser considerada no estudo, sendo caracterizada como dependente do tempo, pois os pacientes mudam de classificação ao longo do estudo. Esta característica requer o uso das técnicas tratadas no Capítulo 6. Variáveis como contagem de células CD4 e CD8 também são dependentes do tempo, mas elas foram registradas somente no início do estudo e ocorreu a falta de registro de ambas para 37% dos pacientes, o que inviabilizou seu uso nas análises. A variável resposta foi o tempo, medido em dias, desde a 1ª consulta até a ocorrência de sinusite, e o objetivo foi identificar fatores de risco para a sinusite. Mais detalhes podem ser encontrados em Gonçalves (1995) e Colosimo e Vieira (1996).

1.4.5 Dados de aleitamento materno

A Organização Mundial da Saúde (OMS) recomenda o leite materno como a única fonte de alimentação para crianças entre 4 e 6 meses de vida. Desse modo, identificar fatores associados ao aleitamento materno em diferentes populações é fundamental para alcançar esta recomendação.

Neste contexto, os Profs. Eugênio Goulart e Cláudia Lindgren, ambos da UFMG, realizaram um estudo no Centro de Saúde São Marcos de Belo Horizonte, MG, para conhecer a prática de aleitamento materno das mães que utilizam este centro, bem como os possíveis fatores de risco ou de proteção para o desmame precoce. Para tanto, aplicaram um inquérito epidemiológico com questões demográficas e comportamentais a 150 mães de crianças com idade inferior a 2 anos. A variável resposta foi o tempo, em meses, desde o nascimento até o desmame completo da criança, definido como sendo o primeiro dia em que a criança não mais se alimenta de leite materno.

1.4.6 Dados de câncer de mama

Um estudo foi realizado com 94 mulheres com diagnóstico precoce de câncer de mama com o objetivo de pesquisar duas terapias: (i) somente radioterapia e (ii) radioterapia em conjunto com quimioterapia. Um total de 46 delas recebeu a primeira terapia, e as demais a segunda. As pacientes foram monitoradas a cada 4 a 6 meses, registrando-se, em cada visita, a ocorrência de retração da mama (nenhuma, moderada ou severa) e o tempo (em meses) até o aparecimento de retração moderada ou severa da mama.

Como as visitas foram realizadas com espaçamentos de 4 a 6 meses, não se sabe com exatidão quando a primeira retração da mama ocorreu; sabe-se somente que ela se deu entre duas das visitas realizadas. Por outro lado, o que se sabe a respeito das pacientes com ausência de retração da mama até a última visita é que o evento não aconteceu até aquele momento e que, caso venha a ocorrer, será daquele momento em diante. Mais detalhes podem ser encontrados em Klein e Moeschberger (2003). Para este estudo, nota-se que os dados são de sobrevivência intervalar, tratados no Capítulo 8.

1.4.7 Dados de tempo de vida de mangueiras

Um estudo foi conduzido na Esalq-USP com o objetivo de verificar a resistência de mangueiras a uma praga denominada seca da mangueira, que mata a planta. O objetivo foi identificar novas mangueiras, obtidas a partir de enxertos, que fossem resistentes à praga citada. Para tanto, um experimento fatorial completamente aleatorizado foi realizado com 6 copas enxertadas sobre 7 porta-enxertos (fatorial 6×7). As 42 combinações foram replicadas em 5 blocos diferentes, totalizando 210 unidades experimentais.

O experimento foi instalado em 1971 e visitado 12 vezes entre 1972 e 1992. Em cada visita, registrou-se a condição (viva ou morta) de todas as mangueiras. A resposta de interesse foi o tempo (em anos) até a morte das mangueiras, que é de natureza intervalar, visto que a morte da mangueira ocorre entre duas visitas consecutivas, sendo o tempo exato desconhecido. Detalhes adicionais sobre este estudo podem ser encontrados em Chalita et al. (1999) e Giolo et al. (2009).

1.4.8 Dados de Covid-19 em crianças e adolescentes

O surgimento da Covid-19 foi reconhecido em janeiro de 2020 e, dada à sua propagação pelo mundo, foi declarada pandemia pela OMS em março de 2020. O Brasil, um dos países mais afetados, registrou mais de 16 milhões de casos e 450 mil mortes por Covid-19 até maio de 2021. Embora a Covid-19 pode ser observada em todas as faixas etárias, as crianças apresentam, tipicamente, um quadro menos severo da doença do que os adultos. No entanto, com a progressão da pandemia, manifestações mais severas da doença surgiram em pacientes pediátricos. Neste contexto, torna-se importante avaliar os fatores associados à morte por Covid-19 em crianças e adolescentes hospitalizados com diagnóstico confirmado de SARS-CoV-2.

Oliveira et al. (2021) analisaram os dados de todos os pacientes com idade inferior a vinte anos registrados entre 16/02/2020 e 09/01/2021 no Sistema de Informação de Vigilância Epidemiológica da Gripe (Sivep-Gripe). Este sistema monitora os dados de pacientes admitidos em hospitais brasileiros com quadro respiratório grave. No período mencionado, 11.613 pacientes com idade inferior a vinte anos foram registrados com diagnóstico de Covid-19. O principal objetivo do estudo foi identificar e quantificar os fatores associados ao tempo até a morte do paciente, medido em dias a partir da data de internação. Nesse estudo, o tempo até a alta hospitalar é um evento competitivo, visto que a ocorrência da alta impede a ocorrência da morte. A amostra de pacientes que recebem alta não representa àqueles que estão sob risco de morte; esta é outra forma de caracterizar um evento competitivo. Estes conceitos são explorados no Capítulo 9, assim como a análise de um recorte de 600 pacientes desta base de dados envolvendo três covariáveis: idade, sexo e presença de comorbidades.

1.4.9 Dados de câncer de pele

O câncer de pele melanoma pode aparecer em qualquer parte do corpo na forma de manchas, pintas ou sinais. Embora a cirurgia seja o tratamento mais indicado, radioterapia e quimioterapia também podem ser utilizadas, dependendo do estadiamento do câncer. Neste cenário, um estudo foi realizado entre 2005 e 2015 em um Centro de Diagnóstico e Tratamento de Câncer. O objetivo foi analisar a sobrevida de 1.117 pacientes diagnosticados com melanoma levando-se em conta o sexo, a idade e o estadiamento da doença. A variável resposta foi o tempo, em meses, desde o diagnóstico do câncer até o óbito. Em razão da melhora expressiva na sobrevivência de pacientes com melanoma, em parte devido ao diagnóstico precoce, há, neste estudo, um percentual elevado de pacientes com períodos longos de sobrevida livre do câncer, o que geralmente indica a cura da doença. Assim, modelos propostos para dados de sobrevivência com essa característica, denominados modelos com fração de cura, ou com fração de imunes, ou, ainda, com sobreviventes de longa duração, foram utilizados para a análise dos dados desse estudo. Esses modelos são tratados no Capítulo 10.

1.5 Especificando o tempo de sobrevivência

Em análise de sobrevivência, a variável aleatória T, não negativa e contínua, é geralmente especificada pela função de sobrevivência ou pela função taxa de falha apresentadas a seguir.

1.5.1 Função de sobrevivência

A função de sobrevivência para T contínua é definida como a probabilidade de um indivíduo sobreviver ao tempo t, isto é, além do tempo t. Em termos probabilísticos, expressa-se por

$$S(t) = P(T > t), \quad t \geq 0,$$

tal que $S(0) = 1$ e $\lim_{t \to \infty} S(t) = 0$. Em consequência, a função de distribuição acumulada, expressa por $F(t) = P(T \leq t) = 1 - S(t)$, define a probabilidade de o indivíduo falhar até o tempo t, ou seja, não sobreviver ao tempo t.

A Figura 1.3 apresenta as curvas de sobrevivência associadas a dois grupos de pacientes. A partir dessa figura, é possível notar que o tempo de sobrevida dos pacientes do grupo 1 é superior ao dos pacientes do grupo 2 ao longo da maior parte do tempo de acompanhamento. Para os pacientes do grupo 1, o tempo em que cerca de 50% deles morrem (tempo mediano) é de 20 anos, enquanto para os pacientes do grupo 2 é de 10 anos. Outra informação que pode ser extraída é o percentual de pacientes vivos até um determinado tempo de interesse. Por exemplo, para os pacientes do grupo 1, é possível observar que cerca de 90% deles estão vivos após 10 anos do início do estudo, enquanto para os do grupo 2 tem-se apenas 50%.

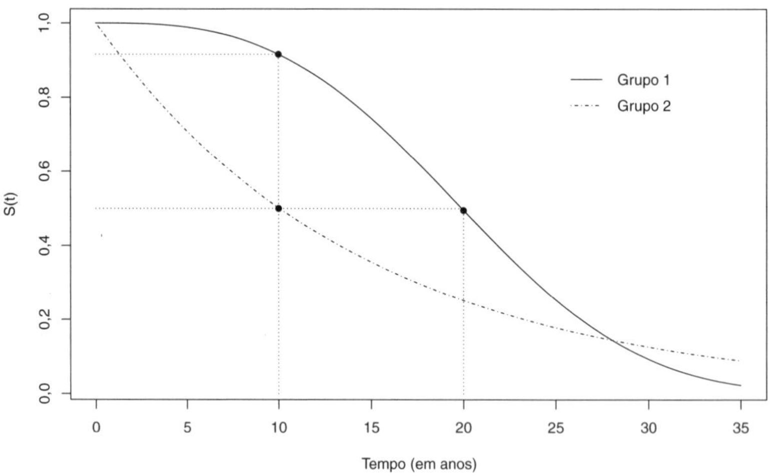

Figura 1.3 – Curvas de sobrevivência para dois grupos de pacientes.

1.5.2 Função taxa de falha

A probabilidade de falha durante o intervalo de tempo $(t_1, t_2]$ pode ser expressa por $P(t_1 < T \leq t_2) = F(t_2) - F(t_1) = S(t_1) - S(t_2)$. Já a taxa de falha no intervalo $(t_1, t_2]$ é definida como a probabilidade de falha neste intervalo, condicional à sobrevivência do indivíduo ao tempo t_1, dividida pelo comprimento do intervalo. Ou seja,

$$\lambda((t_1, t_2]) = \frac{P(t_1 < T \leq t_2 \,|\, T > t_1)}{(t_2 - t_1)} = \frac{S(t_1) - S(t_2)}{(t_2 - t_1)\, S(t_1)}. \tag{1.1}$$

As taxas de falha são números positivos, mas sem limite superior, isto é, $\lambda(\cdot) \geq 0$. Assim, se $(t_1, t_2] = (10, 11]$ horas com $\lambda((10, 11]) = 0{,}10$/hora, conclui-se que se há 100 indivíduos sob risco no tempo $t = 10$ horas, então é esperado que 10% deles falhem até $t = 11$ horas.

Redefinindo o intervalo como $(t, t + \Delta t]$, a expressão (1.1) fica dada por

$$\lambda((t, t + \Delta t]) = \frac{F(t + \Delta t) - F(t)}{\Delta t\, S(t)} = \frac{S(t) - S(t + \Delta t)}{\Delta t\, S(t)},$$

de modo que assumindo Δt bem pequeno, o comprimento do intervalo fica bem estreito, resultando na, assim denominada, taxa *instantânea* de falha.

A função taxa de falha é bastante útil para descrever a distribuição do tempo de sobrevida de pacientes, já que ela descreve a forma em que a taxa instantânea de falha muda com o tempo. Formalmente, é definida por

$$\lambda(t) = \lim_{\Delta t \to 0} \frac{P(t < T \leq t + \Delta t \,|\, T > t)}{\Delta t}, \tag{1.2}$$

podendo apresentar várias formas, dentre elas as exibidas na Figura 1.4.

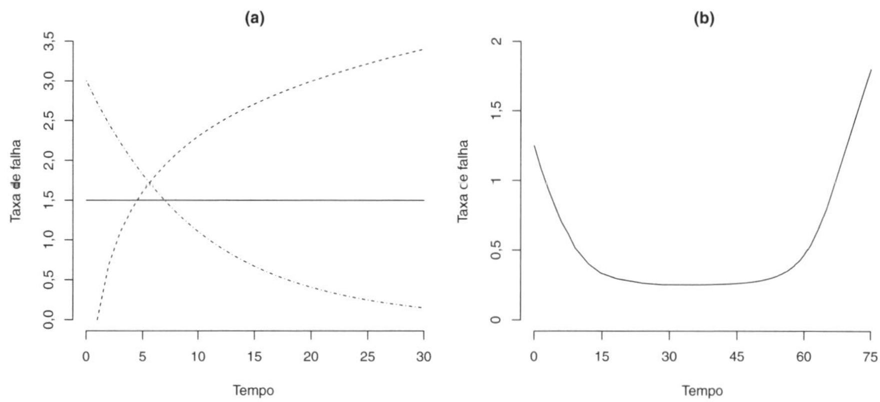

Figura 1.4 – (a) Função taxa de falha - - crescente – constante -·- decrescente, e (b) função taxa de falha conhecida como curva da banheira.

A função crescente na Figura 1.4 indica que a taxa de falha aumenta com o tempo, o que mostra um efeito gradual de envelhecimento. A constante indica que a taxa de falha não se altera com o tempo, enquanto a decrescente mostra que a taxa de falha diminui à medida que o tempo passa. Por sua vez, a taxa de falha associada ao tempo de vida dos seres humanos corresponde a uma combinação das três curvas mencionadas, sendo conhecida como curva da banheira por ter um comportamento decrescente no período inicial, representando a mortalidade infantil, constante na faixa intermediária e crescente no período final (efeito do envelhecimento).

A função taxa de falha é, em geral, mais informativa do que a função de sobrevivência. Isso porque diferentes funções de sobrevivência podem apresentar formas semelhantes, enquanto suas correspondentes funções taxa de falha podem diferir drasticamente. Dessa forma, a modelagem da função taxa de falha é um importante método para dados de sobrevivência.

1.5.3 Função taxa de falha acumulada

A função taxa de falha acumulada fornece, como o próprio nome sugere, a taxa de falha acumulada do indivíduo, sendo definida por

$$\Lambda(t) = \int_0^t \lambda(u)\, du.$$

A inclinação da função $\Lambda(t)$ corresponde à taxa de falha $\lambda(t)$. Portanto, a interpretação de $\Lambda(t)$ tem como foco avaliar a inclinação desta função em cada tempo t ao longo de todo o eixo do tempo.

A partir da Figura 1.5, que mostra três formas para $\Lambda(t)$ e suas respectivas funções $\lambda(t)$, nota-se que a função taxa de falha acumulada $\Lambda_1(t)$ apresenta inclinação igual em todo o eixo do tempo, o que implica $\lambda_1(t)$ constante. Por sua vez, é possível observar que a inclinação da função $\Lambda_2(t)$ aumenta e a de $\Lambda_3(t)$ diminui ao longo do eixo do tempo, o que implica $\lambda_2(t)$ crescente e $\lambda_3(t)$ decrescente.

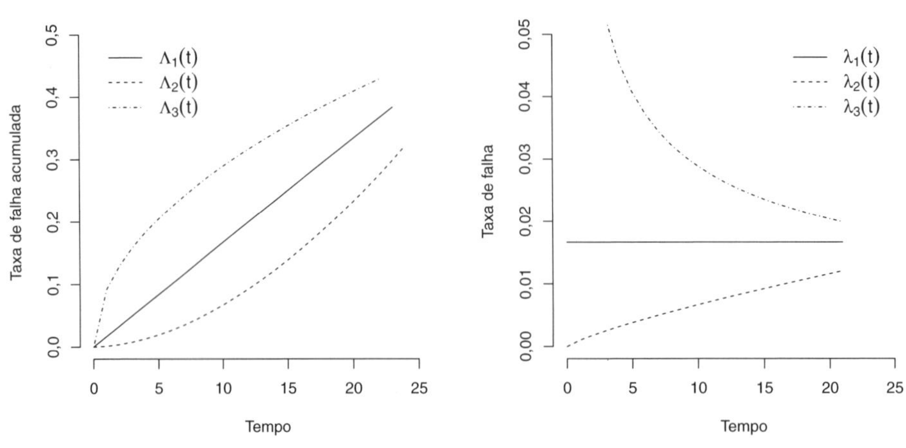

Figura 1.5 – Função taxa de falha acumulada e respectiva função taxa de falha.

1.5.4 Tempo médio e vida média residual

Outras duas quantidades de interesse em análise de sobrevivência são o tempo médio de vida e a vida média residual. Para T contínua, a primeira é obtida pela área sob a função de sobrevivência. Isto é,

$$t_m = E(T) = \int_0^\infty t f(t)\, dt = \int_0^\infty S(t)\, dt.$$

Já a vida média residual (ou tempo médio restante de vida) é definida condicional a um certo tempo t. Assim, para os indivíduos que sobreviverem ao tempo t, essa quantidade fornece o tempo que, em média, eles ainda têm de vida, sendo obtida pela área sob a curva de sobrevivência à direita do tempo t dividida por $S(t)$. Isto é,

$$\text{vmr}(t) = E(T - t \mid T > t) = \frac{\int_t^\infty (u-t) f(u) du}{S(t)} = \frac{\int_t^\infty S(u) du}{S(t)},$$

com $f(\cdot)$ a função densidade de probabilidade de T dada por

$$f(t) = \lim_{\Delta t \to 0} \frac{P(t < T \leq t + \Delta t)}{\Delta t}.$$

A partir da expressão $\text{vmr}(t)$, observa-se que $\text{vmr}(0) = t_m$.

1.5.5 Relações entre as funções

Algumas relações probabilísticas importantes entre as funções definidas anteriormente são apresentadas a seguir.

$$\lambda(t) = \frac{f(t)}{S(t)} = -\frac{d}{dt}\Big(\log[S(t)]\Big),$$

$$\Lambda(t) = \int_0^t \lambda(u)\, du = -\log[S(t)] \tag{1.3}$$

e

$$S(t) = \exp(-\Lambda(t)) = \exp\Big(-\int_0^t \lambda(u)\, du\Big). \tag{1.4}$$

Tais relações mostram que o conhecimento de uma das funções, por exemplo $S(t)$, implica no conhecimento de $F(t)$, $f(t)$, $\lambda(t)$ e $\Lambda(t)$.

Outras relações envolvendo estas funções são as seguintes:

$$S(t) = \frac{\text{vmr}(0)}{\text{vmr}(t)} \exp\left(-\int_0^t \frac{du}{\text{vmr}(u)}\right)$$

e

$$\lambda(t) = \left(\frac{d\,\text{vmr}(t)}{dt} + 1\right) / \text{vmr}(t).$$

1.5.6 Funções no caso discreto

As funções $S(t)$, $\lambda(t)$ e $\Lambda(t)$ foram definidas para uma variável aleatória T não negativa e contínua. Entretanto, há situações em que é razoável assumir que T seja uma variável aleatória discreta. Por exemplo, quando os indivíduos são avaliados nas mesmas datas ao longo de um período de seguimento e nelas ocorre o registro do evento para diversos deles, resultando em vários tempos até o evento iguais a t_1, t_2, ..., t_k. Ou seja, há a presença de empates em t_j, $j = 1, \ldots, k$. Essa situação é tratada no Capítulo 8.

Para as situações em que é assumido que T é variável aleatória discreta, são apresentadas, a seguir, as expressões das funções $S(t)$, $\lambda(t)$ e $\Lambda(t)$. Considere que T assume os valores t_1, t_2, ..., t_k, com $0 \leq t_1 < \ldots < t_k$, e que sua função de probabilidade seja $p(t_j) = P(T = t_j)$. Neste caso,

$$S(t) = P(T > t) = \sum_{t_j > t} p(t_j).$$

Ainda, a função taxa de falha fica definida, para $j = 1, 2, \ldots, k$, por

$$\lambda(t_j) = P(T = t_j \,|\, T > t_{j-1}) = \frac{p(t_j)}{S(t_{j-1})}.$$

Como $P(T \geq t_j) = P(T > t_{j-1}) = S(t_{j-1})$ e $p(t_j) = S(t_{j-1}) - S(t_j)$, segue que a função taxa de falha pode ser escrita por

$$\lambda(t_j) = \frac{S(t_{j-1}) - S(t_j)}{S(t_{j-1})} = 1 - \frac{S(t_j)}{S(t_{j-1})}.$$

Utilizando esta última relação e indução matemática, a função de sobrevivência pode ser escrita em termos da função taxa de falha como

$$S(t) = P(T > t) = \prod_{t_j \leq t} [1 - \lambda(t_j)].$$

Quanto à função taxa de falha acumulada, uma definição intuitiva é

$$\Lambda(t) = \sum_{t_j \leq t} \lambda(t_j).$$

Contudo, ela não preserva a relação (1.4) vista para o caso contínuo. Uma alternativa que preserva esta relação é dada, para o caso discreto, por

$$\Lambda(t) = -\sum_{t_j \leq t} \log[1 - \lambda(t_j)] = -\log[S(t)].$$

Quando a taxa de falha em cada tempo for pequena, essas duas definições produzem resultados próximos.

1.6 Exercícios

1. Seis ratos foram expostos a um material cancerígeno com o objetivo de se observar o tempo até o desenvolvimento do tumor. Ao final de 30 semanas de estudo, o seguinte cenário foi registrado: os ratos A, B e C desenvolveram o tumor em 10, 15 e 25 semanas, respectivamente, o rato D morreu acidentalmente sem tumor na $20^{\underline{a}}$ semana e os ratos E e F permaneceram livres do tumor até o término do estudo.

(a) Defina a resposta para este estudo.

(b) Identifique o tipo de resposta (falha ou censura) observada para cada um dos seis ratos no estudo.

2. Indivíduos que ingressaram em um estudo ao longo de sua realização foram acompanhados com o intuito de se observar o aparecimento de um certo sintoma. A resposta considerada foi a idade em que o sintoma apareceu pela primeira vez. Para os seis indivíduos descritos a seguir, identifique o tipo de censura registrado para cada um deles.

(a) O primeiro indivíduo ingressou no estudo aos 25 anos de idade já apresentando o sintoma.

(b) Outros dois indivíduos ingressaram no estudo aos 20 e 28 anos de idade e não apresentaram o sintoma até o término do estudo.

(c) Outros dois indivíduos ingressaram aos 35 e 40 anos de idade e apresentaram o sintoma respectivamente no 2º e 6º exames após terem entrado no estudo. Os exames foram realizados a cada dois anos.

(d) O sexto indivíduo, que ingressou aos 36 anos de idade, mudou de cidade após 4 anos no estudo sem apresentar o sintoma.

3. Mostre que $\lambda(t) = \dfrac{f(t)}{S(t)} = -\dfrac{d}{dt}\Big(\log[S(t)]\Big)$.

4. Mostre que $\Lambda(t) = \int_0^t \lambda(u)du = -\log[S(t)]$.

5. Mostre que $\text{vmr}(t) = \dfrac{\int_t^\infty (u-t)f(u)du}{S(t)} = \dfrac{\int_t^\infty S(u)du}{S(t)}$.

6. Suponha que a taxa de falha associada à variável T seja expressa pela função linear $\lambda(t) = \beta_0 + \beta_1 t$, com β_0 e $\beta_1 > 0$. Obtenha $S(t)$ e $f(t)$.

7. Suponha que a vida média residual associada à variável T seja dada por $\text{vmr}(t) = t + 10$. Obtenha $E(T)$, $\lambda(t)$ e $S(t)$.

8. Para cada um dos exemplos descritos na Seção 1.4, identifique o tempo inicial, a escala de medida e o evento de interesse.

9. Para uma variável aleatória T discreta, mostre que:

(a) $S(t) = \prod_{t_j \leq t} S(t_j)/S(t_{j-1})$. Use indução matemática.

(b) $S(t) = \prod_{t_j \leq t} [1 - \lambda(t_j)]$. Use o resultado anterior.

Capítulo 2

Técnicas não paramétricas

2.1 Introdução

Os objetivos da análise estatística de dados de sobrevivência na área da saúde estão geralmente relacionados com a identificação de fatores prognósticos para uma doença ou com a comparação de tratamentos em um ensaio clínico, controlado por outros fatores. Por exemplo, no estudo de leucemia pediátrica descrito na Seção 1.4.3, idade e leucometria (contagem de células brancas) medidas no diagnóstico são fatores prognósticos conhecidos para o tempo de sobrevida de crianças com leucemia.

Por mais complexo que seja o estudo, respostas às perguntas de interesse são obtidas a partir de um conjunto de dados de sobrevivência, em que o passo inicial consiste na realização de uma análise descritiva dos dados. A presença de censuras traz, contudo, problemas para as técnicas convencionais de análise descritiva (média, desvio-padrão, histograma, box-plot, dentre outros). Tais problemas podem ser ilustrados por meio de uma situação bem simples em que há o interesse na construção de um histograma. Na ausência de censuras, a construção do histograma consiste na divisão do eixo do tempo em um certo número de intervalos, registrando-se, em seguida, a frequência de tempos de sobrevida ocorrida em cada um deles. Entretanto, na presença de censuras, não é possível construir um histograma, pois não se conhece a frequência exata associada a cada intervalo.

Nos textos básicos de estatística, uma análise descritiva consiste, essencialmente, em encontrar medidas de tendência central e de variabilidade. Esta análise preliminar permite que os dados falem por si, o que em linguagem estatística significa fazer uso de técnicas não paramétricas. Devido à presença de censuras nos dados de sobrevivência, o principal componente da análise descritiva para dados desta natureza é a função de sobrevivência. Desse modo, é necessário estimar esta função e, a partir dela, estimar as estatísticas de interesse, usualmente os tempos médio e mediano e alguns percentis. A razão para a escolha da função de sobrevivência deve-se à existência de estimadores não paramétricos simples e eficientes somente para funções cumulativas (ou acumuladas).

Nas Seções 2.2 a 2.4, são apresentados alguns estimadores não paramétricos para a função $S(t)$, dentre eles, o estimador de Kaplan-Meier. Quantidades como a média e a mediana, obtidas a partir de $S(t)$, são discutidas na Seção 2.5. Por fim, a Seção 2.6 apresenta testes não paramétricos para a comparação de duas ou mais curvas de sobrevivência.

2.2 Estimação na ausência de censuras

Embora as censuras sejam frequentes nos estudos de sobrevivência, em alguns deles pode ocorrer a ausência delas. Desse modo, para tratar a estimação das funções taxa de falha e de sobrevivência em um contexto não paramétrico, é abordada, inicialmente, a situação em que não há censuras. As funções mencionadas são estimadas em intervalos de tempo predefinidos. Assim, considere o histograma exibido na Figura 2.1, que mostra a distribuição dos tempos de sobrevida de uma amostra de tamanho $n = 54$ indivíduos em que todos apresentaram o evento de interesse.

Para os dados deste exemplo, uma estimativa para a taxa de falha no intervalo compreendido entre 400 e 500 horas é dada por

$$\widehat{\lambda}((400, 500]) = \frac{\text{total de falhas no intervalo } (400, 500]}{\text{total de sobreviventes a } t = 400} = \frac{9}{21} = 0{,}429.$$

Ou seja, a taxa de falha é de 42,9% durante o intervalo de 100 horas

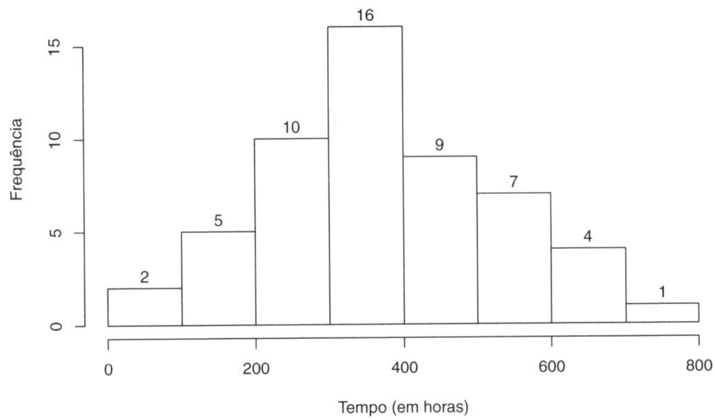

Figura 2.1 – Histograma dos tempos até o evento de 54 indivíduos.

compreendido entre 400 e 500 horas a partir do início do estudo. Isso significa que, a cada 100 indivíduos que sobreviverem a 400 horas, se espera que 43 apresentem o evento até 500 horas, ou que 57 (100 − 43) sobrevivam pelo menos mais 100 horas. A taxa de falha no intervalo (400, 500] também pode ser expressa por 42,9%/100 horas ou 0,429%/hora. As estimativas apresentadas para os demais intervalos na Tabela 2.1 e na Figura 2.2 mostram que a taxa de falha aumenta à medida que o tempo cresce.

Tabela 2.1 – Estimativas da taxa de falha e probabilidade de sobrevivência

Intervalo I_j	Taxa de falha em I_j (%/hora)	t_j	Sobrevivência (%) $S(t_j) = P(T > t_j)$
0 ⊣ 100	0,037	100	96,3
100 ⊣ 200	0,096	200	87,0
200 ⊣ 300	0,213	300	68,5
300 ⊣ 400	0,432	400	38,9
400 ⊣ 500	0,429	500	22,2
500 ⊣ 600	0,583	600	9,3
600 ⊣ 700	0,800	700	1,9
700 ⊣ 800	1,000	800	0,0

Quanto à probabilidade de sobreviver ao tempo $t = 400$ horas, isto é, $S(400) = P(T > 400)$, sua respectiva estimativa é dada por

$$\widehat{S}(400) = \frac{\text{total de indivíduos sobrevivendo a } t = 400}{\text{total de indivíduos no estudo}} = \frac{21}{54} = 0{,}389,$$

o que significa que em torno de 39% dos indivíduos sobrevivem além de 400 horas. A Tabela 2.1 e Figura 2.2 mostram as demais estimativas para $S(t)$.

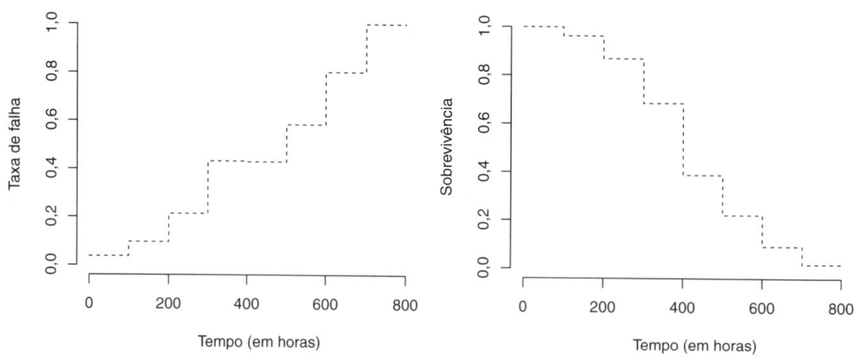

Figura 2.2 – Curvas da taxa de falha e de sobrevivência de 54 indivíduos.

As estimativas para as taxas de falha foram obtidas de maneira bastante intuitiva. Uma alternativa é utilizar a expressão (1.1), de modo que

$$\widehat{\lambda}((400, 500]) = \frac{\widehat{S}(400) - \widehat{S}(500)}{(500 - 400)\,\widehat{S}(400)} = \frac{0{,}389 - 0{,}222}{(100)\,0{,}389} = 0{,}0043/\text{hora}.$$

É importante ressaltar que as estimativas para as taxas de falha mostradas na Tabela 2.1 estão associadas aos intervalos definidos na Figura 2.1. Dessa forma, elas não são taxas instantâneas de falha como prescrito na definição (1.2). Embora existam estimadores propostos para $\lambda(t)$ (KLEIN; MOESCHBERGER, 2003), a estimação não paramétrica dessa função não é simples. Tal dificuldade é análoga à da estimação da função densidade de probabilidade sob esta abordagem (SILVERMAN, 1998).

2.3 O estimador de Kaplan-Meier

As probabilidades de sobrevivência e as taxas de falha foram estimadas na Seção 2.2 para um estudo em que todos os indivíduos apresentaram o evento, ou seja, havia a ausência de censuras. Entretanto, é muito comum a presença de censuras, o que requer técnicas estatísticas especializadas para acomodar a informação contida tanto nas falhas quanto nas censuras.

Esta seção apresenta o conhecido estimador de Kaplan-Meier para a função de sobrevivência, que é, sem dúvida, o mais utilizado em estudos clínicos e epidemiológicos e vem ganhando cada vez mais espaço em estudos de confiabilidade. O estimador de Nelson-Aalen, proposto por Nelson (1972) e que teve suas propriedades estudadas por Aalen (1978), é apresentado na Seção 2.4.1. Estes dois estimadores apresentam essencialmente as mesmas características. A Seção 2.4.2 apresenta um terceiro estimador, o da tabela de vida ou atuarial, uma das técnicas estatísticas mais antigas proposta por demógrafos e atuários no final do século XIX para estimar características associadas à distribuição dos tempos de vida de uma população.

O estimador não paramétrico de Kaplan-Meier, proposto por Kaplan e Meier (1958) para estimar a função de sobrevivência, é também conhecido como estimador produto-limite. Ele é uma extensão da função de sobrevivência empírica que, na ausência de censuras, é definida por

$$\widehat{S}(t) = \frac{\text{total de indivíduos que sobrevivem ao tempo } t}{\text{total de indivíduos no estudo}}, \qquad (2.1)$$

com $\widehat{S}(t)$ uma função escada decrescente com degraus de tamanho $1/n$ nos tempos em que ocorre o evento, com n denotando o tamanho da amostra. Na presença de empates em um certo tempo t, o tamanho do degrau é multiplicado pelo número de empates registrado.

Para a construção do estimador de Kaplan-Meier, os intervalos de tempo são definidos de acordo com o número de tempos distintos de falha. Quanto maior esse número, maior o número de intervalos de tempo. Os limites dos intervalos correspondem aos tempos distintos de falha registrados na amostra. A seguir, é apresentada a ideia intuitiva do estimador e, na sequência, sua expressão geral como proposta por seus autores.

Considere os tempos de sobrevida do grupo esteroide dos dados de hepatite descritos na Seção 1.4.1, em que mortes foram registradas nas semanas 1, 5, 7, 8 e 10. Para obtenção da estimativa de Kaplan-Meier, o procedimento envolve uma sequência de passos em que o próximo depende do anterior. Isso significa, por exemplo, que

$$\begin{aligned} S(1) &= P(T > 1) = P(T > 0, T > 1) = P(T > 0)P(T > 1 \mid T > 0) \\ &= [1 - P(T \leq 0)]\,[1 - P(T \leq 1 \mid T > 0)], \end{aligned}$$

ou seja, para um indivíduo sobreviver a $t = 1$ semana, ele precisa estar vivo no início do estudo e, em seguida, sobreviver à 1ª semana, condicional a estar vivo no início do estudo, isto é, em $t = 0$. Como $P(T \leq 0) = 0$,

$$\begin{aligned} S(1) &= [1 - 0]\,[1 - P(T \leq 1 \mid T > 0)] \\ &= 1 - P(T \in (0,1] \mid T > 0). \end{aligned}$$

De forma análoga, para um indivíduo sobreviver a $t = 5$ semanas, ele precisa sobreviver à 1ª semana e depois sobreviver à 5ª semana, condicional a ter sobrevivido à 1ª semana. Isto significa que

$$\begin{aligned} S(5) &= P(T > 5) = P(T > 1, T > 5) = P(T > 1)P(T > 5 \mid T > 1) \\ &= [1 - P(T \leq 1 \mid T > 0)]\,[1 - P(T \leq 5 \mid T > 1)] \\ &= [1 - P(T \in (0,1] \mid T > 0)]\,[1 - P(T \in (1,5] \mid T > 1)]. \end{aligned}$$

Nota-se que os passos são gerados a partir de intervalos definidos pelos tempos distintos e ordenados de falha, em que cada um deles começa em t_{j-1} e termina em t_j, isto é, $I_j = (t_{j-1}, t_j]$, para $j = 1, \ldots, k$, com $t_0 = 0$.

De modo geral, $S(t)$ pode ser escrita para qualquer t_j em termos de probabilidades condicionais. Suponha que existam n pacientes no estudo e $k \leq n$ falhas distintas nos tempos $t_1 < t_2 < \ldots < t_k$. Considerando $S(t)$ uma função discreta com probabilidade maior que zero somente nos tempos de falha $t_j, j = 1, \ldots, k$, segue que

$$\begin{aligned} S(t_j) &= \prod_{\ell=1}^{j} [1 - P(T \in (t_{\ell-1}, t_\ell] \mid T > t_{\ell-1})] \\ &= (1 - q_1)(1 - q_2)\ldots(1 - q_j), \end{aligned} \tag{2.2}$$

em que q_j é a probabilidade de falha no intervalo $(t_{j-1}, t_j]$, $j = 1, \ldots, k$, condicional à sobrevivência ao tempo t_{j-1} e considerando $t_0 = 0$. Ou seja,

$$q_j = P(T \in (t_{j-1}, t_j] \mid T > t_{j-1}).$$

Desta forma, o estimador de Kaplan-Meier reduz-se a estimar q_j, que adaptado da expressão (2.1) é dado por

$$\widehat{q}_j = \frac{\text{total de falhas em } (t_{j-1}, t_j]}{\text{total de indivíduos sob risco em } t_{j-1}}, \tag{2.3}$$

para $j = 1, \ldots, k$. O termo sob risco em t_{j-1} significa que o indivíduo não apresentou o evento e nem foi censurado até t_{j-1}.

A Tabela 2.2 mostra as estimativas de $S(t_j)$ para o grupo esteroide, em que d_j denota o número de mortes em $(t_{j-1}, t_j]$ e n_j o número de indivíduos sob risco (isto é, que não morreram e não foram censurados) em t_{j-1}.

Tabela 2.2 – Estimativas de Kaplan-Meier para o grupo esteroide

t_j	n_j	d_j	$\widehat{S}(t_j)$
1	14	3	0,786
5	9	1	0,698
7	8	1	0,611
8	7	1	0,524
10	6	1	0,437

A partir da Tabela 2.2, observa-se que todos os 14 indivíduos do grupo esteroide estavam sob risco em $t_0 = 0$ e se mantêm assim até que mortes são registradas em $t_1 = 1$. Então, $\widehat{S}(0) = 1 - \widehat{P}(T \leq 0) = 1$. Dado que há três mortes no intervalo (0, 1] e 14 indivíduos sob risco em $t_0 = 0$, tem-se

$$\widehat{S}(1) = \widehat{P}(T > 1) = 1 - \widehat{P}(T \in (0, 1] \,|\, T > 0) = 1 - 3/14 = 0{,}786.$$

A expressão geral do estimador de Kaplan-Meier pode ser apresentada após estas considerações preliminares. Considerando $t_1 < t_2 < \ldots < t_k$ os k tempos distintos e ordenados de falha, d_j o total de falhas em $(t_{j-1}, t_j]$ e n_j o total de indivíduos sob risco em t_{j-1}, $j = 1, \ldots, k$, o estimador de Kaplan-Meier é dado por

$$\widehat{S}(t) = \prod_{t_j \leq t} \left(\frac{n_j - d_j}{n_j} \right) = \prod_{t_j \leq t} \left(1 - \frac{d_j}{n_j} \right). \tag{2.4}$$

Uma justificativa para a expressão (2.4) vem da decomposição de $S(t)$ em termos dos $q_j{}'$s apresentada em (2.2). O estimador de Kaplan-Meier é obtido a partir de (2.4) se os $q_j{}'$s forem estimados por d_j/n_j, expresso em palavras em (2.3). No artigo original, Kaplan e Meier justificam a expressão (2.4) mostrando que ela é o estimador de máxima verossimilhança de $S(t)$.

Naturalmente, o estimador de Kaplan-Meier reduz-se à função de sobrevivência empírica (2.1) se não existirem censuras. Ele também mantém esta forma em estudos que envolvem os mecanismos de censura tipo I e II, mas não atinge $\widehat{S}(t) = 0$, pois as últimas observações são censuras.

A partir da expressão (2.4), segue que a estimativa para $S(5)$ pode ser obtida por $\widehat{S}(5) = (1-3/14)(1-1/9) = 0{,}698$. Observa-se que $\widehat{S}(6)$ também é igual a $0,698$, dado que $\widehat{S}(t)$ é uma função escada com saltos somente nos tempos de falha. Esta é a razão do termo produto-limite para o estimador de Kaplan-Meier. Ou seja, pode-se particionar o eixo do tempo em infinitos intervalos e todos aqueles que não incluem um tempo de falha têm uma contribuição unitária no produtório (2.4).

Com base nas estimativas apresentadas na Tabela 2.2, o mais prático é construir um gráfico em que o valor de $\widehat{S}(t)$ é mantido constante entre os tempos de falha. Para os grupos controle e esteroide dos dados de hepatite, a Figura 2.3 mostra a forma gráfica do estimador de Kaplan-Meier, bem como a do estimador de Nelson-Aalen apresentado na Seção 2.4.1. Para ambos os grupos, $\widehat{S}(t)$ não atinge o valor zero porque o maior tempo registrado para cada um deles corresponde à censuras.

As estimativas mostradas na Tabela 2.2 e Figura 2.3 foram obtidas no *software R* por meio dos comandos a seguir. Estes e todos os demais comandos utilizados no texto estão em https://docs.ufpr.br/~giolo/asa.

```
> library(survival)
> tempos<-c(1,2,3,3,3,5,5,16,16,16,16,16,16,16,16,1,1,1,1,4,5,7,8,10,10,12,16,16,16)
> cens<-c(0,0,1,1,0,0,0,0,0,0,0,0,0,0,0,1,1,1,0,0,1,1,1,1,0,0,0,0,0)
> grupos<-c(rep("Controle",15),rep("Esteroide",14))
> dados<-data.frame(tempos,cens,grupos)
> ekm<-survfit(Surv(tempos,cens)~grupos,dados); summary(ekm); par(mfrow=c(1,1))
> plot(ekm,lty=c(2,1),xlab="Tempo (em semanas)",ylab="S(t) estimada",mark.time=F)
> legend(1,0.3,lty=c(2,1),c("Controle","Esteroide"),lwd=1,bty="n")
```

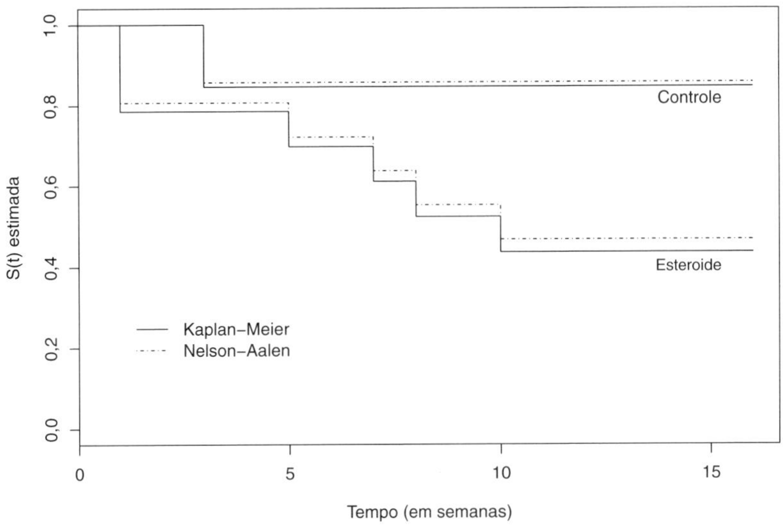

Figura 2.3 – Sobrevivência estimada pelos estimadores de Kaplan-Meier e Nelson-Aalen para os grupos controle e esteroide dos dados de hepatite.

As principais propriedades do estimador de Kaplan-Meier são: *i*) é não viciado para amostras grandes; *ii*) é fracamente consistente; *iii*) converge assintoticamente para um processo gaussiano; e *iv*) é estimador de máxima verossimilhança de $S(t)$. A consistência e normalidade assintótica de $\widehat{S}(t)$ foram provadas, sob certas condições de regularidade, por Breslow e Crowley (1974) e Meier (1975). Quanto a $\widehat{S}(t)$ ser estimador de máxima verossimilhança de $S(t)$, foi mostrado por Kaplan e Meier (1958).

Para construir intervalos de confiança e testar hipóteses para $S(t)$, é necessário avaliar a precisão do estimador de Kaplan-Meier, visto que ele está sujeito a variações que devem ser descritas em termos de estimativas intervalares. A variância assintótica do estimador de Kaplan-Meier é estimada pela fórmula de Greenwood expressa por

$$\widehat{Var}[\widehat{S}(t)] = [\widehat{S}(t)]^2 \sum_{t_j \leq t} \frac{d_j}{n_j(n_j - d_j)}. \tag{2.5}$$

A expressão (2.5) pode ser obtida a partir de propriedades do estimador de máxima verossimilhança. Os detalhes da demonstração de (2.5) podem ser encontrados em Kalbfleisch e Prentice (2002). Para os dados do grupo esteroide, a estimativa para a variância de $\widehat{S}(5)$ resultou em

$$\widehat{Var}[\widehat{S}(5)] = (0{,}698)^2 \left[\frac{3}{(14)(11)} + \frac{1}{(9)(8)}\right] = 0{,}0163.$$

Como $\widehat{S}(t)$ para t fixo tem distribuição assintótica normal, segue que um intervalo aproximado de $100(1-\alpha)\%$ de confiança para $S(t)$ é dado por

$$\widehat{S}(t) \pm z_{\alpha/2}\sqrt{\widehat{Var}[\widehat{S}(t)]}, \tag{2.6}$$

em que $z_{\alpha/2}$ é o $\alpha/2$-percentil da distribuição normal padrão. O intervalo de 95% de confiança para $S(5)$ é $0{,}698 \pm 1{,}96\sqrt{0{,}0163}$, ou seja, (0,45; 0,95). Este intervalo pode ser obtido no *R* por meio dos comandos a seguir.

```
> ekm<-survfit(Surv(tempos,cens)~grupos,conf.type="plain"); summary(ekm)
```

Para valores extremos de t, o intervalo de confiança apresentado pode, contudo, produzir limite inferior negativo ou limite superior maior do que 1. Para contornar este problema, foi proposto o uso de transformações para $S(t)$, tal como $\widehat{U}(t) = \log[-\log(\widehat{S}(t))]$ sugerida por Kalbfleish e Prentice (2002), que tem variância assintótica estimada por

$$\widehat{Var}[\widehat{U}(t)] = \frac{\displaystyle\sum_{t_j \leq t} \frac{d_j}{n_j(n_j - d_j)}}{\left[\displaystyle\sum_{t_j \leq t} \log\Big(\frac{n_j - d_j}{n_j}\Big)\right]^2} = \frac{\displaystyle\sum_{t_j \leq t} \frac{d_j}{n_j(n_j - d_j)}}{\left[\log(\widehat{S}(t))\right]^2},$$

e resulta no intervalo aproximado de $100(1-\alpha)\%$ de confiança dado por

$$[\widehat{S}(t)]^{\exp\left(\pm z_{\alpha/2}\sqrt{\widehat{Var}[\widehat{U}(t)]}\right)} \tag{2.7}$$

que assume valores no intervalo [0,1]. Para o grupo esteroide, o intervalo de 95% de confiança para $S(5)$ obtido desta forma resultou em (0,38; 0,88).

Therneau e Grambsch (2000) recomendam evitar o intervalo (2.6). Para obter o intervalo (2.7) e outros disponíveis no *R*, como o que utiliza a transformação $\widehat{U}(t) = \log[\widehat{S}(t)]$, pode-se utilizar os comandos a seguir.

```
> ekm<-survfit(Surv(tempos,cens)~grupos,conf.type="log-log"); summary(ekm)
> ekm<-survfit(Surv(tempos,cens)~grupos,conf.type="log"); summary(ekm)
```

2.4 Outros estimadores não paramétricos

Embora o estimador de Kaplan-Meier seja o mais utilizado em análise de sobrevivência para estimar $S(t)$, há outros dois estimadores importantes na literatura especializada desta área: o de Nelson-Aalen e o da tabela de vida. O primeiro é mais recente que o de Kaplan-Meier e apresenta propriedades similares às dele. O segundo, proposto por demógrafos e atuários no final do século XIX, tem uma importância histórica, visto ter sido utilizado em informações de censos demográficos para, essencialmente, estimar características associadas ao tempo de vida de seres humanos.

2.4.1 Estimador de Nelson-Aalen

Este estimador baseia-se na relação entre $S(t)$ e $\Lambda(t)$ expressa por

$$S(t) = \exp(-\Lambda(t)), \tag{2.8}$$

com $\Lambda(t)$ a função taxa de falha acumulada definida na Seção 1.5.3.

Um estimador para $\Lambda(t)$ foi inicialmente proposto por Nelson (1972) e retomado por Aalen (1978), que provou suas propriedades assintóticas. Por esse fato, é denominado Nelson-Aalen e apresenta a seguinte forma

$$\widetilde{\Lambda}(t) = \sum_{t_j \leq t} \left(\frac{d_j}{n_j}\right), \tag{2.9}$$

com d_j e n_j definidos como no estimador de Kaplan-Meier.

O estimador proposto por Aalen (1978) para a variância de $\widetilde{\Lambda}(t)$ é

$$\widehat{Var}[\widetilde{\Lambda}(t)] = \sum_{t_j \leq t} \left(\frac{d_j}{n_j^2}\right).$$

Com base no estimador de Nelson-Aalen e na expressão (2.8), um estimador aproximado para a função de sobrevivência fica expresso por

$$\widetilde{S}(t) = \exp(-\widetilde{\Lambda}(t)). \tag{2.10}$$

Observa-se que a expressão (2.8) é definida para uma variável aleatória T contínua. Contudo, o estimador (2.9) é discreto, com massa nos tempos de falha, daí (2.10) ser considerado um estimador aproximado para $S(t)$.

A variância de (2.10), devido à Aalen e Johansen (1978), é estimada por

$$\widehat{Var}[\widetilde{S}(t)] = [\widetilde{S}(t)]^2 \sum_{t_j \leq t} \left(\frac{d_j}{n_j^2} \right),$$

ou, alternativamente, substituindo-se $\widehat{S}(t)$ por $\widetilde{S}(t)$ na expressão (2.5).

O estimador $\widetilde{S}(t)$ e o de Kaplan-Meier apresentam, em geral, estimativas bem próximas. Bohoris (1994) mostrou que $\widetilde{S}(t) \geq \widehat{S}(t)$ para todo t. Com base na Tabela 2.3, que apresenta as estimativas de Nelson-Aalen para o grupo esteroide dos dados de hepatite, pode-se notar que elas são bem próximas das de Kaplan-Meier mostradas na Tabela 2.2 e Figura 2.3, mesmo neste caso em que a amostra é relativamente pequena.

Tabela 2.3 – Estimativas de Nelson-Aalen para os dados do grupo esteroide

t_j	n_j	d_j	$\widetilde{\Lambda}(t_j)$	$\widetilde{S}(t_j)$	Erro-padrão de $\widetilde{S}(t_j)$	I.C.$[S(t_j)]_{95\%}$
1	14	3	0,214	0,807	0,100	(0,63; 1,00)
5	9	1	0,325	0,722	0,120	(0,52; 1,00)
7	8	1	0,450	0,637	0,133	(0,42; 0,96)
8	7	1	0,593	0,553	0,139	(0,34; 0,91)
10	6	1	0,760	0,468	0,141	(0,26; 0,85)

O estimador de Kaplan-Meier está disponível em vários *softwares* estatísticos, o que não ocorre em geral com o de Nelson-Aalen. No pacote *survival* do *software R*, por exemplo, as estimativas apresentadas na Tabela 2.3 foram obtidas com o auxílio dos comandos listados a seguir.

```
> dados_est<-subset(dados, grupos=="Esteroide")
> ss<-survfit(coxph(Surv(tempos,cens)~1,method="breslow",dados_est)); summary(ss)
> racum<- -log(ss$surv); cbind(ss$time, racum)
```

2.4.2 Estimador tabela de vida ou atuarial

A construção de uma tabela de vida consiste em dividir o eixo do tempo em s intervalos I_j, $j = 1, \ldots, s$, definidos pelos pontos de corte $t_1, t_2, \ldots, t_s$. Isto é, $I_j = (t_{j-1}, t_j]$, $j = 1, \ldots, s$, em que $t_0 = 0$ e $s \leq k$. O estimador tabela de vida apresenta a forma (2.2) do estimador de Kaplan-Meier, mas utiliza um estimador ligeiramente diferente para q_j, uma vez que, no contexto da tabela vida, tem-se: (i) d_j = total de falhas no intervalo $(t_{j-1}, t_j]$, e (ii) n_j = [total sob risco em t_{j-1}] − [$\frac{1}{2}\times$ total de censuras em $(t_{j-1}, t_j]$], de modo que o estimador para q_j fica expresso, neste caso, por

$$\widehat{q}_j^* = \frac{\text{total de falhas no intervalo } (t_{j-1}, t_j]}{\left[\text{total sob risco em } \mathrm{t}_{j-1}\right] - \left[\frac{1}{2}\times\text{total de censuras em } (t_{j-1}, t_j]\right]}.$$

A explicação para o segundo termo do denominador é que indivíduos para os quais a censura ocorreu no intervalo $(t_{j-1}, t_j]$ são tratados como se estivessem sob risco durante a metade do intervalo considerado.

Utilizando o mesmo argumento da expressão (2.2), o estimador tabela de vida para a função de sobrevivência fica expresso por

$$\ddot{S}(t_j) = \prod_{\ell=1}^{j}(1 - \widehat{q}_\ell^*), \quad j = 1, \ldots, s.$$

A representação gráfica da função de sobrevivência $\ddot{S}(t)$ é uma escada com saltos em t_j e valor constante em cada intervalo de tempo. A variância assintótica de $\ddot{S}(t)$ é estimada por

$$\widehat{Var}[\ddot{S}(t)] \cong [\ddot{S}(t)]^2 \sum_{t_j \leq t} \frac{\widehat{q}_j^*}{n_j\,(1 - \widehat{q}_j^*)}, \quad j = 1, \ldots, s.$$

Considerando para os dados do grupo esteroide os intervalos a seguir: $(0, 4]$, $(4, 6]$, $(6, 9]$ e $(9, 16]$, tem-se para o intervalo $I_2 = (4, 6]$ a estimativa

$$\widehat{q}_2^* = \frac{1}{10} = 0{,}1,$$

o que significa que a probabilidade de morte até a 6ª semana de terapia com esteroide, condicional à sobrevivência à 4ª semana, é igual a 10%. As demais estimativas para q_j^* estão na Tabela 2.4.

Tabela 2.4 – Tabela de vida para os dados do grupo esteroide

t_j	n_j	d_j	Censuras	$\widehat{q}_j^*$	$1 - \widehat{q}_j^*$	$\ddot{S}(t_j)$
4	14	3	2	0,231	0,769	0,769
6	10	1	0	0,100	0,900	0,692
9	8	2	0	0,250	0,750	0,519
16	6	1	5	0,286	0,714	0,371

Com base nas estimativas de q_j^* mostradas na Tabela 2.4, segue que

$$\ddot{S}(6) = (1 - \widehat{q}_1^*)(1 - \widehat{q}_2^*) = (1 - 0{,}231)(1 - 0{,}1) = 0{,}692,$$

o que significa que a probabilidade de um paciente do grupo esteroide sobreviver a 6 semanas de tratamento é igual a 69,2%. As demais estimativas para $S(t_j)$ estão na Tabela 2.4. Para $t_0 = 0$, tem-se $\ddot{S}(0) = 1$.

2.4.3 Comparação dos estimadores não paramétricos

A diferença entre os estimadores apresentados para $S(t)$ está no número de intervalos utilizados para a sua construção. O estimador de Kaplan-Meier e o de Nelson-Aalen baseiam-se em um número de intervalos igual ao total de tempos distintos de falha e o da tabela de vida em um número de intervalos arbitrário. Isso faz com que as estimativas obtidas pelo estimador de Kaplan-Meier sejam baseadas frequentemente em um número de intervalos maior do que as obtidas pelo da tabela de vida.

Para os dados do grupo esteroide discutidos nesta seção, o eixo do tempo foi dividido em cinco intervalos para o estimador de Kaplan-Meier, correspondendo aos 5 tempos distintos de falha, enquanto para o estimador tabela de vida foram utilizados quatro intervalos. É natural esperar que quanto maior o número de intervalos, melhor será a aproximação para a verdadeira distribuição do tempo até a falha. Então, por que não usar cinco ou mais intervalos para o cálculo do estimador tabela de vida? Isso pode ser feito, mas, em geral, não acontece na prática. A justificativa reside no fato deste estimador ter sido proposto por demógrafos e atuários há mais de um século e utilizado sempre em grandes amostras, como a de censos demográficos. A divisão em um número arbitrário de intervalos é justificada por ser a amostra muito grande, o que não ocorre com resultados provenientes de estudos clínicos ou ensaios de confiabilidade.

O estimador tabela de vida, considerando o número de intervalos igual ao do estimador de Kaplan-Meier, produz estimativas exatamente iguais às de Kaplan-Meier sob os mecanismos de censura tipo I ou II. Entretanto, sob o mecanismo de censura aleatória, as estimativas são próximas,

mas não necessariamente coincidentes. Nesta situação, alguns autores estudaram as propriedades assintóticas desses dois estimadores, mostrando a superioridade do estimador de Kaplan-Meier. Ele é não viciado para $S(t)$ em grandes amostras, enquanto o estimador tabela de vida é viciado, com vício que diminui à medida que a amplitude dos intervalos diminui. Com amostras de tamanho pequeno ou médio, também há evidências empíricas da superioridade do estimador de Kaplan-Meier. Assim, o mais indicado é utilizar o estimador de Kaplan-Meier, ou eventualmente o de Nelson-Aalen, em vez do estimador tabela de vida, quando o interesse se concentrar em informações provenientes da função de sobrevivência.

2.5 Estimação de quantidades básicas

A utilização direta da curva de Kaplan-Meier fornece uma estimativa da probabilidade de sobrevivência em um determinado tempo t. Um exemplo é a probabilidade de um paciente do grupo esteroide sobreviver a $t = 10$ semanas. A estimativa para esta probabilidade obtida diretamente da curva de Kaplan-Meier (Figura 2.3) corresponde a 43,7%. Contudo, se o tempo de interesse estiver ao longo de um degrau da curva de Kaplan-Meier, pode-se também fazer uso de uma interpolação linear. Por exemplo, para $t = 6$ semanas, a probabilidade obtida diretamente da curva de Kaplan-Meier é $\widehat{S}(6) = 0{,}698$. No entanto, se a interpolação linear for utilizada, obtém-se

$$\frac{7-5}{0{,}611-0{,}698} = \frac{6-5}{\widehat{S}(6)-0{,}698} \Rightarrow \widehat{S}(6) = 0{,}655.$$

A interpolação linear é equivalente a conectar por retas as estimativas de Kaplan-Meier, em vez de utilizar $\widehat{S}(t)$ na forma de escada. Em geral, essa forma produz uma melhor representação da distribuição contínua dos tempos de vida e, desse modo, deve ser preferida (COLOSIMO et al., 2002).

A partir da curva de Kaplan-Meier, também é possível obter estimativas de percentis. Uma informação muito útil é o tempo mediano de vida ($t_{0,5}$), cuja estimativa, obtida por meio de interpolação linear, resulta em

$$\frac{10-8}{0{,}437-0{,}524} = \frac{\widehat{t}_{0,5}-8}{0{,}50-0{,}524} \Rightarrow \widehat{t}_{0,5} = 8{,}55 \text{ semanas.}$$

De forma análoga, pode-se obter estimativas para outros percentis, ou seja, estimar o tempo t_p em que $100p\%$ dos indivíduos falham, $0 \leq p \leq 1$.

A variância assintótica do estimador de percentis $\widehat{t}_p$ (COLLETT, 2003) é expressa por

$$Var(\widehat{t}_p) = \frac{Var\left[\widehat{S}(\widehat{t}_p)\right]}{\left[f(\widehat{t}_p)\right]^2}.$$

A dificuldade em se obter uma estimativa para $f(\widehat{t}_p)$ inviabiliza a utilização desta expressão. Brookmeyer e Crowley (1982) propuseram um estimador alternativo para a mediana invertendo a região de rejeição de um teste não paramétrico que não necessita estimar $f(\widehat{t}_p)$. Esta proposta é equivalente a inverter os intervalos de confiança de $S(t)$ para obter os intervalos dos percentis. Outra opção para estimar a variância de $\widehat{t}_p$ é fazer uso de técnicas de reamostragem *bootstrap* (EFRON; TIBSHIRANI, 1994).

Para obtenção do tempo mediano, o *software* *R* não utiliza interpolação linear e faz uso da proposta de Brookmeyer e Crowley (1982) para os intervalos de confiança. A estimativa do tempo mediano para o grupo esteroide, sem interpolação, é obtida diretamente da curva de Kaplan-Meier exibida na Figura 2.3 e é igual a 10 semanas. O intervalo de confiança não tem, contudo, limite superior, pois a inversa fica indeterminada. Para o grupo controle, a curva de Kaplan-Meier não atinge o valor 0,5, não sendo possível estimar o tempo mediano. A seguir, são listados os comandos para obtenção no *R* das estimativas pontual e intervalar para o tempo mediano.

```
> ekm<-survfit(Surv(tempos,cens)~grupos,conf.type="log-log",dados); print(ekm)
```

Outra quantidade usualmente de interesse é o tempo médio de vida, que, por argumentos probabilísticos, corresponde à área (integral) sob a função de sobrevivência. Uma estimativa para este tempo é obtida calculando a área sob a curva de Kaplan-Meier. Como esta curva é uma função escada, a integral corresponde à soma de áreas de retângulos, isto é,

$$\widehat{t}_m = t_1 + \sum_{j=1}^{k-1} \widehat{S}(t_j)(t_{j+1} - t_j),$$

em que $t_1 < \ldots < t_k$ são os k tempos distintos e ordenados de falha.

Contudo, nos estudos que incluem censuras, esta quantidade nem sempre é estimada adequadamente por meio de estimadores não paramétricos. O problema surge quando o maior tempo observado for uma censura, o que acontece com frequência em estudos clínicos, como é o caso dos dados de hepatite em que a curva de Kaplan-Meier não atinge o valor zero e, sendo assim, o valor do tempo médio de vida fica subestimado. Nestas situações, esta estimativa deve ser interpretada com bastante cuidado ou até mesmo evitada. Uma alternativa é utilizar o tempo mediano em vez do tempo médio. Ambos são medidas de tendência central, representando um valor típico da distribuição do tempo de vida da população sob estudo.

Kaplan e Meier (1958) mostraram que a variância de $\widehat{t}_m$ é estimada por

$$\widehat{Var}(\widehat{t}_m) = \sum_{j=1}^{k-1} (A_j)^2 \left[\frac{d_j}{n_j(n_j - d_j)} \right],$$

em que k é o número de falhas distintas e A_j é a área sob a curva $\widehat{S}(t)$ à direita de t_j, isto é, $A_j = \widehat{S}(t_j)(t_{j+1} - t_j) + \ldots + \widehat{S}(t_{k-1})(t_k - t_{k-1})$. Como tal variância é viciada, Kaplan e Meier sugeriram multiplicá-la por $r/(r-1)$ para correção do vício, com r sendo o número total de falhas.

Outra quantidade possivelmente de interesse é o tempo médio restante de vida dos pacientes que se encontram livres do evento em um determinado tempo t. Como visto na Seção 1.5.4, este tempo é estimado pela área sob a curva de sobrevivência à direita de t dividido por $\widehat{S}(t)$, isto é,

$$\widehat{\text{vmr}}(t) = \frac{\text{área sob a curva}\, \widehat{S}(t) \,\text{à direita de}\, t}{\widehat{S}(t)}.$$

Este estimador apresenta as mesmas limitações de $\widehat{t}_m$.

2.5.1 Exemplo: reincidência de tumor sólido

Considere os tempos de reincidência de dez pacientes com remissão de tumor sólido (LEE; WANG, 2003) em que seis apresentaram reincidência aos 3, 6,5, 6,5, 10, 12 e 15 meses de seus respectivos ingressos no estudo, um não retornou após 8,4 meses de acompanhamento e três permaneceram sem reincidência após 4, 5,7 e 10 meses de acompanhamento. Os esquemas mostrados na Figura 2.4 ilustram o acompanhamento hipotético dos pacientes. No esquema (a), nota-se que a duração do estudo foi de 18 meses e que o mesmo teve início com três pacientes. Após um mês do início do estudo, ocorreu o ingresso do quarto paciente, e assim sucessivamente até o décimo paciente, que ingressou após 14 meses do início do estudo. O esquema (b) mostra o tempo de acompanhamento de cada paciente no estudo.

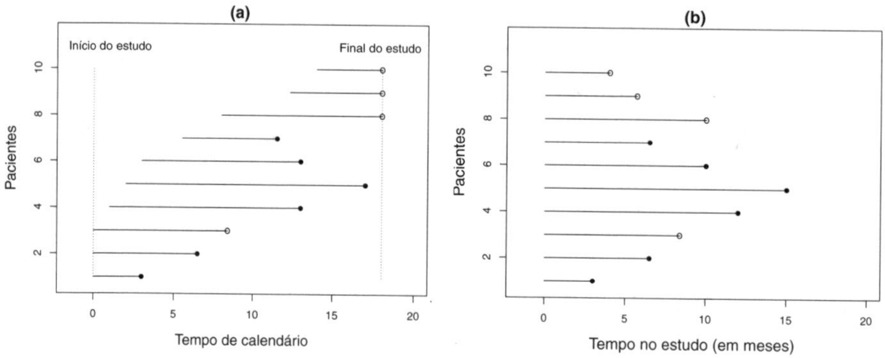

Figura 2.4 – (*a*) esquema dos ingressos dos pacientes no estudo e (*b*) esquema dos tempos desde o ingresso até a reincidência (•) ou censura (○).

Para este estudo, as estimativas de Kaplan-Meier e os intervalos de 95% de confiança para $S(t)$ são apresentados na Tabela 2.5 e Figura 2.5.

Tabela 2.5 – Estimativas obtidas por meio do estimador de Kaplan-Meier

t_j	n_j	d_j	$(1-\frac{d_j}{n_j})$	$\widehat{S}(t_j)$	Erro-padrão	I.C.$[S(t_j)]_{95\%}$
3	10	1	9/10	0,900	0,095	(0,714; 1,000)
6,5	7	2	5/7	0,643	0,168	(0,314; 0,972)
10	4	1	3/4	0,482	0,188	(0,114; 0,850)
12	2	1	1/2	0,241	0,195	(0,000; 0,622)
15	1	1	0	0,000	–	–

Os comandos utilizados no *software* *R* estão listados a seguir.

```
> library(survival)
> tempos<-c(3,4,5.7,6.5,6.5,8.4,10,10,12,15); cens<-c(1,0,0,1,1,0,1,0,1,1)
> ekm<-survfit(Surv(tempos,cens)~1,conf.type="plain"); summary(ekm)
> plot(ekm,conf.int=T,xlab="Tempo(em meses)",ylab="S(t) estimada",mark.time=T)
```

A partir da Tabela 2.5 e da Figura 2.5, nota-se que os intervalos de confiança para $S(t)$ são relativamente amplos. Isso se deve, em particular, ao tamanho amostral relativamente pequeno ($n = 10$), incluindo 4 censuras.

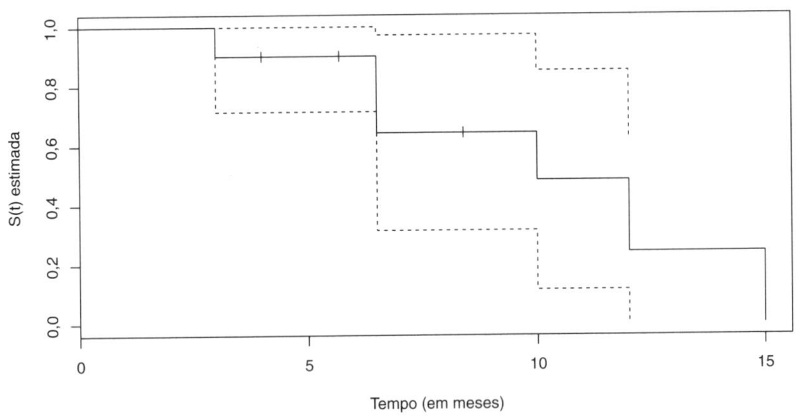

Figura 2.5 – Função de sobrevivência estimada e respectivos intervalos de 95% de confiança estimados a partir do estimador de Kaplan-Meier para os dados de tumor sólido.

Para este estudo, a estimativa para o tempo mediano, obtida por interpolação linear, resultou em 9,6 meses.

$$\frac{10 - 6{,}5}{0{,}482 - 0{,}643} = \frac{\widehat{t}_{0,5} - 6{,}5}{0{,}50 - 0{,}643} \Rightarrow \widehat{t}_{0,5} = 9{,}6 \text{ meses.}$$

Assim, 9,6 meses corresponde ao tempo em que se espera ter 50% dos pacientes com reincidência do tumor. Ainda, o tempo médio até a reincidência foi estimado como sendo igual a $\widehat{t}_m = 10{,}09$ meses. Tal estimativa mostra-se adequada aos dados do exemplo, pois o maior tempo observado corresponde a uma falha e não a uma censura. A variância estimada de $\widehat{t}_m$ com o fator de correção do vício $r/(r-1) = 6/5$, resultou em 2,33.

$$\widehat{Var}(\widehat{t}_m) = \frac{6}{5}\left[\frac{1 \times (A_1)^2}{10 \times 9} + \frac{2 \times (A_2)^2}{7 \times 5} + \frac{1 \times (A_3)^2}{4 \times 3} + \frac{1 \times (A_4)^2}{2 \times 1}\right] = 2{,}33,$$

com $A_1 = 0{,}9(6{,}5 - 3) + 0{,}643(10 - 6{,}5) + 0{,}482(12 - 10) + 0{,}241(15 - 12) = 7{,}09$, $A_2 = 0{,}643(10 - 6{,}5) + 0{,}482(12 - 10) + 0{,}241(15 - 12) = 3{,}94$, $A_3 = 0{,}482(12 - 10) + 0{,}241(15 - 12) = 1{,}69$ e $A_4 = 0{,}241(15 - 12) = 0{,}72$.

Desse modo, segue que $\text{IC}(t_m)_{95\%} = 10{,}09 \pm 1{,}96\sqrt{2{,}33} = (7{,}1;\ 13{,}1)$ meses. A seguir, são listados os comandos para obtenção no R das estimativas do tempo médio e de sua variância.

```
> ekm<-survfit(Surv(tempos,cens)~1,conf.type="plain"); aux<-summary(ekm)
> tm <-aux$time[1] + sum(diff(aux$time)*aux$surv[-length(aux$surv)]); tm
> source("https://docs.ufpr.br/~giolo/asa/arquivos/var_tm.txt")
> var.tmedio<-var_tm(ekm); var.tmedio
```

Para os pacientes no estudo sem reicindência do tumor até $t = 10$ meses, a estimativa a seguir mostra que é esperado que eles tenham, em média, mais 3,5 meses sem a reincidência do tumor.

$$\widehat{\text{vmr}}(10) = \frac{\text{área sob a curva } \widehat{S}(t) \text{ à direita de } t{=}10}{\widehat{S}(10)} = 3{,}5 \text{ meses.}$$

Um intervalo de confiança para vmr(10) pode ser obtido utilizando o método de reamostragem *bootstrap*. A apresentação de uma medida alternativa à vmr(t), o tempo mediano residual, pode ser encontrada em Klein e Moeschberger (2003, p. 154-157).

2.6 Testes para a comparação de curvas

O estudo sobre hepatite descrito na Seção 1.4.1 foi realizado para investigar o efeito da terapia com esteroide. Isto significa que o principal objetivo do estudo consiste em comparar os grupos esteroide e controle. Um procedimento natural seria utilizar os resultados assintóticos de $\widehat{S}(t)$ para testar a igualdade de duas funções de sobrevivência em um específico tempo t. Esta forma, contudo, não faria uso eficiente dos dados disponíveis, pois não estaria sendo considerado todo o estudo, somente um tempo específico t. Desse modo, testes não paramétricos foram generalizados para dados contendo censuras. Dentre eles, o teste *logrank* (MANTEL, 1966) é o mais utilizado em análise de sobrevivência. Gehan (1965) propôs uma generalização para a estatística de Wilcoxon. Outras generalizações foram propostas por Peto e Peto (1972) e Prentice (1978), entre outros. Latta (1981) fez uso de simulações de Monte Carlo para comparar vários testes não paramétricos.

Neste texto, ênfase é dada ao teste *logrank*, particularmente apropriado para situações em que a razão das taxas de falha dos grupos comparados é aproximadamente constante. Ou seja, as populações têm a propriedade de taxas de falha proporcionais. A estatística deste teste considera a diferença entre o número observado de falhas em cada grupo e uma quantidade que, para muitos propósitos, pode ser pensada como o correspondente número esperado de falhas sob a hipótese nula. A expressão do teste *logrank* é obtida de forma similar à do conhecido teste de Mantel-Haenszel (1959), que combina tabelas de contingência. O teste *logrank* tem a mesma expressão do teste escore para o modelo de Cox, apresentado no Capítulo 5. Outros testes também são apresentados nesta seção.

Considere, inicialmente, o teste de igualdade de duas funções de sobrevivência $S_1(t)$ e $S_2(t)$, ou seja, H_0: $S_1(t) = S_2(t)$, para todo $t \in (0, \mathrm{T}^*)$, com T^* o maior tempo de acompanhamento. Sejam $t_1 < t_2 < \ldots < t_k$ os tempos distintos e ordenados de falha da amostra formada pela combinação das duas amostras individuais. Para a amostra combinada, suponha que no tempo t_j ocorram d_j falhas e que n_j indivíduos estejam sob risco no tempo imediatamente anterior a t_j, $j = 1, \ldots, k$.

Para a amostra i, $i = 1, 2$, suponha, ainda, que ocorram d_{ij} falhas em t_j e que n_{ij} indivíduos estejam sob risco no tempo imediatamente anterior a t_j. Assim, para cada tempo de falha t_j, $j = 1, \ldots, k$, pode-se dispor os dados em uma tabela de contingência 2 x 2 com d_{ij} falhas e $n_{ij} - d_{ij}$ sobreviventes na coluna i, $i = 1, 2$, como mostrado na Tabela 2.6.

Tabela 2.6 – Tabela de contingência associada ao tempo de falha t_j

Evento	Grupos		Totais
	1	2	
Falha	d_{1j}	d_{2j}	d_j
Não falha	$n_{1j} - d_{1j}$	$n_{2j} - d_{2j}$	$n_j - d_j$
Totais	n_{1j}	n_{2j}	n_j

Condicional à experiência de falhas e censuras até o tempo t_j (marginais coluna fixas) e ao número de falhas no tempo t_j (marginais linha fixas), a distribuição de d_{2j} é a hipergeométrica

$$\frac{\binom{n_{1j}}{d_{1j}}\binom{n_{2j}}{d_{2j}}}{\binom{n_j}{d_j}}. \qquad (2.11)$$

A média de d_{2j} é $w_{2j} = n_{2j}d_jn_j^{-1}$, o que equivale a dizer que, se não houver diferenças entre as duas populações no tempo t_j, o número total de falhas d_j pode ser dividido entre as duas amostras de acordo com a razão entre o número de indivíduos sob risco em cada amostra e o número total de indivíduos sob risco na amostra combinada.

A variância de d_{2j}, com base na distribuição hipergeométrica, é

$$(V_j)_2 = n_{2j}(n_j - n_{2j})d_j(n_j - d_j)n_j^{-2}(n_j - 1)^{-1}.$$

Então, a estatística $d_{2j} - w_{2j}$ tem média zero e variância $(V_j)_2$. Se as k tabelas de contingência forem independentes, um teste aproximado para a igualdade das duas funções de sobrevivência pode ser baseado na estatística

$$T_L = \frac{\left[\sum_{j=1}^{k}(d_{2j} - w_{2j})\right]^2}{\sum_{j=1}^{k}(V_j)_2}, \qquad (2.12)$$

que sob H_0, para todo t no período de acompanhamento, tem distribuição qui-quadrado com 1 grau de liberdade para grandes amostras.

Para os dados de hepatite, as curvas de sobrevivência dos grupos esteroide e controle (Figura 2.3) foram comparadas por meio do teste *logrank*. O resultado foi $T_L = 3,67$ (valor $p = 0,055$, g.l. $= 1$), indicando diferença entre as curvas ao nível $\alpha = 10\%$. Os comandos utilizados no *R* estão a seguir.

```
> library(survival)
> tempos<-c(1,2,3,3,3,5,5,16,16,16,16,16,16,16,16,1,1,1,1,4,5,7,8,10,10,12,16,16,16)
> cens<-c(0,0,1,1,0,0,0,0,0,0,0,0,0,0,0,1,1,1,0,0,1,1,1,1,0,0,0,0,0)
> grupos<-c(rep(1,15),rep(2,14)); survdiff(Surv(tempos,cens)~grupos,rho=0)
```

A generalização do teste *logrank* para a igualdade de $m > 2$ funções de sobrevivência, H_0: $S_1(t) = S_2(t) = \ldots = S_m(t)$, para $t \in (0,\ \mathrm{T}^*)$, é obtida por meio da respectiva forma quadrática. Considere a notação anterior, com o índice i variando de 1 a m. Dessa forma, para cada t_j, $j = 1, \ldots, k$, os dados podem ser dispostos em uma tabela de contingência 2 x m com d_{ij} falhas e $n_{ij} - d_{ij}$ sobreviventes na coluna i, $i = 1, \ldots, m$. Ou seja, a Tabela 2.6 passaria a ter m colunas em vez de duas. Condicional à experiência de falhas e censuras até t_j e ao número de falhas em t_j, a distribuição conjunta de $d_{2j}, \ldots, d_{mj}$ segue a hipergeométrica multivariada, isto é,

$$\frac{\prod_{i=1}^{m} \binom{n_{ij}}{d_{ij}}}{\binom{n_j}{d_j}}.$$

A média de d_{ij} é $w_{ij} = n_{ij} d_j n_j^{-1}$ e, além disso, a variância de d_{ij} e a covariância de d_{ij} e d_{lj} são, respectivamente,

$$(V_j)_{ii} = n_{ij}(n_j - n_{ij}) d_j (n_j - d_j) n_j^{-2} (n_j - 1)^{-1}$$

$$(V_j)_{il} = -n_{ij} n_{lj} d_j (n_j - d_j) n_j^{-2} (n_j - 1)^{-1}.$$

Logo, a estatística $\mathbf{v}_j = (d_{2j} - w_{2j}, \ldots, d_{mj} - w_{mj})'$ tem média zero e matriz de variância-covariância $\mathbf{V}_j$ de dimensão $m-1$, com $(V_j)_{ii}, i = 2, \ldots, m$, na diagonal principal e $(V_j)_{il}, i, l = 2, \ldots, m$ fora da diagonal. Somando sobre todos os tempos distintos de falha, obtém-se a estatística

$$\mathbf{v} = \sum_{j=1}^{k} \mathbf{v}_j,$$

em que $\mathbf{v}$ é um vetor de dimensão $(m-1) \times 1$, cujos elementos correspondem às diferenças entre os totais observados e esperados de falha.

Considerando a suposição de que as k tabelas de contingência são independentes, a matriz de variância-covariância da estatística $\mathbf{v}$ será $\mathbf{V} = \mathbf{V}_1 + \ldots + \mathbf{V}_k$. Desse modo, um teste aproximado para a igualdade das m funções de sobrevivência é baseado na estatística

$$T_L = \mathbf{v}' \mathbf{V}^{-1} \mathbf{v}, \tag{2.13}$$

que, sob H_0, segue distribuição qui-quadrado com $m-1$ graus de liberdade para amostras grandes. Os graus de liberdade são $m-1$ e não m devido à soma dos elementos de $\mathbf{v}$ ser igual a zero.

2.6.1 Exemplo: eficácia da imunização pela malária

Na Seção 1.4.2 foi descrito um estudo que teve como objetivo avaliar a eficácia da imunização pela malária. Este objetivo pode ser traduzido como a comparação das curvas de sobrevivência mostradas na Figura 2.6. Desse modo, foi utilizado o teste *logrank* (2.13) que resultou em $T_L = 12{,}6$ (valor $p = 0{,}002$, g.l. $= 2$), indicando a presença de diferenças entre os grupos. Os comandos utilizados no *software* R estão listados a seguir.

```
> tempos<-c(7,8,8,8,8,12,12,17,18,22,30,30,30,30,30,30,8,8,9,10,10,14,
          15,15,18,19,21,22,22,23,25,8,8,8,8,8,8,9,10,10,10,11,17,19)
> cens<-c(rep(1,10),rep(0,6),rep(1,15),rep(1,13))
> grupo<-c(rep(1,16),rep(2,15),rep(3,13)); library(survival)
> ekm<-survfit(Surv(tempos,cens)~grupo); summary(ekm)
> plot(ekm,lty=c(1,4,2),xlab="Tempo(em dias)",ylab="S(t) estimada")
> legend(1,0.3,lty=c(1,4,2),c("Grupo 1","Grupo 2","Grupo 3"),lwd=1,bty="n",cex=0.8)
> survdiff(Surv(tempos,cens)~grupo, rho=0)
```

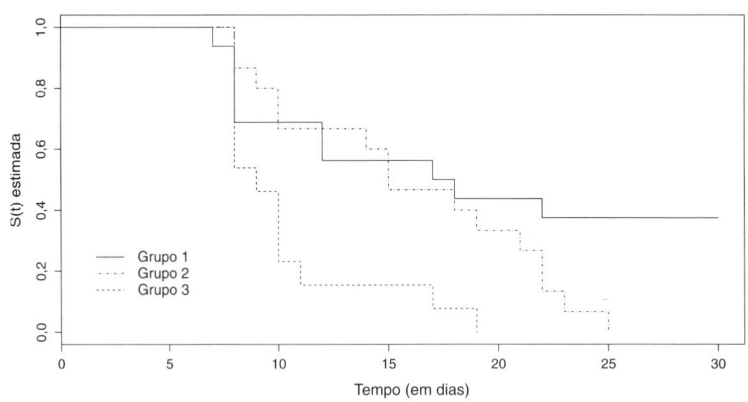

Figura 2.6 – Curvas de Kaplan-Meier dos dados da malária.

Constatada a presença de diferenças entre as curvas, é necessário identificar quais diferem entre si. Em planejamento de experimentos, em que é assumido o modelo linear com resposta normal, há vários métodos propostos para a realização de tais comparações. O mesmo não ocorre com dados de sobrevivência. Assim, uma possibilidade é realizar a comparação dos grupos, dois a dois, controlando a probabilidade global do erro tipo I pelo método de Bonferroni. Como existem três grupos, há $g = 3$ comparações possíveis entre eles. O método de Bonferroni considera nível de significância $\alpha/g = 0{,}05/3 = 0{,}017$ para cada uma das comparações, de forma a garantir uma conclusão global a um nível de significância de no máximo $\alpha = 0{,}05$. Com base nos resultados mostrados na Tabela 2.7, nota-se que há diferença significativa entre os grupos 1 e 3 e entre os grupos 2 e 3, mas não entre os grupos 1 e 2. A diferença entre os grupos 1 e 3 indica a eficácia da imunização pela malária na presença de infecção pela malária e esquistossomose. Já a diferença entre os grupos 2 e 3 mostra o impacto na mortalidade dos camundongos devido à infecção pela esquistossomose.

Tabela 2.7 – Teste *logrank* aplicado aos dados da malária

Grupos comparados	Estatística de teste	Valor p
1 e 2	2,5	0,1117
2 e 3	8,0	0,0047
1 e 3	7,9	0,0050

Os comandos em *R* para a realização das comparações estão a seguir.

```
> dados<-data.frame(tempos,cens,grupo)
> survdiff(Surv(tempos,cens)~grupo, data=subset(dados, grupo %in% c(1,2)), rho=0)
> survdiff(Surv(tempos,cens)~grupo, data=subset(dados, grupo %in% c(2,3)), rho=0)
> survdiff(Surv(tempos,cens)~grupo, data=subset(dados, grupo %in% c(1,3)), rho=0)
```

2.6.2 Outros testes não paramétricos

No caso particular da comparação de duas funções de sobrevivência, $S_1(t)$ e $S_2(t)$, a forma geral a seguir inclui os testes mais importantes na literatura e generaliza a estatística T_L em (2.12)

$$S = \frac{\left[\sum_{j=1}^{k} u_j(d_{2j} - w_{2j})\right]^2}{\sum_{j=1}^{k} u_j^2 (V_j)_2}, \tag{2.14}$$

com u_j os pesos que especificam os testes.

Sob H_0: $S_1(t) = S_2(t)$, a estatística S segue distribuição qui-quadrado com 1 grau de liberdade para amostras grandes. O teste *logrank* (2.12) é obtido tomando-se $u_j = 1$. Quando $u_j = n_j$, obtém-se outro teste muito utilizado, o de Wilcoxon. Este teste foi adaptado para dados de sobrevivência a partir do teste não paramétrico de Wilcoxon (GEHAN, 1965, BRESLOW, 1970). O teste de Tarone e Ware (1977) propõe peso $u_j = \sqrt{n_j}$, que fica entre os pesos dos testes *logrank* e de Wilcoxon. A Tabela 2.8 mostra os resultados desses três testes para os dados de hepatite. Os comandos utilizados no pacote *coin* do *software* R para obtê-los estão a seguir.

```
> library(coin)
> logrank_test(Surv(tempos,cens)~factor(grupos),type="logrank")
> logrank_test(Surv(tempos,cens)~factor(grupos),type="Gehan-Breslow")
> logrank_test(Surv(tempos,cens)~factor(grupos),type="Tarone-Ware")
```

Tabela 2.8 – Comparação das curvas de sobrevivência dos dados de hepatite

Teste	Estatística de teste	Valor p
Logrank	3,67	0,055
Wilcoxon	3,19	0,074
Tarone-Ware	3,43	0,063

A escolha dos pesos na expressão (2.14) direciona o tipo de diferença a ser detectado entre as funções de sobrevivência. O teste de Wilcoxon, que utiliza $u_j = n_j$, atribui peso maior na porção inicial do eixo do tempo. Já o teste *logrank*, atribui o mesmo peso para todo o eixo do tempo, o que reforça o enfoque nos tempos maiores, quando comparado ao teste de Wilcoxon. O teste de Tarone-Ware localiza-se em uma situação intermediária.

Outra classe de pesos, proposta por Harrington e Fleming (1982) para a expressão (2.14), é denominada família Harrington-Fleming e é dada por

$$u_j = \left[\widehat{S}(t_{j-1})\right]^{\rho}. \tag{2.15}$$

Para $\rho = 0$ em (2.15), obtém-se $u_j = 1$ e tem-se, então, o teste *logrank*. Já para $\rho = 1$, o peso é o Kaplan-Meier no tempo de falha anterior e, nesse caso, tem-se um teste similar ao de Wilcoxon.

A principal vantagem da família de testes Harrington-Fleming é que a ponderação é feita relativa à experiência anterior de sobrevivência, o que não acontece com o teste *logrank*. O teste de Wilcoxon, em particular, pondera pelo número de indivíduos sob risco, que depende da experiência de sobrevivência, bem como da experiência de censuras. Se o padrão de censuras for nitidamente diferente nos dois grupos, então o teste pode rejeitar ou não rejeitar, não somente com base nas diferenças das sobrevivências entre os grupos, mas também devido ao padrão de censuras.

A família Harrington-Fleming é utilizada no *R* em *survdiff*, como ilustrado a seguir para os valores de ρ iguais a 0 e 1 em (2.15).

```
> survdiff(Surv(tempos,cens)~grupos, rho=0)
> survdiff(Surv(tempos,cens)~grupos, rho=1)
```

2.7 Exercícios

1. Mostre que a partir da transformação $U(t) = \log[-\log S(t)]$ obtém-se o intervalo de 95% de confiança para $S(t)$ apresentado em (2.7).

2. Um estudo foi realizado para investigar o tempo até a ruptura de um tipo de isolante elétrico sujeito à tensão de estresse de 35 Kvolts. O teste consistiu em deixar 25 isolantes funcionando até 15 falhas serem observadas. Os tempos estão na Tabela 2.9 (+ indica censura tipo II).

Tabela 2.9 – Tempo em minutos até a ruptura do isolante

0,19	0,78	0,96	1,31	2,78	3,16	4,67	4,85	6,50	7,35
8,27	12,07	32,52	33,91	36,71	$36{,}71^+$	$36{,}71^+$	$36{,}71^+$		
$36{,}71^+$	$36{,}71^+$	$36{,}71^+$	$36{,}71^+$	$36{,}71^+$	$36{,}71^+$	$36{,}71^+$			

(a) Estime o tempo mediano de vida dos isolantes.

(b) Estime a fração de defeituosos nos primeiros 2 minutos.

(c) Estime o tempo médio de vida dos isolantes (limite em 40 minutos).

(d) Estime o tempo em que 20% dos isolantes estarão fora de operação.

3. A Tabela 2.10 apresenta os tempos de sobrevida de 51 pacientes com câncer submetidos à radioterapia (+ indica censura).

Tabela 2.10 – Tempo em dias de pacientes submetidos à radioterapia

7 34 42 63 64 74^+ 83 84 91 108 112 129 133 133 139
140 140 146 149 154 157 160 160 165 173 176 185^+ 218
225 241 248 273 277 279^+ 297 319^+ 405 417 420 440 523
523^+ 583 594 1101 1116^+ 1146 1226^+ 1349^+ 1412^+ 1417

Fonte: Louzada Neto et al. (2002).

(a) Estime $S(t)$. Use o estimador de Kaplan-Meier e o de Nelson-Aalen.
(b) Estime o tempo mediano e o tempo médio de vida dos pacientes.
(c) Estime a probabilidade de um paciente sobreviver a *i*) 42 dias, *ii*) 100 dias, *iii*) 300 dias e *iv*) 1000 dias.
(d) Estime a vida média residual dos que sobreviverem a 1000 dias.
(e) Interprete as estimativas obtidas nos três itens anteriores.
(f) Obtenha t tal que *i*) $\widehat{S}(t) = 0{,}8$, *ii*) $\widehat{S}(t) = 0{,}3$ e *iii*) $\widehat{S}(t) = 0{,}1$.

4. Um estudo realizado na *Mayo Clinic* com pacientes diagnosticados com carcinoma de ovário nos estádios II ou IIIA teve como objetivo determinar se o grau da doença estava associado ao tempo até a progressão do tumor. A Tabela 2.11 exibe os referidos tempos para os pacientes com câncer de baixo grau ou bem diferenciado e para os de alto grau ou indiferenciado. O símbolo + indica censura.

Tabela 2.11 – Estudo de pacientes com carcinoma de ovário

Grau	Tempo em dias até a progressão do tumor
Baixo	28 89 175 195 309 377^+ 393^+ 421^+ 447^+ 462 709^+ 744^+ 770^+ 1106^+ 1206^+
Alto	34 88 137 199 280 291 299^+ 300^+ 309 351 358 369 369 370 375 382 392 429+ 451 1119^+

Fonte: Fleming et al. (1980).

(a) Obtenha as estimativas de Kaplan-Meier e Nelson-Aalen para a função de sobrevivência de ambos os grupos e apresente-as em um gráfico.

(b) Teste a hipótese nula H_0: $S_1(t) = S_2(t)$. Utilize dois testes diferentes e explique a razão da diferença entre os resultados.

5. Um estudo comparou dois métodos para a realização de transplante de medula em pacientes com leucemia. A resposta registrada foi o tempo contado desde o transplante até a morte do paciente.

(a) Utilize o teste *logrank* para testar as hipóteses de interesse e apresente conclusões. Considere $\alpha = 5\%$ (3,84) e os resultados a seguir.

$$\sum_{j=1}^{k}(d_{2j} - w_{2j}) = 3{,}964 \quad \text{e} \quad \sum_{j=1}^{k}(V_j)_2 = 6{,}211.$$

(b) Neste estudo, os pesquisadores não têm interesse em detectar diferenças entre os métodos nos tempos iniciais devido à toxicidade dos medicamentos. Qual teste é mais indicado neste caso, o *logrank* ou o de Wilcoxon? Justifique sua resposta.

6. Um produtor de requeijão deseja comparar dois tipos de embalagens com o propósito de avaliar a durabilidade do produto em função da embalagem utilizada. O produto é vendido a temperatura ambiente e sem conservantes. A resposta considerada foi o tempo, em horas, até o aparecimento de algum tipo de fungo no produto. Os dados estão na Tabela 2.12, com + indicando censura.

Tabela 2.12 – Tempo até o aparecimento de fungo no produto

Embalagem	Durabilidade do produto em horas
A	31 40 43 44 46 46 47 48 48 49
	50 50 60 60 60 60 60^+ 60^+ 60^+ 60^+
B	48 48 49 49 49 49 50 50 50 50
	53 53 54 54 54 55 55^+ 55^+ 55^+ 55^+

(a) Teste se a durabilidade do produto difere entre as duas embalagens.

(b) Se houver diferença, caracterize a durabilidade do produto para cada embalagem apresentando o percentil 10 e o tempo médio de durabilidade do produto. Se não houver diferença, faça o mesmo considerando todos os tempos de durabilidade em uma única amostra.

7. Cães com leishmaniose foram alocados aos grupos A, B ou controle, com A e B correspondendo a dois tratamentos diferentes. Os tempos até a morte dos cães estão na Tabela 2.13, com o símbolo + indicando censura. Teste se os grupos diferem entre si.

Tabela 2.13 – Dados de cães com leishmaniose

Grupo	Tempo de vida em meses
A	1 3 4 5 5 6 6 5^+ 5^+ 7^+ 7^+
B	1 3 3 6 4^+ 5^+ 7 7 7^+ 7^+
Controle	2 3 5 5 5 6 5^+ 7^+ 7^+ 7^+

Capítulo 3

Modelos probabilísticos

3.1 Introdução

Este capítulo aborda o uso de distribuições de probabilidade na análise estatística de dados de sobrevivência. Tais distribuições, denominadas modelos probabilísticos ou paramétricos, têm se mostrado bastante adequadas para descrever o tempo de vida de produtos industriais e, sendo assim, vêm sendo utilizadas com mais frequência na área industrial do que na área da saúde. Isto se deve ao fato de que os estudos envolvendo componentes e equipamentos industriais podem ser planejados e, em consequência, as fontes de heterogeneidade controladas. Nessas condições, a busca por um modelo paramétrico é facilitada e a análise estatística torna-se mais precisa.

Existem diversos livros de probabilidade que fazem uma apresentação exaustiva dos modelos paramétricos, dentre eles, Johnson e Kotz (1970). Neste capítulo, os principais modelos paramétricos utilizados em análise de sobrevivência e o método de estimação de máxima verossimilhança são apresentados nas Seções 3.2 e 3.3. Propriedades dos estimadores de máxima verossimilhança, bem como testes de hipóteses, são discutidos na Seção 3.4. Para auxiliar na seleção de modelos, técnicas gráficas e o teste da razão de verossimilhanças são tratados na Seção 3.5. A Seção 3.6 finaliza o capítulo com exemplos que ilustram a aplicação dos modelos paramétricos.

3.2 Modelos em análise de sobrevivência

Algumas distribuições de probabilidade, como a normal (gaussiana) e a binomial, descrevem de forma adequada diversas variáveis clínicas e industriais. Contudo, quando se trata da variável tempo até o evento ou tempo de sobrevida, outras distribuições se mostram mais adequadas.

Embora exista uma série de modelos probabilísticos utilizados em análise de sobrevivência, alguns ocupam uma posição de destaque por sua comprovada adequação à várias situações práticas. Dentre eles, podem ser citados os modelos exponencial, de Weibull e log-normal.

É importante se ater às características de cada uma das distribuições, uma vez que cada uma delas pode produzir estimadores diferentes para a mesma quantidade desconhecida. Desta forma, a utilização de um modelo inadequado acarreta erros grosseiros nas estimativas dessas quantidades. Portanto, a escolha de um modelo probabilístico para descrever o tempo até o evento deve ser feita com bastante cuidado. Este tópico é abordado na Seção 3.4. Algumas das principais distribuições de probabilidade utilizadas em análise de sobrevivência são apresentadas a seguir.

3.2.1 Distribuição exponencial

A distribuição exponencial é um dos modelos probabilísticos mais simples utilizados para descrever o tempo até o evento. Ela apresenta somente um parâmetro, e é a única que se caracteriza por ter uma função taxa de falha constante. Esta distribuição tem descrito adequadamente o tempo de vida de certos produtos e materiais, assim como o tempo de vida de óleos isolantes e dielétricos, dentre outros. Cox e Snell (1981) a utilizaram para descrever o tempo de sobrevida de pacientes adultos com leucemia.

A função densidade de probabilidade associada à variável aleatória tempo até o evento T com distribuição exponencial é dada por

$$f(t) = \frac{1}{\alpha} \exp\Big[-\Big(\frac{t}{\alpha}\Big)\Big], \qquad t \geq 0, \tag{3.1}$$

em que o parâmetro $\alpha > 0$ corresponde ao tempo médio de vida.

Vale mencionar que se t é medido em horas, α também será fornecido em horas. Quanto às funções de sobrevivência e taxa de falha, elas são dadas, respectivamente, por

$$S(t) = \exp\Big[-\Big(\frac{t}{\alpha}\Big)\Big] \quad \text{e} \quad \lambda(t) = \frac{1}{\alpha}, \quad \text{para } t \geq 0.$$

A Figura 3.1 exibe a forma dessas três funções para vários valores de α.

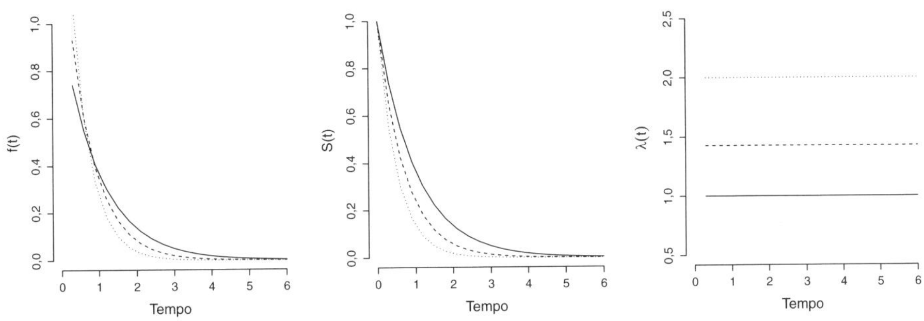

Figura 3.1 – Funções densidade de probabilidade, de sobrevivência e taxa de falha da distribuição exponencial para α = 1,0 (–), 0,7 (- -) e 0,5 ($\cdots$).

Como mencionado, a distribuição exponencial apresenta taxa de falha constante. Assim, tanto as unidades novas quanto as velhas, que ainda não falharam, apresentam a mesma taxa de falha em um intervalo futuro. Esta propriedade é denominada falta de memória da distribuição exponencial.

Outras características de interesse são a média, a variância e os percentis. A média da distribuição exponencial é α e a variância α^2. O percentil $100p\%$ corresponde ao tempo em que $100p\%$ dos produtos ou indivíduos falham. Os percentis são importantes para a obtenção, por exemplo, de informações a respeito de falhas prematuras. Eles podem ser obtidos a partir da função densidade ou da função de sobrevivência. Para a distribuição exponencial, o percentil $100p\%$, denotado por t_p, pode ser obtido por

$$t_p = -\alpha \log(1 - p).$$

Uma vez conhecido o valor de α, é possível obter facilmente os percentis. A mediana, por exemplo, é obtida por $t_{0,5} = -\alpha \log(1 - 0{,}5)$. Observa-se que a média corresponde ao $t_{0,63}$, ou seja, ao percentil 63%.

Alguns livros de confiabilidade (MEEKER; ESCOBAR, 1998, EBELING, 1997) apresentam o modelo exponencial com dois parâmetros, em que um parâmetro de locação t_0 é incluído para representar um período inicial de tempo em que a falha nunca ocorre. Este parâmetro é conhecido como tempo de garantia. A função densidade para esta nova variável T é obtida substituindo t por $t - t_0$ na expressão (3.1), com o suporte de T definido a partir de t_0. Na prática, é difícil assumir com certeza que ocorra este período inicial sem falhas, mas há situações em que é bastante plausível.

3.2.2 Distribuição de Weibull

A distribuição de Weibull foi proposta por Weibull (1939), que também discutiu sua ampla aplicabilidade (WEIBULL, 1951, 1954). Desde então, vem sendo utilizada com frequência em estudos biomédicos e industriais. A sua popularidade se deve ao fato de ela apresentar uma grande variedade de formas, todas com uma propriedade básica: a sua função taxa de falha é monótona, isto é, ela é crescente, decrescente ou constante.

Para uma variável aleatória T com distribuição de Weibull, a função densidade de probabilidade é dada por

$$f(t) = \frac{\gamma}{\alpha^\gamma}\, t^{\gamma-1} \exp\left[-\left(\frac{t}{\alpha}\right)^\gamma\right], \quad t \geq 0, \tag{3.2}$$

em que os parâmetros de escala e forma, α e γ, são positivos. O parâmetro α tem a mesma unidade de medida de t e γ não tem unidade de medida.

Para esta distribuição, as funções de sobrevivência e taxa de falha, para α e $\gamma > 0$, são dadas, respectivamente, por

$$S(t) = \exp\left[-\left(\frac{t}{\alpha}\right)^\gamma\right] \quad \text{e} \quad \lambda(t) = \frac{\gamma}{\alpha^\gamma}\, t^{\gamma-1}, \quad t \geq 0.$$

Observa-se que para $\gamma = 1$ tem-se a distribuição exponencial. Assim, uma característica importante da distribuição de Weibull é ter a exponencial como caso particular. Algumas das diversas formas assumidas pelas funções densidade de probabilidade, sobrevivência e taxa de falha da distribuição de Weibull, são apresentadas na Figura 3.2 para vários valores de α e γ. Observa-se que o parâmetro de forma γ determina as diferentes formas dessas funções.

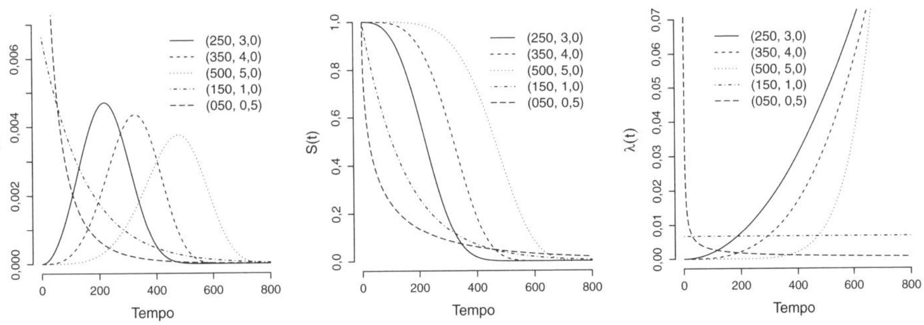

Figura 3.2 – Funções densidade de probabilidade, de sobrevivência e taxa de falha da distribuição de Weibull para vários valores de (α, γ).

A partir da Figura 3.2, pode-se notar que a função taxa de falha $\lambda(t)$ é estritamente crescente para $\gamma > 1$, estritamente decrescente para $\gamma < 1$ e constante para $\gamma = 1$, que corresponde à $\lambda(t)$ da distribuição exponencial, que, como já mencionado, é um caso particular da Weibull.

As expressões para a média e a variância da Weibull são dadas por

$$\begin{aligned} \text{E}(T) &= \alpha\,\Gamma[1 + (1/\gamma)], \\ \text{Var}(T) &= \alpha^2\Big[\Gamma[1 + (2/\gamma)] - \Gamma[1 + (1/\gamma)]^2\Big], \end{aligned}$$

com a função gama definida por $\Gamma(s) = \int_0^\infty x^{s-1}\exp(-x)dx$.

Quanto aos percentis da distribuição de Weibull, eles são obtidos por

$$t_p = \alpha\Big[-\log(1-p)\Big]^{1/\gamma}.$$

Uma distribuição relacionada à de Weibull, denominada valor extremo ou de Gambel, resulta do logaritmo de uma variável com distribuição de Weibull. Ou seja, se a variável T tem ditribuição de Weibull, com $f(t)$ dada por (3.2), então a variável $Y = \log(T)$ tem distribuição valor extremo com função densidade de probabilidade dada por

$$f(y) = \frac{1}{\sigma}\exp\left[\left(\frac{y-\mu}{\sigma}\right) - \exp\left(\frac{y-\mu}{\sigma}\right)\right],$$

em que y e $\mu \in \Re$ e $\sigma > 0$, com μ e σ denominados parâmetros de locação e escala, respectivamente. Para $(\mu, \sigma) = (0, 1)$, tem-se a distribuição valor extremo padrão. Os parâmetros das distribuições de Weibull e valor extremo apresentam as seguintes relações de igualdade: $\gamma = 1/\sigma$ e $\alpha = \exp(\mu)$.

As funções de sobrevivência e taxa de falha associadas a Y são dadas por

$$S(y) = \exp\left[-\exp\left(\frac{y-\mu}{\sigma}\right)\right] \quad \text{e} \quad \lambda(y) = \frac{1}{\sigma}\exp\left(\frac{y-\mu}{\sigma}\right).$$

A média e a variância são, respectivamente, $\mu - \nu\sigma$ e $(\pi^2/6)\sigma^2$, com $\nu = 0{,}5772...$ a constante de Euler. O percentil $100p\%$ é dado por

$$t_p = \mu + \sigma \log[-\log(1-p)].$$

Na análise de dados de sobrevivência, muitas vezes é conveniente trabalhar com o logaritmo dos tempos de vida observados. Esta transformação é utilizada nos modelos de regressão apresentados no Capítulo 4. Assim, se os dados seguem a distribuição de Weibull, a distribuição valor extremo aparece naturalmente na modelagem.

3.2.3 Distribuição log-normal

Similar à distribuição de Weibull, a log-normal é utilizada para caracterizar os tempos de vida de produtos, dentre eles, fadiga de metal, semicondutores, diodos e isolação elétrica. Ela também é utilizada para descrever situações clínicas, como o tempo de sobrevida de pacientes com leucemia.

Para uma variável aleatória T com distribuição log-normal, a função densidade de probabilidade é dada por

$$f(t) = \frac{1}{\sqrt{2\pi}t\sigma}\exp\left[-\frac{1}{2}\left(\frac{\log(t)-\mu}{\sigma}\right)^2\right], \qquad t > 0,$$

com μ a média e σ o desvio-padrão de $\log(T)$. Ou seja, os parâmetros são definidos em termos da distribuição normal geradora da log-normal.

A relação entre as distribuições log-normal e normal é similar àquela existente entre a de Weibull e valor extremo. Como o nome sugere, o logaritmo de uma variável com distribuição log-normal de parâmetros μ e σ

tem uma distribuição normal com média μ e desvio-padrão σ. Essa relação significa que dados provenientes de uma distribuição log-normal podem ser analisados segundo uma distribuição normal, desde que se considere o logaritmo dos dados em vez dos valores originais.

Para uma variável aleatória T com distribuição log-normal, as funções de sobrevivência e taxa de falha não apresentam forma analítica e, portanto, são expressas, respectivamente, por

$$S(t) = \Phi\left(\frac{-\log(t) + \mu}{\sigma}\right) \quad \text{e} \quad \lambda(t) = \frac{f(t)}{S(t)},$$

em que $\Phi(\cdot)$ é a função de distribuição acumulada da normal padrão.

A Figura 3.3 apresenta a forma das funções densidade, de sobrevivência e taxa de falha da distribuição log-normal para alguns valores de μ e σ.

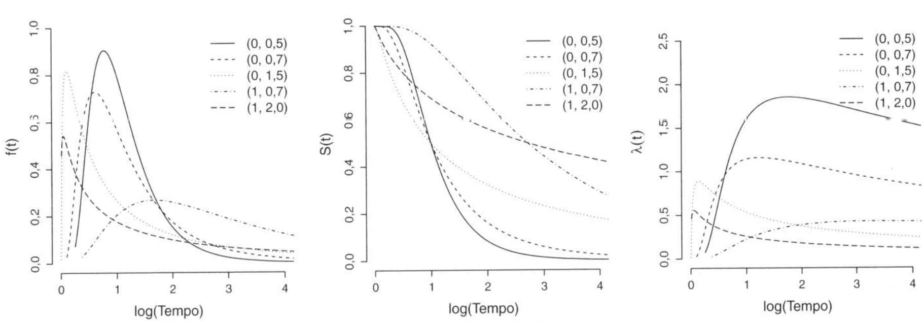

Figura 3.3 – Funções densidade de probabilidade, de sobrevivência e taxa de falha da distribuição log-normal para alguns valores de (μ, σ).

A partir da Figura 3.3, observa-se que a função taxa de falha $\lambda(t)$ não é monótona. Ela cresce, atinge um valor máximo e depois decresce.

Os percentis para a distribuição log-normal são obtidos por

$$t_p = \exp(z_p\, \sigma + \mu),$$

com z_p o $100p\%$ percentil da distribuição normal padrão. Além disso, a média e a variância são dadas, respectivamente, por

$$\mathrm{E}(T) = \exp(\mu + \sigma^2/2) \quad \text{e} \quad \mathrm{Var}(T) = \exp(2\mu + \sigma^2)[\exp(\sigma^2) - 1].$$

3.2.4 Distribuição log-logística

A distribuição log-logística tem se apresentado como uma alternativa às distribuições de Weibull e log-normal. Para uma variável aleatória T com esta distribuição, a função densidade de probabilidade é dada por

$$f(t) = \frac{\gamma}{\alpha^\gamma}\, t^{\gamma-1}\Big[1 + (t/\alpha)^\gamma\Big]^{-2}, \quad t > 0,$$

com α e $\gamma > 0$ os parâmetros de escala e forma, respectivamente. As funções de sobrevivência e taxa de falha são expressas, respectivamente, por

$$S(t) = \frac{1}{1 + (t/\alpha)^\gamma} \quad \text{e} \quad \lambda(t) = \frac{\gamma\,(t/\alpha)^{\gamma-1}}{\alpha\Big[1 + (t/\alpha)^\gamma\Big]}.$$

A esperança é dada por $E(T) = [\pi\,\alpha \csc(\pi/\gamma)]/\gamma$, se $\gamma > 1$, e a variância por $\text{Var}(T) = [(2\pi\alpha^2 \csc(2\pi/\gamma))/\gamma] - E(T)^2$, se $\gamma > 2$, com csc a função trigonométrica cossecante. Ainda, o percentil $100\,p\%$ é obtido por

$$t_p = \alpha\left[\frac{p}{(1-p)}\right]^{1/\gamma}.$$

A Figura 3.4 apresenta as funções densidade, de sobrevivência e taxa de falha da distribuição log-logística para $\alpha = 25$ e alguns valores de γ.

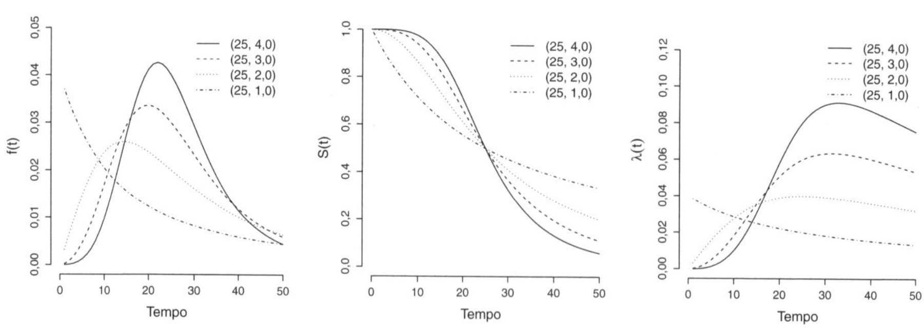

Figura 3.4 – Funções densidade de probabilidade, de sobrevivência e taxa de falha da distribuição log-logística para alguns valores de $(\alpha,\ \gamma)$.

Pode-se notar que a função taxa de falha apresenta padrão similar ao da log-normal para $\gamma > 1$, isto é, inicialmente ela cresce, apresenta um pico e, então, decresce. Contudo, diferente da log-normal, a log-logística apresenta expressões analíticas para as funções de sobrevivência e taxa de falha.

Semelhante ao que acontece com a distribuição de Weibull, muitas vezes é conveniente trabalhar com o logaritmo dos tempos observados. Assim, se a variável aleatória T tem distribuição log-logística com parâmetros α e $\gamma > 0$, então $Y = \log(T)$ segue distribuição logística com função densidade de probabilidade dada por

$$f(y) = \frac{1}{\sigma}\exp\Big(\frac{y-\mu}{\sigma}\Big)\Big[1+\exp\Big(\frac{y-\mu}{\sigma}\Big)\Big]^{-2},$$

com $\mu \in \Re$ e $\sigma > 0$ os parâmetros de locação e escala, respectivamente.

As funções de sobrevivência e taxa de falha são, respectivamente,

$$S(y) = \frac{1}{1+\exp\Big(\frac{y-\mu}{\sigma}\Big)} \quad \text{e} \quad \lambda(y) = \frac{1}{\sigma}\exp\Big(\frac{y-\mu}{\sigma}\Big)\Big[1+\exp\Big(\frac{y-\mu}{\sigma}\Big)\Big]^{-1}.$$

Os parâmetros da log-logística e logística estão relacionados pelas mesmas funções relatadas para a Weibull, isto é, $\gamma = 1/\sigma$ e $\alpha = \exp(\mu)$.

3.2.5 Distribuição gama

A distribuição gama, que inclui a exponencial como um caso particular, foi utilizada por Brown e Flood (1947) para descrever o tempo de vida de copos de vidro circulando em uma cafeteria, bem como por Birnbaum e Saunders (1958) para descrever o tempo de vida de materiais eletrônicos. Desde então, essa distribuição tem sido utilizada em problemas de confiabilidade, pois ela se ajusta adequadamente a vários fenômenos nesta área. Na área da saúde, seu uso é mais comum em situações que envolvem efeitos aleatórios, como é o caso dos modelos de fragilidade tratados no Capítulo 11, em que ela é usualmente assumida para modelar estes componentes.

A função densidade de probabilidade para a distribuição gama, caracterizada pelos parâmetros de escala e forma α e $s > 0$, é dada por

$$f(t) = \frac{1}{\Gamma(s)\,\alpha^s}\, t^{s-1}\exp\Big[-\Big(\frac{t}{\alpha}\Big)\Big], \qquad t > 0,$$

em que $\Gamma(s)$ é a função gama definida na Seção 3.2.2. Para $s > 1$, a função densidade $f(t)$ apresenta um único pico em $t = (s-1)/\alpha$.

A função de sobrevivência associada à distribuição gama é dada por

$$S(t) = \int_t^\infty \frac{1}{\Gamma(s)\,\alpha^s}\, u^{s-1} \exp\Big[-\Big(\frac{u}{\alpha}\Big)\Big]\, du,$$

que não tem expressão analítica. A função taxa de falha, obtida da relação $\lambda(t) = f(t)/S(t)$, apresenta um padrão crescente ou decrescente convergindo para um valor finito quando t tende ao infinito.

As funções densidade de probabilidade, de sobrevivência e taxa de falha da distribuição gama podem ser visualizadas graficamente na Figura 3.5. Para $s > 1$, é possível observar que a taxa de falha cresce monotonicamente e $\lim_{t\to\infty} \lambda(t) = \alpha$. Já para $0 < s < 1$, a taxa de falha é não crescente em t e também converge para α PROSCHAN, 1963). Para $s = 1$, tem-se a distribuição exponencial como um caso particular da gama e, assim, a taxa de falha, neste caso, é constante e igual a α.

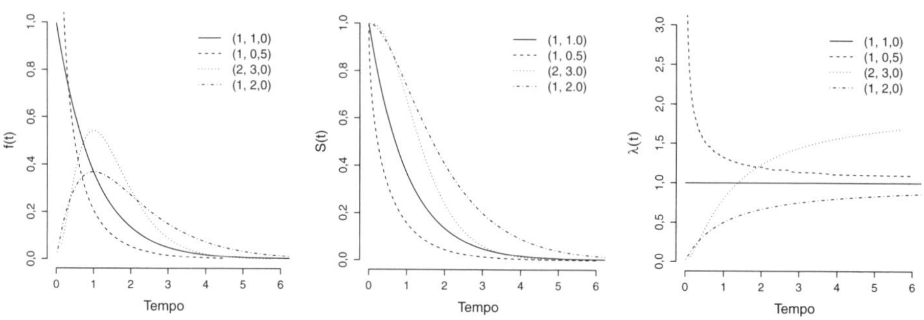

Figura 3.5 – Funções densidade de probabilidade, de sobrevivência e taxa de falha da distribuição gama para alguns valores dos parâmetros (α, s).

A média e a variância da distribuição gama são, respectivamente, $\alpha\, s$ e $\alpha^2 s$. A distribuição gama com o parâmetro s restrito a valores inteiros é conhecida como distribuição de Erlang (LEE; WANG, 2003).

3.2.6 Distribuição gama generalizada

Outra distribuição que merece destaque em análise de sobrevivência é a gama generalizada, introduzida por Stacy (1962) e caracterizada por três parâmetros, α, γ e s, todos > 0. Sua função densidade é dada por

$$f(t) = \frac{\gamma}{\Gamma(s)\,\alpha^{\gamma s}}\, t^{\gamma s-1} \exp\Big[-\Big(\frac{t}{\alpha}\Big)^{\gamma}\Big], \quad t > 0,$$

em que $\Gamma(s)$ é a função gama. Para essa distribuição, tem-se um parâmetro de escala, α, e dois de forma, γ e s, o que a torna bastante flexível.

A partir da função $f(t)$, nota-se que: *i*) para $\gamma = s = 1$, $T \sim \text{Exp}(\alpha)$; *ii*) para $s = 1$, $T \sim \text{Weibull}\,(\alpha, \gamma)$; e *iii*) para $\gamma = 1$, $T \sim \text{Gama}\,(\alpha, s)$.

Para $s \to \infty$, Lawless (2003) mostrou que a log-normal aparece como um caso limite da distribuição gama generalizada. Logo, a gama generalizada inclui como casos particulares as distribuições exponencial, de Weibull, gama e log-normal. Essa propriedade é útil, por exemplo, na discriminação entre modelos probabilísticos alternativos, como é visto na Seção 3.5.2.

3.2.7 Outros modelos probabilísticos

A literatura referente à distribuições de probabilidade alternativas para modelar o tempo de sobrevida é muito rica. Em vários artigos espalhados pelas revistas de estatística é possível encontrar distribuições flexíveis com mais de dois parâmetros. Tem-se, por exemplo, extensões da distribuição de Weibull (XIE et al., 2002; BEBBINGTON et al., 2007; CARRASCO et al., 2008), a distribuição Kumaraswamy e suas extensões (KUMARASWAMY, 1980, CORDEIRO et al., 2010, 2012, CORDEIRO; CASTRO, 2011) e a distribuição Birbaum-Saunders e suas extensões (BIRBAUM; SAUNDERS, 1969, BALAKRISHNAN; KUNDU, 2018), dentre tantas outras. Contribuição significativa para a obtenção de novas distribuições de probabilidade é atribuída, em especial, ao Professor Gauss Moutinho Cordeiro.

Uma motivação inicial para a proposta de novas distribuições foi a de modelar fenômenos descritos pela função taxa de falha tipo banheira. Essa função, mostrada no gráfico (b) da Figura 1.4, descreve a taxa de falha de certos produtos industriais e o tempo de vida de seres humanos. Com o auxílio de mecanismos geradores de distribuições de probabilidade, pesquisadores da área de estatística obtiveram novos modelos probabilísticos para o tempo de sobrevida. Dentre eles, alguns apresentam, como caso particular, distribuições com taxa de falha tipo banheira.

Um dos mecanismos mais comuns para a obtenção de modelos probabilísticos mais flexíveis faz uso de uma relação conhecida que envolve a função de distribuição. Ou seja, se a variável aleatória T tem função de distribuição $F(t)$, então é possível definir a variável aleatória W tal que $F(w) = [F(t)]^\eta$ ou, de forma análoga, $F(w) = 1 - [1 - F(t)]^\eta$ para $\eta > 0$. Por exemplo, se T tem distribuição de Weibull com parâmetros α e γ, então W tem distribuição de Weibull estendida com parâmetros α, γ e η. Outros mecanismos geradores de distribuições de probabilidade podem ser encontrados na literatura (MARSHALL; OLKIN, 1997, EUGENE et al., 2002).

As distribuições estendidas incluindo vários parâmetros são mais flexíveis para modelar os tempos de sobrevida. Contudo, o preço dessa flexibilidade é refletido na complexidade computacional do processo inferencial e, também, na dificuldade de interpretação dos parâmetros. Este último ponto fica mais complexo quando uma estrutura de regressão é considerada no modelo.

A título de ilustração, pode ser citada a distribuição gama generalizada apresentada na Seção 3.2.6, que foi uma das primeiras com mais de dois parâmetros disponibilizadas na literatura. Para este modelo, o pacote *flexsurv*, que contempla o seu ajuste no *R* no contexto de dados de sobrevivência com estrutura de regressão, foi implementado somente na última década. Contudo, problemas de convergência são comuns quando esse modelo é ajustado, indicando algum tipo de instabilidade computacional.

Nesse texto, ênfase é dada aos modelos baseados nas distribuições exponencial, de Weibull e log-normal, uma vez que, em um contexto prático, elas acomodam várias situações reais. Tais modelos são um compromisso entre flexibilidade, interpretabilidade e disponibilidade computacional. A distribuição gama generalizada, por apresentar esses modelos como casos particulares, é útil no processo de seleção de modelos.

3.3 Estimação dos parâmetros dos modelos

Os modelos probabilísticos apresentados na seção anterior são caracterizados por quantidades desconhecidas, denominadas parâmetros, os quais devem ser estimados a partir de observações amostrais.

Dentre os métodos de estimação descritos na literatura, o mais conhecido talvez seja o de mínimos quadrados, usualmente apresentado no contexto de regressão linear. No entanto, este método não é adequado para estudos que têm como resposta o tempo de sobrevida, visto não ser possível incorporar censuras no seu processo de estimação. O método de máxima verossimilhança surge, então, como uma opção apropriada para esse tipo de dados. Ele possibilita incorporar as censuras, é relativamente simples de ser entendido e apresenta propriedades ótimas para grandes amostras. Tal método é apresentado a seguir no contexto de dados de sobrevivência.

3.3.1 O método de máxima verossimilhança

O método de máxima verossimilhança trata o problema de estimação da seguinte forma: com base nos resultados obtidos pela amostra, ele escolhe a distribuição mais verossímil, dentre todas aquelas definidas pelos possíveis valores de seus parâmetros, de ter gerado a amostra. Por exemplo, se a variável aleatória T tem distribuição de Weibull, o estimador de máxima verossimilhança escolhe o par (α, γ), dentre todas as combinações de α e γ, que melhor explique a amostra observada.

A seguir, a ideia do método de máxima verossimilhança é formalizada em termos matemáticos, a fim de que seja possível obter estimadores para os parâmetros. Suponha, inicialmente, uma amostra de observações $t_1, \ldots, t_n$ de uma população de interesse, em que todas são não censuradas. Considere que a população é caracterizada pela função densidade de probabilidade $f(t)$. Se, por exemplo, $f(t) = (1/\alpha)\exp(-t/\alpha)$, significa que as observações vêm de uma distribuição exponencial com parâmetro α a ser estimado. A função de verossimilhança para um parâmetro genérico θ ou um vetor de parâmetros $\boldsymbol{\theta}$ desta população é, então, expressa por

$$L(\boldsymbol{\theta}) = \prod_{i=1}^{n} f(t_i; \boldsymbol{\theta}).$$

A dependência de $f(\cdot)$ em $\boldsymbol{\theta}$ é explicitamente mostrada, afinal $L(\cdot)$ é função de $\boldsymbol{\theta}$. Como mencionado, $\boldsymbol{\theta}$ pode representar um único parâmetro ou um vetor de parâmetros. Por exemplo, para o modelo exponencial $\theta = \alpha$, e para o log-normal $\boldsymbol{\theta} = (\mu, \sigma)'$. A tradução em termos matemáticos para a frase "a distribuição que melhor explica a amostra observada" é a de encontrar os valores de $\boldsymbol{\theta}$ que maximizam a função $L(\boldsymbol{\theta})$. Ou seja, que maximizam a probabilidade de ocorrência da amostra observada.

A função de verossimilhança $L(\boldsymbol{\theta})$ mostra que a contribuição de cada observação não censurada é a sua função densidade de probabilidade. Quanto à contribuição de cada observação censurada para $L(\boldsymbol{\theta})$, ela não é $f(t)$, mas sim a sua função de sobrevivência $S(t)$, visto que essas observações informam somente que o tempo até o evento é maior do que aquele observado. Desse modo, as observações podem ser divididas em dois conjuntos, um com as r observações não censuradas $\{1, 2, \ldots, r\}$ e outro com as $n - r$ observações censuradas $\{r + 1, r + 2, \ldots, n\}$. A função $L(\boldsymbol{\theta})$, considerando os tipos de censura descritos, é apresentada a seguir.

i) Censura tipo I: neste caso, há r falhas e $n - r$ censuras registradas no final do estudo, de modo que $L(\boldsymbol{\theta})$ assume a seguinte forma

$$L(\boldsymbol{\theta}) = \prod_{i=1}^{r} f(t_i; \boldsymbol{\theta}) \prod_{i=r+1}^{n} S(t_i; \boldsymbol{\theta}),$$

com o segundo termo igual a $[S(c; \boldsymbol{\theta})]^{n-r}$, visto que as censuras ocorrem em $T = c$, em que c é fixo pelo delineamento do estudo.

ii) Censura tipo II: neste caso, r é fixo e somente os r menores tempos são observados. Logo, com base em resultados de estatística de ordem,

$$L(\boldsymbol{\theta}) = \frac{n!}{(n-r)!} \prod_{i=1}^{r} f(t_i; \boldsymbol{\theta}) \prod_{i=r+1}^{n} S(t_i; \boldsymbol{\theta}),$$

em que o segundo termo é igual a $[S(t_r; \boldsymbol{\theta})]^{n-r}$ e t_r é o maior tempo observado. Como o termo $\frac{n!}{(n-r)!}$ é uma constante, ele pode ser desprezado, pois não envolve qualquer parâmetro de interesse. Assim,

$$L(\boldsymbol{\theta}) \propto [S(t_r; \boldsymbol{\theta})]^{n-r} \prod_{i=1}^{r} f(t_i; \boldsymbol{\theta}).$$

iii) Censura aleatória: neste caso, a variável aleatória T corresponde ao tempo até o evento e C ao tempo até a censura. Para $i = 1, \ldots, n$, os dados observados consistem dos pares $(t_i,\ \delta_i)$, com $t_i = \min(T_i, C_i)$ e $\delta_i = 1$, se $T_i \leq C_i$, ou $\delta_i = 0$, se $T_i > C_i$. Assumindo T e C independentes (mecanismo de censura não informativo) e supondo $g(c)$ e $G(c)$ as funções densidade e de sobrevivência de C, então,

(a) se para o indivíduo i for observada uma censura, segue que

$$\begin{aligned} P(T_i = t, \delta_i = 0) &= P(C_i = t, T_i > C_i) = P(C_i = t, T_i > t) \\ &= P(C_i = t)P(T_i > t) = g(t)\ S(t; \boldsymbol{\theta}), \end{aligned}$$

(b) e se para o indivíduo i for observada uma falha,

$$\begin{aligned} P(T_i = t, \delta_i = 1) &= P(T_i = t, T_i \leq C_i) = P(T_i = t, C_i \geq t) \\ &= P(T_i = t)P(C_i \geq t) = f(t; \boldsymbol{\theta})\ G(t). \end{aligned}$$

Dessa forma, $L(\boldsymbol{\theta}) = \prod_{i=1}^{r} f(t_i; \boldsymbol{\theta})G(t_i) \prod_{i=r+1}^{n} g(t_i)S(t_i; \boldsymbol{\theta})$.

Sob a suposição de que o mecanismo de censura é não informativo, o que significa que T e C são variáveis aleatórias independentes (a distribuição de C não carrega informação sobre T), os termos $G(t)$ e $g(t)$ podem ser desprezados, pois não envolvem $\boldsymbol{\theta}$ e, sendo assim, $L(\boldsymbol{\theta})$ fica expressa por

$$L(\boldsymbol{\theta}) \propto \prod_{i=1}^{r} f(t_i; \boldsymbol{\theta}) \prod_{i=r+1}^{n} S(t_i; \boldsymbol{\theta}).$$

Do que foi exposto, a expressão da função $L(\boldsymbol{\theta})$ é a mesma para todos os mecanismos de censura, a menos de constantes, e é dada por

$$L(\boldsymbol{\theta}) \propto \prod_{i=1}^{r} f(t_i; \boldsymbol{\theta}) \prod_{i=r+1}^{n} S(t_i; \boldsymbol{\theta}), \tag{3.3}$$

ou, equivalentemente, por

$$L(\boldsymbol{\theta}) \propto \prod_{i=1}^{n} \Big[f(t_i; \boldsymbol{\theta})\Big]^{\delta_i} \Big[S(t_i; \boldsymbol{\theta})\Big]^{1-\delta_i} = \prod_{i=1}^{n} \Big[\lambda(t_i; \boldsymbol{\theta})\Big]^{\delta_i} S(t_i; \boldsymbol{\theta}),$$

com $\delta_i = 1$ se falha e $\delta_i = 0$ se censura.

É importante salientar que a função de verossimilhança (3.3) é válida somente sob a suposição de que o mecanismo de censura é não informativo, ou seja, não carrega informação sobre os parâmetros. Situações em que o mecanismo de censura é informativo são tratadas na literatura por diversos pesquisadores, dentre eles, Lagakos (1979).

Os estimadores de máxima verossimilhança são os valores de $\boldsymbol{\theta}$ que maximizam a função $L(\boldsymbol{\theta})$ expressa em (3.3) ou, equivalentemente, que maximizam $\log[L(\boldsymbol{\theta})]$. Eles são obtidos resolvendo-se o sistema de equações

$$U(\boldsymbol{\theta}) = \frac{\partial \log[L(\boldsymbol{\theta})]}{\partial \boldsymbol{\theta}} = 0.$$

3.3.2 Ilustrações do método de máxima verossimilhança

A obtenção dos estimadores de máxima verossimilhança é ilustrada a seguir para as distribuições exponencial e de Weibull. Para esta última, não há expressões fechadas para os estimadores de α e γ. Sendo assim, são descritos os passos do método numérico adotado no *software* estatístico *R*.

Para as situações a seguir, suponha uma amostra de n itens, em que $r \leq n$ apresentam falhas e $n - r$ apresentam censuras.

3.3.2.1 Distribuição exponencial

A função de verossimilhança para a distribuição exponencial, obtida a partir das funções $f(t)$ e $S(t)$ apresentadas na Seção 3.2.1, é dada por

$$L(\alpha) = \prod_{i=1}^{n} \left[\frac{1}{\alpha}\exp\left(-\frac{t_i}{\alpha}\right)\right]^{\delta_i} \left[\exp\left(-\frac{t_i}{\alpha}\right)\right]^{1-\delta_i} = \prod_{i=1}^{n} \left[\frac{1}{\alpha}\right]^{\delta_i} \exp\left(-\frac{t_i}{\alpha}\right).$$

Tomando o logaritmo de $L(\alpha)$, segue que

$$\log[L(\alpha)] = \sum_{i=1}^{n} \delta_i \log(1/\alpha) - \frac{1}{\alpha}\sum_{i=1}^{n} t_i = -\sum_{i=1}^{n} \delta_i \log(\alpha) - \frac{1}{\alpha}\sum_{i=1}^{n} t_i$$

e, assim, $U(\alpha) = \dfrac{\partial \log[L(\alpha)]}{\partial \alpha} = -\dfrac{1}{\alpha}\sum_{i=1}^{n} \delta_i + \dfrac{1}{\alpha^2}\sum_{i=1}^{n} t_i.$

Igualando a última equação a zero e avaliando-a em $\alpha = \widehat{\alpha}$, obtém-se o estimador de máxima verossimilhança de α dado por

$$\widehat{\alpha} = \frac{\sum_{i=1}^{n} t_i}{\sum_{i=1}^{n} \delta_i} = \frac{\sum_{i=1}^{n} t_i}{r}.$$

O termo $\sum_{i=1}^{n} t_i$ é denominado tempo total sob teste. Nota-se que na ausência de censuras, $\widehat{\alpha}$ seria a média amostral, isto é, $\widehat{\alpha} = \bar{t}$.

3.3.2.2 Distribuição de Weibull

A função de verossimilhança para a distribuição de Weibull, obtida a partir das funções $f(t)$ e $S(t)$ apresentadas na Seção 3.2.2, é dada por

$$\begin{aligned} L(\alpha, \gamma) &= \prod_{i=1}^{n} \left(\frac{\gamma}{\alpha^{\gamma}}\, t_i^{\gamma-1} \exp\left[-\left(\frac{t_i}{\alpha}\right)^{\gamma}\right]\right)^{\delta_i} \left(\exp\left[-\left(\frac{t_i}{\alpha}\right)^{\gamma}\right]\right)^{1-\delta_i} \\ &= \prod_{i=1}^{n} \left(\frac{\gamma}{\alpha^{\gamma}}\, t_i^{\gamma-1}\right)^{\delta_i} \exp\left[-\left(\frac{t_i}{\alpha}\right)^{\gamma}\right]. \end{aligned}$$

Assim, o respectivo logaritmo de $L(\boldsymbol{\theta})$, com $\boldsymbol{\theta} = (\alpha, \gamma)$, resulta em

$$\begin{aligned} \log[L(\alpha, \gamma)] &= \log\left(\prod_{i=1}^{n} \left(\frac{\gamma}{\alpha^{\gamma}}\, t_i^{\gamma-1}\right)^{\delta_i} \exp\left[-\left(\frac{t_i}{\alpha}\right)^{\gamma}\right]\right) = \sum_{i=1}^{n} \delta_i \log(\gamma) - \\ &- \sum_{i=1}^{n} \delta_i \gamma \log(\alpha) + (\gamma - 1) \sum_{i=1}^{n} \delta_i \log(t_i) - \alpha^{-\gamma} \sum_{i=1}^{n} t_i^{\gamma} \\ &= r \log(\gamma) - r\,\gamma \log(\alpha) + (\gamma - 1) \sum_{i=1}^{n} \delta_i \log(t_i) - \alpha^{-\gamma} \sum_{i=1}^{n} t_i^{\gamma}. \end{aligned}$$

De forma alternativa, $y_i = \log(t_i)$ segue distribuição valor extremo, de modo que $\log[L(\mu, \sigma)]$, que é mais simples que $\log[L(\alpha, \gamma)]$, fica dada por

$$\log[L(\mu, \sigma)] = -r \log(\sigma) + \sum_{i=1}^{n} \delta_i \left(\frac{y_i}{\sigma}\right) - \frac{r\mu}{\sigma} - \sum_{i=1}^{n} \exp\left(\frac{y_i - \mu}{\sigma}\right).$$

Derivando $\log[L(\mu, \sigma)]$ em relação aos parâmetros μ e σ e igualando as expressões resultantes a zero, obtém-se o sistema de equações:

$$\frac{\partial \log[L(\mu, \sigma)]}{\partial \mu} = \frac{1}{\widehat{\sigma}} \left[-r + \sum_{i=1}^{n} \exp\left(\frac{y_i - \widehat{\mu}}{\widehat{\sigma}}\right)\right] = 0$$

$$\frac{\partial \log L[(\mu,\sigma)]}{\partial \sigma} = \frac{1}{\widehat{\sigma}^2}\left[- r\widehat{\sigma} - \sum_{i=1}^{n} \delta_i y_i + r\widehat{\mu} + \sum_{i=1}^{n} \exp\left(\frac{y_i - \widehat{\mu}}{\widehat{\sigma}}\right)(y_i - \widehat{\mu})\right] = 0.$$

Os estimadores de máxima verossimilhança são os valores de μ e σ que satisfazem às equações apresentadas. Para um particular conjunto de dados, a solução deve ser obtida por um método numérico como, por exemplo, o de Newton-Raphson. Este método utiliza a matriz $\mathcal{F}$ de derivadas de segunda ordem do logaritmo da função de verossimilhança, sendo sua expressão

$$\widehat{\boldsymbol{\theta}}_{(k+1)} = \widehat{\boldsymbol{\theta}}_{(k)} - \left[\mathcal{F}(\widehat{\boldsymbol{\theta}}_{(k)})\right]^{-1} U(\widehat{\boldsymbol{\theta}}_{(k)})$$

baseada na expansão em série de Taylor de $U(\widehat{\boldsymbol{\theta}}_{(k)})$ em torno de $\widehat{\boldsymbol{\theta}}_{(k)}$. A partir de um valor inicial $\widehat{\boldsymbol{\theta}}_{(0)}$, geralmente $\widehat{\boldsymbol{\theta}}_{(0)} = \mathbf{0}$, vai-se atualizando esse valor a cada passo. Em geral, convergência é obtida em poucos passos, com erro relativo entre dois passos consecutivos menor que, por exemplo, 0,001.

Para o modelo exponencial, tem-se que $\mathcal{F}$ é um único número igual a

$$\mathcal{F}(\alpha) = \frac{\partial^2 \log[L(\alpha)]}{\partial \alpha^2} = \frac{r}{\alpha^2} - \frac{2\sum_{i=1}^{n} t_i}{\alpha^3}.$$

Para o modelo de Weibull, $\mathcal{F}$ é uma matriz simétrica 2×2, tal que

$$\begin{aligned}
\mathcal{F}_{11}(\alpha,\gamma) &= \frac{\partial^2 \log[L(\alpha,\gamma)]}{\partial \alpha^2} \\
\mathcal{F}_{22}(\alpha,\gamma) &= \frac{\partial^2 \log[L(\alpha,\gamma)]}{\partial \gamma^2} \\
\mathcal{F}_{12}(\alpha,\gamma) &= \mathcal{F}_{21}(\alpha,\gamma) = \frac{\partial^2 \log[L(\alpha,\gamma)]}{\partial \alpha\, \partial \gamma}.
\end{aligned}$$

O Apêndice A traz informações mais detalhadas sobre o método iterativo de Newton-Raphson mencionado previamente.

3.4 Intervalos de confiança e testes de hipóteses

O método de máxima verossimilhança foi utilizado para a obtenção dos estimadores pontuais dos parâmetros do modelo. No entanto, este método também permite a construção de intervalos de confiança para os parâmetros e para outras quantidades de interesse. Isso é feito a partir das propriedades para grandes amostras desses estimadores. As justificativas das propriedades são bastante complexas e, neste texto, são apresentadas apenas as mais importantes e que são suficientes para os objetivos propostos. As provas das propriedades, bem como informações adicionais, podem ser encontradas em Cox e Hinkley (1974) e Cordeiro (1992).

3.4.1 Intervalos de confiança

Uma propriedade importante para a construção de intervalos de confiança é a que diz respeito à distribuição assintótica do estimador de máxima verossimilhança $\widehat{\boldsymbol{\theta}}$. Para grandes amostras, esta propriedade estabelece, sob certas condições de regularidade, que a distribuição associada ao vetor $\widehat{\boldsymbol{\theta}} = (\widehat{\theta}_1, \ldots, \widehat{\theta}_p)'$ é a normal multivariada de média $\boldsymbol{\theta}$ e matriz de variância-covariância $\text{Var}(\widehat{\boldsymbol{\theta}})$, isto é, $\widehat{\boldsymbol{\theta}} \sim N_p(\boldsymbol{\theta}, \text{Var}(\widehat{\boldsymbol{\theta}}))$, com $p \times 1$ a dimensão de $\widehat{\boldsymbol{\theta}}$.

Outra propriedade ou resultado importante diz respeito à precisão desse estimador e estabelece, sob certas condições de regularidade, que

$$\text{Var}(\widehat{\boldsymbol{\theta}}) \approx -\Big[E(\mathcal{F}(\boldsymbol{\theta}))\Big]^{-1}.$$

Ou seja, a matriz de variância-covariância dos estimadores de máxima verossimilhança é aproximadamente o negativo da inversa da esperança da matriz de derivadas de segunda ordem do logaritmo de $L(\boldsymbol{\theta})$. Nas situações em que a esperança é impossível ou difícil de ser calculada, utiliza-se simplesmente $\big[-\mathcal{F}(\boldsymbol{\theta})\big]^{-1}$. Essa matriz estocástica é um estimador consistente de $-\big[E(\mathcal{F}(\boldsymbol{\theta}))\big]^{-1}$. Os elementos da diagonal principal dessas matrizes são as variâncias dos estimadores e, os outros elementos, as covariâncias entre eles. Geralmente, $\text{Var}(\widehat{\boldsymbol{\theta}})$ depende de $\boldsymbol{\theta}$ e, portanto, uma estimativa para $\text{Var}(\widehat{\boldsymbol{\theta}})$ é obtida substituindo $\boldsymbol{\theta}$ por $\widehat{\boldsymbol{\theta}}$.

Para a construção de um intervalo de confiança para um escalar θ é necessário uma estimativa para o erro-padrão de $\widehat{\theta}$, isto é, para $[\text{Var}(\widehat{\theta})]^{1/2}$. Tem-se, assim, que um intervalo aproximado de $(1-\alpha)100\%$ de confiança para θ é dado por

$$\widehat{\theta} \pm z_{\alpha/2}\sqrt{\widehat{Var}(\widehat{\theta})}.$$

Por exemplo, um intervalo de 95% de confiança para o parâmetro α do modelo exponencial é dado por

$$\widehat{\alpha} \pm 1{,}96\sqrt{\widehat{Var}(\widehat{\alpha})},$$

em que uma estimativa para $\text{Var}(\widehat{\alpha})$ é obtida pela inversa de

$$-\frac{\partial^2 \log[L(\alpha)]}{\partial \alpha^2} = -\frac{r}{\alpha^2} + \frac{2\sum_{i=1}^n t_i}{\alpha^3}$$

substituindo α por $\widehat{\alpha}$. No caso em que $\boldsymbol{\theta}$ é um vetor de parâmetros, um intervalo de confiança pode ser construído para cada parâmetro separadamente. Para isso, basta obter uma estimativa do erro-padrão para cada estimador a partir da matriz de variância-covariância $\text{Var}(\widehat{\boldsymbol{\theta}})$.

Suponha que $\boldsymbol{\theta} = (\alpha, \gamma)'$, como no modelo de Weibull. Algumas vezes o interesse é estimar uma função dos parâmetros $\phi = g(\alpha, \gamma)$. Por exemplo, a mediana da Weibull, $t_{0,5} = \alpha[-\log(1-0{,}5)]^{1/\gamma}$. O estimador de máxima verossimilhança para ϕ é $\widehat{\phi} = g(\widehat{\alpha}, \widehat{\gamma})$. Ou seja, para estimar $\phi = g(\alpha, \gamma)$ basta substituir α e γ por seus respectivos estimadores de máxima verossimilhança. Essa é outra propriedade importante do estimador de máxima verossimilhança. Se além de estimar ϕ, existir interesse em construir um intervalo de confiança, é necessário obter uma estimativa para o erro-padrão de $\widehat{\phi}$, o que pode ser feito por meio do método delta, descrito a seguir.

Considere, inicialmente, que θ é um escalar e que há interesse em avaliar a $\text{Var}[g(\widehat{\theta})]$. Expandindo $g(\widehat{\theta})$ em torno de $E(\widehat{\theta}) \doteq \theta$ e ignorando os termos superiores ao de primeira ordem, tem-se

$$g(\widehat{\theta}) \doteq g(\theta) + (\widehat{\theta} - \theta)\left(\frac{dg(\theta)}{d\theta}\right)$$

e, portanto,

$$Var[g(\widehat{\theta})] \doteq Var(\widehat{\theta})\left(\frac{dg(\theta)}{d\theta}\right)^2.$$

A versão multivariada do método delta é necessária para as funções que envolvem mais de um parâmetro. Assim, suponha que $\boldsymbol{\theta} = (\alpha, \gamma)'$ e que há interesse em $\phi = g(\alpha, \gamma)$. Procedendo de forma similar, segue que

$$Var(\widehat{\phi}) \doteq Var(\widehat{\alpha})\left(\frac{\partial \phi}{\partial \alpha}\right)^2 + 2\,Cov(\widehat{\alpha}, \widehat{\gamma})\left(\frac{\partial \phi}{\partial \alpha}\right)\left(\frac{\partial \phi}{\partial \gamma}\right) + Var(\widehat{\gamma})\left(\frac{\partial \phi}{\partial \gamma}\right)^2.$$

Mais informações sobre o método delta são fornecidas no Apêndice B.

3.4.2 Testes de hipóteses

Para um modelo com vetor de parâmetros $\boldsymbol{\theta} = (\theta_1, \ldots, \theta_p)'$, pode haver interesse em testar hipóteses relacionadas a este vetor ou a um subconjunto dele. Três testes frequentemente utilizados para esta finalidade são: o teste de Wald, o da razão de verossimilhanças e o escore.

i) **Teste de Wald**: este teste é uma generalização do teste t de Student (WALD, 1943) e baseia-se na distribuição assintótica de $\widehat{\boldsymbol{\theta}}$. Considerando a hipótese nula H_0: $\boldsymbol{\theta} = \boldsymbol{\theta}_0$, sua estatística de teste é dada por

$$W = (\widehat{\boldsymbol{\theta}} - \boldsymbol{\theta}_0)'[-\mathcal{F}(\boldsymbol{\theta}_0)](\widehat{\boldsymbol{\theta}} - \boldsymbol{\theta}_0), \tag{3.4}$$

que, sob H_0, segue distribuição aproximada qui-quadrado com p graus de liberdade, denotada por χ^2_p. Ao nível $100\alpha\%$ de significância, valores de W superiores ao valor tabelado da distribuição $\chi^2_{p,1-\alpha}$ indicam a rejeição de H_0. No caso em que θ é um escalar, a expressão (3.4) reduz-se a

$$W = \frac{(\widehat{\theta} - \theta_0)^2}{\widehat{Var}(\widehat{\theta})},$$

que, sob H_0, segue distribuição qui-quadrado com um grau de liberdade.

Este teste é obtido a partir da equivalência com o intervalo de confiança apresentado na Seção 3.4.1. Ou seja, a sua região de não rejeição é exatamente o intervalo de confiança apresentado na seção citada. Isso significa que aquele é o intervalo de confiança de Wald.

ii) **Teste da razão de verossimilhanças**: baseia-se na função de verossimilhança e envolve a comparação dos valores do logaritmo da função de verossimilhança maximizada sem restrição e sob H_0: $\boldsymbol{\theta} = \boldsymbol{\theta}_0$, ou seja, $\log[L(\widehat{\boldsymbol{\theta}})]$ e $\log[L(\boldsymbol{\theta}_0)]$. A estatística para este teste é dada por

$$\text{TRV} = -2\log\left[\frac{L(\boldsymbol{\theta}_0)}{L(\widehat{\boldsymbol{\theta}})}\right] = 2\Big[\log[L(\widehat{\boldsymbol{\theta}})] - \log[L(\boldsymbol{\theta}_0)]\Big], \tag{3.5}$$

que, sob H_0, segue distribuição aproximada qui-quadrado com p graus de liberdade, denotada por χ^2_p. Para amostras grandes, H_0 é rejeitada ao nível $100\alpha\%$ de significância se TRV$> \chi^2_{p,1-\alpha}$.

iii) **Teste escore**: é obtido a partir da função escore, com sua estatística de teste dada por

$$S = U'(\boldsymbol{\theta}_0)[-\mathcal{F}(\boldsymbol{\theta}_0)]^{-1}U(\boldsymbol{\theta}_0), \tag{3.6}$$

em que $U(\boldsymbol{\theta}_0)$ é a função escore $U(\boldsymbol{\theta}) = \dfrac{\partial \log[L(\boldsymbol{\theta})]}{\partial \boldsymbol{\theta}}$ e $-\mathcal{F}(\boldsymbol{\theta}_0)$ é a matriz de variância-covariância de $U(\boldsymbol{\theta})$, ambas avaliadas em $\boldsymbol{\theta}_0$. Para amostras grandes, H_0 é rejeitada ao nível $100\alpha\%$ de significância se $S > \chi^2_{p,1-\alpha}$.

As três estatísticas de teste podem ser adaptadas para o caso em que se tenha interesse em um subconjunto de $\boldsymbol{\theta}$ (COX; HINKLEY, 1974). Também é possível construir intervalos de confiança a partir das estatísticas da razão de verossimilhanças e escore. A partir da estatística da razão de verossimilhanças, por exemplo, tem-se que $\{\theta \mid \text{TRV}(\theta) < \chi^2_{1,1-\alpha}\}$ corresponde ao intervalo de confiança de $(1-\alpha)100\%$ para θ. De forma análoga, um intervalo de confiança também pode ser construído para o escalar θ utilizando a estatística escore, mas ele é computacionalmente mais difícil de ser obtido e, usualmente, não está disponível nos pacotes estatísticos.

3.5 Escolha do modelo probabilístico

A escolha do modelo a ser utilizado é um tópico muito importante na análise paramétrica de dados de sobrevivência. O método de máxima verossimilhança somente pode ser aplicado após ter sido definido um modelo probabilístico adequado para os dados. Se, por exemplo, foi definido que o modelo log-normal se ajusta bem aos dados, o método de máxima verossimilhança pode ser utilizado para estimar μ e σ. Entretanto, se o modelo log-normal for utilizado inadequadamente para certo conjunto de dados, toda a análise estatística fica comprometida e, consequentemente, as respostas às perguntas de interesse ficam distorcidas.

Mas, por que escolher o modelo log-normal e não o de Weibull? Algumas vezes há evidências provenientes de testes realizados no passado de que certo modelo se ajusta bem aos dados. Contudo, nem sempre tal informação está disponível. A solução para esses casos é basicamente empírica.

A proposta empírica consiste em ajustar diversos modelos probabilísticos e, com base na comparação entre os valores estimados e observados, decidir qual deles *melhor* explica os dados amostrais. A forma mais simples e eficiente de selecionar o melhor modelo para um conjunto de dados é por meio de técnicas gráficas. Entretanto, testes de hipóteses com modelos encaixados (COX; HINKLEY, 1974) também podem ser utilizados para esta finalidade. Ainda, critérios de informação, tais como o AIC (AKAIKE, 1974) e o BIC (SCHWARZ, 1978), podem auxiliar no processo de seleção de modelos, principalmente quando eles não forem encaixados.

Para a escolha de um modelo, dentre um conjunto deles, são apresentados, a seguir, dois métodos gráficos, o teste da razão de verossimilhanças para a discriminação de modelos e os critérios de informação citados.

3.5.1 Métodos gráficos

Os métodos gráficos consistem na comparação da função de sobrevivência do modelo proposto com a obtida pelo estimador de Kaplan-Meier.

3.5.1.1 Comparação das funções de sobrevivência

Para realizar a comparação mencionada, duas opções gráficas equivalentes são úteis. Para apresentá-las, considere os modelos log-normal e de Weibull, com $\widehat{S}(t)_{ln}$ e $\widehat{S}(t)_{w}$ suas funções de sobrevivência estimadas e $\widehat{S}(t)$ a função de sobrevivência estimada pelo método de Kaplan-Meier.

(i) Uma opção é representar os pares de pontos $(x_j, y_j) = (\widehat{S}(t_j),\ \widehat{S}(t_j)_{ln})$ em um gráfico e $(x_j, y_j) = (\widehat{S}(t_j),\ \widehat{S}(t_j)_{w})$ em outro gráfico, com t_j, $j = 1, \ldots, k$, os k tempos distintos de falha. O melhor modelo será o que apresentar os pares de pontos mais próximos da reta $y = x$.

(ii) Outra opção é representar as curvas $\widehat{S}(t)$ *versus* t e $\widehat{S}(t)_{ln}$ *versus* t em um gráfico e $\widehat{S}(t)$ *versus* t e $\widehat{S}(t)_{w}$ *versus* t em um outro gráfico (ou então todas as curvas em um único gráfico). O melhor modelo será o que apresentar a curva mais próxima da curva de Kaplan-Meier.

Alguns autores, dentre eles Nelson (1990a), sugerem que nos gráficos citados seja utilizada a função taxa de falha acumulada, em vez da função de sobrevivência. Como a função taxa de falha acumulada $\Lambda(t)$ está relacionada com a função de sobrevivência, visto que $\Lambda(t) = -\log[(S(t)]$, segue que uma estimativa para $\Lambda(t)$ é obtida substituindo $S(t)$ por $\widehat{S}(t)$.

Para os modelos log-normal e de Weibull tem-se, respectivamente,

$$\widehat{\Lambda}(t)_{ln} = -\log\Big(\Phi\big[-\big(\log(t) - \widehat{\mu}\big)/\widehat{\sigma}\big]\Big) \quad \text{e} \quad \widehat{\Lambda}(t)_w = \left(\frac{t}{\widehat{\alpha}}\right)^{\widehat{\gamma}}.$$

Essencialmente, gráficos envolvendo as funções $S(t)$ ou $\Lambda(t)$ são úteis para discriminar entre modelos. A ideia consiste em comparar as curvas associadas aos modelos propostos com a curva de Kaplan-Meier, selecionando o modelo que apresentar a curva mais próxima daquela de Kaplan-Meier.

3.5.1.2 Linearização da função de sobrevivência

O segundo método consiste na linearização da função de sobrevivência de cada modelo com o objetivo de construir gráficos que sejam aproximadamente lineares, caso o modelo seja apropriado. Violação da linearidade pode ser verificada visualmente de forma rápida. Exemplos são apresentados a seguir para os modelos exponencial, de Weibull e log-normal.

(a) Linearização da função de sobrevivência da exponencial

Para o modelo exponencial, a função de sobrevivência é dada por

$$S(t) = \exp\left[-\left(\frac{t}{\alpha}\right)\right], \quad t \geq 0.$$

Então,

$$-\log\big[S(t)\big] = \frac{t}{\alpha} = \left(\frac{1}{\alpha}\right) t$$

corresponde à equação da reta $y = a + bx$, com $y = -\log[S(t)]$, $a = 0$, $b = 1/\alpha$ e $x = t$. Logo, para que o modelo exponencial seja apropriado, o gráfico $-\log[\widehat{S}(t)]$ *versus* t deve ser aproximadamente linear passando pela origem, com $\widehat{S}(t)$ correspondendo ao estimador de Kaplan-Meier.

(b) Linearização da função de sobrevivência da Weibull

A função de sobrevivência do modelo de Weibull é dada por

$$S(t) = \exp\left[-\left(\frac{t}{\alpha}\right)^{\gamma}\right], \quad t \geq 0.$$

Desse modo,

$$\begin{aligned} -\log[S(t)] &= (t/\alpha)^{\gamma} \\ \log[-\log[S(t)]] &= -\gamma\log(\alpha) + \gamma\log(t), \end{aligned}$$

tal que, de acordo com a equação $y = a + bx$, tem-se $y = \log[-\log[S(t)]]$, $a = -\gamma\log(\alpha)$, $b = \gamma$ e $x = \log(t)$. Logo, para que o modelo de Weibull seja considerado apropriado, o gráfico $\log[-\log[\widehat{S}(t)]]$ *versus* $\log(t)$ deve ser aproximadamente linear, com $\widehat{S}(t)$ correspondendo ao estimador de Kaplan-Meier. Se além de linear, apresentar inclinação igual a 1, haverá evidências a favor do modelo exponencial.

(c) Linearização da função de sobrevivência da log-normal

A função de sobrevivência associada ao modelo log-normal, dada por

$$S(t) = \Phi\left(\frac{-\log(t) + \mu}{\sigma}\right), \quad t \geq 0,$$

também pode ser linearizada e apresenta a seguinte forma

$$\Phi^{-1}(S(t)) = \frac{-\log(t) + \mu}{\sigma} = \frac{\mu}{\sigma} - \left(\frac{1}{\sigma}\right)\log(t),$$

com $\Phi^{-1}(\cdot)$ correspondendo aos percentis da distribuição normal padrão.

Assim, para que o modelo log-normal seja considerado apropriado, o gráfico $\Phi^{-1}(\widehat{S}(t))$ *versus* $\log(t)$ deve ser aproximadamente linear com intercepto $a = \mu/\sigma$ e inclinação $b = -1/\sigma$.

Uma observação sobre os gráficos apresentados é a possibilidade de obtenção, a partir deles, de estimativas grosseiras para os parâmetros dos modelos. Para o modelo de Weibull, por exemplo, pode-se traçar uma reta no gráfico $\log[-\log\widehat{S}(t)]$ *versus* $\log(t)$, com a inclinação e o intercepto correspondendo às estimativas de γ e $-\gamma\log(\alpha)$. De modo similar, obtêm-se estimativas para os parâmetros μ e σ do modelo log-normal e para o parâmetro α do modelo exponencial. Contudo, a forma mais indicada para obtenção de tais estimativas é utilizar o método de máxima verossimilhança.

Apesar dos modelos mencionados serem adequados à várias situações envolvendo dados de tempo de sobrevida, há situações em que nenhum deles é adequado. Nestes casos, modelos mais flexíveis como, por exemplo, a gama generalizada ou os citados na Seção 3.2.7 são úteis. Alternativamente, pode-se simplesmente realizar a análise estatística com base nas técnicas não paramétricas apresentadas no Capítulo 2. Por outro lado, há situações em que os gráficos podem não discriminar entre os modelos, indicando apenas que eles são igualmente bons. Isso ocorre, em geral, devido ao tamanho amostral pequeno e/ou ao número pequeno de falhas. Na prática, isso significa que as conclusões são similares ao se utilizar um ou outro modelo, podendo ocorrer alguma diferença nas caudas das distribuições.

3.5.2 Teste de hipóteses para a seleção de modelos

As técnicas gráficas são muito úteis no processo de comparação e escolha de modelos. Contudo, elas apresentam um componente subjetivo na sua interpretação, o que implica que conclusões extraídas a partir delas podem diferir entre diferentes analistas. Desse modo, uma opção, que não envolve qualquer componente subjetivo na sua interpretação, consiste na realização de testes de hipóteses, em que o interesse é testar a hipótese nula

$$H_0\text{: o modelo proposto é adequado}$$

versus a hipótese alternativa H_A: o modelo não é adequado, conhecida como hipótese vaga, visto não ser especificado um modelo para H_A.

Para testar as hipóteses citadas, geralmente é utilizada a estatística da razão de verossimilhanças em modelos encaixados (COX; HINKLEY, 1974). Isso significa que deve ser identificado um modelo generalizado tal que os modelos de interesse sejam casos particulares. Para a realização do teste, deve-se: (a) ajustar o modelo generalizado e obter o logaritmo de sua função de verosssimilhança $\log[L(\widehat{\boldsymbol{\theta}}_G)]$ e (b) ajustar o modelo de interesse e obter o logaritmo de sua função de verossimilhança $\log[L(\widehat{\boldsymbol{\theta}}_M)]$. Por fim, calcula-se a estatística da razão de verossimilhanças,

$$\text{TRV} = -2\log\left[\frac{L(\widehat{\boldsymbol{\theta}}_M)}{L(\widehat{\boldsymbol{\theta}}_G)}\right] = 2\Big(\log[L(\widehat{\boldsymbol{\theta}}_G)] - \log[L(\widehat{\boldsymbol{\theta}}_M)]\Big),$$

que, sob H_0, segue uma distribuição aproximada qui-quadrado com número de graus de liberdade igual a diferença no número de parâmetros ($\widehat{\boldsymbol{\theta}}_G$ e $\widehat{\boldsymbol{\theta}}_M$) dos respectivos modelos sendo comparados.

No contexto de análise de sobrevivência, o teste TRV é geralmente realizado utilizando a distribuição gama generalizada, que apresenta os modelos exponencial, de Weibull, log-normal e gama como modelos encaixados. Ou seja, todos eles são casos particulares da gama generalizada.

3.5.3 Critérios de informação

A comparação e seleção de modelos também é comumente feita por meio de critérios, dentre eles, o de informação de Akaike (AIC), proposto por Akaike (1974), e o de informação Bayesiano (BIC), proposto por Schwarz (1978) e adaptado para o contexto de sobrevivência por Volinsky e Raftery (2000). Ambos são calculados para um conjunto de modelos candidatos, que não precisam ser encaixados. O modelo que minimiza a quantidade AIC ou BIC, definidas a seguir, é indicado como o melhor dentre os considerados.

$$\begin{aligned} \text{AIC} &= -2\,[\log \text{L}(\widehat{\boldsymbol{\theta}})] + 2\,p \\ \text{BIC} &= -2\,[\log \text{L}(\widehat{\boldsymbol{\theta}})] + p\log(r), \end{aligned}$$

com p o número de parâmetros do modelo e r o número total de falhas.

É importante ressaltar que tais critérios não são testes estatísticos e, assim, devem ser utilizados com cautela, pois não avaliam se as diferenças entre os valores AIC ou BIC dos modelos candidatos são significativas.

3.6 Exemplos

Para ilustrar as técnicas estatísticas descritas neste capítulo, são apresentados dois exemplos provenientes de assessorias estatísticas realizadas no Departamento de Estatística da Universidade Federal do Paraná.

3.6.1 Exemplo 1: pacientes com câncer de bexiga

Para vinte pacientes com câncer de bexiga submetidos à cirurgia de resecção transuretral, foram registrados os seguintes tempos, em meses, desde a ressecção até a reincidência do tumor: 3, 5, 6, 7, 8, 9, 10, 10^+, 12, 15, 15^+, 18, 19, 20, 22, 25, 28, 30, 40, 45^+. O símbolo + indica censura.

Para analisar os dados, foram considerados os modelos exponencial, de Weibull e log-normal. As expressões de suas respectivas funções de sobrevivência são apresentadas a seguir, com os valores numéricos correspondendo às estimativas de máxima verossimilhança dos parâmetros.

$$\widehat{S}(t)_e = \exp\left[-\left(\frac{t}{20{,}41}\right)\right], \quad \widehat{S}(t)_w = \exp\left[-\left(\frac{t}{21{,}34}\right)^{1{,}54}\right]$$

$$\text{e} \quad \widehat{S}(t)_{ln} = \Phi\left[-\frac{\log(t) - 2{,}72}{0{,}76}\right].$$

A Tabela 3.1 mostra que as estimativas de $S(t)$ obtidas para os modelos de Weibull e log-normal são bem próximas, e que elas diferem ligeiramente das estimativas obtidas para o modelo exponencial.

Tabela 3.1 – Estimativas da função de sobrevivência obtidas pelo estimador de Kaplan-Meier e pelos modelos exponencial, de Weibull e log-normal

Tempos	Kaplan-Meier	Exponencial	Weibull	Log-normal
3	0,950	0,863	0,952	0,983
5	0,900	0,782	0,898	0,928
6	0,850	0,745	0,867	0,889
7	0,800	0,709	0,835	0,845
8	0,750	0,675	0,801	0,800
9	0,700	0,643	0,767	0,754
10	0,650	0,612	0,732	0,708
12	0,595	0,555	0,662	0,621
15	0,541	0,479	0,559	0,506
18	0,481	0,413	0,463	0,411
19	0,421	0,394	0,433	0,383
20	0,361	0,375	0,404	0,358
22	0,300	0,340	0,350	0,312
25	0,240	0,293	0,279	0,255
28	0,180	0,253	0,218	0,210
30	0,120	0,229	0,184	0,185
40	0,060	0,140	0,071	0,101
45	0,060	0,110	0,042	0,076

Os comandos em *R* para obtenção das estimativas dos parâmetros e das estimativas exibidas na Tabela 3.1 estão listados a seguir.

```
> library(survival)
> tempos<-c(3,5,6,7,8,9,10,10,12,15,15,18,19,20,22,25,28,30,40,45)
> cens<-c(1,1,1,1,1,1,1,0,1,1,0,1,1,1,1,1,1,1,1,0)
> ajust1<-survreg(Surv(tempos,cens)~1,dist='exponential'); ajust1
> alpha<-exp(ajust1$coefficients[1]); alpha
> ajust2<-survreg(Surv(tempos,cens)~1,dist='weibull'); ajust2
> alpha<-exp(ajust2$coefficients[1]); gama<-1/ajust2$scale; cbind(gama,alpha)
> ajust3<-survreg(Surv(tempos,cens)~1,dist='lognorm'); ajust3
> ekm<-survfit(Surv(tempos,cens)~1); time<-ekm$time; st<-ekm$surv
> ste<-exp(-time/20.41); stw<-exp(-(time/21.34)^1.54)
> stln<-pnorm((-log(time)+2.72)/0.76)
> cbind(time,st,ste,stw,stln)
```

Para proceder à escolha de um dos modelos, foi utilizado, inicialmente, o método gráfico descrito na Seção 3.5.1.1. A Figura 3.6 mostra os gráficos dos pares de pontos das estimativas das sobrevivências obtidas pelo método de Kaplan-Meier e pelos modelos exponencial, de Weibull e log-normal.

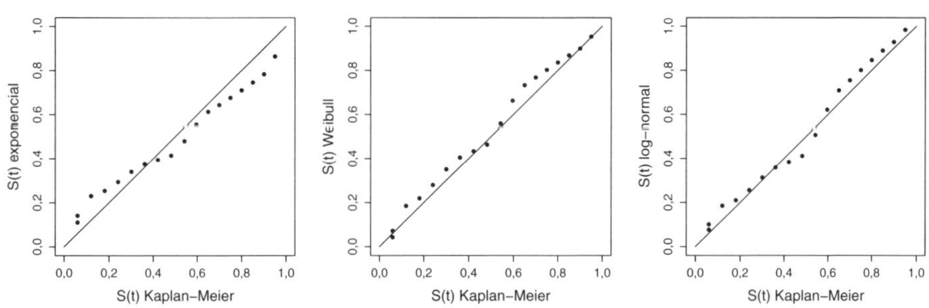

Figura 3.6 – Comparação das estimativas de $S(t)$ obtidas pelo método de Kaplan-Meier e pelos modelos exponencial, de Weibull e log-normal.

A partir da Figura 3.6, nota-se que o modelo exponencial parece ser o menos adequado, pois os pontos estão um tanto afastados da reta $y = x$. Já os modelos de Weibull e log-normal acompanham mais de perto a reta $y = x$, o que sugere que um deles (ou ambos) é adequado aos dados. Os comandos em R para obtenção da Figura 3.6 estão listados a seguir.

```
> par(mfrow=c(1,3)); plot(st,ste,pch=16, xlab="S(t) Kaplan-Meier",
      ylab="S(t) exponencial",ylim=c(0,1),xlim=c(0,1)); abline(0,1)
> plot(st,stw,pch=16,ylim=c(0,1),xlim=c(0,1),xlab="S(t) Kaplan-Meier",
      ylab="S(t) Weibull"); abline(0,1)
> plot(st,stln,pch=16,ylim=c(0,1),xlim=c(0,1),xlab="S(t) Kaplan-Meier",
      ylab="S(t) log-normal"); abline(0,1)
```

Considerando, ainda, os gráficos que baseiam-se na linearização da função de sobrevivência $S(t)$ mostrados na Figura 3.7, pode-se notar que os modelos de Weibull e log-normal não mostram afastamentos marcantes de uma reta, enquanto o modelo exponencial apresenta certo desvio.

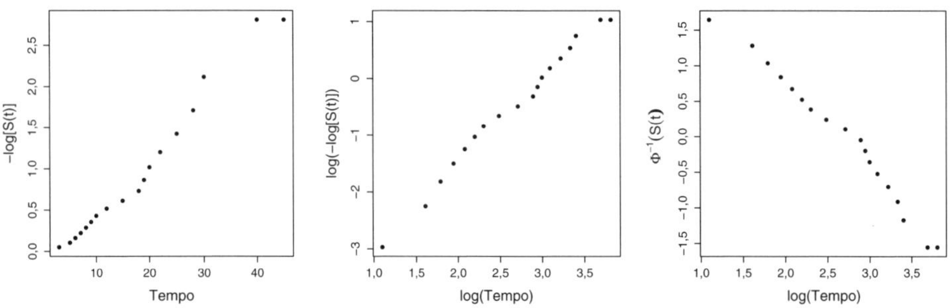

Figura 3.7 – Gráficos associados à linearização da função $S(t)$ dos modelos exponencial (esquerda), de Weibull (centro) e log-normal (direita).

Ambos os métodos gráficos indicam, portanto, os modelos de Weibull e log-normal para a análise dos dados. Como comentado na Seção 3.5.1, estes modelos podem apresentar resultados similares e igualmente bons. A provável razão de não discriminação entre eles se deve ao tamanho pequeno da amostra. Seguem os comandos em *R* para obtenção da Figura 3.7.

```
> par(mfrow=c(1,3),mar=c(5,5,2,2)); invst<-qnorm(st)
> plot(time,-log(st),pch=16,xlab="Tempo",ylab="-log(S(t))")
> plot(log(time),log(-log(st)),pch=16,xlab="log(Tempo)",ylab="log(-log(S(t)))")
> plot(log(time),invst,pch=16,xlab="log(Tempo)",ylab=expression(Phi^-1*(S(t))))
```

A seguir, o teste da razão de verossimilhanças (TRV) foi utilizado para avaliar a adequação dos modelos. Para tanto, os modelos exponencial, de Weibull e log-normal foram comparados com o modelo gama generalizada, por serem casos particulares deste último. Os resultados do TRV mostrados na Tabela 3.2 indicam a não rejeição dos modelos de Weibull e log-normal, confirmando as conclusões dos métodos gráficos.

Ademais, as curvas de sobrevivência estimadas por meio dos modelos de Weibull e log-normal, bem como pelo método de Kaplan-Meier, exibidas na Figura 3.8, indicam que ambos os modelos apresentam ajustes satisfatórios.

Tabela 3.2 – Resultados do TRV associados aos modelos ajustados

Modelo	$\log[L(\widehat{\boldsymbol{\theta}})]$	TRV	Valor p
Gama generalizada	$-65{,}69$	–	–
Exponencial	$-68{,}27$	$2(68{,}27 - 65{,}69) = 5{,}16$	0,075
Weibull	$-66{,}13$	$2(66{,}13 - 65{,}69) = 0{,}88$	0,348
Log-normal	$-65{,}74$	$2(65{,}74 - 65{,}69) = 0{,}10$	0,752

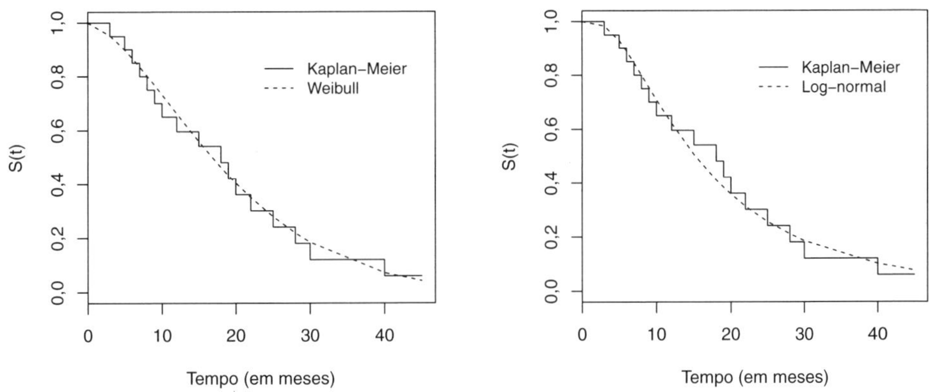

Figura 3.8 – Curvas de sobrevivência estimadas pelos modelos de Weibull e log-normal *versus* a curva de sobrevivência estimada por Kaplan-Meier.

Os comandos para obtenção da Figura 3.8 estão listados a seguir.

```
> par(mfrow=c(1,2))
> plot(ekm,conf.int=F,xlab="Tempo",ylab="S(t)"); lines(c(0,time),c(1,stw),lty=2)
> legend(25,0.8,lty=c(1,2),c("Kaplan-Meier","Weibull"),bty="n",cex=0.9)
> plot(ekm,conf.int=F,xlab="Tempo",ylab="S(t)"); lines(c(0,time),c(1,stln),lty=2)
> legend(25,0.8,lty=c(1,2),c("Kaplan-Meier","Log-normal"),bty="n",cex=0.9)
```

Estimativas para o tempo médio até a reincidência do tumor, obtidas a partir das expressões descritas na Seção 3.2 para os modelos de Weibull e log-normal, resultam, respectivamente, em

$$\widehat{E}(T) = \widehat{t}_m = 21{,}34\,[\Gamma(1 + (1/1{,}54))] = 19{,}2 \text{ meses},$$
$$\widehat{E}(T) = \widehat{t}_m = \exp[2{,}72 + (0{,}76^2/2)] = 20{,}3 \text{ meses}.$$

Para obter os intervalos de confiança para $E(T)$ é necessário estimar sua respectiva variância $\mathrm{Var}[\widehat{E}(T)]$, o que pode ser feito utilizando o método delta descrito na Seção 3.4.1. Logo, como para o modelo log-normal tem-se $\widehat{Var}(\widehat{\mu}) = 0{,}031$, $\widehat{Var}(\widehat{\sigma}) = 0{,}0176$ e $\widehat{Cov}(\widehat{\mu}, \widehat{\sigma}) = 0{,}00207$, segue que

$$\begin{aligned}\widehat{Var}[\widehat{E}(T)] &\doteq \widehat{Var}(\widehat{\mu})\Big[\exp\Big(\widehat{\mu} + \frac{\widehat{\sigma}^2}{2}\Big)\Big]^2 + \widehat{Var}(\widehat{\sigma})\Big[\widehat{\sigma}\exp\Big(\widehat{\mu} + \frac{\widehat{\sigma}^2}{2}\Big)\Big]^2 \\ &\quad + 2\,\widehat{Cov}(\widehat{\mu}, \widehat{\sigma})\Big[\exp\Big(\widehat{\mu} + \frac{\widehat{\sigma}^2}{2}\Big)\Big]\Big[\widehat{\sigma}\exp\Big(\widehat{\mu} + \frac{\widehat{\sigma}^2}{2}\Big)\Big] \\ &= (0{,}031)(20{,}263)^2 + (0{,}0176)(0{,}76 * 20{,}263)^2 + \\ &\quad 2(0{,}00207)(0{,}76)(20{,}263)^2 = 18{,}2,\end{aligned}$$

o que resulta no intervalo de 95% de confiança igual a (11,9; 28,6) meses.

Ainda, com base na expressão dos percentis da log-normal, estima-se que o tempo mediano seja $\widehat{t}_{0,5} = \exp(z_{0,5}\, 0{,}76 + 2{,}72) = 15{,}2$ meses, com intervalo de 95% de confiança obtido pelo método delta igual a (9,9; 20,4).

Estimativa sob o modelo log-normal para, por exemplo, $S(20)$ resulta em 35,8% e em 36,1% sob o estimador de Kaplan-Meier (valores próximos), o que significa que a probabilidade de um paciente não apresentar reincidência de tumor após 20 meses da cirurgia de ressecção é de cerca de 36%.

O modelo log-normal foi utilizado para ilustrar a obtenção da estimativa intervalar de $E(T)$. O mesmo procedimento é mais complicado para o modelo de Weibull, visto que no cálculo da $\mathrm{Var}[\widehat{E}(T)]$ aparece a derivada da função gama que envolve a função digama. Uma forma aproximada para esta expressão foi proposta por Colosimo e Ho (1999). Outra alternativa, é fazer uso de técnicas de reamostragem *bootstrap* (EFRON; TIBSHIRANI, 1994). Sob os modelos log-normal e de Weibull, as estimativas *bootstrap* obtidas para $\mathrm{Var}[\widehat{E}(T)]$ foram 18,4 e 11,5, respectivamente. Já para a variância do tempo mediano, as estimativas foram 7,6 e 6,3, respectivamente. O *script* em *R* para obtenção das estimativas *bootstrap* pode ser encontrado em https://docs.ufpr.br/~giolo/asa.

3.6.2 Exemplo 2: pacientes em quimioterapia

Para 45 pacientes de ambos os sexos que receberam tratamento quimioterápico após cirurgia do intestino, foram registrados os tempos (em dias) até a ocorrência de sinais de alterações indesejadas no estado de saúde. Visto que as cirurgias ocorreram em datas distintas, o estudo teve duração de 250 dias. Os dados estão na Tabela 3.3 (+ indica censura).

Tabela 3.3 – Tempo em dias até alterações indesejadas no estado de saúde

7	8	10	12	13	14^+	19	23	25^+	26	27	31	31^+	49	59^+	64^+	87	89
107	117	119	230^+	233^+	130	148	153	156	159	191	222	200^+	203^+				
210^+	220^+	220^+	228^+	235^+	240^+	240^+	240^+	241^+	245^+	247^+	248^+	250^+					

De acordo com o método gráfico que baseia-se na linearização da função $S(t)$ dos modelos exponencial, de Weibull e log-normal, nota-se, a partir da Figura 3.9, que o modelo log-normal apresenta desvios menos acentuados de uma reta, sendo o modelo sugerido dentre os três considerados.

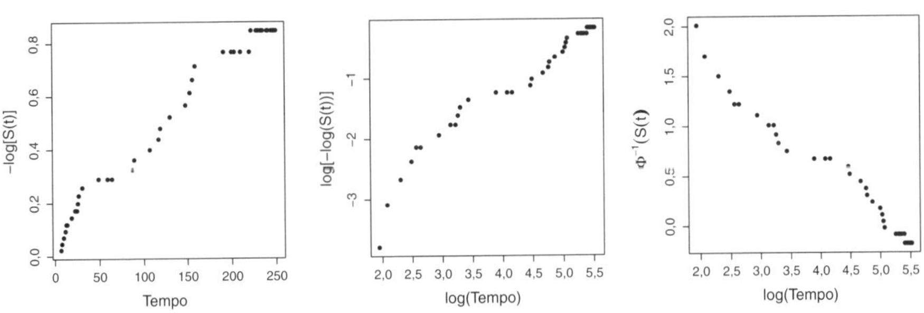

Figura 3.9 – Gráficos associados à linearização da função $S(t)$ dos modelos exponencial (esquerda), de Weibull (centro) e log-normal (direita).

Ainda, os resultados do teste da razão de verossimilhanças (TRV) mostrados na Tabela 3.4 confirmam a indicação do modelo log-normal como o mais adequado dentre os modelos considerados. Nota-se, contudo, que os modelos exponencial e de Weibull não foram descartados.

Tabela 3.4 – Resultados do TRV associados aos modelos ajustados

Modelo	$-\log[L(\widehat{\boldsymbol{\theta}})]$	TRV	Valor p
Gama generalizada	149,66	–	–
Exponencial	151,07	2(151,07 – 149,66) = 2,82	0,24
Weibull	150,55	2(150,55 – 149,66) = 1,78	0,18
Log-normal	149,81	2(149,81 – 149,66) = 0,30	0,58

A Figura 3.10 mostra as curvas de sobrevivência estimadas por meio do estimador de Kaplan-Meier e do modelo log-normal. Visto que há uma quantidade considerável de censuras (em torno de 50%), é possível concluir que o modelo apresenta ajuste razoável para os dados desse estudo.

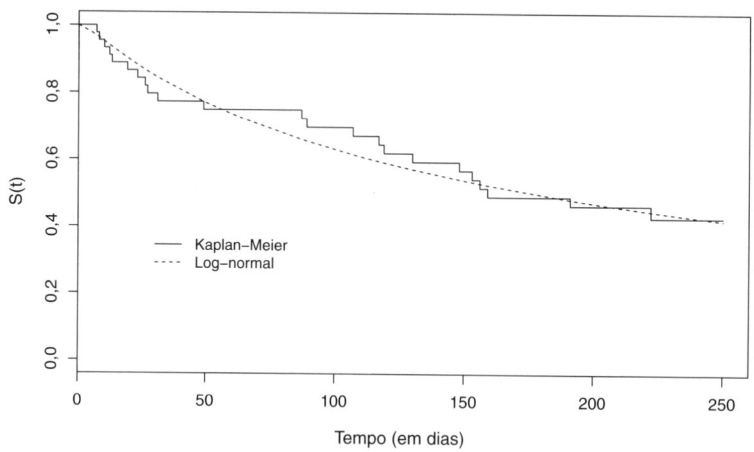

Figura 3.10 – Curva de Kaplan-Meier e do modelo log-normal.

De acordo com o modelo log-normal, estima-se que o tempo mediano (isto é, o tempo em que se espera observar a ocorrência de 50% dos pacientes com alterações indesejadas no estado geral de saúde) seja igual a

$$\widehat{t}_{0,5} = \exp(z_{0,5} 1{,}724 + 5{,}181) = 178 \, \text{dias},$$

com um intervalo de 95% de confiança igual a (69; 287) dias. Sob o estimador de Kaplan-Meier, a estimativa resultou em $\widehat{t}_{0,5} = 158$ dias.

Quanto ao tempo médio, sua estimativa, obtida a partir da expressão da média do modelo log-normal, resultou em

$$\widehat{E}(T) = \exp[5{,}181 + (1{,}724^2/2)] = 786 \, \text{dias},$$

com um intervalo de 95% de confiança igual a (0; 1813) dias, mostrando uma grande incerteza sobre esta quantidade devido ao número elevado de censuras no final do acompanhamento. Desse modo, e como dito na Seção 2.5, esta estimativa deve ser olhada com muita cautela, ou até mesmo evitada.

Por fim, considerando a expressão da função de sobrevivência do modelo log-normal, estima-se que o percentual de pacientes sem sinais de alterações indesejadas no estado geral de saúde em $t = 200$ dias seja igual a $\widehat{S}(200) = \Phi[-(\log(200) - 5{,}181)/1{,}724] = 0{,}473$ (47,3%). Essa mesma estimativa sob o estimador de Kaplan-Meier corresponde à 46,5%. Assim, a probabilidade estimada de um paciente submetido à cirurgia do intestino estar sem sinais de alterações indesejadas no seu estado geral de saúde após 200 dias de tratamento quimioterápico é de aproximadamente 47%.

3.7 Exercícios

1. O tempo em dias para o desenvolvimento de tumor em ratos expostos a uma substância cancerígena segue a distribuição de Weibull tal que

$$S(t) = \exp\left[-\left(\frac{t}{\alpha}\right)^{\gamma}\right], \quad \text{com } \alpha = 100 \text{ e } \gamma = 2.$$

(a) Obtenha a probabilidade de um rato sobreviver sem tumor aos primeiros 30 dias e aos primeiros 45 dias.
(b) Obtenha o tempo médio até o aparecimento do tumor.
(c) Obtenha o tempo mediano.
(d) Encontre a taxa de falha aos 30, 45 e 60 dias. Interprete.

2. Com o objetivo de comparar os tempos de vida de duas populações, foram extraídas duas amostras, uma de tamanho n ($r \leq n$ falhas) da população 1, que tem distribuição exponencial com média α, e outra de tamanho m ($s \leq m$ falhas) da população 2, que tem distribuição exponencial com média $\alpha + \Delta$.

(a) Estabeleça as hipóteses que se deseja testar.
(b) Apresente a função de verossimilhança $L(\boldsymbol{\theta})$, para $\boldsymbol{\theta} = (\alpha, \Delta)'$.
(c) Apresente o vetor escore $U(\boldsymbol{\theta})$ e a matriz $-\mathcal{F}(\boldsymbol{\theta})$.
(d) Obtenha as expressões dos testes de Wald e da razão de verossimilhanças para as hipóteses estabelecidas em (a).

3. Para os tempos até a ruptura de 25 isolantes elétricos sujeitos a uma tensão de estresse de 35 Kvolts apresentados no Exercício 2 do Cap. 2, identifique um modelo paramétrico adequado e, com base nele, estime:

(a) O tempo mediano dos isolantes elétricos.

(b) A fração de defeituosos nos primeiros 2 minutos de funcionamento.

(c) O tempo médio de vida dos isolantes elétricos.

(d) O tempo em que 20% dos isolantes estarão fora de operação.

4. Com o objetivo de conhecer o comportamento de um tipo de isolador elétrico funcionando a uma temperatura de 200°C, 60 isoladores foram submetidos a esta temperatura. O estudo terminou quando 45 deles havia falhado (censura tipo II). Os tempos, em horas, estão na Tabela 3.5. O símbolo + indica censura.

Tabela 3.5 – Tempo de vida de 60 isoladores funcionando a 200°C

151 164 336 365 403 454 455 473 538 577 592 628 632 647 675 727 785
801 811 816 867 893 930 937 976 1008 1040 1051 1060 1183 1329 1334
1379 1380 1633 1769 1827 1831 1849 2016 2282 2415 2430 2686 2729
2729^+ 2729^+ 2729^+ 2729^+ 2729^+ 2729^+ 2729^+ 2729^+ 2729^+ 2729^+
2729^+ 2729^+ 2729^+ 2729^+ 2729^+

(a) Ajuste um modelo paramétrico aos dados desse estudo.

(b) Com base no modelo ajustado, estime o tempo médio e mediano de vida, bem como o percentual de falhas após 500 horas de uso.

5. Ajuste um modelo paramétrico aos dados do Exercício 3 do Capítulo 2. Compare os resultados com os obtidos no Capítulo 2.

Capítulo 4

Modelos de regressão paramétricos

4.1 Introdução

Estudos na área da saúde muitas vezes envolvem covariáveis que podem estar associadas com o tempo de sobrevida. A literatura médica, por exemplo, mostra que a contagem de células CD4 e CD8 são fatores prognósticos importantes para o tempo até a ocorrência de Aids em pacientes infectados pelo HIV. Sendo assim, essas duas covariáveis devem ser consideradas na análise estatística dos dados. Embora as técnicas não paramétricas apresentadas no Capítulo 2 sejam importantes para descrever os dados de sobrevivência por sua simplicidade e facilidade de aplicação, elas não permitem a inclusão direta de covariáveis na análise. Esse fato inviabiliza a realização de uma análise mais elaborada incluindo um conjunto de covariáveis.

Uma forma simples de análise é dividir os dados em estratos de acordo com as categorias das covariáveis e, então, utilizar as técnicas não paramétricas descritas no Capítulo 2. A simplicidade dos cálculos e a facilidade de entendimento são as grandes vantagens da análise em estratos. No entanto, ela apresenta limitações. A mais importante é que esse tipo de análise na presença de várias covariáveis produz um número grande de estratos, com vários deles podendo conter poucas observações ou até mesmo nenhuma. Isso faz com que as comparações fiquem difíceis ou impossíveis de serem realizadas, por exemplo, na presença de covariáveis contínuas.

Desse modo, utilizar modelos de regressão apropriados para dados de sobrevivência é a forma mais eficiente de acomodar o efeito de várias covariáveis. Duas classes importantes de modelos propostas na literatura são: a dos modelos tempo de vida acelerado e a dos modelos de taxas de falha proporcionais. A primeira é usualmente apresentada no contexto paramétrico, o que implica assumir uma distribuição de probabilidade para a variável resposta. Esta classe é uma alternativa útil para as situações em que a proporcionalidade das taxas de falha não é válida. Já a segunda classe é mais usual no contexto semiparamétrico, o que inclui o modelo de regressão de Cox, muito utilizado em estudos clínicos e epidemiológicos e que permite incorporar facilmente covariáveis dependentes do tempo. Os Capítulos 5 e 6 abordam este modelo e algumas de suas extensões.

Se por um lado, a abordagem paramétrica confere à primeira classe mais eficiência em termos de precisão das estimativas, por outro lado, a abordagem semiparamétrica confere à segunda classe maior flexibilidade, visto não ser necessário assumir uma distribuição de probabilidade para a variável resposta. Uma terceira classe de modelos, a de chances proporcionais, pode ser encontrada na literatura estatística. Contudo, o seu uso é pequeno em situações reais e os recursos computacionais são mais limitados para o ajuste desses modelos. Para mais detalhes pode-se consultar Collett (2003).

Neste capítulo, a ênfase é dada à classe dos modelos tempo de vida acelerado no contexto paramétrico. A Seção 4.2 apresenta esta classe de modelos e faz um breve comparativo com a segunda classe. Na Seção 4.3, o modelo é apresentado para as distribuições exponencial e de Weibull. As técnicas de adequação do modelo e as interpretações das quantidades estimadas são tratadas nas Seções 4.4 e 4.5, respectivamente. A Seção 4.6 ilustra a aplicação do modelo com base na análise dos dados de três estudos.

4.2 Modelos para dados de sobrevivência

Considere uma situação simples que envolve uma única covariável em que o objetivo consiste em estudar a relação desta covariável com a variável resposta tempo até a ocorrência de um evento de interesse. Para esse fim, uma análise não paramétrica pode ser realizada utilizando o estimador de Kaplan-Meier. Contudo, como mencionado previamente, essa análise apresenta limitações, sendo mais indicado o uso de um modelo de regressão.

O modelo de regressão linear (DRAPER; SMITH, 1998) é o mais conhecido em estatística e é tomado como ponto de partida. Sob esse modelo, a resposta se relaciona com as covariáveis ou variáveis explicativas por meio de uma relação linear ou, na linguagem de modelos lineares generalizados (McCULLAGH; NELDER, 1989), usando a função de ligação identidade. Quando há somente uma covariável, o gráfico de dispersão desta covariável *versus* a resposta deve mostrar evidências de uma relação linear para que o modelo seja considerado apropriado. Ou seja, a nuvem de pontos neste gráfico deve indicar que uma reta é uma boa aproximação para a relação entre as variáveis. A equação da reta corresponde ao componente determinístico do modelo de regressão linear, com a variação em torno dela representando o componente estocástico, geralmente assumido seguir a distribuição normal. Formalmente, o modelo é expresso por

$$Y = \beta_0 + \beta_1 x + \epsilon, \tag{4.1}$$

em que Y é a resposta, x é o valor da covariável X, β_0 e β_1 são os parâmetros a serem estimados e ϵ é o erro aleatório com distribuição normal.

Retornando à situação de interesse, em que a resposta corresponde ao tempo T até a ocorrência do evento e há a presença de censuras, o que se deseja é utilizar um modelo de regressão com o objetivo de estudar a relação entre as variáveis T e X. Contudo, o tipo de resposta e o comportamento das variáveis inviabilizam, em geral, a utilização direta do modelo (4.1). A principal razão diz respeito à distribuição associada à resposta T que tende a ser assimétrica na direção dos maiores tempos, o que torna inapropriado assumir a distribuição normal para o componente estocástico do modelo. Outra razão é a possibilidade de uma relação não linear entre T e X.

Basicamente, a literatura estatística enfrenta o desafio de modelagem em análise de sobrevivência de duas formas: i) transformar a resposta na tentativa de retornar ao modelo linear, não necessariamente com erros seguindo a distribuição normal, ou ii) modelar diretamente a função taxa de falha, com termos multiplicativos associados ao tempo e à estrutura de regressão. Essas duas propostas caracterizam as duas classes de modelos mais utilizadas em análise de sobrevivência: a dos modelos tempo de vida acelerado e a dos modelos que assumem proporcionalidade das taxas de falha.

Para apresentar a classe dos modelos tempo de vida acelerado, é considerada inicialmente uma estrutura de regressão com uma única covariável. Desse modo, suponha um ensaio clínico em que os pacientes são aleatorizados para receber um de dois tratamentos: o novo = N ou o padrão = P. Sob esta classe de modelos, o tempo de vida de um paciente do grupo N é assumido ser um múltiplo do tempo de vida de um paciente do grupo P. Assim, o efeito do tratamento novo é o de *acelerar* ou o de *desacelerar* o tempo de vida. Sob esta suposição, a probabilidade de um paciente do grupo N sobreviver além do tempo t é igual a probabilidade de um paciente do grupo P sobreviver além do tempo t/ϕ, em que ϕ é uma constante positiva desconhecida. Denotando por $S_N(t)$ e $S_P(t)$ as funções de sobrevivência associadas aos pacientes dos grupos N e P, respectivamente, o modelo tempo de vida acelerado assume, para qualquer tempo t, que

$$S_N(t) = S_P(t/\phi). \tag{4.2}$$

Uma interpretação para este modelo é que o tempo de vida de um paciente do grupo N é ϕ vezes o de um paciente do grupo P. Logo, o parâmetro ϕ reflete o impacto do tratamento novo na escala do tempo. Desse modo, se o estudo tem como evento de interesse a morte, valores de $\phi > 1$ indicam uma desaceleração no tempo até a morte de um paciente do grupo N, comparado ao de um paciente do grupo P. Neste caso, o tratamento novo seria o mais adequado em termos de promoção da longevidade. Por outro lado, se o evento for a recuperação de algum estado de doença, valores de $\phi < 1$ indicam que o efeito do tratamento novo é o de acelerar o tempo de recuperação. Neste caso, o tratamento novo também seria superior ao padrão. A quantidade ϕ^{-1} é, desse modo, denominada fator de aceleração.

Segundo Collett (2003), o fator de aceleração também pode ser interpretado em termos dos tempos medianos de vida dos pacientes nos grupos

N e P. Tais tempos medianos, denotados por $t_{0,5}(\mathrm{N})$ e $t_{0,5}(\mathrm{P})$, são tais que $S_N[t_{0,5}(\mathrm{N})] = S_P[t_{0,5}(\mathrm{P})] = 0{,}5$. Sob o modelo tempo de vida acelerado, $S_N[t_{0,5}(\mathrm{N})] = S_P[t_{0,5}(\mathrm{N})/\phi]$, e assim $t_{0,5}(\mathrm{N}) = \phi\, t_{0,5}(\mathrm{P})$. Ou seja, o tempo mediano de vida de um paciente do grupo N é ϕ vezes o de um paciente do grupo P. Este mesmo argumento pode ser utilizado para qualquer percentil da distribuição do tempo de vida. Isso significa que o p-ésimo percentil da distribuição do tempo de vida dos pacientes do grupo N, $t_p(\mathrm{N})$, é tal que $t_p(\mathrm{N}) = \phi\, t_p(\mathrm{P})$, sendo $t_p(\mathrm{P})$ o p-ésimo percentil do grupo P.

A partir das relações entre as funções $S(t)$, $f(t)$ e $\lambda(t)$ apresentadas na Seção 1.5.5, segue de (4.2) que a relação entre as funções taxa de falha de pacientes dos grupos N e P fica expressa, para qualquer t, por

$$\lambda_N(t) = \phi^{-1}\lambda_P(t/\phi).$$

Denotando por X a variável indicadora que assume o valor $x = 0$ para os pacientes do grupo P e $x = 1$ para os do grupo N, a função taxa de falha pode então ser representada por

$$\lambda(t \mid x) = \phi^{-x}\lambda_0(t/\phi^x). \tag{4.3}$$

Tomando $x = 0$ em (4.3), segue que a função $\lambda_0(t)$ corresponde à função taxa de falha para um paciente do grupo P. Como esta função corresponde à taxa de falha para um indivíduo em que $x = 0$, ela é denominada função taxa de falha de base. Para um paciente do grupo N ($x = 1$), tem-se de (4.3) que sua respectiva função taxa de falha resulta em $\phi^{-1}\lambda_0(t/\phi)$. Como o parâmetro ϕ deve ser não negativo, é conveniente definir $\phi = \exp(\beta)$. Desse modo, o modelo tempo de vida acelerado em (4.3) fica expresso por

$$\lambda(t \mid x) = \exp(-\beta x)\lambda_0[t/\exp(\beta x)], \tag{4.4}$$

de modo que a função taxa de falha para um paciente do grupo N ($x = 1$) fica agora expressa por $\exp(-\beta)\lambda_0[t/\exp(\beta)]$.

Sob a segunda classe de modelos, que assume taxas de falha proporcionais, a função taxa de falha é dada por

$$\lambda(t \mid x) = \exp(\beta x)\lambda_0(t), \text{ para } t \geq 0,$$

de modo que, para quaisquer dois pacientes i e ℓ, a razão de suas taxas de falha resulta em uma constante que não depende do tempo, isto é,

$$\frac{\lambda(t \mid x_i)}{\lambda(t \mid x_\ell)} = \exp[\beta(x_i - x_\ell)],$$

e daí a denominação taxas de falha proporcionais. A partir da Equação (4.4), nota-se que o mesmo não ocorre para o modelo tempo de vida acelerado.

Para a classe de modelos tempo de vida acelerado e a de taxas de falha proporcionais, as funções de sobrevivência são dadas, respectivamente, por

$$S(t \mid x) = S_0[t/\exp(\beta x)] \quad \text{e} \quad S(t \mid x) = [S_0(t)]^{\exp(\beta x)}.$$

4.3 Modelo tempo de vida acelerado

O modelo tempo de vida acelerado pode ser estendido para a situação em que p covariáveis são medidas para cada indivíduo no estudo. Neste caso, a função de sobrevivência fica expressa por

$$S(t \mid \mathbf{x}) = S_0[t/\exp(\boldsymbol{\beta}'\mathbf{x})], \tag{4.5}$$

em que $\boldsymbol{\beta} = (\beta_1, \ldots, \beta_p)'$ e $\mathbf{x} = (x_1, \ldots, x_p)'$ são vetores de dimensão $p \times 1$, e $S_0(t)$ corresponde à função de sobrevivência de base, ou seja, à função de sobrevivência no tempo t para um indivíduo em que $\mathbf{x} = \mathbf{0}$.

De forma alternativa, o modelo (4.5) pode ser representado na escala logarítmica da resposta por

$$Y = \log(T) = \beta_0 + \boldsymbol{\beta}'\mathbf{x} + \sigma\nu, \tag{4.6}$$

em que β_0 é o intercepto, $\sigma > 0$ é o parâmetro de escala, e ν é o termo aleatório correspondendo ao erro, que segue alguma distribuição de probabilidade. A formulação (4.6) é similar à do modelo linear (4.1), exceto pela distribuição dos erros que não necessariamente segue a distribuição normal. Sob essa representação, nota-se que as covariáveis exercem efeito aditivo em $\log(T)$ e efeito multiplicativo em T, visto que

$$T = \exp(\beta_0 + \boldsymbol{\beta}'\mathbf{x})\, \epsilon^{\sigma}, \quad \text{com } \epsilon = \exp(\nu).$$

A equivalência entre a representação do modelo (4.6) e a apresentada na Equação (4.5) é mostrada a seguir.

$$\begin{aligned} S(t\,|\,\mathbf{x}) &= P(T > t\,|\,\mathbf{x}) = P\big[\exp(\beta_0 + \boldsymbol{\beta}'\mathbf{x} + \sigma\nu) > t\big] \\ &= P\big[\exp(\beta_0 + \sigma\nu) > t/\exp(\boldsymbol{\beta}'\mathbf{x})\big] \\ &= S_0\big[t/\exp(\boldsymbol{\beta}'\mathbf{x})\big], \end{aligned}$$

uma vez que a função de sobrevivência de base, $S_0(t)$, que corresponde à função de sobrevivência para um indivíduo em que $\mathbf{x} = \mathbf{0}$, é

$$S_0(t) = S(t\,|\,\mathbf{x} = \mathbf{0}) = P\big[\exp(\beta_0 + \sigma\nu) > t\big].$$

Logo, sob o modelo tempo de vida acelerado, $S(t\,|\,\mathbf{x}) = S_0\big[t/\exp(\boldsymbol{\beta}'\mathbf{x})\big]$ corresponde à forma geral da função de sobrevivência. Nesta versão do modelo, o fator de aceleração é $\exp(-\boldsymbol{\beta}'\mathbf{x})$. Em termos da função taxa de falha, a forma geral é dada, para $t \geq 0$, por

$$\lambda(t\,|\,\mathbf{x}) = \exp(-\boldsymbol{\beta}'\mathbf{x})\lambda_0[t/\exp(\boldsymbol{\beta}'\mathbf{x})], \tag{4.7}$$

em que $\lambda_0(t)$ corresponde à função taxa de falha de base.

A formulação log-linear do modelo tempo de vida acelerado também pode ser utilizada para mostrar que a função $S(t\,|\,\mathbf{x})$ pode ser expressa em termos da função de sobrevivência da distribuição de ν. Ou seja,

$$\begin{aligned} S(t\,|\,\mathbf{x}) &= P(T > t\,|\,\mathbf{x}) = P\big[\exp(\beta_0 + \boldsymbol{\beta}'\mathbf{x} + \sigma\nu) > t\big] \\ &= P\big[\beta_0 + \boldsymbol{\beta}'\mathbf{x} + \sigma\nu > \log(t)\big] \\ &= P\big[\nu > 1/\sigma[\log(t) - (\beta_0 + \boldsymbol{\beta}'\mathbf{x})]\big] \\ &= S_\nu\Big[\log\left(t/\exp(\beta_0 + \boldsymbol{\beta}'\mathbf{x})\right)^{1/\sigma}\Big]. \end{aligned}$$

Quanto ao p-ésimo percentil da distribuição do tempo de vida, segue de (4.5) que ele pode ser obtido por $t_p(\mathbf{x}) = \exp(\boldsymbol{\beta}'\mathbf{x})\, t_p(0)$, com $t_p(0)$ denotando o p-ésimo percentil para $\mathbf{x} = \mathbf{0}$.

No contexto paramétrico, o modelo tempo de vida acelerado assume uma distribuição de probabilidade para a resposta T ou, equivalentemente, para ϵ. Na prática, os modelos exponencial, de Weibull e log-normal são muito utilizados. As Seções 4.3.1 e 4.3.2 apresentam os dois primeiros.

4.3.1 Modelo tempo de vida acelerado exponencial

Assumir a distribuição exponencial para a variável T produz o modelo de regressão mais simples e historicamente o mais utilizado na literatura de análise de sobrevivência. Neste caso, $\sigma = 1$ e a distribuição para o erro ϵ é a exponencial com média unitária, em que $f(\epsilon) = \exp(-\epsilon)$. A representação do modelo de regressão para este caso é dada por

$$T = \exp(\beta_0 + \boldsymbol{\beta}'\mathbf{x})\,\epsilon, \tag{4.8}$$

ou, equivalentemente,

$$Y = \log(\mathrm{T}) = \beta_0 + \boldsymbol{\beta}'\mathbf{x} + \nu, \tag{4.9}$$

em que $\nu = \log(\epsilon)$ segue a distribuição valor extremo padrão, cuja função densidade de probabilidade é dada por $f(\nu) = \exp[\nu - \exp(\nu)]$. A distribuição valor extremo foi abordada na Seção 3.2.2. Informações adicionais sobre ela podem ser encontradas em Lawless (2003).

Para este modelo, a função de sobrevivência para T é dada por

$$S(t \mid \mathbf{x}) = \exp\left[-\frac{t}{\exp(\beta_0 + \boldsymbol{\beta}'\mathbf{x})}\right]$$

e, para Y, por $S(y \mid \mathbf{x}) = \exp[-\exp[y - (\beta_0 + \boldsymbol{\beta}'\mathbf{x})]]$.

A função taxa de falha satisfaz a propriedade do modelo tempo de vida acelerado expressa em (4.7), ou seja,

$$\begin{aligned}\lambda(t \mid \mathbf{x}) &= \frac{1}{\exp(\beta_0 + \boldsymbol{\beta}'\mathbf{x})} = \exp(-\boldsymbol{\beta}'\mathbf{x})[1/\exp(\beta_0)] \\ &= \exp(-\boldsymbol{\beta}'\mathbf{x})\lambda_0[t/\exp(\boldsymbol{\beta}'\mathbf{x})],\end{aligned}$$

visto que $\lambda_0(t) = 1/\alpha$, com $\alpha = \exp(\beta_0)$. Pode-se observar que este modelo também pertence à classe dos modelos de taxas de falha proporcionais, pois $\lambda_0(t)$ não depende do tempo t.

Após especificar o modelo de regressão exponencial, é necessário estimar e fazer inferências sobre os parâmetros $\boldsymbol{\theta} = (\beta_0, \boldsymbol{\beta})$. Para o modelo linear (4.1), o método de mínimos quadrados é usualmente utilizado para esta finalidade por apresentar propriedades desejáveis na presença de erros com distribuição normal (SEBER, 1977). Contudo, este método torna-se inadequado na ausência de normalidade dos erros e, principalmente, na presença de censuras. O método de máxima verossimilhança, descrito no Capítulo 3, apresenta-se, então, como uma opção apropriada.

De acordo com a construção da função de verossimilhança apresentada na Seção 3.3.1, a amostra de tamanho n é dividida em duas partes, uma correspondendo às r falhas e a outra às $n-r$ censuras. No caso das falhas, em que os dados são representados por $(t_i, \delta_i = 1, \mathbf{x}_i)$, $i = 1, \ldots, r$, sabe-se que a falha ocorreu para o i-ésimo indivíduo no tempo t_i. Desse modo, a contribuição deste indivíduo para a função de verossimilhança corresponde à sua probabilidade de falha no tempo t_i, dada pela função densidade $f(t_i \mid \mathbf{x}_i)$. No caso das censuras à direita, em que os dados são representados por $(t_i, \delta_i = 0, x_i)$, $i = r+1, \ldots, n$, sabe-se que o tempo até a falha do i-ésimo indivíduo é superior a t_i. Logo, a contribuição deste indivíduo para a função de verossimilhança corresponde à sua probabilidade de sobreviver ao tempo t_i, dada pela função de sobrevivência $S(t_i \mid \mathbf{x}_i)$. Supondo que os tempos dos n indivíduos da amostra são independentes, as funções de verossimilhança para os modelos nas formas (4.8) e (4.9) são dadas, respectivamente, por

$$L(\boldsymbol{\theta}) = \prod_{i=1}^{n} \Big[f(t_i \mid \mathbf{x}_i)\Big]^{\delta_i} \Big[S(t_i \mid \mathbf{x}_i)\Big]^{(1-\delta_i)} \tag{4.10}$$

e

$$L(\boldsymbol{\theta}) = \prod_{i=1}^{n} \Big[f(y_i \mid \mathbf{x}_i)\Big]^{\delta_i} \Big[S(y_i \mid \mathbf{x}_i)\Big]^{(1-\delta_i)} \tag{4.11}$$

em que $y_i = \log(t_i)$, $\boldsymbol{\theta} = (\beta_0, \boldsymbol{\beta})$ e $\delta_i = 1$ se falha e 0 se censura.

Para obter os estimadores de máxima verossimilhança, é necessário substituir as funções densidade de probabilidade e de sobrevivência por aquelas da distribuição exponencial em (4.10) ou da valor extremo em (4.11). Fazendo isto em (4.11), e tomando o logaritmo de $L(\boldsymbol{\theta})$, segue que

$$\log[L(\boldsymbol{\theta})] = \sum_{i=1}^{n} \Big[\delta_i(y_i - \beta_0 - \boldsymbol{\beta}'\mathbf{x}_i) - \exp(y_i - \beta_0 - \boldsymbol{\beta}'\mathbf{x}_i)\Big]. \tag{4.12}$$

Os estimadores de máxima verossimilhança são os valores de $\boldsymbol{\theta} = (\beta_0, \boldsymbol{\beta})$ que maximizam a função (4.12). Para tanto, é necessário encontrar as derivadas de (4.12) em relação aos componentes de $\boldsymbol{\theta}$, igualar as expressões obtidas a zero e resolver o sistema de equações resultante. Como as equações não são lineares em $\boldsymbol{\theta}$, não apresentando solução analítica, elas devem ser resolvidas numericamente, o que usualmente envolve o método iterativo de Newton-Raphson e a utilização de um *software* estatístico. Este procedimento na ausência de estrutura de regressão foi apresentado na Seção 3.3.

4.3.2 Modelo tempo de vida acelerado Weibull

Embora o modelo de regressão exponencial seja simples e de fácil compreensão, poucas situações são ajustadas adequadamente por este modelo. Segundo Nelson (1990), somente 10% dos produtos industriais apresentam tempos de vida com distribuição exponencial. Assim, uma forma de estender este modelo é assumir que o parâmetro de escala σ é desconhecido.

Assumir a distribuição de Weibull para a variável T, implica que $\sigma > 0$ é desconhecido e que a distribuição para o erro ϵ é a exponencial com média unitária. A representação do modelo de regressão, neste caso, é dada por

$$T = \exp(\beta_0 + \boldsymbol{\beta}'\mathbf{x})\,\epsilon^{\sigma} \tag{4.13}$$

ou, equivalentemente,

$$Y = \log(T) = \beta_0 + \boldsymbol{\beta}'\mathbf{x} + \sigma\nu, \tag{4.14}$$

em que $\nu = \log(\epsilon)$ segue a distribuição valor extremo padrão e Y a valor extremo com parâmetro de locação $\mu(\mathbf{x}) = \beta_0 + \boldsymbol{\beta}'\mathbf{x}$ e de escala σ.

Em termos da função de sobrevivência para T e Y, tem-se

$$S(t \mid \mathbf{x}) = \exp\left[-\left(\frac{t}{\exp(\mu(\mathbf{x}))}\right)^{\gamma}\right]$$

e

$$S(y \mid \mathbf{x}) = \exp\left[-\exp\left(\frac{y - \mu(\mathbf{x})}{\sigma}\right)\right],$$

com $\mu(\mathbf{x}) = \beta_0 + \boldsymbol{\beta}'\mathbf{x}$ e $\gamma = 1/\sigma$.

Uma particularidade da distribuição de Weibull (e do seu caso particular, a exponencial) é que ela pertence tanto à classe dos modelos tempo de vida acelerado quanto à dos modelos de taxas de falha proporcionais. De fato, se T segue esta distribuição, a função taxa de falha satisfaz a propriedade do modelo tempo de vida acelerado expressa em (4.7), ou seja,

$$\begin{aligned}\lambda(t \mid \mathbf{x}) &= \frac{\gamma}{\left[\exp(\beta_0 + \boldsymbol{\beta}'\mathbf{x})\right]^{\gamma}}\, t^{\gamma-1} \\ &= \exp(-\boldsymbol{\beta}'\mathbf{x}) \frac{\gamma}{\left[\exp(\beta_0)\right]^{\gamma}} \left[t/\exp(\boldsymbol{\beta}'\mathbf{x})\right]^{\gamma-1} \\ &= \exp(-\boldsymbol{\beta}'\mathbf{x})\lambda_0\left[t/\exp(\boldsymbol{\beta}'\mathbf{x})\right],\end{aligned}$$

uma vez que $\lambda_0(t) = \frac{\gamma}{\alpha^{\gamma}}\, t^{\gamma-1}$ em que $\alpha = \exp(\beta_0)$. Por outro lado,

$$\begin{aligned}\lambda(t \mid \mathbf{x}) &= \frac{\gamma}{\left[\exp(\beta_0 + \boldsymbol{\beta}'\mathbf{x})\right]^{\gamma}}\, t^{\gamma-1} \\ &= \left[\exp(\boldsymbol{\beta}'\mathbf{x})\right]^{-\gamma} \frac{\gamma}{\left[\exp(\beta_0)\right]^{\gamma}}\, t^{\gamma-1} \\ &= \left[\exp(-\gamma\boldsymbol{\beta}'\mathbf{x})\right]\lambda_0(t),\end{aligned}$$

de modo que a razão das taxas de falha para dois indivíduos quaisquer i e ℓ resulta em uma constante que não depende do tempo, o que implica em taxas de falha proporcionais. Nota-se que o fator de aceleração $\exp(-\boldsymbol{\beta}'\mathbf{x})$ sob o modelo tempo de vida acelerado corresponde à $\exp(-\gamma\boldsymbol{\beta}'\mathbf{x})$ sob o modelo taxas de falha proporcionais, em que $\gamma = 1/\sigma$.

A estimação do vetor de parâmetros $\boldsymbol{\theta} = (\beta_0, \boldsymbol{\beta}, \sigma)$ também é realizada pelo método de máxima verossimilhança e segue o mesmo procedimento apresentado para o modelo de regressão exponencial.

4.3.3 Outros modelos tempo de vida acelerado

Outras distribuições de probabilidade podem ser consideradas para ϵ ou T na expressão (4.13). Dentre elas, pertencem à classe dos modelos tempo de vida acelerado a log-normal e a log-logística apresentadas no Capítulo 3. Suas respectivas distribuições para Y são a normal e a logística.

Em um contexto paramétrico, a generalização do modelo (4.9) pode ser obtida acrescentando mais um parâmetro de forma. A gama generalizada ilustra tal modelo, mas a parte inferencial e o seu correspondente aspecto computacional tornam-se mais complexos. Outras possíveis generalizações, não necessariamente pertencentes à classe dos modelos tempo de vida acelerado, foram mencionadas na Seção 3.2.7.

4.3.4 Inferência sobre os parâmetros do modelo

Inferência estatística sobre os parâmetros do modelo tempo de vida acelerado é realizada com base nas propriedades assintóticas dos estimadores de máxima verossimilhança apresentadas na Seção 3.4.

Assim, após ser especificada uma distribuição de probabilidade para T (ou equivalentemente para Y), a função de verossimilhança, cuja forma geral corresponde à expressão (4.10), fica completamente determinada. Os estimadores de máxima verossimilhança e suas propriedades podem, então, ser utilizados para a construção de intervalos de confiança, bem como para testar hipóteses referentes aos parâmetros do modelo.

4.4 Avaliação da adequação do modelo

Avaliar a adequação do modelo ajustado é parte essencial da análise dos dados. Assim, vários resíduos foram propostos na literatura com a finalidade de avaliar a adequação do modelo tempo de vida acelerado (LAWLESS, 2003, KLEIN; MOESCHBERGER, 2003, THERNEAU; GRAMBCH, 2000).

Técnicas gráficas que fazem uso dos resíduos propostos são muito utilizadas para examinar diferentes aspectos do modelo, tal como a distribuição dos erros. Tais técnicas, segundo Klein e Moeschberger (2003), devem ser utilizadas como um meio de rejeitar modelos claramente inapropriados e não para provar que um particular modelo paramétrico está correto. Isso porque, em várias aplicações, dois ou mais modelos podem fornecer ajustes razoáveis e estimativas similares das quantidades de interesse.

A seguir, são descritos: os resíduos de Cox-Snell e os resíduos padronizados, ambos úteis para examinar o ajuste global do modelo; os resíduos martingais, que auxiliam a determinar a melhor forma funcional de covariáveis contínuas no modelo; e os resíduos *deviance*, que auxiliam a examinar a presença de observações atípicas (*outliers*).

4.4.1 Resíduos de Cox-Snell

Os resíduos de Cox-Snell (1968) auxiliam a examinar o ajuste global do modelo e são quantidades determinadas, para $i = 1, \ldots, n$, por

$$e_i = \widehat{\Lambda}(t_i \mid \mathbf{x}_i), \tag{4.15}$$

em que $\widehat{\Lambda}(\cdot)$ corresponde à função taxa de falha acumulada obtida a partir do modelo ajustado. Para os modelos de regressão exponencial, de Weibull e log-normal, tais resíduos são dados, respectivamente, por

$$\begin{aligned}
\text{Exponencial} &\;\Rightarrow\; e_i = t_i \exp(-\widehat{\beta}_0 - \widehat{\boldsymbol{\beta}'\mathbf{x}_i}) \\
\text{Weibull} &\;\Rightarrow\; e_i = \left[t_i \exp(-\widehat{\beta}_0 - \widehat{\boldsymbol{\beta}'\mathbf{x}_i})\right]^{\widehat{\gamma}} \\
\text{log-normal} &\;\Rightarrow\; e_i = -\log\left[1 - \Phi\left(\frac{\log(t_i) - \widehat{\beta}_0 - \widehat{\boldsymbol{\beta}'\mathbf{x}_i}}{\widehat{\sigma}}\right)\right].
\end{aligned}$$

De acordo com Lawless (2003), os resíduos e_i $(i = 1, \ldots, n)$ podem ser vistos como uma amostra de uma população homogênea e devem seguir a distribuição exponencial padrão para que o modelo seja considerado adequado. Assim, para avaliar se os resíduos seguem essa distribuição, pode-se utilizar as técnicas gráficas apresentadas na Seção 3.5. Desse modo, para que o modelo seja considerado adequado, o gráfico e_i *versus* $\widehat{\Lambda}(e_i)$ deve ser próximo a uma reta passando pela origem e com inclinação 1, uma vez que $\Lambda(t) = t$ para o modelo exponencial padrão. A função $\widehat{\Lambda}(e_i)$ corresponde ao estimador de Nelson-Aalen (2.9) dos resíduos e_i $(i = 1, \ldots, n)$, ou, alternativamente, $\widehat{\Lambda}(e_i) = -\log[\widehat{S}(e_i)]$, com $\widehat{S}(e_i)$ a função de sobrevivência dos e_i $(i = 1, \ldots, n)$ obtida a partir do estimador de Kaplan-Meier. O gráfico das curvas de sobrevivência dos resíduos obtidas a partir do estimador de Kaplan-Meier e do modelo exponencial padrão também é uma alternativa útil para avaliar a qualidade do modelo ajustado. Quanto mais próximas elas estiverem, melhor o ajuste do modelo aos dados.

Na presença de poucas observações censuradas e quando os modelos exponencial ou de Weibull estiverem sendo utilizados, Lawless (2003) menciona ser conveniente redefinir os resíduos associados às censuras e tratá-los como se não fossem censurados. Para todo t_i associado a uma observação censurada, os correspondentes resíduos ficam redefinidos por

$$e_i = \left[t_i \exp(-\widehat{\beta}_0 - \widehat{\boldsymbol{\beta}'\mathbf{x}_i})\right]^{\widehat{\gamma}} + 1 = \widehat{\Lambda}(t_i \mid \mathbf{x}_i) + 1.$$

Embora os resíduos de Cox-Snell sejam úteis para examinar o ajuste global do modelo, eles não indicam o tipo de problema que estaria ocorrendo quando o gráfico e_i *versus* $\widehat{\Lambda}(e_i)$ não apresenta um comportamento linear (CROWLEY; STORER, 1983). Outros resíduos, como, por exemplo, os resíduos martingais, podem ser úteis nestas situações. Klein e Moeschberger (2003) observam, ainda, que os resíduos de Cox-Snell devem ser utilizados com cautela, pois a distribuição exponencial é preservada somente na presença dos verdadeiros valores dos parâmetros. Como é necessário utilizar as estimativas dos parâmetros para obter os resíduos, afastamentos da distribuição exponencial podem ocorrer devido, parcialmente, à incerteza no processo de estimação do vetor de parâmetros $\boldsymbol{\beta}$. Essa incerteza é maior na cauda direita da distribuição e para amostras pequenas.

4.4.2 Resíduos padronizados

Avaliar a adequação do modelo tempo de vida acelerado por meio dos resíduos de Cox-Snell é equivalente a proceder esta avaliação com base nos resíduos padronizados, derivados a partir da representação log-linear apresentada em (4.6). Similar aos resíduos utilizados no modelo de regressão linear-normal, os resíduos padronizados são definidos por

$$\widehat{\nu}_i = \frac{y_i - (\widehat{\beta}_0 + \widehat{\boldsymbol{\beta}'\mathbf{x}_i})}{\widehat{\sigma}}, \text{ com } y_i = \log(t_i),\ i = 1, \ldots, n.$$

Assim, se o modelo de regressão exponencial for adequado, os resíduos $\widehat{\nu}_i$ $(i = 1, \ldots, n)$ devem ser vistos como uma amostra de uma população homogênea com distribuição valor extremo padrão. Do mesmo modo, se o modelo log-normal for adequado, então $\widehat{\nu}_i$ $(i = 1, \ldots, n)$ devem ser vistos como uma amostra de uma população homogênea com distribuição normal padrão. Como é comum a presença de observações censuradas, a distribuição dos resíduos deve ser avaliada com base em técnicas gráficas que levem em consideração este fato, tal como as que utilizam o estimador de Kaplan-Meier apresentadas no Capítulo 3. Isso requer que os valores dos resíduos sejam não negativos, o que não ocorre com $\widehat{\nu}_i$ $(i = 1, \ldots, n)$. Contudo, se for considerado o exponencial dos $\widehat{\nu}_i$, isto é,

$$e_i^* = \exp(\widehat{\nu}_i), \quad i = 1, \ldots, n,$$

tem-se $e_i^* \geq 0$ e se retorna a escala original da variável resposta T.

Desse modo, para que o modelo de regressão exponencial seja considerado adequado, o gráfico dos pares de pontos das estimativas $\widehat{S}(e_i^*)$ obtidas a partir do estimador de Kaplan-Meier e do modelo exponencial padrão deve ser aproximadamente uma reta. Alternativamente, pode-se avaliar o gráfico das curvas de sobrevivência dos resíduos e_i^* $(i = 1, \ldots, n)$ obtidas a partir do estimador de Kaplan-Meier e do modelo exponencial padrão. Quanto mais próximas elas estiverem, melhor o ajuste do modelo aos dados.

Por analogia, para o modelo de regressão log-normal ser considerado adequado, o gráfico dos pares de pontos das estimativas $\widehat{S}(e_i^*)$ obtidas a partir do estimador de Kaplan-Meier e do modelo log-normal padrão deve ser aproximadamente uma reta. Pode-se, ainda, avaliar graficamente a proximidade das curvas de sobrevivência dos resíduos e_i^* $(i = 1, \ldots, n)$ obtidas a partir do estimador de Kaplan-Meier e do modelo log-normal padrão.

4.4.3 Resíduos martingais

Os resíduos martingais são definidos, para $i = 1, \ldots, n$, por

$$m_i = \delta_i - e_i, \tag{4.16}$$

com δ_i a variável indicadora de falha e e_i os resíduos de Cox-Snell.

Esses resíduos são uma ligeira modificação dos resíduos de Cox-Snell e são vistos como uma estimativa do número de falhas em excesso observada nos dados, mas não predito pelo modelo. Em geral, eles auxiliam a identificar a melhor forma funcional de covariáveis contínuas no modelo. Para, por exemplo, identificar a melhor forma funcional para a covariável contínua X_1, deve-se obter os resíduos martingais para o modelo sem esta covariável e, então, construir o gráfico de dispersão dos pares (x_{i1}, m_i), $i = 1, \ldots, n$.

Para auxiliar na interpretação do gráfico mencionado, que não é muito simples devido à distribuição assimétrica dos resíduos martingais, é usual adicionar ao gráfico uma curva suavizada com o auxílio da função *lowess* ou *splines*. Se a curva suavizada for linear, nenhuma transformação é necessária em X_1. Já se a curva apresentar uma mudança em um certo valor de X_1, sua versão categorizada é indicada. Outros comportamentos podem ainda indicar que a melhor forma funcional é $\log(X_1)$ ou X_1^2, dentre outras.

4.4.4 Resíduos *deviance*

Os resíduos *deviance* são definidos, para $i = 1, \ldots, n$, por

$$d_i = \text{sinal}(m_i)\big[-2(m_i + \delta_i \log(\delta_i - m_i))\big]^{1/2}. \tag{4.17}$$

Eles foram propostos com o intuito de tornar os resíduos martingais mais simétricos em torno de zero, facilitando a detecção de pontos atípicos (*outliers*). Para um modelo ser considerado apropriado, os resíduos d_i devem apresentar um comportamento aleatório em torno de zero. Gráficos destes resíduos (ou dos resíduos martingais) *versus* os tempos fornecem, assim, uma forma de verificar a adequação do modelo ajustado, bem como identificar a presença de observações atípicas.

4.4.5 Testes de significância e critérios de informação

Adicional à análise gráfica dos resíduos, testes de significância e critérios de informação podem auxiliar na comparação e escolha de um modelo. Por exemplo, o teste da razão de verossimilhanças apresentado na Seção 3.5.2 pode ser utilizado para comparar modelos encaixados (isto é, modelos que são casos particulares de outro mais flexível). Já os critérios de informação, como os de Akaike e Bayesiano apresentados na Seção 3.5.3, são úteis para comparar modelos não necessariamente encaixados.

Como vários modelos que fazem parte da classe dos modelos tempo de vida acelerado são encaixados no modelo gama generalizada, pode-se, por exemplo, utilizar o teste da razão de verossimilhanças para comparar cada um deles com o modelo gama generalizada. Ou seja, pode-se testar H_0: o modelo de interesse é adequado *versus* H_A: o modelo não é adequado.

Quanto aos critérios de informação de Akaike (AIC) e Bayesiano (BIC), eles não são testes estatísticos. Dentre um conjunto de modelos, não necessariamente encaixados, eles indicam o melhor dentre os considerados.

Para cada modelo, ambos são definidos como $-2\,[\log \mathrm{L}(\widehat{\boldsymbol{\theta}})]$ mais uma penalidade, com $\widehat{\boldsymbol{\theta}}$ o vetor de parâmetros estimados. Para o AIC, a penalidade é $2p$, que depende somente do número de parâmetros p. Já para o BIC, a penalidade é $p\log(r)$, que depende de p e do total de falhas r. De acordo com tais critérios, o modelo que minimiza a quantidade AIC ou BIC é indicado como o melhor dentre os modelos considerados.

4.5 Interpretação dos coeficientes do modelo

A interpretação dos coeficientes do modelo não é simples, uma vez que a escala da resposta foi transformada para a logarítmica. Isso significa que a interpretação para, por exemplo, $\beta = 2$, como é feita em regressão linear, é a de que com o aumento de uma unidade em X, a média do logaritmo do tempo, isto é, $E(\log(T))$, aumenta em duas unidades. Certamente, essa interpretação não é de interesse. Além disso, como $E(\log(T)) \neq \log(E(T))$, interpretar $\exp(\beta)$ não é a solução para esta questão.

Uma interpretação razoável proposta por Hosmer e Lemeshow (1999), e que foi apresentada brevemente na Seção 4.2, é a de se fazer uso da razão de tempos medianos. Isso porque, para uma covariável binária X_1, pode-se mostrar que a razão dos tempos medianos (RTM) é

$$\mathrm{RTM} = \frac{t_{0,5}(x_1 = 1)}{t_{0,5}(x_1 = 0)} = \exp(\beta_1),$$

ou $t_{0,5}(x_1 = 1) = \exp(\beta_1)\, t_{0,5}(x_1 = 0)$, o que claramente evidencia o efeito multiplicativo da covariável na escala do tempo (propriedade desta classe de modelos citada na Seção 4.2). Assim, se, por exemplo, $\exp(\beta_1) = 2$, tem-se que o tempo mediano de vida dos indivíduos para os quais $x_1 = 1$ corresponde ao dobro do tempo mediano daqueles para os quais $x_1 = 0$.

A título de ilustração, considere que T segue a distribuição de Weibull com parâmetros $(\alpha\exp(\beta_1 x), \gamma)$, tal que $\alpha = \exp(\beta_0)$ e $\gamma = 1/\sigma$. Então, tem-se que $t_{0,5}(x) = [-\log(0{,}5)]^{1/\gamma} \exp(\beta_0 + \beta_1 x)$. Logo,

$$\text{RTM} = \frac{t_{0,5}(x=1)}{t_{0,5}(x=0)} = \frac{[-\log(0{,}5)]^{1/\gamma} \exp(\beta_0 + \beta_1)}{[-\log(0{,}5)]^{1/\gamma} \exp(\beta_0)} = \exp(\beta_1).$$

O mesmo vale para os demais modelos que pertencem à classe dos modelos tempo de vida acelerado (log-normal, log-logística, dentre outros). Na realidade, essa classe de modelos garante a proporcionalidade para todos os percentis. Além disso, a interpretação em termos da razão de tempos medianos pode ser estendida para covariáveis com mais de duas categorias (representadas no modelo por variáveis indicadoras) e também para covariáveis contínuas. Discussão adicional sobre a interpretação das quantidades estimadas pode ser encontrada em Hosmer e Lemeshow (1999).

4.6 Exemplos

Esta seção ilustra o modelo de regressão paramétrico tempo de vida acelerado com base em três conjuntos de dados. Os dois primeiros envolvem pacientes com leucemia aguda e poucas covariáveis, enquanto o terceiro refere-se ao estudo de aleitamento materno descrito na Seção 1.4.5. A análise deste último é mais elaborada, pois envolve várias covariáveis.

4.6.1 Sobrevida de pacientes com leucemia aguda

Para dezessete pacientes com leucemia aguda foram registrados seus tempos de vida (em semanas), assim como suas respectivas contagens de glóbulos brancos, denotada por WBC. Os dados, que estão na Tabela 4.1 junto com o logaritmo de WBC, foram inicialmente analisados por Feigl e Zelen (1965) e, posteriormente, por Cox e Snell (1981) e Lawless (2003). Uma vez que a variável WBC é contínua, fica inviável obter as curvas de sobrevivência a partir do estimador de Kaplan-Meier, a menos que ela seja estratificada em no máximo dois estratos, visto o tamanho amostral pequeno ($n = 17$). Desse modo, utilizar um modelo de regressão que considere a covariável WBC, ou o $\log_{10}(\text{WBC})$, apresenta-se como uma alternativa viável.

Tabela 4.1 – Dados de sobrevida de pacientes com leucemia aguda

Tempos	WBC	$\log_{10}$(WBC)	Tempos	WBC	$\log_{10}$(WBC)
65	2300	3,36	143	7000	3,85
156	750	2,88	56	9400	3,97
100	4300	3,63	26	32000	4,51
134	2600	3,41	22	35000	4,54
16	6000	3,78	1	100000	5,00
108	10500	4,02	1	100000	5,00
121	10000	4,00	5	52000	4,72
4	17000	4,23	65	100000	5,00
39	5400	3,73			

Para auxiliar na escolha do modelo de regressão, a covariável WBC foi inicialmente desconsiderada e obtidos os gráficos mostrados na Figura 4.1, que se baseiam na linearização de $S(t)$ dos modelos exponencial, de Weibull e log-normal discutida na Seção 3.5. O *script* em *R* utilizado para obtenção dos gráficos está disponível em https://docs.ufpr.br/~giolo/asa.

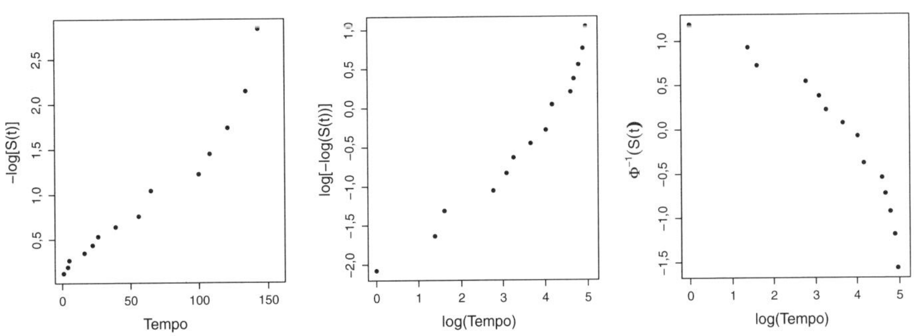

Figura 4.1 – Gráficos baseados na linearização da função $S(t)$ dos modelos exponencial (à esquerda), de Weibull (centro) e log-normal (à direita).

A Figura 4.1 mostra que as distribuições exponencial e de Weibull são as melhores candidatas. Para auxiliar a determinar se $X_1 = \log_{10}(\text{WBC})$ é a forma funcional adequada para a covariável WBC, a Figura 4.2 apresenta a análise gráfica dos resíduos martingais abordada na Seção 4.4.3. Com base no gráfico (a), que mostra os pares (WBC_i, m_i), $i = 1, \ldots, 17$, com m_i os resíduos martingais do modelo sem a covariável WBC, nota-se que a curva suavizada sugere a forma logarítmica. O gráfico (b) corrobora a adequação da forma funcional $X_1 = \log_{10}(\text{WBC})$ para WBC, pois a curva suavizada dos pares (x_{i1}, m_i), $i = 1, \ldots, 17$, apresenta um comportamento linear.

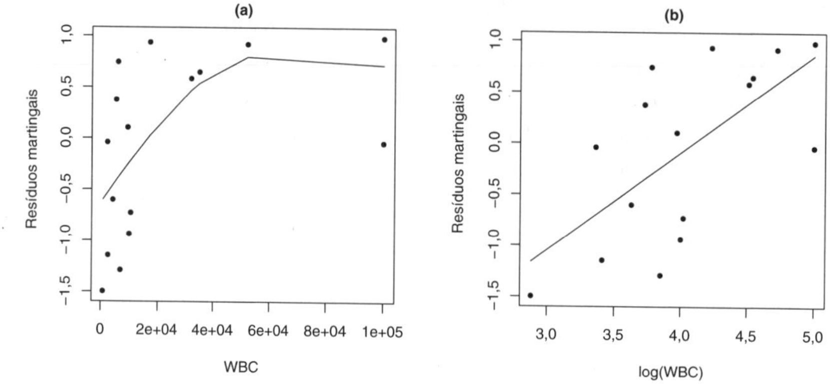

Figura 4.2 – Análise dos resíduos martingais com as curvas suavizadas.

Desse modo, foram ajustados os modelos de regressão exponencial e de Weibull com a covariável $X_1 = \log_{10}(\text{WBC})$. As estimativas dos parâmetros estão na Tabela 4.2 e os comandos para obtê-las no *R* estão a seguir.

```
> ajust1<-survreg(Surv(temp,cens)~lwbc,dist='exponential',data=dados)
> ajust1; summary(ajust1); ajust1$loglik
> ajust2<-survreg(Surv(temp,cens)~lwbc,dist='weibull',data=dados)
> ajust2; summary(ajust2); ajust2$loglik
> gama<- 1/ajust2$scale; gama
```

Tabela 4.2 – Estimativas dos parâmetros dos modelos

Exponencial Estimativas (erro-padrão)	Weibull Estimativas (erro-padrão)
$\widehat{\beta}_0 =$ 8,48 (1,71)	$\widehat{\beta}_0 =$ 8,44 (1,71)
$\widehat{\beta}_1 = -1{,}11$ (0,41)	$\widehat{\beta}_1 = -1{,}10$ (0,42)
$\sigma =$ 1 (fixo)	$\log(\widehat{\sigma}) = -0{,}02$ (0,20)

A partir da Tabela 4.2, nota-se que a estimativa do parâmetro $\gamma = 1/\sigma$ apresenta valor próximo de 1 ($\widehat{\gamma}$ = 1,02). Assim, foi utilizado o teste da razão de verossimilhanças para testar H_0: $\gamma = 1$ *versus* H_A: $\gamma \neq 1$, que resultou em TRV $= 2(83{,}88 - 83{,}87) = 0{,}02$ ($p = 0{,}92$, g.l. $= 1$), fornecendo evidências a favor do modelo de regressão exponencial. Para este modelo, a covariável $X_1 = \log_{10}(\text{WBC})$ apresentou efeito significativo (valor $p < 0{,}01$).

Visto o modelo de regressão exponencial ter sido indicado para a análise dos dados, é preciso avaliar sua adequação. Para tanto, foram utilizados os resíduos de Cox-Snell, definidos para o modelo selecionado por

$$e_i = t_i \exp(-\widehat{\beta}_0 - \widehat{\beta}_1 x_1), \quad i = 1, \ldots, 17.$$

Para que o modelo seja considerado adequado, tais resíduos devem ser vistos como uma amostra aleatória da distribuição exponencial padrão, como discutido na Seção 4.4.1. Assim, as curvas de sobrevivência desses resíduos estimadas por Kaplan-Meier e pelo modelo exponencial padrão devem estar próximas. Ou, equivalentemente, o gráfico dos pares de pontos $(\widehat{S}(e_i)_{\text{KM}}, \widehat{S}(e_i)_{\text{exp}})$ deve ser aproximadamente uma reta. Com base nos gráficos dispostos na Figura 4.3 é possível assumir que os resíduos de Cox-Snell seguem distribuição exponencial padrão, o que evidencia a adequação do modelo de regressão exponencial aos dados do estudo.

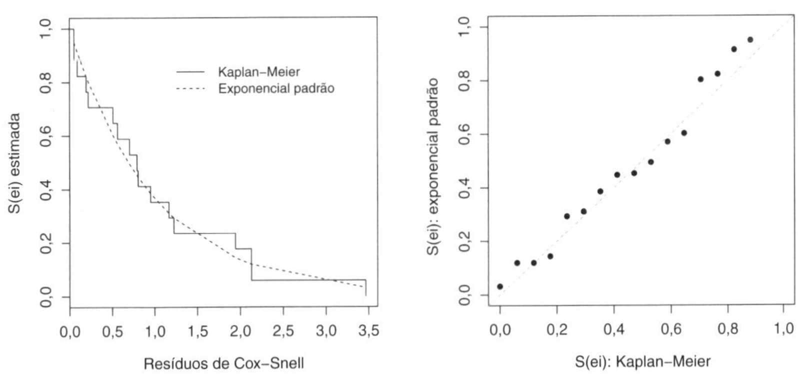

Figura 4.3 – Resíduos de Cox-Snell do modelo de regressão exponencial.

Para este modelo, a função de sobrevivência fica estimada por

$$\widehat{S}(t \mid x_1) = \exp\left[-\frac{t}{\exp(8{,}48 - 1{,}11\ x_1)}\right], \quad t \geq 0, \tag{4.18}$$

com x_1 o logaritmo, na base 10, da contagem de glóbulos brancos. Tendo em vista que $\widehat{\beta}_1$ é negativo, segue que quanto maior o valor de x_1, menor a probabilidade de sobrevivência. Este fato pode ser visualizado na Figura 4.4, que apresenta as curvas de sobrevivência $\widehat{S}(t \mid x_1)$ para $x_1 = 3$ e 4. Para

$t = 100$, por exemplo, observa-se que $\widehat{S}(100 \mid x_1 = 4) = 0{,}17$, o que significa que entre os pacientes com $x_1 = \log_{10}(\text{WBC}) = 4$ no diagnóstico (isto é, WBC $= 10000$), estima-se que 17% deles estejam vivos após a $100^{\underline{a}}$ semana. Por outro lado, entre os pacientes com $x_1 = \log_{10}(\text{WBC}) = 3$ no diagnóstico (isto é, WBC $= 1000$), estima-se que em torno de 56% deles estejam vivos após a $100^{\underline{a}}$ semana, dado que $\widehat{S}(100 \mid x_1 = 3) = 0{,}56$.

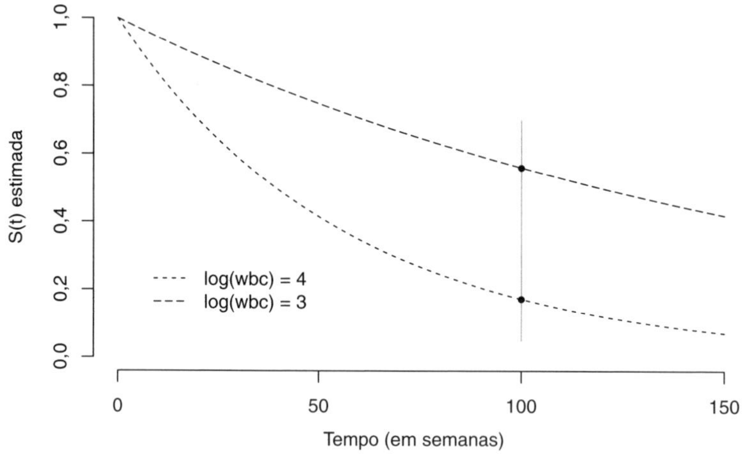

Figura 4.4 – Curvas estimadas a partir do modelo de regressão exponencial.

De modo geral, pode-se concluir que o tempo de vida dos pacientes está associado com a contagem de glóbulos brancos registrada no diagnóstico (quanto maior a contagem, menor o tempo de vida). Além disso, a probabilidade de sobrevivência para $t \geq 0$ e valor conhecido de $x_1 = \log_{10}(\text{WBC})$ pode ser estimada pela expressão (4.18).

Quanto à interpretação do parâmetro β_1 é necessário atenção, pois a covariável WBC foi considerada no modelo na escala logarítmica. De acordo com o que foi visto na Seção 4.5, a cada aumento de uma unidade em WBC na escala logarítmica, isto é, em $\log_{10}(\text{WBC})$, o tempo mediano dos pacientes fica reduzido para um terço, uma vez que $\exp(\widehat{\beta_1}) = \exp(-1{,}11) = 0{,}33$.

Uma interpretação alternativa, e possivelmente mais atrativa, pode ser feita diretamente na escala WBC considerando uma proporção p de redução ou aumento em WBC. Assim, para WBC $= w$ e uma redução ($p < 1$) ou aumento ($p > 1$), segue, sob o modelo de regressão exponencial, que

$$\text{RTM} = \frac{t_{0,5}[\log_{10}(pw)]}{t_{0,5}[\log_{10}(w)]} = \frac{\exp[\beta_1 \log_{10}(pw)]}{\exp[\beta_1 \log_{10}(w)]} = \exp[\beta_1 \log_{10}(p)].$$

Desse modo, para $p = 1{,}1$ (aumento de 10% em WBC), tem-se RTM = 0,96, o que implica em uma redução de 4% no tempo mediano de vida. De forma similar, para $p = 0{,}9$ (redução de 10% em WBC), tem-se RTM = 1,05, o que indica um aumento de 5% no tempo mediano de vida.

Como mencionado anteriormente, o modelo de regressão exponencial pertence tanto à classe dos modelos tempo de vida acelerado quanto à dos modelos de taxas de falha proporcionais (KALBFLEISH; PRENTICE, 2002). Isso significa que a interpretação também pode ser feita em termos da razão de taxas de falha. Essa interpretação é tratada no Capítulo 5.

4.6.2 Grupos de pacientes com leucemia aguda

Neste estudo, são considerados os dezessete pacientes com leucemia aguda descritos na Seção 4.6.1, com a informação adicional de que eles apresentaram o antígeno *Calla* (antígeno LLA comum) na superfície dos blastos (grupo Ag+). Além disso, são considerados outros 16 pacientes com leucemia aguda que não apresentaram o antígeno citado (grupo Ag−). Para os 33 pacientes, a contagem de glóbulos brancos (WBC) foi registrada na data do diagnóstico. Os tempos de sobrevida (em semanas), a contagem WBC e o $\log_{10}$(WBC) para os pacientes dos dois grupos estão na Tabela 4.3.

De acordo com a análise mostrada na Seção 4.6.1, o modelo de regressão exponencial mostrou-se adequado aos dados do grupo Ag+. Desse modo, foi realizada uma investigação inicial similar àquela feita para o grupo Ag+, a qual se baseou na linearização de $S(t)$ na ausência de covariáveis. Análise visual dos gráficos desta linearização, mostrados na Figura 4.5, indicam evidências a favor do modelo exponencial também para o grupo Ag−.

Com base no resultado da investigação inicial, foi adotado o modelo de regressão exponencial considerando algumas possibilidades de inclusão das covariáveis $X_1 = \log_{10}(\text{WBC})$ e X_2 = grupos (0 se Ag+ e 1 se Ag−).

Tabela 4.3 – Informações dos grupos de pacientes com leucemia aguda

Grupo Ag+			Grupo Ag−		
Tempos	WBC	$\log_{10}$(WBC)	Tempos	WBC	$\log_{10}$(WBC)
65	2300	3,36	56	4400	3,64
156	750	2,88	65	3000	3,48
100	4300	3,63	17	4000	3,60
134	2600	3,41	7	1500	3,18
16	6000	3,78	16	9000	3,95
108	10500	4,02	22	5300	3,72
121	10000	4,00	3	10000	4,00
4	17000	4,23	4	19000	4,28
39	5400	3,73	2	27000	4,43
143	7000	3,85	3	28000	4,45
56	9400	3,97	8	31000	4,49
26	32000	4,51	4	26000	4,41
22	35000	4,54	3	21000	4,32
1	100000	5,00	30	79000	4,90
1	100000	5,00	4	100000	5,00
5	52000	4,72	43	100000	5,00
65	100000	5,00			

Fonte: Louzada Neto et al. (2002).

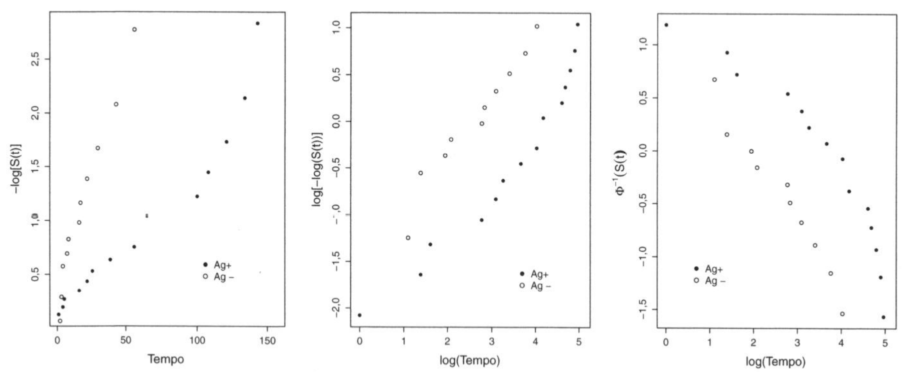

Figura 4.5 – Gráficos baseados na linearização da função $S(t)$ dos modelos exponencial (à esquerda), de Weibull (centro) e log-normal (à direita).

Os valores do logaritmo da função de verossimilhança para os modelos considerados estão na Tabela 4.4. Para testar a hipótese nula H_0: efeito não significativo da interação $X_1{*}X_2$ foi utilizado o teste da razão de verossimilhanças, que resultou em TRV $= 1{,}6$ (valor $p = 0{,}206$, g.l. $= 1$), evidenciando a não rejeição de H_0. Desse modo, a interação foi excluída do modelo.

Tabela 4.4 – Resultados do modelo de regressão exponencial

Modelos	Covariáveis no modelo	Log(verossimilhança)
1	nenhuma	$-155,5$
2	X_1	$-150,3$
3	X_2	$-149,5$
4	X_1 e X_2	$-146,5$
5	X_1, X_2 e X_1*X_2	$-145,7$

Nota: X_1*X_2 denota a interação entre X_1 e X_2.

A seguir, foram testados os efeitos das covariáveis X_1 e X_2, cujos resultados mostrados na Tabela 4.5 evidenciaram efeito significativo de X_1, bem como efeito significativo de X_2 na presença de X_1, com valores p obtidos da distribuição $\chi^2_{(1)}$ iguais a 0,001 e 0,006, respectivamente.

Tabela 4.5 – Resultados do teste da razão de verossimilhanças

Efeito sob teste	TRV	g.l.	Valor p
X_1*X_2	$2(146,5 - 145,7) =$ 1,6	1	0,206
X_1	$2(155,5 - 150,3) =$ 10,4	1	0,001
$X_2 \mid X_1$	$2(150,3 - 146,5) =$ 7,6	1	0,006

Tendo em vista que a interação não apresentou efeito significativo, mas X_1 e $X_2 \mid X_1$ sim, foi selecionado o modelo de regressão exponencial com as covariáveis X_1 e X_2. A análise dos resíduos de Cox-Snell deste modelo, similar ao que foi feito na Seção 4.6.1, é apresentada na Figura 4.6.

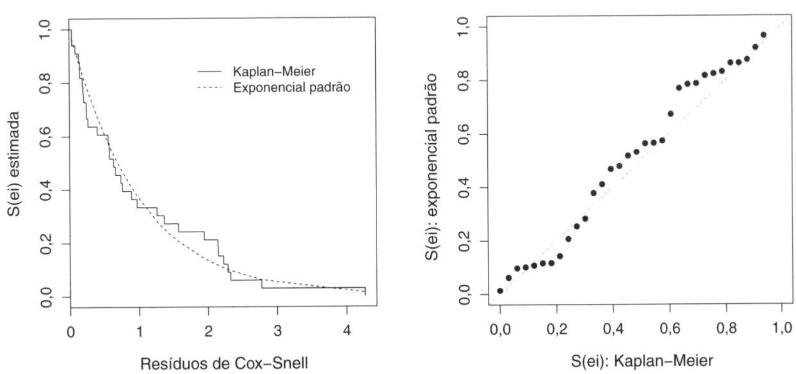

Figura 4.6 – Análise dos resíduos do modelo de regressão exponencial.

Com base nos gráficos mostrados na Figura 4.6, é possível concluir que o modelo apresenta ajuste razoável aos dados dos pacientes com leucemia aguda. As estimativas dos parâmetros do modelo de regressão exponencial selecionado e informações sobre o ajuste do modelo estão na Tabela 4.6.

Tabela 4.6 – Estimativas dos parâmetros do modelo e estatística Z

Covariável	Parâmetro	Estimativa	Erro-padrão	Z	Valor p
	β_0	6,83	1,158	5,90	<0,001
X_1: $\log_{10}$(WBC)	β_1	−0,70	0,286	−2,45	0,014
X_2: grupo Ag−	β_2	−1,02	0,364	−2,80	0,005

Para o modelo selecionado, a função de sobrevivência é dada por

$$\widehat{S}(t \mid x_1, x_2) = \exp\left[-\frac{t}{\exp(6{,}83 - 0{,}70\, x_1 - 1{,}02\, x_2)}\right],$$

em que $t \geq 0$, $x_1 = \log_{10}(\text{WBC})$ e x_2 = grupo (0 se Ag+ e 1 se Ag−).

Como $\widehat{\beta}_1$ é negativo, pode-se concluir que quanto maior o valor de x_1, menor a probabilidade de sobrevivência. Além disso, $\widehat{\beta}_2$ também é negativo, o que implica que pacientes Ag− apresentaram probabilidade de sobrevivência menor que a dos pacientes Ag+. Esse fato pode ser observado na Figura 4.7, que mostra as curvas de sobrevivência para dois pacientes Ag+ e dois Ag−. Ainda, o tempo mediano de vida dos pacientes Ag− foi $\exp(-1{,}02) = 0{,}36$ vezes o dos pacientes Ag+, com IC(95%) = (0,18; 0,74).

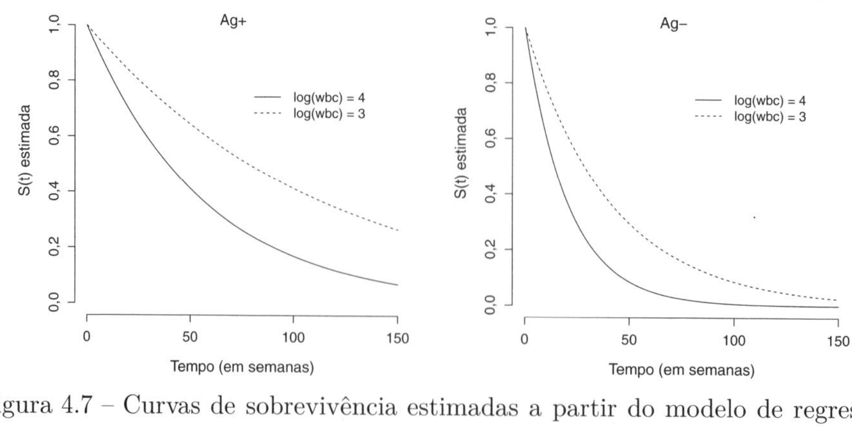

Figura 4.7 – Curvas de sobrevivência estimadas a partir do modelo de regressão exponencial para dois pacientes do grupo Ag+ e dois do grupo Ag−.

As correspondentes taxas de falha estimadas para os mesmos pacientes considerados na Figura 4.7 podem ser visualizadas na Figura 4.8.

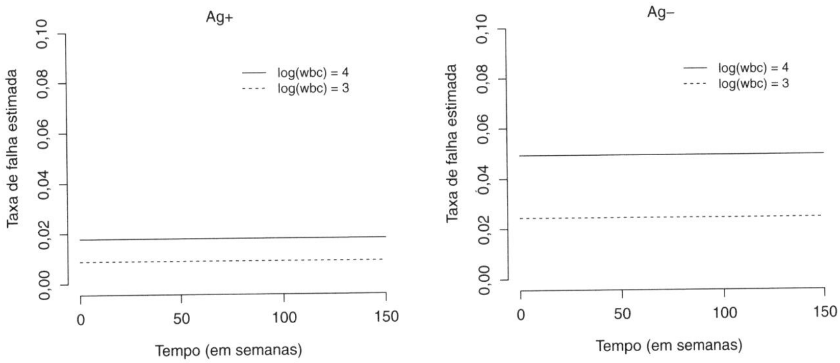

Figura 4.8 – Taxas de falha estimadas a partir do modelo de regressão exponencial para dois pacientes do grupo Ag+ e dois do grupo Ag−.

A partir da Figura 4.8, observa-se que as taxas de falha são constantes ao longo do tempo, o que é uma característica do modelo exponencial, como mencionado no Capítulo 3. Nota-se que a taxa de falha do paciente com $x_1 = 4$ (WBC = 10000), em relação ao com $x_1 = 3$ (WBC = 1000), é maior em ambos os grupos (Ag+ e Ag−). Portanto, quanto maior a contagem de glóbulos brancos no diagnóstico, maior a taxa de falha. Além disso, os pacientes do grupo Ag− apresentaram taxas de falha maiores que às daqueles do grupo Ag+. Isso significa que os pacientes que apresentaram o antígeno *Calla* têm melhor prognóstico do que aqueles sem o antígeno.

O *script* em *R* para obtenção dos resultados e figuras para este exemplo está disponível em https://docs.ufpr.br/~giolo/asa.

4.6.3 Estudo sobre aleitamento materno

Os dados de aleitamento materno, descritos brevemente na Seção 1.4.5, são analisados nesta seção.

4.6.3.1 Descrição do estudo e das variáveis

A Organização Mundial da Saúde (OMS) recomenda o leite materno como a única fonte de alimentação para crianças entre 4 e 6 meses de idade. Para alcançar tal recomendação é fundamental identificar fatores determinantes do aleitamento materno em diferentes populações. Neste contexto, o estudo de Pérez-Escamilla et al. (1995), realizado com populações urbanas de baixa renda em Honduras, México e Brasil nos anos de 1992 e 1993, mostrou que a condição socioeconômica (Honduras e México) e o peso da criança ao nascer (Brasil e Honduras) estão associados com o aleitamento exclusivamente materno. Ainda, mulheres com acesso às maternidades que promovem programas de aleitamento materno obtêm melhores resultados.

Nessa mesma linha de pesquisa, outro estudo foi realizado no Centro de Saúde São Marcos, Belo Horizonte-MG, pelos Profs. Eugênio Goulart e Cláudia Lindgren do Departamento de Pediatria da UFMG. Esse Centro é um ambulatório municipal que atende essencialmente a população de baixa renda. Os objetivos foram: conhecer a prática de aleitamento materno das mães que utilizam o centro, bem como os possíveis fatores de risco ou de proteção para o desmame precoce. Para tanto, um inquérito epidemiológico com questões demográficas e comportamentais foi aplicado a 150 mães de crianças com idade inferior a dois anos. A variável resposta foi o tempo máximo de aleitamento materno, ou seja, o tempo (em meses) desde o nascimento até o desmame completo da criança. Como algumas crianças não foram acompanhadas até o desmame, há a presença de censuras. Além da variável resposta e da indicadora do desmame (1 se ocorreu e 0 se não ocorreu), tem-se as onze covariáveis (fatores) descritas na Tabela 4.7.

4.6.3.2 Análise descritiva dos dados

A primeira etapa de qualquer análise estatística consiste em realizar uma análise descritiva dos dados, o que em análise de sobrevivência é feito com o auxílio dos métodos não paramétricos apresentados no Capítulo 2. Desse modo, o estimador de Kaplan-Meier foi utilizado para estimar as curvas de sobrevivência associadas às categorias de cada uma das onze covariáveis descritas na Tabela 4.7 e, a seguir, elas foram comparadas por meio dos testes *logrank* e de Wilcoxon.

Como todas as covariáveis apresentam duas categorias (dicotômicas), a comparação citada implica que, para cada covariável Vq, $q = 1, \ldots, 11$,

Tabela 4.7 – Descrição das covariáveis analisadas no estudo de aleitamento materno

Código	Descrição da covariável	Categorias
V1	Experiência anterior de amamentação	0 = sim e 1 = não
V2	Número de filhos vivos	0 se ≤ 2 e 1 se > 2
V3	Conceito materno sobre o tempo ideal de amamentação	0 se > 6 meses 1 se ≤ 6 meses
V4	Dificuldades para amamentar nos primeiros dias pós-parto	0 = não 1 = sim
V5	Tipo de serviço em que foi realizado o pré-natal	0 = serviço público 1 = privado/convênios
V6	Criança recebeu exclusivamente leite materno na maternidade	0 = sim 1 = não
V7	Criança teve contato com o pai	0 = sim e 1 = não
V8	Renda per capita (em SM/mês)	0 se ≥ 1 SM e 1 se < 1 SM
V9	Peso da criança no nascimento	0 se $\geq 2{,}5$ kg e 1 se $< 2{,}5$ kg
V10	Tempo de separação mãe-filho pós-parto	0 se ≤ 6 horas e 1 se > 6 horas
V11	Permanência no berçário	0 = não e 1 = sim

Nota: SM significa salário mínimo.

foi testada a hipótese nula H_0: $S_{q1}(t) = S_{q2}(t)$. Os gráficos não são apresentados nesta seção, mas, a título de ilustração, a Figura 4.9 mostra as curvas de sobrevivência de Kaplan-Meier para duas das 11 covariáveis, V1: experiência anterior de amamentação e V4: dificuldades para amamentar.

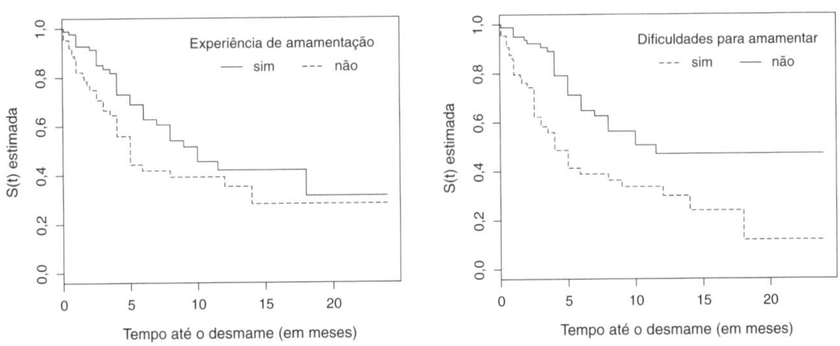

Figura 4.9 – Curvas de sobrevivência de Kaplan-Meier associadas às covariáveis V_1 (experiência de amamentação) e V_4 (dificuldades para amamentar).

As curvas de sobrevivência de Kaplan-Meier indicam que as mães com experiência anterior de amamentação apresentaram tempo até o desmame superior ao daquelas sem experiência anterior. Ainda, indicam que as mães que não tiveram dificuldades para amamentar nos primeiros dias pós-parto também apresentaram tempo até o desmame superior ao daquelas que tiveram dificuldades para amamentar nos primeiros dias.

Para testar se as diferenças entre as curvas são estatisticamente significativas, tem-se na Tabela 4.8 os resultados dos testes *logrank* e de Wilcoxon para as 11 covariáveis. Essa etapa da análise tem como objetivo avaliar quais covariáveis são candidatas à etapa seguinte. Isto é, quais apresentam evidências de associação com o tempo até o desmame devendo, portanto, ser consideradas no modelo de regressão a ser ajustado aos dados. O critério utilizado para a seleção das covariáveis foi permanecer com aquelas em que valor $p < 0{,}25$ para pelo menos um dos dois testes considerados. A proposta de fixar um nível de significância relativamente modesto é baseada em recomendações de Bendel e Afifi (1977) para regressão linear, Costanza e Afifi (1979) para análise discriminante, e Mickey e Greenland (1989) para mudanças nos coeficientes do modelo de regressão logística.

De acordo com os resultados mostrados na Tabela 4.8, as 11 covariáveis apresentaram valor $p < 0{,}25$ para pelo menos um dos dois testes realizados. Assim, todas devem ser consideradas na etapa seguinte, que consiste em ajustar um modelo de regressão aos dados.

Tabela 4.8 – Testes *logrank* e Wilcoxon para comparação das curvas de sobrevivência

Código	Covariável	*Logrank*	Valor p	Wilcoxon	Valor p
V1	Experiência de amamentação	3,95	0,047	6,73	0,010
V2	Número de filhos vivos	2,60	0,107	2,02	0,155
V3	Tempo ideal de amamentação	6,15	0,013	8,54	0,004
V4	Dificuldades para amamentar	12,26	<0,001	15,45	<0,001
V5	Serviço no pré-natal	1,38	0,241	1,09	0,296
V6	Recebeu somente leite materno	7,47	0,006	6,31	0,012
V7	Contato com o pai	1,84	0,175	0,90	0,344
V8	Renda *per capita*	2,11	0,146	2,60	0,107
V9	Peso no nascimento	1,87	0,171	2,59	0,108
V10	Tempo de separação mãe-filho	2,60	0,107	0,97	0,325
V11	Permanência no berçário	2,93	0,087	0,90	0,343

Vale mencionar que as técnicas utilizadas até o momento são importantes para descrever os dados de sobrevivência pela sua simplicidade e facilidade de aplicação, pois não envolvem nenhuma estrutura paramétrica. Contudo, elas não permitem a inclusão conjunta das covariáveis na análise, o que implica a necessidade de se utilizar um modelo de regressão apropriado para dados de sobrevivência. Entretanto, antes de realizar o ajuste do modelo propriamente dito, são discutidos, a seguir, procedimentos/estratégias de seleção de covariáveis ou de construção de modelos.

4.6.3.3 Estratégias para a seleção de covariáveis

A análise descritiva indicou onze covariáveis como potenciais candidatas ao modelo de regressão. Desse modo, há $2^{11} = 2.048$ possíveis modelos formados pela combinação das 11 covariáveis. Certamente é impraticável ajustar todos esses modelos a fim de selecionar o que melhor explique a resposta. Nessas situações, rotinas automáticas de seleção de covariáveis podem ser utilizadas, dentre elas, os métodos de seleção *forward*, *backward* e *stepwise* (DRAPER; SMITH, 1998), que estão implementados e, portanto, disponíveis em *softwares* estatísticos. Entretanto, tais rotinas apresentam algumas desvantagens. Tipicamente, elas tendem a identificar um particular conjunto de covariáveis, em vez de possíveis conjuntos igualmente bons para explicar a resposta. Esse fato impossibilita que dois ou mais conjuntos de covariáveis igualmente bons sejam apresentados ao pesquisador para a escolha do mais relevante em sua área de pesquisa. Isso significa que esses métodos são automáticos e fazem com que o *software* estatístico escolha o modelo. Assim, o que se defende é que o estatístico e o pesquisador tenham uma postura proativa neste processo. Isso implica, por exemplo, que covariáveis importantes em termos clínicos devem ser incluídas no modelo, independente de significância estatística. Além disso, a importância clínica deve ser levada em consideração em cada passo de inclusão ou exclusão no processo de seleção de covariáveis.

Frente às limitações das rotinas automáticas, optou-se por utilizar uma estratégia de seleção de covariáveis derivada da proposta de Collett (2003a).

Essa estratégia envolve a participação mais efetiva do analista, mas sua filosofia é essencialmente a mesma do método *stepwise*. Os passos utilizados no processo de seleção são apresentados a seguir.

[**1**] Ajustar todos os modelos contendo uma única covariável, selecionando para o próximo passo as covariáveis significativas ao nível $\alpha = 0{,}10$. Recomenda-se utilizar o teste da razão de verossimilhanças neste passo.

[**2**] As covariáveis selecionadas no passo 1 são incluídas conjuntamente no modelo. Na presença de certas covariáveis, outras podem deixar de ser significativas e, assim, são ajustados modelos reduzidos, excluindo-se uma covariável de cada vez. Permanecem no modelo somente as covariáveis que produzem aumento significativo na estatística da razão de verossimilhanças.

[**3**] Ajusta-se um novo modelo com as covariáveis retidas no passo 2. A seguir, as covariáveis excluídas no passo 2 retornam ao modelo (uma de cada vez) para confirmar que elas não são estatisticamente significativas.

[**4**] As covariáveis significativas no passo 3 são incluídas no modelo. A seguir, as covariáveis excluídas no passo 1 retornam ao modelo (uma de cada vez) para confirmar que elas não são estatisticamente significativas.

[**5**] Ajusta-se um modelo com as covariáveis significativas no passo 4 e, então, é testado se alguma delas pode ser excluída do modelo.

[**6**] Ajusta-se um modelo com as covariáveis que sobreviveram ao passo 5 e, a seguir, inclui-se no modelo os termos de interação dupla entre as covariáveis. O modelo final fica determinado pelas covariáveis identificadas no passo 5 e os termos de interação significativos identificados neste passo.

Ao ser utilizado este procedimento de seleção, deve-se incluir as informações clínicas no processo de decisão e evitar ser muito rigoroso ao testar cada nível individual de significância. Para decidir se um termo deve ser incluído, o nível de significância não deve ser muito baixo, sendo recomendado valor próximo de 0,10. Variações deste método de seleção de covariáveis podem ser encontradas, por exemplo, em Hosmer e Lemeshow (1999).

4.6.3.4 Ajuste de um modelo de regressão paramétrico

O foco desta seção consiste em encontrar um modelo de regressão paramétrico adequado para descrever o tempo até o desmame em função das covariáveis indicadas na análise descritiva. Para tanto, é necessário especificar uma distribuição de probabilidade para a variável resposta.

Para determinar a distribuição que melhor se ajusta aos dados, partiu-se da distribuição gama generalizada. Isto porque ela assume uma grande variedade de formas, além de apresentar algumas distribuições comumente utilizadas em análise de sobrevivência como casos particulares (Weibull, exponencial e log-normal), o que a torna muito útil na discriminação desses modelos. Vale observar que a distribuição gama generalizada pode ser utilizada, quando plausível, para descrever os dados de um estudo. Contudo, isto é geralmente evitado devido às dificuldades de interpretação dos parâmetros em um modelo tão complexo.

Considerando a gama generalizada, realizou-se então o processo de seleção de covariáveis seguindo os passos descritos anteriormente. Os resultados de cada passo estão descritos na Tabela 4.9, com as covariáveis identificadas pelos códigos apresentados na Tabela 4.7. A estatística de teste utilizada foi a da razão de verossimilhanças (TRV), que segue distribuição χ^2_q, com q a diferença entre os números de parâmetros dos modelos comparados.

No processo de seleção das covariáveis apresentado na Tabela 4.9, foi observada a presença de colinearidade entre as covariáveis V1 e V8. Ainda, os modelos com somente V1 ou somente V8 não apresentaram muita discrepância nos valores da estatística de teste, o que indica que eles são similares. Desta forma, a decisão sobre qual delas manter no modelo foi baseada em evidências clínicas, com os pesquisadores decidindo pela manutenção da covariável V1 (experiência anterior de amamentação). Assim, o modelo ficou composto por V1: experiência anterior de amamentação, V3: conceito materno sobre o tempo de amamentação, V4: dificuldades de amamentar nos primeiros dias e V6: recebimento exclusivo de leite materno na maternidade. Nenhuma interação dupla foi significativa.

Uma vez escolhido o conjunto de covariáveis, há interesse em investigar modelos mais simples, casos particulares da gama generalizada, mas não menos adequados aos dados (dentre eles, os modelos de Weibull, exponencial e log-normal). Para tanto, foi utilizado o teste da razão de verossimi-

Tabela 4.9 – Seleção de covariáveis considerando o modelo gama generalizada

Passos	Modelo	$-\log[L(\boldsymbol{\theta})]$	TRV	Valor p
Passo 1	Nulo	228,226	–	–
	V1	225,573	5,306	0,0212
	V2	226,813	2,825	0,0928
	V3	225,329	5,794	0,0161
	V4	221,802	12,848	0,0003
	V5	227,334	1,784	0,1816
	V6	224,718	7,016	0,0081
	V7	227,101	2,250	0,1336
	V8	226,736	2,980	0,0843
	V9	226,752	2,948	0,0860
	V10	227,255	1,942	0,1635
	V11	227,180	2,092	0,1481
Passo 2	V1+V2+V3+V4+V6+V8+V9	212,475	–	–
	V2+V3+V4+V6+V8+V9	213,099	1,249	0,2637
	V1+V3+V4+V6+V8+V9	212,538	0,126	0,7226
	V1+V2+V4+V6+V8+V9	214,155	3,360	0,0668
	V1+V2+V3+V6+V8+V9	216,698	8,446	0,0036
	V1+V2+V3+V4+V8+V9	215,196	5,442	0,0196
	V1+V2+V3+V4+V6+V9	214,213	3,476	0,0623
	V1+V2+V3+V4+V6+V8	213,129	1,308	0,2527
Passo 3	V3+V4+V6+V8	214,198	–	–
	V3+V4+V6+V8+V1	213,221	1,954	0,1621
	V3+V4+V6+V8+V2	213,635	1,126	0,2886
	V3+V4+V6+V8+V9	213,647	1,102	0,2938
Passo 4	V3+V4+V6+V8	214,198	–	–
	V3+V4+V6+V8+V5	214,198	0,000	1,0000
	V3+V4+V6+V8+V7	213,319	1,758	0,1849
	V3+V4+V6+V8+V10	214,072	0,252	0,6157
	V3+V4+V6+V8+V11	214,117	0,162	0,6873
Passo 5	V3+V4+V6+V8	214,198	–	–
	V4+V6+V8	216,109	3,822	0,0506
	V3+V6+V8	220,753	13,110	0,0003
	V3+V4+V8	216.747	5,098	0,0239
	V3+V4+V6	216,955	5,514	0,0188
Passo 6	V3+V4+V6+V8	214,198	–	–
	V3+V4+V6+V8+V3*V4	213,844	0,708	0,4001
	V3+V4+V6+V8+V3*V6	213,295	1,806	0,1790
	V3+V4+V6+V8+V3*V8	214,059	0,278	0,5980
	V3+V4+V6+V8+V4*V6	213,823	0,750	0,3865
	V3+V4+V6+V8+V4*V8	213,826	0,744	0,3884
	V3+V4+V6+V8+V6*V8	214,056	0,284	0,5941
Etapa final *	V3+V4+V6+V8	214,198		
	V1+V3+V4+V6	215,228		
Modelo final	V1+V3+V4+V6	215,228		

Nota: *Escolha baseada em evidências clínicas e discussões com o pesquisador. Os valores de $-\log[L(\boldsymbol{\theta})]$ foram obtidos no *software R* com o auxílio do pacote *flexsurv*.

lhanças, que apresentou os resultados mostrados na Tabela 4.10, indicando evidências a favor do modelo de regressão log-normal.

Tabela 4.10 – Teste da razão de verossimilhanças

Hipótese nula	TRV	Valor p
H_0: modelo de Weibull é adequado	5,35	0,02
H_0: modelo log-normal é adequado	0,22	0,64

Considerando o modelo log-normal e as covariáveis selecionadas sob a gama generalizada, foram obtidas as estimativas mostradas na Tabela 4.11. Os coeficientes estimados estão na escala logarítmica dos tempos, isto é, $Y = \log(T)$, e foram obtidos utilizando os comandos a seguir.

```
> library(survival)
> ajust1<-survreg(Surv(tempo,cens)~V1+V3+V4+V6,dist='lognorm')
> summary(ajust1)
```

Tabela 4.11 – Estimativas dos parâmetros do modelo de regressão log-normal

Covariável	Estimativas	Erro-padrão	Valor p
Constante	$\widehat{\beta}_0 =$ 3,29	0,304	<0,0001
V1: experiência anterior de amamentação	$\widehat{\beta}_1 = -$ 0,57	0,301	0,057
V3: conceito sobre tempo de amamentação	$\widehat{\beta}_2 = -$ 0,63	0,290	0,029
V4: dificuldades de amamentar pós-parto	$\widehat{\beta}_3 = -$ 0,82	0,302	0,006
V6: recebeu exclusivamente leite materno	$\widehat{\beta}_4 = -$ 0,68	0,293	0,020
Parâmetro de forma	$\widehat{\sigma} =$ 1,44	0,129	0,001

4.6.3.5 Adequação do modelo ajustado

Antes de interpretar as estimativas dos parâmetros do modelo de regressão log-normal, é necessário avaliar sua adequação aos dados. Para que o modelo seja considerado adequado, a distribuição dos resíduos padronizados $\widehat{\nu}_i$, $i = 1 \ldots, 150$, deve estar próxima da normal padrão. Como há a presença de censuras, o estimador de Kaplan-Meier deve ser utilizado para estimar a função $S(\widehat{\nu}_i)$. Contudo, como os resíduos $\widehat{\nu}_i$ apresentam valores positivos e negativos, foi considerado o exponencial de $\widehat{\nu}_i$, ou seja, $e_i^* = \exp(\widehat{\nu}_i) \geq 0$, $i = 1 \ldots, 150$, que devem seguir a distribuição log-normal padrão, isto é, $e_i^* \sim$ log-normal (0,1), para que o modelo seja considerado adequado.

Para verificar se $e_i^* \sim$ log-normal (0,1), a Figura 4.10 mostra o gráfico dos pares de pontos $(\widehat{S}(e_i^*)_{\text{KM}}, \widehat{S}(e_i^*)_{lnp})$ e o gráfico das curvas $S(e_i^*)$ estimadas por Kaplan-Meier e pelo modelo log-normal padrão. Com base nos gráficos, pode-se concluir que $e_i^* \sim$ log-normal (0,1), o que evidência a adequação do modelo de regressão log-normal aos dados do estudo.

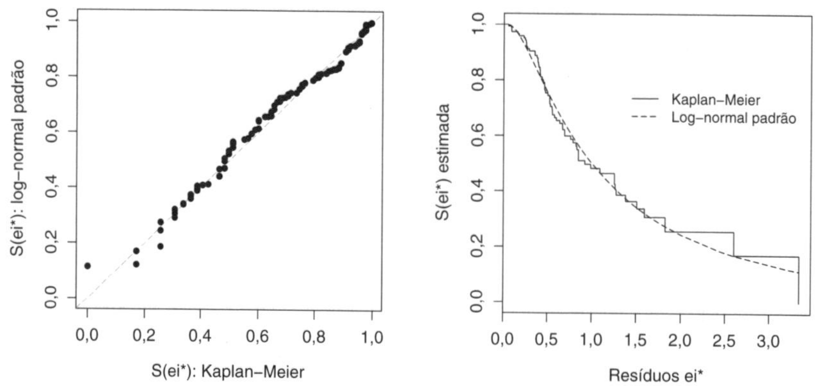

Figura 4.10 – Análise dos resíduos e_i^* do modelo de regressão log-normal.

Alternativamente, os resíduos de Cox-Snell e_i ($i = 1, \ldots, 150$) podem ser utilizados para avaliar a adequação do modelo de regressão log-normal. Para tanto, esses resíduos devem seguir a distribuição exponencial padrão. Os gráficos dispostos na Figura 4.11 mostram evidências de que $e_i \sim \text{Exp}(1)$, o que indica a adequação do modelo de regressão log-normal.

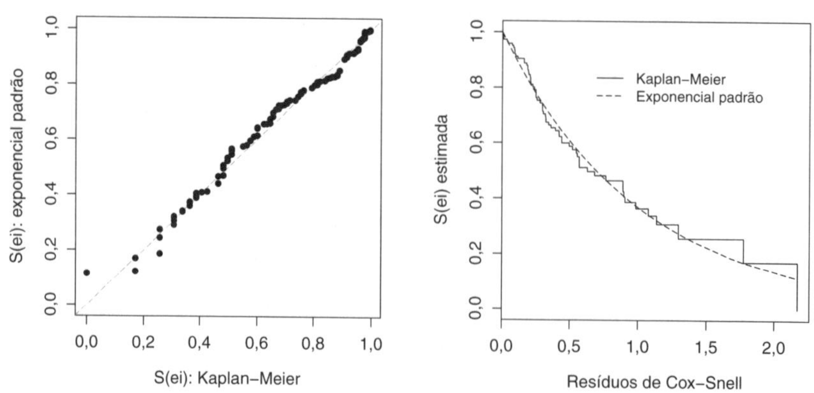

Figura 4.11 – Análise dos resíduos de Cox-Snell do modelo log-normal.

Os comandos em *R* para obtenção das Figuras 4.10 e 4.11 podem ser encontrados em https://docs.ufpr.br/~giolo/asa.

4.6.3.6 Interpretação dos coeficientes estimados

De acordo com o que foi exposto na Seção 4.5, o exponencial dos coeficientes estimados apresentados na Tabela 4.11 correspondem à razão de tempos medianos. Assim, para uma covariável binária (0 e 1), como são as que compõem o modelo de regressão log-normal, a razão compara o tempo mediano do grupo 1 em relação ao tempo mediano do grupo 0. Desse modo, as interpretações para o estudo analisado são as seguintes:

i) o tempo mediano de desmame das crianças de mães sem experiência anterior de amamentação foi em torno da metade (IC 90%: 0,34; 0,93) do tempo mediano de desmame das crianças de mães com experiência anterior (mantidas fixas as demais covariáveis no modelo);

ii) o tempo mediano de desmame das crianças de mães que acreditavam que o tempo ideal de amamentação deveria ser superior a seis meses foi em torno de duas vezes (IC 90%: 1,17; 3,03) o das crianças de mães que acreditavam que esse tempo deveria ser inferior ou igual a seis meses (mantidas fixas as demais covariáveis);

iii) o tempo mediano de desmame das crianças de mães que não apresentaram dificuldades para amamentar nos primeiros dias pós-parto foi 2,3 vezes (IC 90%: 1,39; 3,75) o das crianças de mães que apresentaram dificuldades (mantidas fixas as demais covariáveis);

iv) o tempo mediano de desmame das crianças que receberam exclusivamente leite materno na maternidade foi o dobro (IC 90%: 1,22; 3,20) do daquelas que receberam outro tipo de alimentação juntamente com o leite materno (mantidas fixas as demais covariáveis).

4.7 Exercícios

1. Na Seção 4.2 foi apresentada a forma do modelo tempo de vida acelerado. Mostre que: (a) $f_N(t) = \phi^{-1} f_P(t/\phi)$ e (b) $\lambda_N(t) = \phi^{-1} \lambda_P(t/\phi)$.

2. Mostre que o modelo log-normal pertence à classe dos modelos tempo de vida acelerado. Sugestão: use $f(t/\phi) = \frac{1}{\phi} f_0(t/\phi)$.

3. Verifique se o modelo gama pertence à classe dos modelos tempo de vida acelerado.

4. A Tabela 4.12 mostra os tempos de sobrevida, em meses, de pacientes com a mesma doença os quais foram submetidos aos tratamentos A ou B. O símbolo + indica censura.

Tabela 4.12 – Sobrevida de pacientes submetidos aos tratamentos A ou B

Tratamento	Tempo de sobrevida em meses
A	1 2 2 2 2^+ 6 8 8 9 9^+ 13 13^+ 16 17 22^+ 25^+ 29 34 36 43^+ 45^+
B	1 2 5 7 7^+ 11^+ 12 19 22 30 35^+ 39 42 46 55

Considerando a covariável X = tratamento, em que

$$X = \begin{cases} 0 \text{ se tratamento A} \\ 1 \text{ se tratamento B} \end{cases}$$

(a) Ajuste os modelos de regressão exponencial, de Weibull e log-normal e selecione o mais adequado aos dados.
(b) Com base no modelo selecionado em (a), utilize o teste da razão de verossimilhanças para testar se os tratamentos A e B diferem.
(c) Para o modelo selecionado, apresente a análise gráfica dos resíduos e a(s) curva(s) de sobrevivência estimada(s).
(d) Com base no modelo selecionado, estime e interprete a sobrevivência em t = 40 meses.

5. Ajuste um modelo de regressão paramétrico aos dados do Exercício 6 do Capítulo 2.

6. Ajuste um modelo de regressão paramétrico aos dados do Exercício 4 do Capítulo 2. Compare os resultados com os obtidos no Capítulo 2.

Capítulo 5

Modelo de regressão de Cox

5.1 Introdução

Modelos de regressão paramétricos foram abordados no Capítulo 4, dentre eles, os modelos de regressão exponencial e de Weibull, que pertencem à classe dos modelos tempo de vida acelerado. Contudo, outro modelo muito conhecido para a análise de dados de sobrevivência é o de regressão de Cox. Este modelo é utilizado com muita frequência em estudos clínicos devido à sua versatilidade e é tema deste capítulo.

O modelo de regressão de Cox (COX, 1972) deu início a uma nova fase na modelagem de dados de sobrevivência. Segundo Stigler (1994), o artigo em que Cox apresenta o modelo foi o segundo mais citado na literatura estatística no período de 1987 a 1989, sendo ultrapassado somente pelo artigo de Kaplan e Meier (1958). Nesse período, ocorreu, em média, 600 citações por ano, o que representa cerca de 25% das citações anuais ao *Journal of the Royal Statistical Society*, a revista que publicou o artigo. Em 2014, o artigo de Cox atingiu 28.439 citações e o de Kaplan e Meier 38.600, os dois mais citados na literatura estatística (VAN NOORDEN et al., 2014).

O objetivo deste capítulo é apresentar este importante modelo para a análise de dados de sobrevivência. Na Seção 5.2, o modelo de Cox é apresentado de forma simples e intuitiva e, em seguida, é apresentada a sua forma geral. Aspectos relacionados ao modelo, tais como a estimação dos parâmetros, a interpretação dos coeficientes e a sua adequação, são abordados nas Seções 5.3 a 5.6. Sua aplicação é ilustrada na Seção 5.7 por meio da análise dos dados de três estudos. Comentários são apresentados na Seção 5.8.

5.2 O modelo de Cox

O modelo de regressão de Cox possibilita a análise de dados provenientes de estudos em que a resposta é o tempo até a ocorrência de um evento de interesse, ajustando por covariáveis. Para o caso em que a única covariável é um indicador de grupos, o modelo assume a sua forma mais simples. Esse caso foi apresentado brevemente na Seção 4.2 e é considerado novamente a seguir para introduzir o modelo de Cox.

Suponha um estudo que consiste na comparação dos tempos de sobrevida de dois grupos de pacientes selecionados aleatoriamente para receber o tratamento novo (grupo 1) ou o tratamento padrão (grupo 2). Representando a função taxa de falha do primeiro grupo por $\lambda_1(t)$ e a do segundo por $\lambda_2(t)$, e assumindo proporcionalidade entre estas funções, tem-se que

$$\frac{\lambda_1(t)}{\lambda_2(t)} = K,$$

em que K denota a razão das taxas de falha, constante para todo tempo t de seguimento do estudo. Se X é a variável indicadora dos grupos, tal que

$$X = \begin{cases} 1 \text{ se grupo } 1 \\ 0 \text{ se grupo } 2 \end{cases}$$

e $K = \exp(\beta x)$, com x o valor observado de X, então,

$$\lambda(t \mid x) = \lambda_0(t) \exp(\beta x), \tag{5.1}$$

ou seja, $\lambda(t \mid x) = \begin{cases} \lambda_1(t) = \lambda_0(t) \exp(\beta), & \text{se } x = 1 \\ \lambda_2(t) = \lambda_0(t), & \text{se } x = 0. \end{cases}$

A expressão (5.1) define o modelo de Cox para uma única covariável. De forma genérica, para p covariáveis, em que $\mathbf{x} = (x_1, \ldots, x_p)'$ denota os seus valores observados, a expressão geral do modelo de Cox fica dada por

$$\lambda(t \mid \mathbf{x}) = \lambda_0(t)\, g(\boldsymbol{\beta}'\mathbf{x}), \tag{5.2}$$

em que $g(\boldsymbol{\beta}'\mathbf{x})$ é uma função não negativa que deve ser especificada, tal que $g(0) = 1$. O modelo (5.2) é composto pelo produto de dois componentes, um não paramétrico e outro paramétrico. O não paramétrico, $\lambda_0(t)$, não é especificado e é uma função não negativa do tempo. Ele é usualmente denominado função taxa de falha de base (ou basal), pois $\lambda(t \mid \mathbf{x}) = \lambda_0(t)$ quando $\mathbf{x} = \mathbf{0}$. Quanto ao componente paramétrico, ele é frequentemente utilizado na seguinte forma multiplicativa

$$g(\boldsymbol{\beta}'\mathbf{x}) = \exp(\boldsymbol{\beta}'\mathbf{x}) = \exp(\beta_1 x_1 + \ldots + \beta_p x_p), \tag{5.3}$$

em que $\boldsymbol{\beta}$ é o vetor de parâmetros associado às covariáveis. Esta forma garante que $\lambda(t \mid \mathbf{x})$ seja sempre não negativa. Outras formas para a função $g(\boldsymbol{\beta}'\mathbf{x})$ foram propostas na literatura (STORER et al., 1983). Entretanto, a forma multiplicativa (5.3) é a mais utilizada e foi a adotada neste texto. Nota-se que a constante β_0, presente nos modelos paramétricos, não aparece no componente mostrado em (5.3). Isto ocorre devido à presença do componente não paramétrico no modelo, que absorve este termo constante.

O modelo de regressão de Cox também é denominado taxas de falha proporcionais devido à razão das taxas de falha para dois indivíduos quaisquer ser constante no tempo. Ou seja, para os indivíduos i e ℓ, a razão das taxas de falha dada por

$$\frac{\lambda(t \mid \mathbf{x}_i)}{\lambda(t \mid \mathbf{x}_\ell)} = \frac{\lambda_0(t)\exp(\boldsymbol{\beta}'\mathbf{x}_i)}{\lambda_0(t)\exp(\boldsymbol{\beta}'\mathbf{x}_\ell)} = \exp(\boldsymbol{\beta}'\mathbf{x}_i - \boldsymbol{\beta}'\mathbf{x}_\ell),$$

não depende do tempo. Assim, se no início do estudo o indivíduo i apresenta taxa de falha igual a duas vezes a do indivíduo ℓ, o resultado dessa razão permanece o mesmo para todo o período de acompanhamento.

Desse modo, a suposição básica para o uso do modelo de regressão de Cox é que as taxas de falha sejam proporcionais ou, de forma equivalente, que as taxas de falha acumulada sejam proporcionais.

O gráfico (a) da Figura 5.1 ilustra uma situação em que o modelo de Cox é inadequado, tendo em vista as curvas das taxas de falha acumulada dos dois grupos (na escala logarítmica) não serem proporcionais, o que viola a suposição básica do modelo. Neste gráfico, o grupo 2 apresenta taxa de falha acumulada mais elevada do que a do grupo 1 no início do período de seguimento. Contudo, o comportamento das curvas se inverte a partir do tempo $t = 12$. As curvas seriam proporcionais se, na escala logarítmica, elas mantivessem uma diferença constante ao longo de todo o período de seguimento, como ilustrado no gráfico (b) da Figura 5.1.

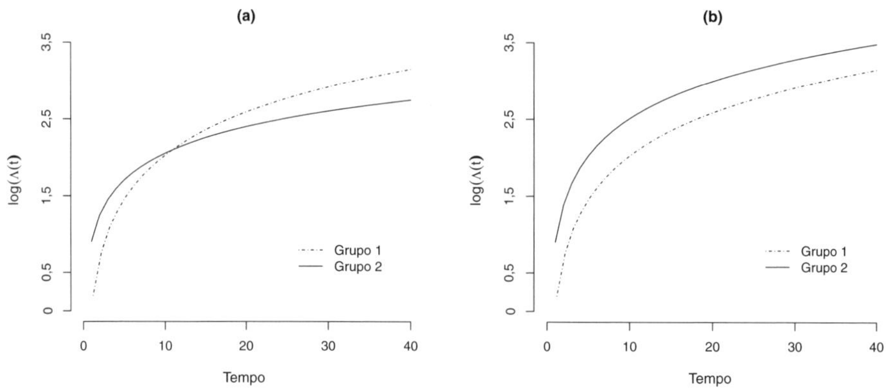

Figura 5.1 – Exemplo de taxas de falha (a) não proporcionais e (b) proporcionais.

O modelo de Cox é amplamente utilizado para a análise de dados provenientes de estudos conduzidos na área da saúde. As principais razões de sua popularidade são: a presença do componente não paramétrico, que o torna bastante flexível, e a interpretação em termos da razão de taxas de falha proporcionais. Além disso, ele apresenta alguns modelos paramétricos conhecidos como casos particulares (KALBFLEISCH; PRENTICE, 2002). O modelo de regressão de Weibull apresentado no Capítulo 4 é, por exemplo, um desses modelos. A Seção 5.8 aborda este assunto em mais detalhes.

5.3 Ajuste do modelo de Cox

O modelo de regressão de Cox é caracterizado pelo vetor de coeficientes $\boldsymbol{\beta}$, que mede o efeito das covariáveis sobre a função taxa de falha. Para que o modelo fique determinado, estes coeficientes devem ser estimados a partir de observações amostrais, o que requer um método de estimação.

No Capítulo 4, o método de máxima verossimilhança (COX; HINKLEY, 1974) foi utilizado para este propósito no contexto dos modelos paramétricos.

Contudo, a presença do componente não paramétrico $\lambda_0(t)$ na função de verossimilhança torna este método inapropriado. Ou seja, sabe-se que a função de verossimilhança para $\boldsymbol{\beta}$, baseada em uma amostra de tamanho n, é

$$\begin{aligned} L(\boldsymbol{\beta}) &= \prod_{i=1}^{n} \Big[f(t_i \mid \mathbf{x}_i)\Big]^{\delta_i} \Big[S(t_i \mid \mathbf{x}_i)\Big]^{1-\delta_i} \\ &= \prod_{i=1}^{n} \Big[\lambda(t_i \mid \mathbf{x}_i)\Big]^{\delta_i} S(t_i \mid \mathbf{x}_i), \end{aligned} \tag{5.4}$$

com δ_i o indicador de falha associado ao i-ésimo indivíduo ($i = 1, \ldots, n$). Como a função de sobrevivência é expressa para o modelo de Cox por

$$S(t_i \mid \mathbf{x}_i) = \exp\Big(- \int_0^{t_i} \lambda_0(u) \exp(\boldsymbol{\beta}'\mathbf{x}_i) du \Big) = [S_0(t_i)]^{\exp\left(\boldsymbol{\beta}'\mathbf{x}_i\right)},$$

segue, aplicando este resultado em (5.4), que

$$L(\boldsymbol{\beta}) = \prod_{i=1}^{n} \Big[\lambda_0(t_i) \exp(\boldsymbol{\beta}'\mathbf{x}_i)\Big]^{\delta_i} [S_0(t_i)]^{\exp\left(\boldsymbol{\beta}'\mathbf{x}_i\right)},$$

que é função do componente não paramétrico $\lambda_0(t)$.

Uma solução razoável consiste em condicionar a construção da função de verossimilhança ao conhecimento da história passada de falhas e censuras para eliminar este termo de perturbação da verossimilhança. Foi o que Cox propôs em seu artigo original e, então, formalizou em um artigo subsequente (COX, 1975), denominando de método de máxima verossimilhança parcial.

5.3.1 Método de máxima verossimilhança parcial

Para obter a função de verossimilhança parcial, considere uma amostra de n indivíduos em que são observadas $k \leq n$ falhas distintas e $n - k$ censuras à direita, com $t_1 < t_2 < \ldots < t_k$ os k tempos distintos e ordenados de falha. Uma forma simples de entender a verossimilhança parcial considera o seguinte argumento condicional: a probabilidade condicional de um indivíduo falhar em t_j, conhecendo os que estão sob risco em t_j, é

$$P[\text{ um indivíduo falhar em } t_j \mid \text{uma falha em } t_j \text{ e história até } t_j \text{ }] =$$

$$\frac{P[\text{ um indivíduo falhar em } t_j \mid \text{sobreviveu a } t_j \text{ e história até } t_j \text{ }]}{P[\text{ uma falha em } t_j \mid \text{história até } t_j \text{ }]} =$$

$$= \frac{\lambda(t \mid \mathbf{x}_j)}{\sum_{\ell \in R(t_j)} \lambda(t \mid \mathbf{x}_\ell)} = \frac{\lambda_0(t)\exp(\boldsymbol{\beta}'\mathbf{x}_j)}{\sum_{\ell \in R(t_j)} \lambda_0(t)\exp(\boldsymbol{\beta}'\mathbf{x}_\ell)} = \frac{\exp(\boldsymbol{\beta}'\mathbf{x}_j)}{\sum_{\ell \in R(t_j)} \exp(\boldsymbol{\beta}'\mathbf{x}_\ell)}, \tag{5.5}$$

em que $R(t_j)$ é o conjunto dos índices dos indivíduos sob risco no tempo t_j e $\mathbf{x}_j$ é o vetor dos valores das covariáveis do indivíduo que falhou em t_j.

Nota-se que condicional à história de falhas e censuras até o tempo t_j, o componente não paramétrico $\lambda_0(t)$ desaparece de (5.5). Assim, na ausência de empates e sob a suposição de censura não informativa, a função denominada verossimilhança parcial, utilizada para se fazer inferências acerca dos parâmetros do modelo, é formada pelo produto de todos os termos representados em (5.5) associados aos tempos distintos de falha, isto é,

$$L(\boldsymbol{\beta}) = \prod_{j=1}^{k} \frac{\exp(\boldsymbol{\beta}'\mathbf{x}_j)}{\sum_{\ell \in R(t_j)} \exp(\boldsymbol{\beta}'\mathbf{x}_\ell)}. \tag{5.6}$$

Para a obtenção dos valores de $\boldsymbol{\beta}$ que maximizam a função (5.6), deve-se resolver o conjunto de equações escore $U_q(\boldsymbol{\beta}) = 0$, $q = 1, \ldots, p$, em que $U_q(\boldsymbol{\beta})$ corresponde à derivada parcial de primeira ordem de $\log[L(\boldsymbol{\beta})]$ em relação a β_q. Ou seja, $U_q(\boldsymbol{\beta})$ é dado, para $q = 1, \ldots, p$, por

$$U_q(\boldsymbol{\beta}) = \frac{\partial \log[L(\boldsymbol{\beta})]}{\partial \beta_q} = \sum_{j=1}^{k} \left[x_{jq} - \frac{\sum_{\ell \in R(t_j)} x_{\ell q} \exp(\boldsymbol{\beta}'\mathbf{x}_\ell)}{\sum_{\ell \in R(t_j)} \exp(\boldsymbol{\beta}'\mathbf{x}_\ell)} \right]. \tag{5.7}$$

A matriz de informação observada $\mathbf{I}(\boldsymbol{\beta})$, de dimensão $p \times p$, corresponde ao negativo da matriz de derivadas de segunda ordem da função $\log[L(\boldsymbol{\beta})]$, com o (g, q)-ésimo elemento desta matriz, para $g, q = 1, \ldots, p$, dado por

$$\mathcal{I}_{gq}(\boldsymbol{\beta}) = \sum_{j=1}^{k} \frac{\sum_{\ell \in R(t_j)} x_{\ell g}\, x_{\ell q} \exp(\boldsymbol{\beta}'\mathbf{x}_\ell)}{\sum_{\ell \in R(t_j)} \exp(\boldsymbol{\beta}'\mathbf{x}_\ell)} - \sum_{j=1}^{k} \left[\frac{\sum_{\ell \in R(t_j)} x_{\ell g} \exp(\boldsymbol{\beta}'\mathbf{x}_\ell)}{\sum_{\ell \in R(t_j)} \exp(\boldsymbol{\beta}'\mathbf{x}_\ell)} \right] \left[\frac{\sum_{\ell \in R(t_j)} x_{\ell q} \exp(\boldsymbol{\beta}'\mathbf{x}_\ell)}{\sum_{\ell \in R(t_j)} \exp(\boldsymbol{\beta}'\mathbf{x}_\ell)} \right]. \tag{5.8}$$

A função de verossimilhança parcial (5.6) assume que os tempos de sobrevida são contínuos e, assim, não pressupõe a possibilidade de empates dos tempos observados. Contudo, empates podem ocorrer tanto para os tempos de falha quanto para os de censura, bem como entre os tempos de falha e de censura. Neste último caso, utiliza-se a convenção de que a censura ocorreu após a falha, o que define as observações a serem incluídas no conjunto de indivíduos sob risco em cada tempo de falha.

A função de verossimilhança parcial (5.6) deve ser modificada para incorporar as observações empatadas, quando elas estão presentes. A aproximação proposta por Breslow (1972) e Peto (1972) para (5.6) é simples e frequentemente utilizada nos *softwares* estatísticos, dentre eles o *R*. Considere $\mathbf{s}_j$ o vetor formado pela soma das correspondentes p covariáveis para os indivíduos que falharam no mesmo tempo t_j ($j = 1, \ldots, k$) e d_j o número de falhas neste mesmo tempo. Sob a aproximação mencionada, a função de verossimilhança parcial fica expressa por

$$L(\boldsymbol{\beta}) = \prod_{j=1}^{k} \frac{\exp(\boldsymbol{\beta}'\mathbf{s}_j)}{\left[\sum_{\ell \in R(t_j)} \exp(\boldsymbol{\beta}'\mathbf{x}_\ell)\right]^{d_j}}. \tag{5.9}$$

Esta aproximação é adequada quando o número de observações empatadas em qualquer tempo não é grande. Naturalmente, (5.9) reduz-se a expressão (5.6) quando não houver empates. Outras aproximações foram propostas por Efron (1977), Farewell e Prentice (1980), dentre outros.

Quando o número de empates em qualquer tempo for grande, o modelo de regressão de Cox para dados grupados deve ser utilizado (PRENTICE; GLOECKLER, 1978, LAWLESS, 2003). Outras aproximações para a função de verossimilhança parcial na presença de empates, assim como os modelos de regressão discretos, indicados para as situações em que há um número grande de empates, são apresentados no Capítulo 8.

As propriedades assintóticas dos estimadores de máxima verossimilhança parcial são necessárias para a construção de intervalos de confiança e para testar hipóteses sobre os coeficientes do modelo. Vários autores estudaram estas propriedades (COX, 1975, TSIATIS, 1981), mas foram Andersen e Gill (1982) que apresentaram as provas mais gerais das propriedades desses estimadores. Eles usaram a relação entre os tempos de falha e *martingais* para mostrar que tais estimadores são consistentes e assintoticamente normais sob certas condições de regularidade. Desta forma, é possível utilizar as conhecidas estatísticas de Wald, da razão de verossimilhanças e escore, apresentadas no Capítulo 3, para se fazer inferências a respeito dos parâmetros do modelo de Cox, utilizando a função de verossimilhança parcial.

5.4 Interpretação dos coeficientes

A partir da expressão (5.2) do modelo de Cox, pode-se observar que o efeito das covariáveis é o de acelerar ou o de desacelerar a função taxa de falha. No entanto, a propriedade de taxas de falha proporcionais do modelo deve ser utilizada para a interpretação dos coeficientes. Tomando, então, a razão das taxas de falha de dois indivíduos i e ℓ, que apresentam os mesmos valores para as covariáveis com exceção da q-ésima, tem-se

$$\frac{\lambda(t \mid \mathbf{x}_i)}{\lambda(t \mid \mathbf{x}_\ell)} = \exp[\beta_q(x_{iq} - x_{\ell q})],$$

que pode ser interpretada como a razão de taxas de falha instantânea no tempo t. Contudo, como esta razão é constante para todo o período de acompanhamento, pode-se suprimir a palavra instantânea da interpretação. Suponha, por exemplo, X_q uma covariável dicotômica assumindo os valores $x_q = 1$ para os pacientes hipertensos e $x_q = 0$ para os normotensos. Então, a taxa de falha entre os pacientes hipertensos é $\exp[\beta_q(1 - 0)] = \exp(\beta_q)$ vezes a dos normotensos, mantidos fixos os valores das demais covariáveis.

Estimativa por ponto para $\exp(\beta_q)$ pode ser obtida fazendo uso da propriedade de invariância do estimador de máxima verossimilhança discutida na Seção 3.4. Para obtenção da estimativa intervalar, é necessário obter uma estimativa para o erro-padrão de $\exp(\widehat{\beta}_q)$, o que pode ser feito por meio do método delta apresentado na Seção 3.4. Na prática, é usual construir um intervalo de confiança para β_q e, a seguir, tomar o exponencial dos limites do intervalo. Caso o valor 1 pertença ao intervalo estimado, existe evidências de que as taxas de falha dos pacientes hipertensos e normotensos não apresentam diferenças significativas.

Em linhas gerais, a interpretação dos coeficientes segue a mesma ideia apresentada na Seção 4.5 para os modelos tempo de vida acelerado. Contudo, naquele caso, a medida de associação consistia na razão de tempos medianos e, neste caso, consiste na razão de taxas de falha.

Para ilustrar, considere a covariável grupo com três níveis (0 se controle, 1 se grupo 1, e 2 se grupo 2) representada por duas variáveis indicadoras, com o grupo controle como referência. Logo, o termo referente a esta covariável fica expresso no modelo por $\beta_1 x_1 + \beta_2 x_2$, em que $(x_1, x_2) = (0, 0)$ indica o grupo controle, $(x_1, x_2) = (1, 0)$ o grupo 1 e $(x_1, x_2) = (0, 1)$ o grupo 2. Considerando que as estimativas por ponto e por intervalo resultaram em $\exp(\widehat{\beta}_1) = 2{,}0$ (1,5; 4,1) e $\exp(\widehat{\beta}_2) = 1{,}2$ (0,7; 1,8), segue, neste caso, que há diferença significativa entre os grupos 1 e controle, mas não entre os grupos 2 e controle, uma vez que o valor 1 não pertence ao primeiro intervalo, mas pertence ao segundo. Assim, a interpretação é a seguinte: a taxa de falha dos pacientes do grupo 1 é duas vezes a dos pacientes do grupo controle, com intervalo de 95% de confiança igual a (1,5; 4,1). A comparação do grupo 2 em relação ao grupo 1 é obtida por $\exp(\widehat{\beta}_2 - \widehat{\beta}_1)$, que resultou em 0,6. A construção do correspondente intervalo de confiança é baseada no método delta, ou, alternativamente, pode-se construir um intervalo de confiança para $(\beta_2 - \beta_1)$ e tomar o exponencial de seus respectivos limites.

Interpretação similar é obtida para covariáveis contínuas. Se, por exemplo, a variável idade apresenta efeito significativo tal que $\exp(\widehat{\beta}) = 1{,}05$ para este termo, então o aumento em 1 ano na idade aumenta a taxa de falha em 5%. Uma discussão mais detalhada sobre as interpretações das estimativas pode ser encontrada em Hosmer et al. (2008).

5.5 Estimação de funções relacionadas a $\lambda_0(t)$

O vetor de coeficientes de regressão $\boldsymbol{\beta}$ é de grande interesse na modelagem estatística de dados. Entretanto, funções relacionadas a $\lambda_0(t)$ também são importantes no contexto do modelo de Cox. Tais funções referem-se basicamente à função taxa de falha acumulada de base (ou basal) e à função de sobrevivência de base, dadas, respectivamente, por

$$\Lambda_0(t) = \int_0^t \lambda_0(u)du \quad \text{e} \quad S_0(t) = \exp[-\Lambda_0(t)].$$

A importância dessas funções diz respeito ao seu uso em técnicas gráficas para avaliar a adequação do modelo de Cox ajustado. Essas técnicas são tratadas na Seção 5.6. A função de sobrevivência $S(t \mid \mathbf{x}) = [S_0(t)]^{\exp(\boldsymbol{\beta}'\mathbf{x})}$ também é útil quando se deseja concluir a análise em termos de percentis associados a grupos de indivíduos, assim como em fazer predições.

Sob a abordagem paramétrica, a função $\lambda_0(t)$ pode ser estimada utilizando a função de verossimilhança. Contudo, o argumento condicional elimina completamente esta função da verossimilhança parcial. Desta forma, os estimadores para $\Lambda_0(t)$ e $S_0(t)$ são de natureza não paramétrica.

Um estimador simples para $\Lambda_0(t)$, proposto por Breslow (1972), é uma função escada com saltos nos tempos distintos de falha expresso por

$$\widehat{\Lambda}_0(t) = \sum_{j\,:\,t_j \leq t} \frac{d_j}{\sum_{l \in R(t_j)} \exp(\widehat{\boldsymbol{\beta}'}\mathbf{x}_l)}, \tag{5.10}$$

em que d_j é o número de falhas em t_j. Assim, as funções de sobrevivência $S_0(t)$ e $S(t \mid \mathbf{x})$ podem ser estimadas a partir de (5.10) por

$$\widehat{S}_0(t) = \exp[-\widehat{\Lambda}_0(t)] \quad \text{e} \quad \widehat{S}(t \mid \mathbf{x}) = [\widehat{S}_0(t)]^{\exp(\widehat{\boldsymbol{\beta}'}\mathbf{x})}.$$

Tanto $\widehat{S}_0(t)$ quanto $\widehat{S}(t \mid \mathbf{x})$ são funções escada decrescentes. Na ausência de covariáveis, nota-se que a expressão (5.10) reduz-se a

$$\widehat{\Lambda}_0(t) = \sum_{j\,:\,t_j \leq t} \left(\frac{d_j}{n_j}\right),$$

que é o estimador de Nelson-Aalen descrito na Seção 2.4.1 do Capítulo 2. Por esse motivo, o estimador apresentado em (5.10) também é referenciado na literatura como estimador de Nelson-Aalen-Breslow.

5.6 Adequação do modelo de Cox

O modelo de regressão de Cox é bastante flexível devido à presença do componente não paramétrico. Contudo, como qualquer outro modelo, ele não se ajusta bem a qualquer situação clínica, sendo necessário o uso de técnicas para avaliar a sua adequação. Como comentado na Seção 5.2, o modelo de Cox assume que as taxas de falha são proporcionais e, portanto, a violação dessa suposição pode acarretar sérios vieses na estimação dos coeficientes do modelo (STRUTHERS; KALBFLEISCH, 1986).

Vários métodos para avaliar a adequação do modelo de Cox encontram-se disponíveis na literatura. Em essência, eles baseiam-se nos mesmos tipos de resíduos definidos no Capítulo 4 para os modelos de regressão paramétricos, bem como nos resíduos de Schoenfeld (1982), que ganharam importância para esta tarefa após os gráficos e testes propostos por Grambsch e Therneau (1994). A seguir, são apresentados alguns métodos que auxiliam a verificar aspectos relacionados à qualidade global de ajuste do modelo, assim como à suposição de taxas de falha proporcionais, dentre outros.

5.6.1 Avaliação da qualidade global do modelo de Cox

Similar ao que foi apresentado para os modelos paramétricos, os resíduos de Cox-Snell (1968) são utilizados para avaliar a qualidade de ajuste global do modelo semiparamétrico de Cox. Para este modelo, esses resíduos são definidos, para $i = 1, \ldots, n$, por

$$e_i = \widehat{\Lambda}_0(t_i) \exp\left(\sum_{q=1}^{p} \widehat{\beta}_q x_{iq} \right),$$

com $\widehat{\Lambda}_0(t_i)$ estimado por (5.10). Para que a qualidade de ajuste do modelo de Cox seja considerada satisfatória, os resíduos e_i, $i = 1, \ldots, n$, devem ser vistos como uma amostra (com observações censuradas) da distribuição exponencial padrão e, sendo assim, o gráfico dos resíduos e_i *versus* $\widehat{\Lambda}(e_i)$, $i = 1, \ldots, n$, deve ser aproximadamente uma reta passando pela origem.

A análise gráfica dos resíduos de Cox-Snell não fornece, contudo, informações sobre o tipo de problema que estaria ocorrendo caso seja observado um ajuste não satisfatório do modelo. Assim, gráficos envolvendo esses resíduos não são recomendados para avaliar a suposição de taxas de falha proporcionais. Além disso, os mesmos comentários apresentados na Seção 4.4.1 no que diz respeito aos cuidados e desvantagens da utilização desses resíduos, também são válidos para o modelo de Cox.

5.6.2 Avaliação da suposição de proporcionalidade

Para avaliar a suposição de taxas de falha proporcionais assumida para o modelo de Cox, algumas técnicas gráficas e testes estatísticos foram propostos na literatura. Algumas dessas técnicas e testes são descritos a seguir.

(a) Método gráfico descritivo

A primeira técnica gráfica proposta para avaliar a suposição de taxas de falha proporcionais consiste em um gráfico descritivo bastante simples. Para obtê-lo, os dados são inicialmente divididos em m estratos de acordo com as categorias de uma das covariáveis no modelo. Por exemplo, em dois estratos para a covariável sexo. Em seguida, $\Lambda_{0j}(t)$ é estimada para cada estrato j, $j = 1, \ldots, m$, utilizando a expressão (5.10). Se a suposição for válida, as curvas do logaritmo de $\widehat{\Lambda}_{0j}(t)$ *versus* t (ou $\log(t)$), devem apresentar diferenças aproximadamente constantes ao longo do tempo. Curvas não paralelas, como as apresentadas no gráfico (a) da Figura 5.1, implicam em desvios da suposição de taxas de falha proporcionais. Gráfico similar é construído para cada covariável no modelo. Para covariáveis de natureza contínua, a sugestão é categorizá-las em um número pequeno de categorias. Uma vantagem dessa técnica gráfica é que ela indica a covariável que estaria produzindo a violação da suposição, caso isto ocorra. Uma desvantagem é que a conclusão sobre a suposição de proporcionalidade das taxas de falha é subjetiva, pois depende da interpretação dos gráficos.

(b) Método com coeficiente dependente do tempo

Uma outra proposta utilizada para avaliar a suposição de taxas de falha proporcionais consiste em analisar os resíduos de Schoenfeld (1982). Para defini-los, considere que o i-ésimo indivíduo falhou ($\delta_i = 1$). Então, para esse indivíduo, com vetor de covariáveis $\mathbf{x}_i = (x_{i1}, \ldots, x_{ip})'$, tem-se o vetor de resíduos de Schoenfeld $\mathbf{r}_i = (r_{i1}, \ldots, r_{ip})'$, em que r_{iq} é definido por

$$r_{iq} = x_{iq} - \frac{\sum_{\ell \in R(t_i)} x_{\ell q} \exp(\widehat{\boldsymbol{\beta}' \mathbf{x}_\ell})}{\sum_{\ell \in R(t_i)} \exp(\widehat{\boldsymbol{\beta}' \mathbf{x}_\ell})}, \quad q = 1, \ldots, p. \tag{5.11}$$

Nota-se que os resíduos de Schoenfeld são definidos apenas para os indivíduos que falharam, não sendo, portanto, definidos para as censuras. Além disso, para o i-ésimo indivíduo que falhou tem-se, para cada uma das p covariáveis no modelo, um correspondente resíduo de Schoenfeld. Desse modo, o conjunto desses resíduos consiste em uma matriz com r linhas e p colunas, sendo r o número total de falhas. Cada linha corresponde a um tempo de falha e cada coluna a uma das p covariáveis no modelo. A i-ésima linha desta matriz é obtida por (5.11). Condicional a uma falha no conjunto de indivíduos sob risco $R(t_i)$, o valor esperado da q-ésima covariável para esta falha é expresso pelo termo $\sum_{\ell \in R(t_i)} x_{\ell q} \exp(\widehat{\boldsymbol{\beta}'}\mathbf{x}_\ell) / \sum_{\ell \in R(t_i)} \exp(\widehat{\boldsymbol{\beta}'}\mathbf{x}_\ell)$ apresentado em (5.11) e, assim, a interpretação de r_{iq} como um resíduo é apropriada. Nota-se que os resíduos de Schoenfeld são os elementos da função escore (5.7). Como usual para resíduos, tem-se $\sum_i \mathbf{r}_i = \mathbf{0}$.

Para permitir que a estrutura de correlação dos resíduos seja considerada, são utilizados os resíduos padronizados de Schoenfeld, definidos, para cada tempo de falha, por

$$\mathbf{s}_i^* = [\mathbf{I}(\widehat{\boldsymbol{\beta}})]^{-1} \times \mathbf{r}_i,$$

com $\mathbf{I}(\widehat{\boldsymbol{\beta}})$ a matriz de informação observada, cujos elementos foram definidos em (5.8) (THERNEAU; GRAMBSCH, 2000).

O uso dos resíduos padronizados de Schoenfeld para avaliar a suposição de taxas de falha proporcionais baseia-se em um resultado apresentado por Grambsch e Therneau (1994), que considera o modelo expresso por

$$\lambda(t \mid \mathbf{x}) = \lambda_0(t) \exp\big[(\boldsymbol{\beta}(t))' \,\mathbf{x}\big],$$

com a restrição $\boldsymbol{\beta}(t) = \boldsymbol{\beta}$, como uma forma alternativa de representar o modelo de Cox. Nota-se que a restrição $\boldsymbol{\beta}(t) = \boldsymbol{\beta}$ implica na proporcionalidade das taxas de falha. Quando $\boldsymbol{\beta}(t)$ não for constante, o impacto de uma ou mais covariáveis na taxa de falha pode variar com o tempo. Logo, se a suposição de taxas de falha proporcionais for válida, o gráfico $\beta_q(t)$ *versus* t deve ser uma linha horizontal. Grambsch e Therneau (1994) sugerem o gráfico de $s_{iq}^* + \widehat{\beta_q}$ *versus* t, para $q = 1, \ldots, p$, ou alguma função do tempo $g(t)$, como um método de visualizar a suposição de taxas de falha proporcionais. Inclinação nula mostra evidências a favor da proporcionalidade. Para auxiliar na detecção de uma possível falha da suposição de proporcionalidade, uma curva suavizada com bandas de confiança é adicionada ao gráfico. Esta curva é fornecida no *R* utilizando *splines.* A Figura 5.2 ilustra tais gráficos em uma situação em que duas covariáveis (X_1 e X_2) são consideradas. O gráfico à esquerda não apresenta nenhuma tendência acentuada ao longo de $g(t) = t$. O mesmo não pode ser concluído para o gráfico à direita, visto não haver evidências a favor da suposição de taxas de falha proporcionais devido à inclinação não nula da curva suavizada.

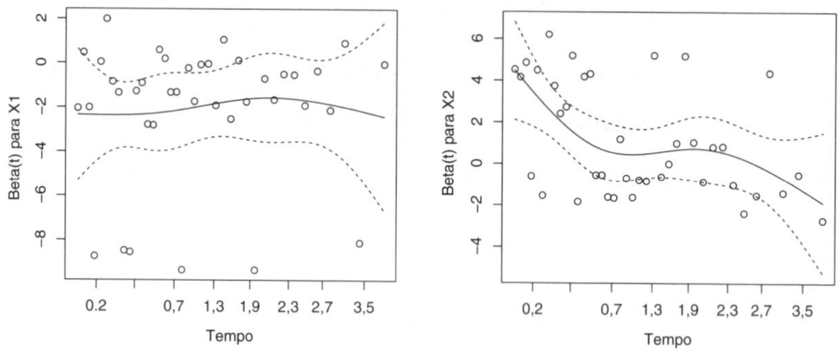

Figura 5.2 – Resíduos padronizados de Schoenfeld para X_1 e X_2.

Essa técnica gráfica envolve, como qualquer outra, conclusões subjetivas, pois depende da interpretação dos gráficos. Desse modo, obter medidas estatísticas e realizar testes de hipóteses são de grande utilidade nessas situações. O coeficiente de correlação de Pearson (ρ) entre os resíduos padronizados de Schoenfeld e $g(t)$, para cada covariável q, $q = 1, \ldots, p$, é uma dessas medidas. Valores de ρ próximos de zero indicam evidências a favor da não rejeição da suposição de taxas de falha proporcionais. Uma limitação do uso do coeficiente ρ é que ele foi concebido para avaliar a relação linear entre duas variáveis, não sendo adequado nos casos de relação não linear.

Um teste para a hipótese global de proporcionalidade das taxas de falha sobre todas as covariáveis no modelo foi proposto por Grambsch e Therneau (1994). Assumindo que $g_q(t_i) = g(t_i) = g_i$, ou seja, que a forma de $g(t_i)$ é a mesma para todas as covariáveis, e $\bar{g} = \sum_{i=1}^{r} g_i/r$, o teste é definido em termos da seguinte estatística

$$T_G = \frac{\mathbf{g}^{*\prime}\mathbf{S}^{*}\mathbf{I}\,\mathbf{S}^{*\prime}\mathbf{g}^{*}}{r\sum_{i=1}^{r}(g_i - \bar{g})^2},$$

em que $\mathbf{g}^* = (g_1 - \bar{g}, \ldots, g_r - \bar{g})'$, $\mathbf{I}$ é a matriz de informação observada, r é o número de falhas, e $\mathbf{S}^* = r\mathbf{R}(\mathbf{I})^{-1}$, com $\mathbf{R}$ a matriz $r \times p$ dos resíduos de Schoenfeld não padronizados. Sob a hipótese nula de proporcionalidade das taxas de falha, T_G segue distribuição aproximada qui-quadrado com p graus de liberdade. Valores de $T_G > \chi^2_{p,1-\alpha}$ indicam evidências para a rejeição da suposição de taxas de falha proporcionais.

Ainda, a hipótese nula de proporcionalidade das taxas de falha para a covariável q, $q = 1, \ldots, p$, pode ser testada utilizando a estatística de teste

$$T_q = \frac{r\Big(\sum_{i=1}^{r}(g_i - \bar{g})s^*_{iq}\Big)^2}{(\mathcal{I}_{qq})^{-1}\sum_{i=1}^{r}(g_i - \bar{g})^2},$$

com $\mathcal{I}_{qq}$ o q-ésimo elemento da diagonal da matriz de informação observada. Sob a hipótese nula, T_q segue distribuição aproximada qui-quadrado com 1 grau de liberdade. Valores de $T_q > \chi^2_{1,1-\alpha}$ indicam evidências contra a hipótese nula para a covariável q. Para covariáveis com $s > 2$ categorias, a expressão para T_q envolve vetores e matrizes, com $T_q \sim \chi^2_{(s-1),1-\alpha}$.

As opções no *software R* para $g(t)$ são: *identity* (correspondendo aos tempos de falha), *log*, *rank* e *km*. A opção *rank* utiliza a ordem dos tempos de falha, enquanto *km* utiliza uma versão contínua à esquerda da curva de sobrevivência de Kaplan-Meier sem covariáveis. Na prática, existe pouca diferença entre as opções *km* e *rank*. A primeira é, contudo, menos sensível a padrões de censura. O *default* do *software R* é a opção *km*. Uma discussão sobre a escolha para $g(t)$ pode ser encontrada em Park e Hendry (2015).

(c) Método com covariável dependente do tempo

Outro teste proposto por Cox (1979) para examinar a suposição de taxas de falha proporcionais consiste em acrescentar ao modelo uma covariável dependente do tempo. Covariáveis dependentes do tempo generalizam o modelo de Cox apresentado em (5.2) e são abordadas no Capítulo 6.

Para apresentação do teste mencionado, considere um ensaio clínico em que cada paciente foi alocado de forma aleatória a um de dois grupos, um correspondendo ao tratamento padrão e o outro a um tratamento novo. O interesse é verificar se a razão das taxas de falha é a mesma em qualquer tempo t. Para essa situação, o modelo de Cox fica expresso por

$$\lambda(t \mid x_1) = \lambda_0(t)\exp(\beta_1 x_1),$$

com x_1 o valor da covariável tratamento, em que $x_1 = 0$, se tratamento padrão, e $x_1 = 1$, se tratamento novo. Se o modelo for adequado aos dados do estudo, a razão das taxas de falha do tratamento novo em relação ao padrão corresponde, para qualquer tempo t, à $\exp(\beta_1)$.

Outra covariável X_2 pode ser adicionada ao modelo e, assim,

$$\lambda(t \mid \mathbf{x}) = \lambda_0(t)\exp(\beta_1 x_1 + \beta_2 x_2) = \exp(\beta_1 x_1 + \beta_2 x_1 t),$$

com x_1 e $x_1 t$ os valores de X_1 e X_2, de modo que a razão das taxas de falha do tratamento novo em relação ao padrão corresponde agora à

$$\exp(\beta_1 + \beta_2 t),$$

que não é mais constante para todo t, nem o modelo é mais de taxas de falha proporcionais. Se $\beta_2 < 0$, a razão das taxas de falha decresce com o tempo, o que significa que a taxa de falha do tratamento novo, em relação ao padrão, diminui com o tempo. Por outro lado, se $\beta_2 > 0$, a razão cresce com o tempo, indicando que a taxa de falha do tratamento novo, em relação ao padrão, aumenta com o tempo. Ainda, se $\beta_2 = 0$, a razão das taxas de falha fica igual a $\exp(\beta_1)$, mostrando que esta hipótese corresponde à suposição de taxas de falha proporcionais. A Figura 5.3 ilustra essa situação.

Modelos incluindo covariáveis dependentes do tempo, como X_2, não podem ser ajustados da mesma maneira que aqueles que incluem somente covariáveis que não mudam com o tempo. A razão é que essas covariáveis assumem diferentes valores em diferentes tempos, dificultando o cálculo do denominador da função de verossimilhança parcial apresentada em (5.6). O ajuste desses modelos é abordado no Capítulo 6.

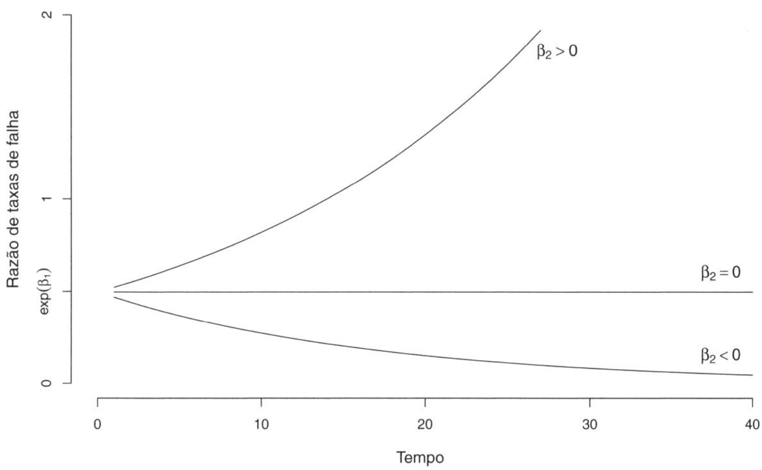

Figura 5.3 – Razão $\exp(\beta_1 + \beta_2\, t)$ para diferentes valores de β_2.

Outros testes de adequação foram propostos para o modelo de Cox. No entanto, eles apresentam limitações quanto ao seu uso. Alguns, por exemplo, consideram uma partição arbitrária do eixo do tempo (SCHOENFELD, 1980; ANDERSEN, 1982). Um grave problema é que diferentes partições produzem testes diferentes. Outro teste, o de Wei (1984), não necessita dessa partição; entretanto, ele pode ser utilizado somente para modelos contendo uma única covariável. Todas essas limitações associadas aos testes de adequação indicam que as técnicas gráficas envolvendo resíduos definidos adequadamente são ferramentas úteis para avaliar a adequação do modelo.

5.6.3 Avaliação de outros aspectos do modelo de Cox

Além da suposição de proporcionalidade das taxas de falha, há interesse em examinar outros aspectos do ajuste do modelo de Cox. Dentre eles, identificar a melhor forma funcional de uma covariável contínua, verificar a presença de indivíduos atípicos (*outliers*) e examinar a influência que cada indivíduo exerce em vários aspectos do modelo.

Para examinar os aspectos mencionados, técnicas de diagnóstico também estão disponíveis. Em essência, elas baseiam-se nos resíduos martingais e *deviance* definidos no Capítulo 4. Detalhes são apresentados a seguir.

(a) Pontos atípicos e forma funcional das covariáveis

Como visto no Capítulo 4, os resíduos martingais resultam de uma modificação dos resíduos de Cox-Snell. Assim, quando os dados apresentarem censuras à direita e todas as covariáveis forem registradas somente na linha de base, os resíduos martingais ficam definidos, para o modelo de Cox, por

$$m_i = \delta_i - e_i = \delta_i - \widehat{\Lambda}_0(t_i)\exp\left(\sum_{q=1}^{p}\widehat{\beta}_q x_{iq}\right), \quad i = 1, \ldots, n.$$

Esses resíduos são frequentemente utilizados para verificar a presença de observações atípicas (*outliers*) e também para identificar a melhor forma funcional de covariáveis contínuas. Para, por exemplo, a covariável contínua X_q, a melhor forma funcional pode ser $\log(X_q)$, X_q^2, ou até mesmo sua versão categorizada. Para auxiliar a identificá-la, deve-se obter os resíduos martingais para o modelo sem a covariável X_q e, então, construir o gráfico dos pares (x_{iq}, m_i), $i = 1, \ldots, n$. Em geral, a interpretação desse gráfico não é muito simples devido à distribuição assimétrica dos resíduos martingais. Porém, adicionar a ele uma curva suavizada com o auxílio da função *lowess* ou *splines*, como feito no Capítulo 4, auxilia na sua interpretação.

Os resíduos *deviance* também são utilizados com o própósito de detectar pontos atípicos (*outliers*). Para o modelo de Cox, eles são definidos por

$$d_i = \text{sinal}(m_i)\Big[-2\Big(m_i + \delta_i \log(\delta_i - m_i)\Big)\Big]^{1/2} \tag{5.12}$$

e não são tão assimétricos quanto os resíduos martingais. O gráfico dos resíduos d_i *versus* o preditor linear $\sum_{q=1}^{p}\beta_q x_{iq}$, $i = 1, \ldots, n$, é utilizado, neste caso, para avaliar a presença de observações atípicas.

(b) Pontos influentes

Outra utilidade dos resíduos é auxiliar na avaliação da influência (ou impacto) que cada observação exerce no ajuste de um modelo. A medida mais direta de influência é o valor do resíduo *jackknife* obtido por

$$\Delta\mathbf{J}_i = \widehat{\boldsymbol{\beta}} - \widehat{\boldsymbol{\beta}}_{(i)} \quad i = 1, \ldots, n,$$

em que $\widehat{\boldsymbol{\beta}}_{(i)}$ é o vetor dos coeficientes estimados sem a i-ésima observação.

O resíduo *jackknife* pode ser obtido de diversas maneiras. Para o modelo de Cox, um procedimento simples é olhar a primeira iteração do método de Newton-Raphson, quando inicializado por $\widehat{\boldsymbol{\beta}}$ (STORER; CROWLEY, 1985). Desse modo, tem-se

$$\Delta \mathbf{J}_i = [\mathbf{I}(\widehat{\boldsymbol{\beta}})]^{-1}\mathbf{U}(\widehat{\boldsymbol{\beta}}),$$

em que $\mathbf{U}(\widehat{\boldsymbol{\beta}})$ é o vetor escore e $\mathbf{I}(\widehat{\boldsymbol{\beta}})$ é a matriz de informação observada. O gráfico de $\Delta \mathbf{J}_i$ *versus* i é indicado para identificar observações influentes.

Uma medida global do efeito das observações pode ser obtida por

$$\Delta\beta_i = (\widehat{\boldsymbol{\beta}} - \widehat{\boldsymbol{\beta}}_{(i)})'[\mathbf{I}(\widehat{\boldsymbol{\beta}})]^{-1}(\widehat{\boldsymbol{\beta}} - \widehat{\boldsymbol{\beta}}_{(i)}), \quad i = 1, \ldots, n,$$

com $(\Delta\beta_1, \ldots, \Delta\beta_n)$ representando a mudança no vetor de coeficientes $\widehat{\boldsymbol{\beta}}$ obtida pela remoção, uma de cada vez, das observações. Esta medida é conhecida na literatura por distância de Cook (D-Cook). O gráfico de $\Delta\beta_i$ *versus* i, $i = 1, \ldots, n$, auxilia na detecção de observações influentes.

Para cada covariável no modelo de Cox, também é possível obter tais resíduos. Para a q-ésima covariável ($q = 1, \ldots, p$), eles são obtidos por

$$\Delta\beta_{i,q} = (\widehat{\beta}_q - \widehat{\beta}_{q(i)})'[\mathrm{I}_{qq}(\widehat{\boldsymbol{\beta}})]^{-1}(\widehat{\beta}_q - \widehat{\beta}_{q(i)}), \quad i = 1, \ldots, n. \tag{5.13}$$

A matriz de dimensão $n \times p$ composta das p colunas dos resíduos definidos em (5.13) é denominada resíduos dfbetas. De modo similar ao que é feito para o modelo de regressão linear-normal, gráficos dos resíduos dfbetas associados a cada covariável *versus* os valores da respectiva covariável são úteis para identificar pontos influentes.

Para mais informações a respeito dos resíduos e medidas apresentadas, pode-se consultar Storer e Crowley (1985) e Therneau e Grambsch (2000).

5.7 Exemplos

Nesta seção, o modelo de regressão de Cox é utilizado para a análise dos dados de três estudos. O primeiro envolve a sobrevida de pacientes com câncer de laringe, o segundo refere-se a um estudo sobre o tempo de aleitamento materno, e o último aborda a sobrevida de crianças com leucemia. Os dois últimos foram descritos na Seção 1.4 do Capítulo 1.

5.7.1 Estudo sobre câncer de laringe

Os dados desse estudo são de 90 pacientes do sexo masculino diagnosticados no período de 1970 a 1978 com câncer de laringe e acompanhados até 01/01/1983 (KLEIN; MOESCHBERGER, 2003). As informações registradas no diagnóstico foram: a idade do paciente (em anos) e o estadiamento do câncer de laringe (I a IV), em que I = tumor primário, II = envolvimento de nódulos, III = metástases e IV = combinações dos estádios I a III, sendo I o menos grave e IV o mais grave. Os tempos entre o diagnóstico e o óbito devido à doenca ou censura foram registrados em meses.

Utilizando o modelo de Cox, foram ajustados os modelos apresentados na Tabela 5.1 com os seus respectivos logaritmos da função de verossimilhança parcial. Os comandos utilizados no *R* estão listados a seguir.

```
> laringe<-read.table("https://docs.ufpr.br/~giolo/asa/dados/laringe.txt",h=T)
> library(survival); attach(laringe)
> laringe$est<-factor(estadio)
> fit2<-coxph(Surv(tempos,cens)~est,method="breslow",data=laringe)
> summary(fit2); fit2$loglik
> fit3<-coxph(Surv(tempos,cens)~est+idade,method="breslow",data=laringe)
> summary(fit3); fit3$loglik
> fit4<-coxph(Surv(tempos,cens)~est+idade+est*idade,method="breslow",data=laringe)
> summary(fit4); fit4$loglik
```

Tabela 5.1 – Modelos ajustados aos dados de câncer de laringe

Modelo	Covariáveis	Log[L($\boldsymbol{\beta}$)]
1	Nenhuma	−197,21
2	X_1: estádio	−189,08
3	X_1: estádio + X_2: idade	−188,18
4	X_1: estádio + X_2: idade + $X_1 * X_2$	−185,08

Com base nos resultados mostrados na Tabela 5.1, foi testado o efeito da interação entre estádio e idade ($X_1 * X_2$), cujo teste da razão de verossimilhanças resultou em TRV = 6,2 (p = 0,10, g.l. = 3), indicando efeito não significativo. Contudo, o teste de Wald, realizado para cada um dos parâmetros associados à interação (Tabela 5.2), indicou que um deles difere significativamente de zero com valor p = 0,022.

Tabela 5.2 – Testes individuais dos parâmetros associados à interação

Parâmetros	Estimativa	Erro-padrão	Wald	Valor p
β_5: idade*estádio II	0,120	0,052	2,299	0,022
β_6: idade*estádio III	0,011	0,037	0,303	0,762
β_7: idade*estádio IV	0,014	0,036	0,380	0,704

Em decorrência dos resultados apresentados, foi utilizado os resíduos padronizados de Schoenfeld para avaliar a suposição de proporcionalidade das taxas de falha do modelo com a interação. Os resultados estão na Tabela 5.3 e Figura 5.4 e foram obtidos com os comandos a seguir.

```
> resid(fit4,type="scaledsch")
> cox.zph(fit4, transform="identity",terms=TRUE,global=TRUE) #identity: g(t)=t
> par(mfrow=c(2,4)); plot(cox.zph(fit4,transform="identity",terms=FALSE))
```

Tabela 5.3 – Proporcionalidade do modelo com a interação

Covariável	χ^2	g.l.	Valor p
Estádio	4,75	3	0,19
Idade	1,34	1	0,25
Estádio * idade	4,48	3	0,21
GLOBAL	6,73	7	0,46

Com base nos resultados mostrados na Tabela 5.3, tanto o teste global quanto os testes para cada covariável indicam evidências a favor da hipótese nula de taxas de falha proporcionais ($p > 0{,}18$). Os gráficos mostrados na Figura 5.4 corroboram este fato, visto que não há tendências marcantes das curvas suavizadas ao longo do tempo, o que implica ser razoável considerar que a inclinação das curvas é nula. Logo, há evidências a favor da suposição de taxas de falha proporcionais para este modelo. Para estudos com tamanho amostral muito grande, o que não é o caso deste estudo, maior atenção deve ser dada aos gráficos, visto que valores p muito pequenos podem ser obtidos em decorrência do tamanho amostral.

A análise gráfica dos resíduos de Cox-Snell apresentada na Figura 5.5 mostra que eles seguem distribuição exponencial padrão, o que também evidencia a adequação do modelo de Cox aos dados do estudo. Logo, o modelo

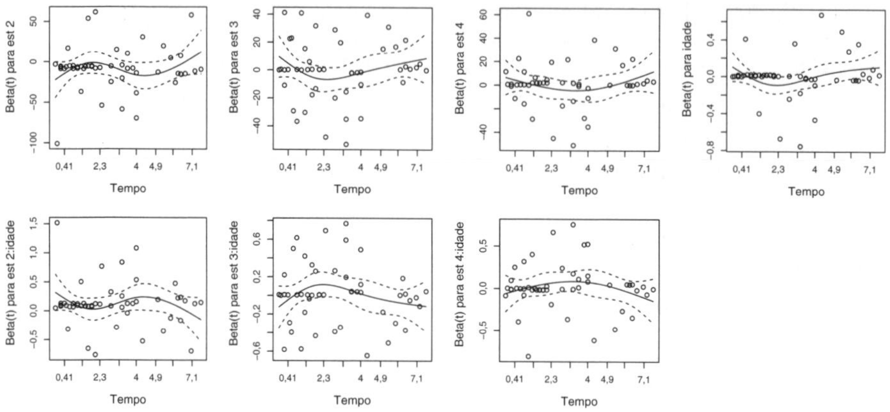

Figura 5.4 – Resíduos padronizados de Schoenfeld do modelo com a interação.

de Cox com as covariáveis estádio, idade e a interação entre elas pode ser considerado uma opção satisfatória para a análise dos dados desse estudo. A Tabela 5.4 apresenta as estimativas obtidas para o modelo selecionado.

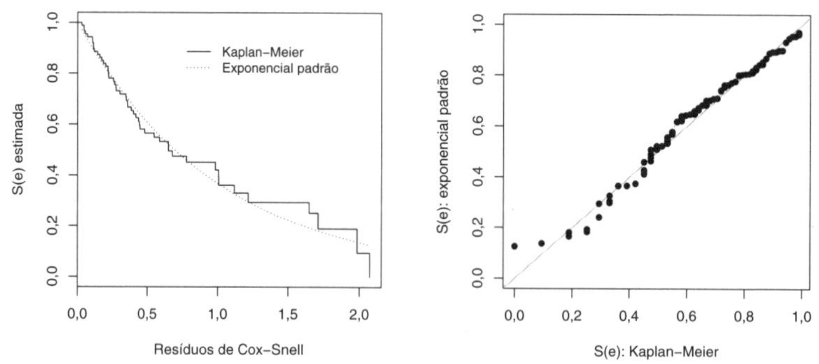

Figura 5.5 – Análise dos resíduos de Cox-Snell do modelo ajustado.

Tabela 5.4 – Resultados do modelo de Cox para os dados de laringe

Covariável	Estimativa	Erro-padrão	Valor p
Estádio II	−7,946	3,678	0,031
Estádio III	−0,122	2,468	0,960
Estádio IV	0,847	2,426	0,727
Idade	−0,002	0,026	0,922
Estádio II*idade	0,120	0,052	0,022
Estádio III*idade	0,011	0,037	0,762
Estádio IV*idade	0,014	0,036	0,704

A função de sobrevivência e a função taxa de falha acumulada para o modelo de Cox ajustado ficam expressas, respectivamente, por

$$\widehat{S}(t \mid \mathbf{x}) = \begin{cases} [\widehat{S}_0(t)]^{\exp(\widehat{\beta}_4\, x_2)} & \text{se estádio I} \\ [\widehat{S}_0(t)]^{\exp[\widehat{\beta}_1+(\widehat{\beta}_4+\widehat{\beta}_5)\, x_2]} & \text{se estádio II} \\ [\widehat{S}_0(t)]^{\exp[\widehat{\beta}_2+(\widehat{\beta}_4+\widehat{\beta}_6)\, x_2]} & \text{se estádio III} \\ [\widehat{S}_0(t)]^{\exp[\widehat{\beta}_3+(\widehat{\beta}_4+\widehat{\beta}_7)\, x_2]} & \text{se estádio IV} \end{cases}$$

$$\widehat{\Lambda}(t \mid \mathbf{x}) = \begin{cases} \widehat{\Lambda}_0(t)\, \exp(\widehat{\beta}_4\, x_2) & \text{se estádio I} \\ \widehat{\Lambda}_0(t)\, \exp[\widehat{\beta}_1 + (\widehat{\beta}_4 + \widehat{\beta}_5)\, x_2] & \text{se estádio II} \\ \widehat{\Lambda}_0(t)\, \exp[\widehat{\beta}_2 + (\widehat{\beta}_4 + \widehat{\beta}_6)\, x_2] & \text{se estádio III} \\ \widehat{\Lambda}_0(t)\, \exp[\widehat{\beta}_3 + (\widehat{\beta}_4 + \widehat{\beta}_7)\, x_2] & \text{se estádio IV,} \end{cases}$$

em que x_2 corresponde à idade. Pode-se observar que as estimativas $\widehat{S}_0(t)$ são necessárias para a obtenção de $\widehat{S}(t \mid \mathbf{x})$. Essas estimativas, assim como as estimativas $\widehat{\Lambda}_0(t)$, são apresentadas na Tabela 5.5 e foram obtidas no *R* com o auxílio dos comandos listados a seguir.

```
> Ht<-basehaz(fit4,centered=F); tempos<-Ht$time
> H0<-Ht$hazard; S0<-exp(-H0)
> round(cbind(tempos,S0,H0),digits=3)
```

Tabela 5.5 – Estimativas $\widehat{S}_0(t)$ e $\widehat{\Lambda}_0(t)$ para os dados de laringe

	Tempos	$\widehat{S}_0(t)$	$\widehat{\Lambda}_0(t)$		Tempos	$\widehat{S}_0(t)$	$\widehat{\Lambda}_0(t)$
1	0,1	0,994	0,006	18	3,2	0,780	0,249
2	0,2	0,987	0,013	19	3,3	0,769	0,262
3	0,3	0,967	0,033	20	3,5	0,738	0,304
4	0,4	0,960	0,040	21	3,6	0,717	0,333
5	0,5	0,953	0,048	22	3,8	0,705	0,350
6	0,6	0,946	0,056	23	4,0	0,666	0,406
7	0,7	0,939	0,063	24	4,3	0,652	0,427
8	0,8	0,917	0,087	25	5,0	0,634	0,456
9	1,0	0,902	0,104	26	5,3	0,613	0,489
10	1,3	0,886	0,122	27	6,0	0,590	0,527
11	1,5	0,877	0,131	28	6,2	0,567	0,568
12	1,6	0,869	0,140	29	6,3	0,541	0,614
13	1,8	0,852	0,160	30	6,4	0,490	0,714
14	1,9	0,835	0,180	31	6,5	0,463	0,770
15	2,0	0,818	0,200	32	7,0	0,430	0,844
16	2,3	0,809	0,211	33	7,4	0,396	0,926
17	2,4	0,800	0,223	34	7,8	0,359	1,023

Na Figura 5.6 estão representadas as curvas de sobrevivência estimadas para pacientes com idades iguais a 50 e 65 anos em cada um dos 4 estádios da doença. Pode-se observar que as curvas associadas aos estádios I, III e IV não apresentaram diferenças muito acentuadas quando comparadas entre as idades de 50 e 65 anos. Já para o estádio II, nota-se um decréscimo expressivo da curva estimada para os pacientes com 65 anos em relação àquela estimada para os pacientes com 50 anos. Este fato justifica a presença da interação entre estádio e idade no modelo.

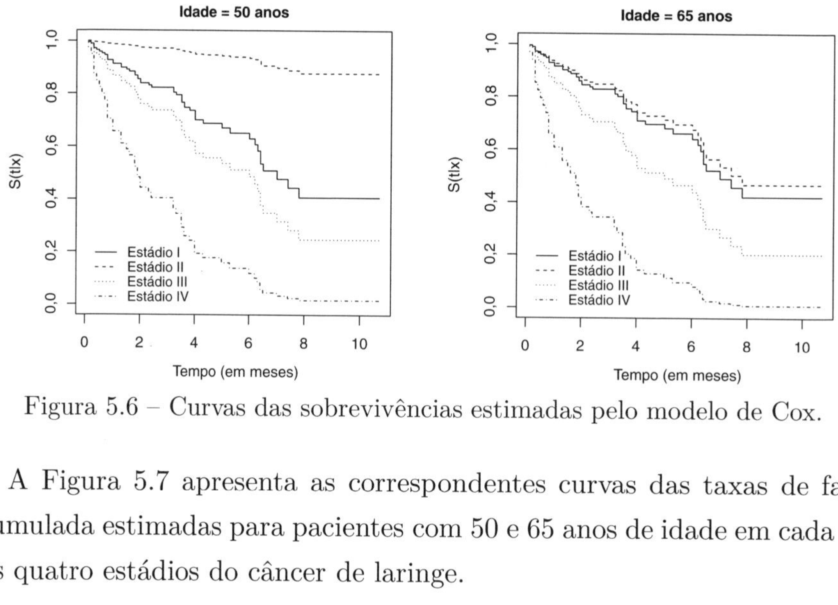

Figura 5.6 – Curvas das sobrevivências estimadas pelo modelo de Cox.

A Figura 5.7 apresenta as correspondentes curvas das taxas de falha acumulada estimadas para pacientes com 50 e 65 anos de idade em cada um dos quatro estádios do câncer de laringe.

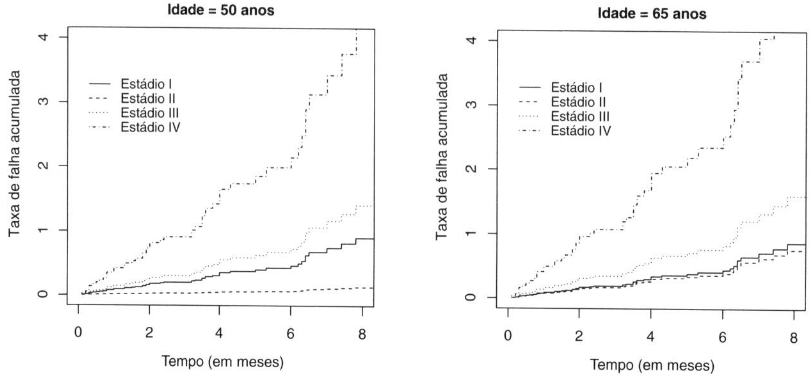

Figura 5.7 – Taxas de falha acumulada estimadas pelo modelo de Cox.

Para, por exemplo, os pacientes i e l, ambos no estádio II da doença, com um deles tendo 65 anos e o outro 50 anos de idade, tem-se que a razão de taxas de falha entre eles é dada por

$$\frac{\widehat{\lambda}(t \mid \mathbf{x}_i)}{\widehat{\lambda}(t \mid \mathbf{x}_l)} = \frac{\exp[\widehat{\beta}_1 + (\widehat{\beta}_4 + \widehat{\beta}_5) \times 65]}{\exp[\widehat{\beta}_1 + (\widehat{\beta}_4 + \widehat{\beta}_5) \times 50]} = 5{,}84.$$

Assim, a taxa de óbito dos pacientes com 65 anos de idade que estavam no estádio II da doença foi de aproximadamente 6 vezes a daqueles com 50 anos que estavam no mesmo estádio da doença.

Por outro lado, para os pacientes j e k, ambos com 50 anos de idade, em que um deles estava no estádio IV da doença e o outro no estádio III, tem-se que a razão de taxas de falha entre eles é dada por

$$\frac{\widehat{\lambda}(t \mid \mathbf{x}_j)}{\widehat{\lambda}(t \mid \mathbf{x}_k)} = \frac{\exp[\widehat{\beta}_3 + (\widehat{\beta}_4 + \widehat{\beta}_7) \times 50]}{\exp[\widehat{\beta}_2 + (\widehat{\beta}_4 + \widehat{\beta}_6) \times 50]} = 2{,}96.$$

Logo, a taxa de óbito dos pacientes com 50 anos de idade que estavam no estádio IV da doença foi em torno de 3 vezes a daqueles com a mesma idade que estavam no estádio III.

A razão de taxas de falha para outras comparações de interesse podem ser obtidas e discutidas de forma análoga. O *script* em *R* para obtenção das Figuras 5.5 a 5.7 está disponível em https://docs.ufpr.br/~giolo/asa.

5.7.2 Análise dos dados de aleitamento materno

No Capítulo 4, métodos paramétricos foram utilizados para modelar o tempo máximo de aleitamento materno em função das covariáveis registradas no estudo. Dentre os modelos considerados, o modelo log-normal foi o mais adequado para avaliar o efeito das covariáveis sobre a idade ao desmame. Com base na estratégia de seleção de covariáveis descrita na Seção 4.6.3.3, permaneceram no modelo final as covariáveis: experiência anterior de amamentação (V1), conceito materno sobre o tempo ideal de amamentação (V3), dificuldades de amamentação nos primeiros dias pós-parto (V4) e recebimento exclusivo de leite materno na maternidade (V6).

Um modelo alternativo para a análise do tempo máximo de aleitamento materno é o modelo semiparamétrico de Cox apresentado neste capítulo. Com base nesse modelo, a Tabela 5.6 mostra os passos da seleção de covariáveis derivada da proposta de Collett descrita no Capítulo 4.

Tabela 5.6 – Seleção de covariáveis utilizando o modelo de regressão de Cox

Passos	Modelo	$-2\log[L(\boldsymbol{\theta})]$	TRV	Valor p
Passo 1	Nulo	560,628	–	–
	V1	556,958	3,670	0,0554
	V2	557,922	2,706	0,1000
	V3	554,920	5,708	0,0169
	V4	549,455	11,173	0,0008
	V5	559,402	1,226	0,2682
	V6	554,008	6,620	0,0101
	V7	558,420	2,208	0,1373
	V8	558,617	2,011	0,1562
	V9	558,597	2,031	0,1541
	V10	558,137	2,491	0,1145
	V11	557,872	2,756	0,0969
Passo 2	V1+V2+V3+V4+V6+V11	536,196	–	–
	V2+V3+V4+V6+V11	538,771	2,575	0,1085
	V1+V3+V4+V6+V11	536,196	0,000	1,0000
	V1+V2+V4+V6+V11	541,104	4,908	0,0267
	V1+V2+V3+V6+V11	543,629	7,433	0,0064
	V1+V2+V3+V4+V11	540,242	4,046	0,0443
	V1+V2+V3+V4+V6	536,346	0,150	0,6985
Passo 3	V3+V4+V6	539,433	–	–
	V3+V4+V6+V1	536,347	3,086	0,0790
	V3+V4+V6+V2	538,823	0,610	0,4348
	V3+V4+V6+V11	539,359	0,074	0,7856
Passo 3	V3+V4+V6+V1	536,347	–	–
	V3+V4+V6+V1+V5	536,076	0,271	0,6027
	V3+V4+V6+V1+V7	534,108	2,239	0,1346
	V3+V4+V6+V1+V8	533,257	3,090	0,0788
	V3+V4+V6+V1+V9	535,012	1,335	0,2479
	V3+V4+V6+V1+V10	536,268	0,079	0,7787
Passo 5	V1+V3+V4+V6+V8	533,257	–	–
	V3+V4+V6+V8	534,492	1,235	0,2497
	V1+V4+V6+V8	538,540	5,283	0,0215
	V1+V3+V6+V8	542,136	8,879	0,0029
	V1+V3+V4+V8	538,172	4,915	0,0266
	V1+V3+V4+V6	536,347	3,090	0,0788
Passo 6	V1+V3+V4+V6	536,347	–	–
	V1+V3+V4+V6+V1*V3	535,922	0,425	0,5145
	V1+V3+V4+V6+V1*V4	536,123	0,224	0,6360
	V1+V3+V4+V6+V1*V6	536,005	0,342	0,5587
	V1+V3+V4+V6+V3*V4	535,136	1,211	0,2711
	V1+V3+V4+V6+V3*V6	534,673	1,674	0,1957
	V1+V3+V4+V6+V4*V6	535,873	0,474	0,4912
Modelo Final	V1+V3+V4+V6	536,347		

Ao final do processo de seleção, o modelo de Cox selecionado identificou o mesmo conjunto de covariáveis identificadas pelo modelo paramétrico, isto é, V1, V3, V4 e V6. Esse fato mostra que essas covariáveis são realmente importantes para descrever a idade ao desmame. Os comandos utilizados no *software* *R* para a obtenção dos resultados apresentados na Tabela 5.6 para, por exemplo, o modelo final, foram os listados a seguir.

```
> desmame<-read.table("https://docs.ufpr.br/~giolo/asa/dados/desmame.txt",h=T)
> fit<-coxph(Surv(tempo,cens)~V1+V3+V4+V6,data=desmame,method="breslow")
> summary(fit); fit$loglik
```

Como discutido na Seção 5.6, a suposição de taxas de falha proporcionais deve ser atendida para que o modelo de Cox seja considerado adequado aos dados do estudo. Dois métodos gráficos foram apresentados para essa finalidade, um envolve o logaritmo da função taxa de falha acumulada de base, e o outro os resíduos padronizados de Schoenfeld.

A Figura 5.8 mostra os gráficos do logaritmo da função taxa de falha acumulada de base para as covariáveis V1, V3, V4 e V6. Na figura, nota-se que as curvas não indicam violação da suposição de taxas de falha proporcionais. Embora elas não sejam perfeitamente paralelas ao longo do eixo do tempo, não há afastamentos marcantes desta característica. A situação extrema de violação é caracterizada por curvas que se cruzam.

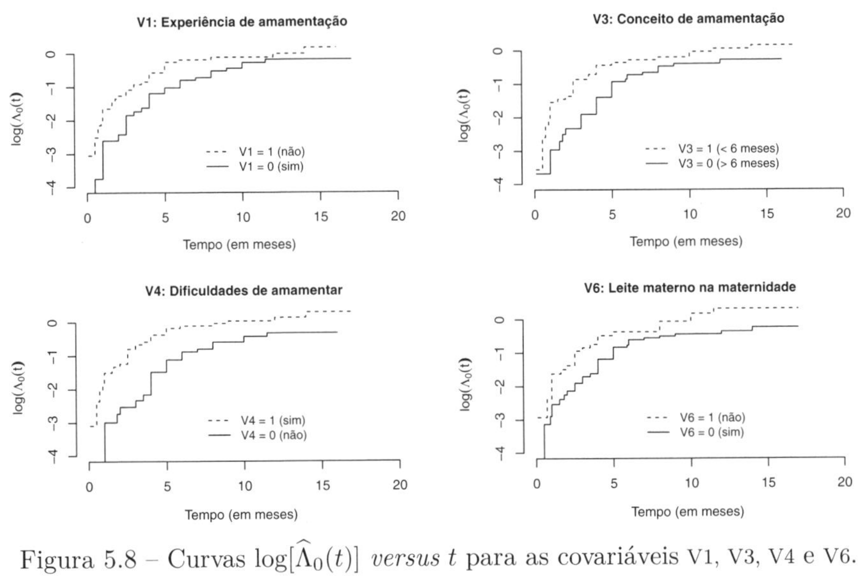

Figura 5.8 – Curvas $\log[\widehat{\Lambda}_0(t)]$ *versus* t para as covariáveis V1, V3, V4 e V6.

Os resíduos padronizados de Schoenfeld e curvas suavizadas (Figura 5.9) também indicam a ausência de tendências acentuadas para as covariáveis V1, V3, V4 e V6 (ou seja, não há evidências de violação da suposição).

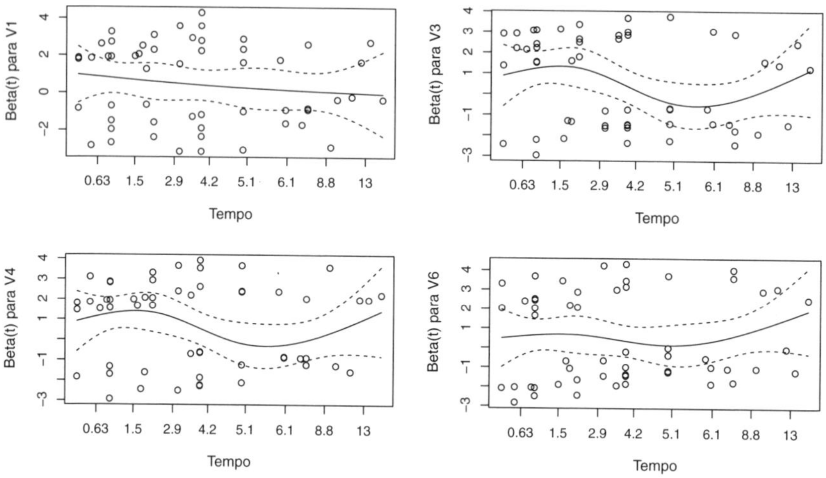

Figura 5.9 – Resíduos padronizados de Schoenfeld e curvas suavizadas.

Os resultados dos testes e os valores de ρ (coeficiente de correlação de Pearson) próximos de zero mostrados na Tabela 5.7 também indicam a não violação da suposição de taxas de falha proporcionais. O *script* em *R* para obtenção das Figuras 5.8 e 5.9, bem como os resultados dos testes e valores do coeficiente de correlação ρ, está em https://docs.ufpr.br/~giolo/asa.

Tabela 5.7 – Avaliação da proporcionalidade das taxas de falha

Covariável	ρ	χ^2	g.l.	Valor p
V1	−0,110	1,356	1	0,24
V3	−0,129	0,527	1	0,47
V4	−0,105	1,106	1	0,29
V6	0,092	0,539	1	0,46
GLOBAL	–	4,310	4	0,37

A análise gráfica dos resíduos de Cox-Snell apresentada na Figura 5.10 mostra que eles seguem distribuição exponencial padrão, o que evidencia a adequação do modelo de Cox aos dados do estudo.

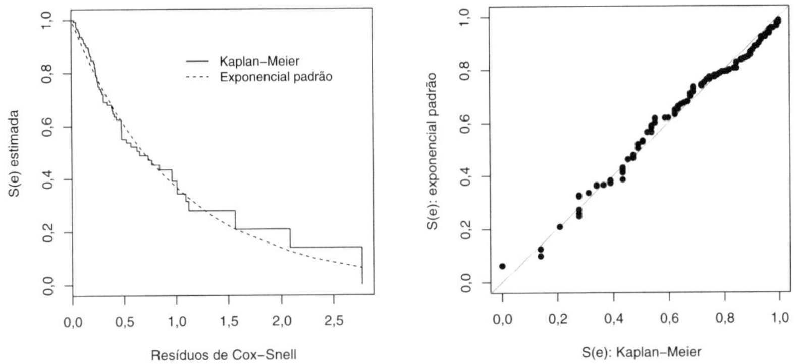

Figura 5.10 – Resíduos de Cox-Snell do modelo de Cox ajustado.

A Tabela 5.8 apresenta os resultados do modelo de Cox com as covariáveis selecionadas e as correspondentes razões de taxas de falha (RTF).

Tabela 5.8 – Resultados do modelo de Cox e razões de taxas de falha

Covariável	Estimativa	Erro-padrão	Valor p	RTF	$IC_{90\%}$(RTF)
V1	0,471	0,268	0,079	1,6	(1,03; 2,49)
V3	0,579	0,262	0,027	1,8	(1,16; 2,74)
V4	0,716	0,264	0,007	2,0	(1,32; 3,16)
V6	0,578	0,264	0,028	1,8	(1,15; 2,75)

As seguintes interpretações podem ser extraídas da Tabela 5.8.

i) A taxa de desmame precoce entre as mães que não tinham experiência anterior de amamentação foi 1,6 vezes a das mães que tinham. O intervalo de 90% de confiança resultou em (1,03; 2,49).

ii) A taxa de desmame precoce entre as mães que acreditavam que o tempo ideal de amamentação deveria ser igual ou inferior a 6 meses foi de aproximadamente 1,8 vezes a das mães que acreditavam que este tempo deveria ser superior a 6 meses. O intervalo de 90% de confiança resultou em (1,16; 2,74).

iii) A taxa de desmame precoce entre as mães que apresentaram dificuldades de amamentar nos primeiros dias pós-parto foi em torno de 2 vezes a das mães que não apresentaram tais dificuldades. O intervalo de 90% de confiança resultou em (1,32; 3,16).

iv) A taxa de desmame precoce entre as crianças que não receberam leite exclusivamente materno na maternidade foi 1,8 vezes a das crianças que receberam leite exclusivamente materno. O intervalo de 90% de confiança resultou em (1,15; 2,75).

Considerações finais

Os modelos de Cox e log-normal foram utilizados para a análise dos dados de aleitamento materno com o intuito de identificar as covariáveis associadas à idade ao desmame. Os dois modelos foram consistentes nos resultados, identificando o mesmo conjunto de covariáveis. Esse fato confirma o que se esperava, ou seja, independentemente da estrutura de modelagem, as variáveis que melhor explicam a resposta (idade ao desmame) são as mesmas. Destaca-se, ainda, o fato de que as estimativas para os parâmetros das covariáveis de cada modelo apontaram para a mesma direção. Isso significa que, apesar dos sinais dos coeficientes estimados serem contrários, eles apontaram para a mesma direção em termos de interpretação. Isso ocorre devido à estrutura distinta de cada modelo. No caso do modelo de Cox, a função modelada é a taxa de falha e, no caso do modelo log-normal, é a própria resposta. No primeiro modelo, um coeficiente positivo indica um aumento da taxa de falha e, em consequência, uma redução do tempo até a falha. Essa é a razão dos coeficientes com sinais contrários.

Frente a dois modelos com estruturas diferentes, a interpretação dos coeficientes é realizada de acordo com a forma do modelo. Isso pôde ser observado ao longo da análise, quando a interpretação para o modelo de Cox foi feita em termos da razão de taxas de falha e, para o modelo paramétrico, em termos da razão de tempos medianos de falha. Dessa forma, não se pode comparar a ordem de grandeza dos coeficientes estimados.

Os modelos paramétricos, se bem ajustados, devem produzir resultados mais precisos do que os do modelo de Cox. Isso se deve à presença do componente não paramétrico no modelo de Cox. Ou seja, a estimação utilizando o método de máxima verossimilhança parcial exclui parte da informação da amostra, pois baseia-se nos postos das observações. Esse fato foi mostrado por Cox (1975) quando da construção da função de verossimilhança parcial. Partindo da função de verossimilhança usual, Cox mostra que parte desta última é descartada para formar a parcial. Isso pode ser constatado comparando os resultados dos dois modelos apresentados nas Tabelas 4.11 e 5.8. Tal comparação não pode ser feita, contudo, com base nas estimativas dos erros-padrão, pois os coeficientes estimados são diferentes, como já dito. Ela pode, no entanto, ser realizada com base nas estatísticas de teste ou de seus correspondentes valores p, que estão na mesma unidade. Fazendo isso, pode-se constatar que o modelo paramétrico log-normal apresentou, em geral, valores p menores, evidenciando a maior precisão dos modelos paramétricos. Entretanto, a diferença é muito pequena, indicando que a perda de precisão do modelo de Cox é mínima e certamente o ganho em termos de flexibilidade e a interpretação em termos da razão de taxas de falha compensa largamente esta perda.

5.7.3 Análise dos dados de leucemia pediátrica

Nesta seção, os dados de leucemia pediátrica descritos na Seção 1.4.3 são analisados por meio do modelo de regressão de Cox. As covariáveis consideradas na análise foram registradas na data do diagnóstico e estão descritas na Tabela 5.9. Nota-se que todas elas foram dicotomizadas, sendo a categoria inferior representada por 0 e a superior por 1. Essa categorização deve ser sempre explicitada a fim de que as interpretações dos resultados sejam realizadas de forma apropriada. Para as covariáveis consideradas neste estudo, a categorização mostrada na Tabela 5.9 tem sido frequentemente adotada em estudos clínicos envolvendo leucemia em crianças.

Este estudo incluiu 120 crianças com leucemia, mas dezessete foram excluídas das análises por terem apresentado valores faltantes em pelo menos uma das covariáveis listadas na Tabela 5.9. O conjunto de dados das 103 crianças analisadas está disponível em https://docs.ufpr.br/~giolo/asa.

Considerando o modelo de Cox para a análise dos dados deste estudo, foi inicialmente realizado o processo de seleção de covariáveis. As covariáveis IDADE e leucometria inicial (LEUINI) foram mantidas em todos os passos do

Tabela 5.9 – Covariáveis registradas no estudo de leucemia em crianças

Código	Descrição das covariáveis	Categorias
LEUINI	Leucócitos no sangue periférico	0 se $\leq$ 75.000 leuc/mm^3 1 se $>$ 75.000 leuc/mm^3
IDADE	Idade em meses	0 se $\leq$ 96 meses 1 se $>$ 96 meses
ZPESO	Peso padronizado pela idade e sexo	0 se ≤ -2 e 1 se > -2
ZEST	Altura padronizada pela idade e sexo	0 se ≤ -2 e 1 se > -2
PAS	% de linfoblastos medulares reagindo positivamente ao ácido de Schiff	0 se $\leq$5% e 1 se $>$5%
VAC	% de vacúolos no citoplasma dos linfoblastos	0 se $\leq$15% e 1 se $>$15%
RISK	Fator de risco obtido de fórmula que é função dos tamanhos do fígado e do baço e do número de blastos	0 se $\leq$1,7% e 1 se $>$1,7%
R6	Remissão na 6ª semana de tratamento	0 se não e 1 se sim

processo de seleção devido à relevância clínica de ambas. Ou seja, a literatura médica indica que elas são fatores prognósticos importantes. O procedimento de seleção adotado foi o *backward* (CHARNET et al., 2008). Assim, o modelo teve início com todas as covariáveis, sendo excluídas (uma a uma) as com valores $p > \alpha$ (foi considerado $\alpha = 0{,}10$). A Tabela 5.10 mostra que a primeira covariável excluída foi RISK. Na sequência, foram excluídas ZEST (TRV $= 281{,}57 - 280{,}45 = 1{,}12$, g.l. $= 1$, $p = 0{,}29$) e R6 (TRV $= 282{,}64 - 281{,}57 = 1{,}07$, g.l. $= 1$, $p = 0{,}3$). Ao final do procedimento, o modelo selecionado foi o com as covariáveis LEUINI, IDADE, ZPESO, PAS e VAC.

Tabela 5.10 – Processo de seleção *backward* para os dados de leucemia

Covariáveis no modelo de Cox	$-2\log[L(\widehat{\beta})]$
LEUINI + IDADE + ZPESO + ZEST + PAS + VAC + RISK + R6	280,45
LEUINI + IDADE + ZPESO + ZEST + PAS + VAC + R6	280,45
LEUINI + IDADE + ZPESO + PAS + VAC + R6	281,57
LEUINI + IDADE + ZPESO + PAS + VAC	282,64

Para avaliar a suposição de taxas de falha proporcionais para o modelo selecionado, foram utilizados os métodos gráficos descritos na Seção 5.6.2. A Figura 5.11 mostra as curvas do logaritmo de $\widehat{\Lambda}_0(t)$ *versus* os tempos para cada covariável no modelo. Pode-se observar que não há cruzamentos marcantes das curvas para nenhuma das covariáveis e, embora existam pequenos desvios quanto ao paralelismo das curvas, parece não haver evidências de violação da suposição de taxas de falha proporcionais.

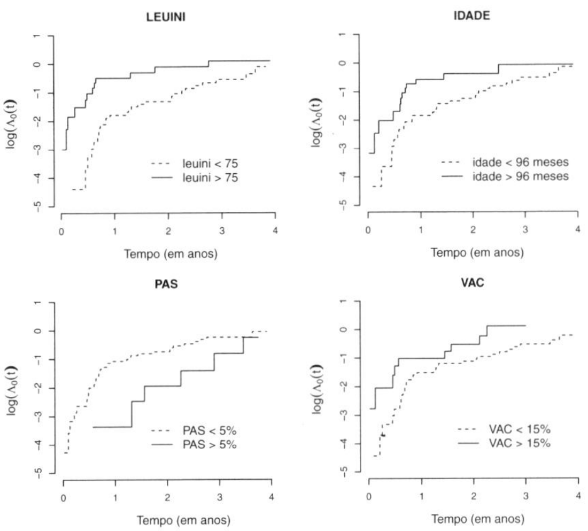

Figura 5.11 – Curvas $\log[\widehat{\Lambda}_0(t)]$ *versus* t para leuini, idade, zpeso, pas e vac.

Foram também avaliados os resíduos padronizados de Schoenfeld exibidos na Figura 5.12 com suas respectivas curvas suavizadas. Eles mostram tendências ao longo do tempo para as covariáveis LEUINI, PAS e VAC.

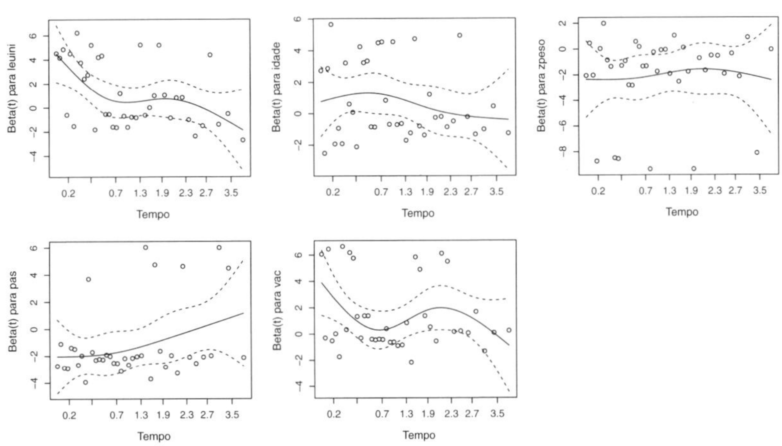

Figura 5.12 – Resíduos padronizados de Schoenfeld e curvas suavizadas.

Os testes e valores ρ (correlação de Pearson) mostrados na Tabela 5.11 sugerem violação da suposição de taxas de falha proporcionais, em particular para a covariável LEUINI ($\rho = -0{,}40$; valor $p = 0{,}001$).

Tabela 5.11 – Avaliando a suposição de proporcionalidade

Covariável	ρ	χ^2	Valor p
LEUINI	−0,40	10,29	0,001
IDADE	−0,23	4,68	0,030
ZPESO	0,03	2,84	0,092
PAS	0,33	4,30	0,038
VAC	−0,13	0,17	0,676
GLOBAL	–	14,69	0,012

Tendo em vista o indicativo de violação da suposição de proporcionalidade, foram avaliados os gráficos dos resíduos martingais e *deviance* mostrados na Figura 5.13. Com base na inspeção dos gráficos, não há evidências de pontos atípicos (*outliers*), com possível exceção ao resíduo martingal de valor −3,15. Para este resíduo, contudo, o correspondente resíduo *deviance* (valor igual a −2,51) apresenta valor aceitável dentro da variação observada para estes resíduos. Logo, não há evidências de que observações atípicas estejam impactando a adequação do modelo ajustado.

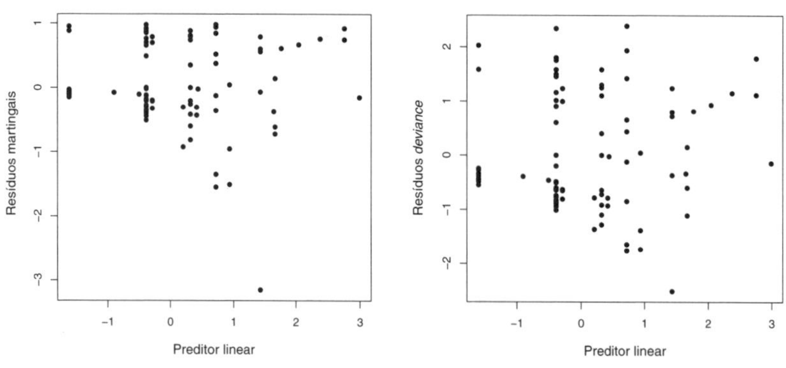

Figura 5.13 – Resíduos martingais e *deviance versus* preditor linear.

Os resíduos dfbetas mostrados na Figura 5.14 para as cinco covariáveis no modelo também indicam a ausência de observações influentes. Vale mencionar que os resíduos estão concentrados em dois valores do eixo x (0 e 1) devido às covariáveis terem sido dicotomizadas.

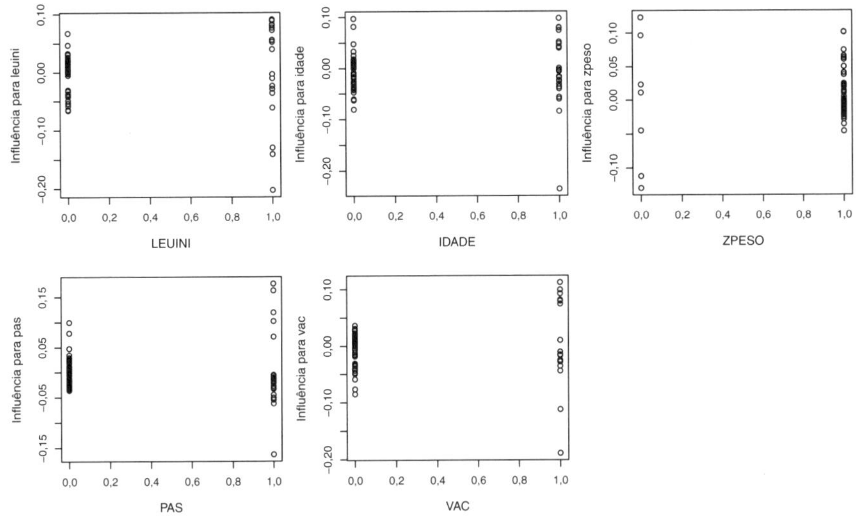

Figura 5.14 – Resíduos dfbetas para as cinco covariáveis no modelo de Cox.

Por fim, a análise dos resíduos de Cox-Snell apresentada na Figura 5.15 indica que eles seguem distribuição exponencial padrão. Há, assim, evidências a favor do modelo de Cox quanto ao seu ajuste aos dados.

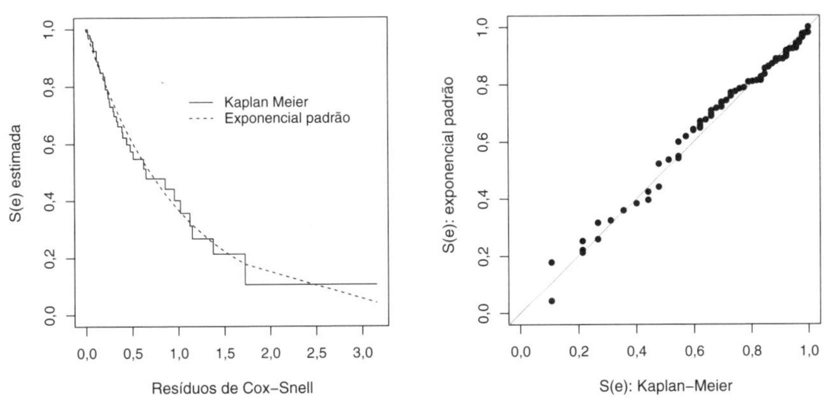

Figura 5.15 – Análise dos resíduos de Cox-Snell do modelo selecionado.

Desse modo, o único aspecto desfavorável ao modelo diz respeito a uma possível violação da suposição de taxas de falha proporcionais, mais acentuada, em particular, para a covariável leucócitos iniciais (LEUNI). Em razão desse fato, os dados deste estudo são reanalisados no Capítulo 6 com base no modelo de Cox estratificado. Se houver evidências de violação da suposição, deve-se então optar pelo modelo de Cox estratificado ou outro modelo alternativo. Se, contudo, a suposição não for rejeitada, conclusões podem ser extraídas com base nas estimativas dispostas na Tabela 5.12, que correspondem às estimativas de máxima verossimilhança parcial. Quanto aos valores p, eles referem-se ao teste de Wald.

Tabela 5.12 – Modelo de Cox para os dados de leucemia

Covariável	Coeficiente	Erro-padrão	Valor p	RTF
LEUINI	1,11	0,394	0,005	3,03
IDADE	0,71	0,371	0,055	2,04
ZPESO	−2,06	0,496	<0,001	0,13
PAS	−1,22	0,456	0,007	0,29
VAC	1,32	0,414	0,001	3,76

Nota: RTF = exp(coeficiente) significa razão de taxas de falha.

Com base nos resultados mostrados na Tabela 5.12, pode-se concluir que valores mais altos da leucometria inicial (LEUINI), assim como da IDADE e da porcentagem de vacúolos (VAC) aumentam a taxa de recidiva ou morte entre crianças com leucemia. O inverso ocorre para as covariáveis PAS e ZPESO. A interpretação, por exemplo, do coeficiente associado à idade é a de que a taxa de recidiva ou morte entre as crianças deste estudo com mais de 96 meses de idade (8 anos) foi cerca de 2 vezes à daquelas com menos de 8 anos, mantidos fixos os valores das demais covariáveis no modelo.

5.8 Comentários finais sobre o modelo de Cox

O modelo de regressão de Cox é extensivamente utilizado em estudos clínicos devido à presença do componente não paramétrico (o que o torna bastante flexível) e à interpretação em termos da razão de taxas de falha. Ele também apresenta alguns modelos paramétricos como casos particulares (KALBFLEISCH; PRENTICE, 2002). O modelo de Weibull é um desses casos quando se toma $\lambda_0(t) = \frac{\gamma}{\alpha^\gamma} t^{\gamma-1}$ na expressão (5.2), com $\alpha = \exp(\beta_0)$. Tendo em vista que o modelo exponencial é um caso particular do modelo de Weibull, como foi mencionado no Capítulo 3, segue que ele também é um modelo de taxas de falha proporcionais, em que $\lambda_0(t) = \frac{1}{\alpha}$.

Kalbfleish e Prentice (2002) mostraram que o modelo de Weibull é o único que pertence tanto à classe dos modelos tempo de vida acelerado quanto à dos modelos de taxas de falha proporcionais. Esse resultado também é válido para o modelo exponencial, visto ser um caso particular do modelo de Weibull. Vale ressaltar que a classe dos modelos de taxas de falha proporcionais é essencialmente distinta da classe dos modelos tempo de vida acelerado abordada no Capítulo 4.

5.9 Exercícios

1. Um estudo realizado na *Mayo Clinic* com pacientes diagnosticados com carcinoma de ovário nos estádios II ou IIIA teve como objetivo determinar se o grau da doença estava associado ao tempo até a progressão do tumor. A Tabela 5.13 exibe os referidos tempos para os pacientes com câncer de baixo grau ou bem diferenciado, bem como para os de alto grau ou indiferenciado. O símbolo + indica censura.

Tabela 5.13 – Estudo de pacientes com carcinoma de ovário

Grau	Tempo em dias até a progressão do tumor
Baixo	28 89 175 195 309 377^+ 393^+ 421^+ 447^+ 462 709^+ 744^+ 770^+ 1106^+ 1206^+
Alto	34 88 137 199 280 291 299^+ 300^+ 309 351 358 369 369 370 375 382 392 429+ 451 1119^+

Fonte: Fleming et al. (1980).

(a) Forneça a expressão do modelo de Cox para os dados deste estudo.

(b) Apresente a expressão da função de verossimilhança parcial.

(c) Ajuste o modelo de Cox e construa um intervalo de confiança para o parâmetro do modelo.

(d) Teste a hipótese de igualdade dos dois grupos. Caso exista diferença entre os grupos, interprete o coeficiente estimado.

(e) Sabendo que o teste *logrank* coincide com o teste escore associado ao modelo de Cox, utilize-o para testar a hipótese definida em (d).

2. Um ensaio clínico comparou dois tratamentos administrados após cirurgia de câncer de ovário. Os dados estão na Tabela 5.14.

Tabela 5.14 – Dados de pacientes com câncer de ovário

Paciente	Tempo	Falha	Tratamento	Idade	Resíduo	Status
1	156	1	1	66	2	2
2	1.040	0	1	38	2	2
3	59	1	1	72	2	1
4	421	0	2	53	2	1
5	329	1	1	43	2	1
6	769	0	2	59	2	2
7	365	1	2	64	2	1
8	770	0	2	57	2	1
9	1.227	0	2	59	1	2
10	268	1	1	74	2	2
11	475	1	2	59	2	2
12	1.129	0	2	53	1	1
13	464	1	2	56	2	2
14	1.206	0	2	44	2	1
15	638	1	1	56	1	2
16	563	1	2	55	1	2
17	1.106	0	1	44	1	1
18	431	1	1	50	2	1
19	855	0	1	43	1	2
20	803	0	1	39	1	1
21	115	1	1	74	2	1
22	744	0	2	50	1	1
23	477	0	1	64	2	1
24	448	0	1	56	1	2
25	353	1	2	63	1	2
26	377	0	2	58	1	1

Nota: Tempo em dias e falha = 1 se óbito e 0 se censura.

Ao todo, foram acompanhadas 26 mulheres submetidas à cirurgia de remoção do tumor. Os tratamentos foram aleatorizados às pacientes e a resposta considerada foi o tempo (em dias) contado a partir do início do tratamento até o óbito da paciente ou censura. As covariáveis registradas foram: X_1 = tratamento (1 ou 2), X_2 = idade (em anos), X_3 = resíduo (1 se o resíduo da doença foi parcialmente removido e 2 se foi completamente removido) e X_4 = status (1 se a condição de saúde da paciente no início do estudo era boa e 2 se não era).

(a) Ajuste o modelo de Cox aos dados desse estudo.

(b) Verifique se a suposição de taxas de falha proporcionais é válida.

(c) Se a suposição de proporcionalidade for válida, utilize o modelo ajustado no item (a) para concluir sobre a existência de diferença entre os tratamentos.

(d) Estime a probabilidade de uma paciente com 45 anos de idade, resíduo da doença parcialmente removido (resíduo = 1) e condição de saúde ruim no início do estudo (status = 2), sobreviver aos dois primeiros anos do início do tratamento 2.

3. Utilize o modelo de regressão de Cox para reanalisar os dados do Exercício 7 do Capítulo 2.

4. Remova a observação 24 mostrada na Figura 5.13 (possível *outlier*) e refaça a análise dos dados de leucemia pediátrica.

Capítulo 6

Extensões do modelo de Cox

6.1 Introdução

Alguns estudos envolvem covariáveis que apresentam mudanças ao longo do período de acompanhamento. Por exemplo, o estadiamento da doença pode sofrer alterações durante o estudo, ou a dose do medicamento quimioterápico pode mudar durante o tratamento de um câncer. Se essas mudanças forem registradas e incorporadas na análise estatística, inferência mais precisa pode ser realizada comparada àquela que faz uso das mesmas medidas registradas somente na linha de base. Por outro lado, a não inclusão dessas mudanças pode acarretar vieses. Essas covariáveis, denominadas dependentes do tempo (ou tempo-dependentes), não são ajustadas adequadamente pelo modelo de Cox apresentado em sua forma original no Capítulo 5. No entanto, tal modelo pode ser estendido para acomodar as informações longitudinais registradas para essas covariáveis.

Em outras situações, a suposição de taxas de falha proporcionais pode não ser atendida, o que inviabiliza o uso do modelo de Cox em sua forma original. Para enfrentar essas situações, também foram propostos modelos alternativos. Um deles, denominado modelo de taxas de falha proporcionais estratificado, é uma extensão do próprio modelo de Cox. Sob esse modelo, supõe-se que as taxas de falha são proporcionais em cada estrato, mas não entre eles. Outros modelos alternativos incluem o de tempo de vida acelerado apresentado no Capítulo 4 e o aditivo de Aalen. Neste último, o efeito das covariáveis é aditivo na função taxa de falha, em vez de multiplicativo como no modelo de Cox. Na prática, esse tipo de modelagem apresenta vantagens e desvantagens. A principal vantagem do modelo aditivo de Aalen é a de possibilitar o monitoramento do efeito das covariáveis ao longo do período de seguimento do estudo, enquanto a desvantagem é a de permitir valores estimados negativos para a função taxa de falha. Este modelo não é uma extensão do modelo de Cox e é apresentado no Capítulo 7.

O objetivo deste capítulo é apresentar duas extensões do modelo de Cox: (*i*) o modelo com covariáveis dependentes do tempo e (*ii*) o modelo estratificado. Tais modelos são apresentados nas Seções 6.2 e 6.3, respectivamente. Para ilustrar o uso desses modelos, os dados de três estudos são analisados nas Seções 6.4 a 6.6. O primeiro refere-se ao estudo de pacientes HIV descrito na Seção 1.4.4. O segundo, ao de leucemia pediátrica descrito na Seção 1.4.3 e analisado no Capítulo 5, e o último ao de um estudo realizado com crianças participantes de um programa hormonal de crescimento.

6.2 Modelo com covariáveis dependentes do tempo

As covariáveis consideradas no modelo de Cox descrito no Capítulo 5 foram medidas no início do estudo ou linha de base. Entretanto, existem covariáveis que são monitoradas durante o estudo e os seus valores podem mudar ao longo do período de acompanhamento. Um exemplo de estudo com esse tipo de covariável é o do programa de transplantes de coração de Stanford (CROWLEY; HU, 1977). Nesse estudo, os pacientes eram aceitos no programa quando se tornavam candidatos a um transplante de coração. Quando surgia um doador, a escolha do candidato que receberia o coração era realizada por uma equipe de médicos com base em alguns critérios. Alguns pacientes morreram sem receber o transplante. A forma de alocação estava fortemente viesada na direção daqueles pacientes com maior tempo de sobrevida, pois somente eles viveram o suficiente para receber o coração. A utilização de uma covariável assumindo o valor zero para aqueles esperando o transplante e o valor um para aqueles com coração transplantado, serve para minimizar este viés na análise. Essa covariável muda de valor assim que o transplante é realizado e é um exemplo de covariável dependente do tempo de natureza discreta. Contudo, covariáveis dependentes do tempo de natureza contínua também são possíveis. Exemplos incluem pressão arterial, colesterol e tamanho do tumor, dentre outros.

O estudo referente a ocorrência de sinusite em pacientes infectados pelo HIV descrito na Seção 1.4.4 também se caracteriza como um estudo com covariável dependente do tempo. Nele, a classificação do paciente (soropositivo assintomático, ARC e Aids) pode mudar ao longo do estudo. Ou seja, alguns pacientes que iniciaram o estudo com a classificação soropositivo assintomático evoluíram para Aids no final do estudo passando por ARC. Os dados desse estudo são analisados na Seção 6.4 utilizando o modelo de Cox com covariáveis dependentes do tempo apresentado a seguir.

Como visto, covariáveis que mudam de valor ao longo do período de acompanhamento são conhecidas como covariáveis dependentes do tempo. Estas covariáveis, quando presentes em um estudo, podem ser incorporadas ao modelo de regressão de Cox generalizando-o como

$$\lambda(t \mid \mathbf{x}(t)) = \lambda_0(t) \exp[\boldsymbol{\beta}'\mathbf{x}(t)], \tag{6.1}$$

em que $\mathbf{x}(t)$ denota o vetor de covariáveis, com pelo menos uma delas sendo dependente do tempo, e $\boldsymbol{\beta}$ é o vetor de parâmetros associado às covariáveis.

Definido desta forma, o modelo (6.1) não é mais de taxas de falha proporcionais, pois a razão para dois indivíduos quaisquer i e ℓ dada por

$$\frac{\lambda(t \mid \mathbf{x}_i(t))}{\lambda(t \mid \mathbf{x}_\ell(t))} = \exp[\boldsymbol{\beta}'\mathbf{x}_i(t) - \boldsymbol{\beta}'\mathbf{x}_\ell(t)],$$

é dependente do tempo. Desse modo, a interpretação dos coeficientes $\boldsymbol{\beta}$ deve considerar o tempo t. Cada coeficiente β_q, $q = 1, \ldots, p$, pode ser interpretado como o logaritmo da razão de taxas de falha cujo valor da q-ésima covariável no tempo t, denotado por $x_q(t)$, difere de uma unidade, quando os valores das outras covariáveis são mantidos fixos neste tempo.

O ajuste do modelo de Cox (6.1) é obtido estendendo-se o logaritmo da função de verossimilhança parcial. Assim, considerando $t_1 < t_2 < \ldots < t_k$

os k tempos distintos e ordenados de falha, o q-ésimo componente do vetor escore $\mathrm{U}(\boldsymbol{\beta})$ fica expresso, para $q = 1, \ldots, p$, por

$$U_q(\boldsymbol{\beta}) = \sum_{j=1}^{k} \left[x_{jq}(t_j) - \frac{\sum_{\ell \in R(t_j)} x_{\ell q}(t_j) \exp[\boldsymbol{\beta}' \mathbf{x}_\ell(t_j)]}{\sum_{\ell \in R(t_j)} \exp[\boldsymbol{\beta}' \mathbf{x}_\ell(t_j)]} \right]. \quad (6.2)$$

Nota-se que a expressão (6.2) corresponde a uma extensão da expressão (5.7) na presença de covariáveis dependentes do tempo.

Para a construção de intervalos de confiança e a realização de testes de hipóteses sobre os parâmetros do modelo, Andersen e Gill (1982) estudaram as propriedades assintóticas dos estimadores de máxima verossimilhança parcial. Eles apresentaram provas bastante gerais das propriedades para o modelo de Cox incluindo covariáveis dependentes do tempo, bem como utilizaram a relação entre os tempos de falha e martingais, como mencionado no Capítulo 5, para mostrar que os estimadores são consistentes e assintoticamente normais sob certas condições de regularidade. Dessa forma, pode-se utilizar as conhecidas estatísticas de Wald e da razão de verossimilhanças para a realização de inferências sobre os parâmetros do modelo de regressão de Cox com covariáveis dependentes do tempo.

Alguns autores, tais como Kalbfleisch e Prentice (2002) e Collett (2003), classificaram as covariáveis dependentes do tempo em dois tipos: externas e internas. As externas não dependem do processo de falha, estando sob controle completo do pesquisador. Por exemplo, idade do paciente e temperatura diária. Por outro lado, as internas são aquelas mensuradas no próprio indivíduo. São exemplos: glicemia glicada, colesterol e pressão arterial. Essas covariáveis são mensuradas enquanto os indivíduos estão sob risco e, desse modo, carregam informação sobre o processo de falha.

O efeito de ambos os tipos de covariáveis é usualmente estimado por meio do modelo de Cox utilizando a expressão (6.2). Contudo, atenção especial deve ser dada a um possível efeito mediador de covariáveis dependentes do tempo, em particular as internas. Isso significa que o efeito de covariáveis fixas pode desaparecer devido à presença de covariáveis dependentes do tempo. Para ilustrar esse fenômeno, considere a comparação de dois tratamentos administrados em pacientes com leucemia, em que a sobrevida deles depende da contagem de células brancas. Se o efeito do tratamento for o de reduzir essa contagem, nenhuma diferença entre os tratamentos será detectada após incluir essa covariável dependente do tempo no modelo. Uma abordagem mais cuidadosa no contexto de inferência causal pode ser encontrada em Aalen et al. (2008, p. 347).

6.3 Modelo de Cox estratificado

Técnicas estatísticas foram apresentadas na Seção 5.6 para avaliar a adequação do modelo de Cox expresso em (5.2). Dentre elas, há aquelas que avaliam a suposição de taxas de falha proporcionais, que deve ser válida para que o modelo (5.2) possa ser utilizado. Contudo, para as situações em que a suposição não é válida, uma possível solução é estratificar os dados de acordo com as categorias da covariável que violou a suposição, de modo a validar a suposição em cada estrato. Por exemplo, a suposição pode não ser válida entre homens e mulheres, mas pode ser válida no estrato formado somente por homens e naquele formado somente por mulheres.

A análise estratificada consiste em dividir os dados de sobrevivência em m estratos, de acordo com uma indicação de violação da suposição. Neste caso, o modelo (5.2) passa a ser expresso por

$$\lambda(t \mid \mathbf{x}_{ij}) = \lambda_{0j}(t)\exp(\boldsymbol{\beta}'\mathbf{x}_{ij}), \tag{6.3}$$

para $j = 1, \ldots, m$ e $i = 1, \ldots, n_j$, em que n_j é o número de observações no j-ésimo estrato. As funções taxa de falha de base $\lambda_{01}(t), \ldots, \lambda_{0m}(t)$ são arbitrárias e completamente não relacionadas.

A estratificação não traz complicações para a estimação do vetor de parâmetros $\boldsymbol{\beta}$. Uma função de verossimilhança parcial, como a apresentada em (5.6), é construída para cada estrato, com a estimação dos componentes do vetor $\boldsymbol{\beta}$ baseada na soma dos logaritmos destas funções, isto é, em

$$\ell(\boldsymbol{\beta}) = \left[\ell_1(\boldsymbol{\beta}) + \cdots + \ell_m(\boldsymbol{\beta})\right], \tag{6.4}$$

com $\ell_j(\boldsymbol{\beta}) = \log[L_j(\boldsymbol{\beta})]$ obtida somente com os dados dos indivíduos pertencentes ao j-ésimo estrato (KALBFLEISCH; PRENTICE, 2002). As derivadas da função (6.4) são encontradas por meio da soma das derivadas obtidas para cada estrato e, então, $\ell(\boldsymbol{\beta})$ é maximizada com respeito a $\boldsymbol{\beta}$, de forma similar ao apresentado no Capítulo 5. As propriedades assintóticas dos estimadores são obtidas a partir dos estimadores do modelo não estratificado (COLOSIMO, 1997).

Nota-se que o modelo de Cox estratificado, expresso em (6.3), assume que as covariáveis atuam de modo similar sobre a função taxa de falha de cada estrato, ou seja, $\boldsymbol{\beta}$ é assumido comum a todos os estratos. Esta suposição pode ser testada utilizando, por exemplo, o teste da razão de verossimilhanças, cuja estatística de teste fica expressa, neste caso, por

$$\text{TRV} = -2\Big[\ell(\widehat{\boldsymbol{\beta}}) - \sum_{j=1}^{m} \ell_j(\widehat{\boldsymbol{\beta}}_j)\Big],$$

em que $\ell(\widehat{\boldsymbol{\beta}})$ é o logaritmo da função de verossimilhança parcial sob o modelo que assume o vetor $\boldsymbol{\beta}$ comum a todos estratos e $\sum_{j=1}^{m} \ell_j(\widehat{\boldsymbol{\beta}}_j)$ é o logaritmo da função de verossimilhança parcial sob o modelo que assume um vetor para cada estrato, isto é, $\boldsymbol{\beta}_j$, para $j = 1, \ldots, m$.

Sob a hipótese nula H_0: $\boldsymbol{\beta}_j = \boldsymbol{\beta}$, $j = 1, \ldots, m$, e para grandes amostras, a estatística TRV segue a distribuição qui-quadrado com $(m-1)p$ graus de liberdade, denotada por $\chi^2_{(m-1)p}$, em que m é o número de estratos e p é a dimensão do vetor $\boldsymbol{\beta}$.

O modelo estratificado deve ser utilizado somente na presença de violação da suposição de taxas de falha proporcionais. O uso desnecessário da estratificação acarreta em uma perda de eficiência no processo de inferência. Uma desvantagem deste modelo é não ser possível avaliar o efeito da covariável que definiu a estratificação. Por exemplo, se a estratificação foi gerada por gênero (homens e mulheres), não se pode avaliar o efeito direto desta covariável na resposta.

6.4 Análise dos dados de pacientes HIV

Este estudo foi descrito brevemente na Seção 1.4.4. Nesta seção, são fornecidas informações adicionais e os dados são analisados utilizando o modelo de Cox com covariável dependente do tempo definido em (6.1).

6.4.1 Descrição dos dados

O estudo apresenta informações de 91 pacientes HIV positivo e 21 HIV negativo, totalizando 112 pacientes. Eles foram acompanhados entre março de 1993 e fevereiro de 1995, sendo considerados somente os que ingressaram até julho de 1994. Todos os pacientes foram encaminhados ao Centro de Treinamento e Referência em Doenças Infecto-Parasitárias (CTR-DIP) de Belo Horizonte, MG, por pertencerem a grupos de comportamento de risco para adquirir o HIV ou por terem um exame Elisa HIV positivo. Após a primeira consulta clínica, os pacientes foram encaminhados ao Serviço de Otorrinolaringologia da Universidade Federal de Minas Gerais.

As doenças otorrinolaringológicas (ORL) avaliadas foram definidas com base nos estudos existentes na literatura sobre a prevalência dessas manifestações em pacientes infectados pelo HIV. Nesta seção, encontram-se os resultados para a infecção sinusite. A classificação dos pacientes quanto à infecção pelo HIV seguiu os critérios do *Center of Disease Control* (CDC, 1987), com os pacientes classificados em: HIV soronegativo, HIV soropositivo assintomático, com ARC (*Aids Related Complex*) ou com Aids.

São considerados pacientes HIV soronegativos aqueles que não possuem o HIV. Pacientes HIV soropositivo assintomáticos são aqueles que possuem o vírus, mas não desenvolveram o quadro clínico de Aids e apresentam um perfil imunológico estável. Pacientes com ARC são os que apresentam baixa imunidade e outros indicadores clínicos que antecedem o quadro clínico de Aids. Os pacientes com Aids são aqueles que já desenvolveram infecções oportunistas que definem esta doença, segundo os critérios do CDC (1987).

A cada consulta, realizada trimestralmente, a classificação dos pacientes foi reavaliada. A frequência mediana de consultas foi igual a 4. A resposta de interesse foi o tempo, em dias, desde a primeira consulta até a ocorrência da sinusite. O objetivo foi identificar fatores de risco para esta manifestação. Os possíveis fatores de risco registrados no estudo estão listados na Tabela 6.1. Informações sobre a atividade sexual e o uso de cocaína não foram fornecidas por 26 pacientes.

Tabela 6.1 – Covariáveis registradas no estudo de ocorrência de sinusite

Idade do paciente	Medida em anos
Sexo do paciente	0 - Masculino 1 - Feminino
Grupos de risco	1 - Paciente HIV soronegativo 2 - Paciente HIV soropositivo assintomático 3 - Paciente com ARC 4 - Paciente com Aids
Atividade sexual	1 - Homossexual 2 - Bissexual 3 - Heterossexual
Uso de droga injetável	1 - Sim 2 - Não
Uso de cocaína por aspiração	1 - Sim 2 - Não

Em relação à covariável grupos de risco, nota-se que ela é dependente do tempo, pois os pacientes mudam de classificação ao longo do estudo. Outras covariáveis medidas no início do estudo foram a contagem de células CD4 e CD8. Contudo, elas não foram incluídas nas análises devido à ausência do registro de ambas para cerca de 37% dos pacientes. O conjunto de dados deste estudo pode ser encontrado em https://docs.ufpr.br/~giolo/asa.

6.4.2 Ajuste do modelo

Os resultados do modelo de Cox incluindo a covariável dependente do tempo grupos de risco e as demais listadas na Tabela 6.1 podem ser visualizados na Tabela 6.2. Para as covariáveis categóricas, a primeira categoria foi considerada como sendo a de referência. Pode-se observar, com exceção das covariáveis idade e grupos de risco, que as demais não apresentaram efeito significativo. Removendo, uma a uma, as covariáveis não significativas, chegou-se no modelo final para os dados desse estudo. As estimativas dos respectivos parâmetros do modelo estão na Tabela 6.3.

Tabela 6.2 – Estimativas do modelo inicial ajustado aos dados de sinusite

Covariável	Coeficiente estimado	Valor p
Idade	$-0,10$	0,021
Sexo: feminino	$1,04$	0,170
HIV soropositivo assintomático	$-0,31$	0,830
com ARC	$3,07$	0,009
com Aids	$3,84$	0,002
Atividade bissexual	$0,34$	0,650
heterossexual	$-0,85$	0,290
Uso de droga: não	$-0,15$	0,900
Aspira cocaína: não	$1,45$	0,320

Tabela 6.3 – Estimativas do modelo final ajustado aos dados de sinusite

Covariável	Coeficiente estimado	Erro padrão	Valor p	Razão de taxas de falha (I.C. 95%)
Idade	−0,08	0,03	0,014	0,93 (0,87; 0,98)
HIV assintomático	−0,73	1,00	0,470	0,48 (0,07; 3,42)
com ARC	2,27	0,84	0,006	9,70 (1,88; 50,06)
com Aids	2,65	0,80	<0,001	14,14 (3,01; 66,47)

Para o modelo final ajustado aos dados, e considerando a presença de um percentual elevado de censuras (em torno de 75%), pode-se observar, a partir da análise dos resíduos de Cox-Snell mostrada na Figura 6.1, que o modelo apresentou ajuste satisfatório, uma vez que os resíduos mencionados seguem uma distribuição aproximada exponencial padrão.

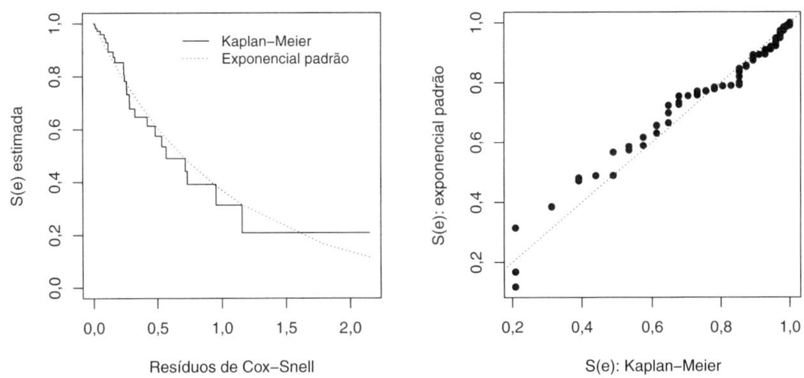

Figura 6.1 – Análise gráfica dos resíduos de Cox-Snell do modelo final.

Com base nos resultados mostrados na Tabela 6.3, nota-se que as covariáveis idade e grupos de risco foram identificadas como fatores de risco para a ocorrência de sinusite. Desse modo, para um aumento de, por exemplo, 10 anos na idade do paciente, estima-se que a taxa de ocorrência de sinusite diminua em torno de 55% ($1 - \exp(-0{,}08 \times 10) \approx 0{,}55$). Isso indica que os pacientes mais jovens estão mais suscetíveis a esta infecção. Essa interpretação é válida se a covariável grupos de risco for mantida fixa no mesmo valor. Como esta covariável é dependente do tempo, isto significa ter o mesmo perfil ao longo do acompanhamento.

Quanto à covariável dependente do tempo grupos de risco, sua interpretação deve levar em conta o grupo de risco do paciente em cada tempo específico t. Inicialmente, nota-se que a taxa de ocorrência de sinusite dos pacientes que permaneceram no grupo HIV assintomático ao longo de todo o seguimento não diferiu da taxa dos que permaneceram no grupo HIV soronegativo no mesmo período de seguimento (valor $p = 0{,}47$). Entretanto, para os pacientes que, em um dado tempo t, estavam no grupo ARC, a taxa de ocorrência de sinusite para eles foi $\exp(2{,}27) = 9{,}7$ vezes a daqueles que, neste mesmo tempo, estavam no grupo HIV soronegativo. Por outro lado, esta taxa para os que, em um dado tempo t, estavam no grupo Aids foi em torno de 14 vezes a dos que, neste mesmo tempo, estavam no grupo HIV soronegativo. Nota-se que a precisão das estimativas associadas as duas últimas razões de taxas de falha foi pequena, refletindo na amplitude de seus respectivos intervalos de confiança (Tabela 6.3).

A título de ilustração, a Figura 6.2 apresenta a função taxa de falha acumulada $\widehat{\Lambda}(t)$ para dois pacientes de mesma idade (30 anos), em que um mudou de grupo de risco ao longo do seguimento, mas o outro não. No intervalo $[0,\ t_1)$, com $t_1 = 130$ dias, nota-se que a taxa de ocorrência de sinusite do paciente HIV assintomático manteve-se similar à do paciente soronegativo. Contudo, no início do intervalo $[t_1,\ t_2) = [130,\ 247)$, o paciente assintomático mudou para o grupo ARC, o que alterou sua taxa de ocorrência de sinusite para 9,7 vezes a daquele que pemaneceu no grupo soronegativo. Em $t_2 = 247$ dias, ocorreu nova mudança de grupo (de ARC para

Aids), alterando novamente a taxa de ocorrência de sinusite deste paciente para em torno de 14 vezes a do que pemaneceu no grupo soronegativo. Portanto, tem-se que a taxa de ocorrência de sinusite depende do grupo de risco que o paciente se encontra em cada tempo t do período de seguimento.

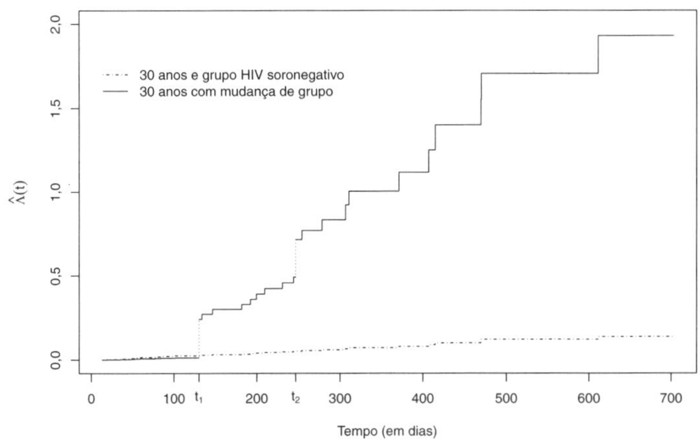

Figura 6.2 – Função $\widehat{\Lambda}(t)$ para dois pacientes, um deles mudando de assintomático para ARC em $t_1 = 130$ e para Aids em $t_2 = 247$ dias.

Para obter os resultados apresentados no *software* R, deve-se preparar o arquivo de dados de modo que cada paciente seja representado por tantas linhas quantas forem as mudanças ocorridas para a covariável dependente do tempo. Isso pode ser observado para os pacientes 24, 28 e 35, dentre outros, no arquivo preparado para esta análise. Os comandos para a visualização dos dados e ajuste do modelo final estão listados a seguir.

```
> aids<-read.table("https://docs.ufpr.br/~giolo/asa/dados/aids.txt",h=T)
> aids1<-subset(aids,ti<tf); aids2<-na.omit(aids1[,1:7])
> attach(aids2); aids2; library(survival)
> fit1<-coxph(Surv(ti,tf,cens)~id+factor(grp),method="breslow",data=aids2)
> summary(fit1)
```

Do que foi apresentado, nota-se que foi possível incluir no modelo de Cox a covariável dependente do tempo grupos de risco. Além disso, os resultados da análise dos dados deste estudo mostraram ser importantes para explicar a incidência de manifestações ORL em pacientes HIV positivos.

A análise apresentada nesta seção é somente parte do estudo. Informações adicionais e os demais achados podem ser encontrados em Gonçalves (1995).

6.5 Análise dos dados de leucemia pediátrica

A análise dos dados do estudo de leucemia pediátrica apresentada no Capítulo 5 indicou uma possível violação da suposição de taxas de falha proporcionais para a covariável LEUINI (contagem de leucócitos iniciais). Assim, uma possibilidade para a análise desses dados é a de estratificá-los de acordo com as categorias da covariável LEUINI, visto que a suposição de taxas de falha proporcionais pode não ser válida entre as crianças com LEUINI $\leq$ 75.000 mm^3 e aquelas com LEUINI $>$ 75.000 mm^3, mas pode ser válida em cada um desses dois estratos.

Considerando, então, os dois estratos citados para a covariável LEUINI, o modelo de Cox estratificado fica representado, neste caso, por

$$\lambda(t \mid \mathbf{x}_{ij}) = \lambda_{0j}(t) \exp(\boldsymbol{\beta}' \mathbf{x}_{ij}),$$

para $j = 1, 2$ e $i = 1, \ldots, n_j$, com n_j denotando o número de crianças no j-ésimo estrato. A partir da Tabela 6.4, que mostra as estimativas obtidas para este modelo, é possível observar resultados muito similares aos obtidos quando do ajuste do modelo de Cox realizado no Capítulo 5. Logo, conclusões similares são obtidas para as covariáveis IDADE, ZPESO, PAS e VAC quando da utilização do modelo de Cox estratificado.

Tabela 6.4 – Cox estratificado para os dados de leucemia pediátrica

Covariável	Coeficiente	Erro-padrão	Valor p	Exp(coeficiente)
IDADE	0,80	0,384	0,037	2,22
ZPESO	−2,41	0,521	<0,001	0,09
PAS	−1,25	0,465	0,007	0,29
VAC	1,36	0,419	0,001	3,89

Para o ajuste do modelo de Cox estratificado, assumindo vetor $\boldsymbol{\beta}$ comum aos dois estratos, foram utilizados os comandos listados a seguir.

```
> leucc<-read.table("http://docs.ufpr.br/~giolo/asa/dados/leucc.txt",h=T)
> attach(leucc); library(survival)
> fit1<-coxph(Surv(tempos,cens)~idadec+zpesoc+pasc+vacc+strata(leuinic),
            data=leucc,method="breslow"); summary(fit1)
```

Considerando a possibilidade do vetor $\boldsymbol{\beta}$ não ser comum para os estratos, foi ajustado o modelo que assume vetores distintos para eles e testada a hipótese H_0: $\boldsymbol{\beta}_j = \boldsymbol{\beta}$, $j = 1, 2$, por meio do teste da razão de verossimilhanças descrito na Seção 6.3, que mostrou evidências para a não rejeição de H_0 (TRV $=$ 5,37, valor p $=$ 0,25, g.l.$=$ 4). Selecionado, então, o modelo com vetor $\boldsymbol{\beta}$ comum aos dois estratos, foram obtidos, exceto para a covariável LEUINI utilizada na estratificação, os resultados do teste para a proporcionalidade das taxas de falha mostrados na Tabela 6.5 e os gráficos dos resíduos padronizados de Schoenfeld exibidos na Figura 6.3.

Tabela 6.5 – Avaliação da proporcionalidade das taxas de falha

Covariável	rho (ρ)	χ^2	valor p
IDADE	−0,121	0,853	0,356
ZPESO	0,028	0,143	0,705
PAS	0,279	2,903	0,088
VAC	−0,031	0,001	0,982
GLOBAL	–	4,249	0,373

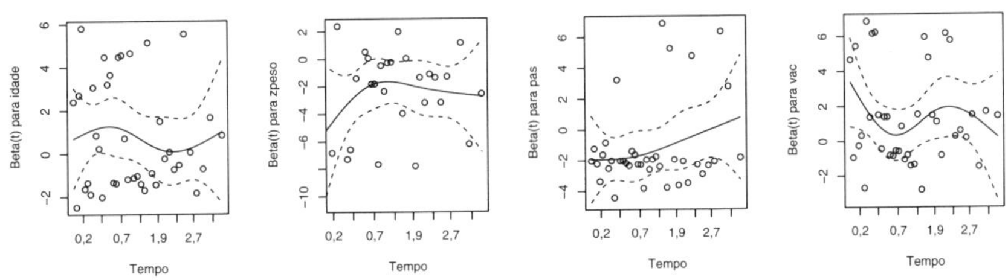

Figura 6.3 – Resíduos padronizados de Schoenfeld *versus* o tempo.

Com base nos testes e gráficos, não há evidências marcantes de violação da suposição de taxas de falha proporcionais para as quatro covariáveis no modelo. Os comandos utilizados no *R* estão listados a seguir.

```
> leucc1<-subset(leucc,leuinic==0); leucc2<-subset(leucc,leuinic==1)
> fit2<-coxph(Surv(tempos,cens)~idadec+zpesoc+pasc+vacc,leucc1,method="breslow")
> fit3<-coxph(Surv(tempos,cens)~idadec+zpesoc+pasc+vacc,leucc2,method="breslow")
> summary(fit2); summary(fit3)
> trv<-2*(-fit1$loglik[2]+fit2$loglik[2]+fit3$loglik[2]); trv; 1-pchisq(trv,4)
> cox.zph(fit1,transform="identity")
> par(mfrow=c(1,4)); plot(cox.zph(fit1))
```

A partir da Tabela 6.4, nota-se que o modelo de Cox estratificado não fornece uma estimativa para o efeito da covariável LEUINI utilizada para a estratificação. Contudo, este fato não representa uma limitação para este modelo, visto que as funções taxa de falha acumulada de base, bem como as funções de sobrevivência de base, fornecidas por este mesmo modelo para cada uma das categorias da covariável estratificadora, permitem uma avaliação indireta desse efeito. Tais funções, obtidas com o auxílio dos comandos em *R* fornecidos em https://docs.ufpr.br/~giolo/asa, podem ser visualizadas para ambos os estratos na Figura 6.4.

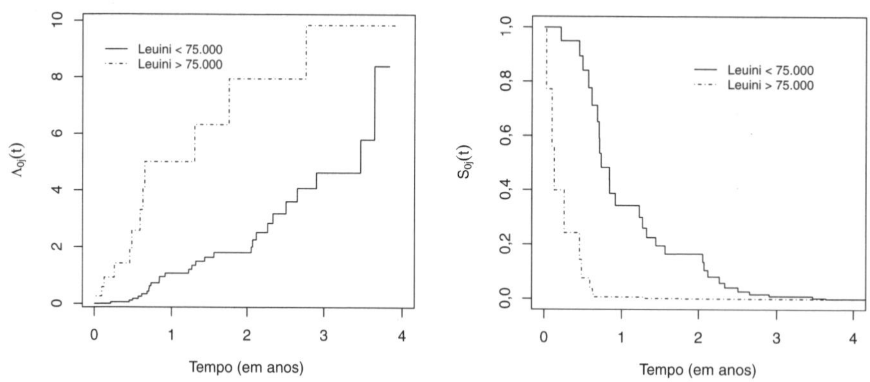

Figura 6.4 – Taxa de falha acumulada de base $\Lambda_0(t)$ e sobrevivência de base $S_0(t)$ associadas ao estrato j da covariável LEUINI, $j = 1, 2$.

A Figura 6.4 mostra que a taxa de recidiva ou morte é maior entre as crianças com valores mais altos de leucometria inicial (> 75.000 mm^3). Além disso, esta taxa cresce rapidamente no período inicial e depois se estabiliza. As duas curvas também apresentam um comportamento de crescimento similar, o que mostra evidências a favor da suposição de taxas de falha proporcionais para esta covariável (como já discutido no Capítulo 5), uma vez que, em essência, as conclusões obtidas com base nos modelos de Cox e de Cox estratificado são muito similares. Os resultados mostram, assim, não haver evidências que justifiquem o uso do modelo de Cox estratificado para a análise dos dados de leucemia pediátrica. O modelo de Cox é, portanto, a opção indicada para a análise desses dados, pois, como dito na Seção 6.3, o uso desnecessário da estratificação acarreta em perda de eficiência das estimativas. Essa perda pode ser avaliada fazendo um comparativo dos erros-padrão das estimativas dos efeitos das covariáveis de ambos os modelos. Para o estudo de leucemia pediátrica, valores ligeiramente superiores foram observados para os erros-padrão do modelo de Cox estratificado.

6.6 Análise dos dados de hormônio de crescimento

O hormônio de crescimento (GH) é um agente importante do desenvolvimento humano. Quando sua deficiência é diagnosticada, doses periódicas são ministradas com acompanhamento médico. A deficiência do GH pode se manifestar em graus variados e ter muitas causas diferentes. Por ocasião do diagnóstico, faz-se uma avaliação da baixa estatura, buscando-se informações sobre a história do paciente, condições da gestação, parto e nascimento, alimentação, prática de atividade física, determinação da altura alvo, avaliação do desenvolvimento puberal e da velocidade de crescimento, além de um exame físico detalhado. Em crianças com defasagem no crescimento, é feita uma avaliação para verificar se a baixa estatura é devido à má secreção/ação do hormônio de crescimento. Em caso positivo, são ministradas doses do hormônio sintetizado, com o desenvolvimento de cada criança acompanhado em intervalos regulares de tempo.

O estudo analisado nesta seção é composto de 80 crianças diagnosticadas com deficiência do hormônio de crescimento, todas participantes do Programa Hormonal de Crescimento da Secretaria de Saúde de Minas Gerais. Em 31 de dezembro de 2002, elas haviam sido acompanhadas por um período de, no mínimo, 19 meses. O objetivo do estudo consistiu em identificar fatores determinantes do crescimento dessas crianças.

Na primeira visita ao consultório do médico responsável pelo programa, foram coletadas informações como condições referentes ao parto, ganho de altura e características socioeconômicas da criança. O tratamento consistiu na administração do hormônio de crescimento, com o monitoramento de cada criança realizado a cada três meses. A cada visita ao consultório, eram registradas informações sobre o desenvolvimento da criança (peso, altura e idade óssea), assim como sobre a dosagem e aos efeitos colaterais do hormônio de crescimento. Ao todo, 16 covariáveis foram consideradas como sendo potencialmente importantes para descrever o crescimento das crianças. A Tabela 6.6 apresenta estas covariáveis e seus códigos identificadores.

Tabela 6.6 – Covariáveis coletadas no estudo do hormônio de crescimento

Código	Covariável	Descrição
V1	Sexo	1 - Masculino e 2 - Feminino
V2	Raça	1 - Branca e 2 - Negra
V3	Naturalidade	1 - Grande BH e 2 - Interior
V4	Tipo de parto	1 - Normal, 2 - Cesário e 3 - Fórceps
V5	Parto traumático	1 - Sim e 2 - Não
V6	Recém-nascido	1 - AIG e 2 - PIG
V7	Apresentação	1 - Cefálica e 2 - Pélvica
V8	Renda em salários mínimos (SM)	1 se $\leq$ 2SM, 2 se 2 a 5SM 3 se 5 a 10SM e 4 se > 10SM
V9	Diagnóstico/origem	1 - Idiopático e 2 - Orgânico
V10	Grau de deficiência	1 - Isolado e 2 - DMHH
V11	Peso ao nascimento	Entre 1.250 e 4.240 gramas
V12	Velocidade	Entre 0,5 e 5 cm/ano
V13	Idade óssea	Entre 0,3 e 13 anos
V14	Idade cronológica/inicial	Entre 2 e 21 anos
V15	Altura inicial	Entre 71 e 154,8 cm
V16	Dose inicial	Entre 0,20 e 0,71 mmL/kg

AIG: adequado para a idade gestacional e PIG: pequeno para a idade gestacional, DMHH: deficiência múltipla de hormônios hipofisários e BH: Belo Horizonte.

Uma variável que norteia a decisão de alta clínica é a altura-alvo, definida como a média da altura dos pais subtraída de 7 cm para meninas e somada de 7 cm para meninos. Logo, a variável resposta considerada foi o tempo (em meses) até a altura-alvo ser atingida, juntamente com a variável indicadora de falha (1, se a altura-alvo foi atingida e 0, caso contrário).

Para a seleção das covariáveis, foram utilizados o modelo de Cox e a estratégia de construção de modelos proposta por Collett (2003a) apresentada na Seção 4.6.3.3. Ao final do processo de seleção, as covariáveis selecionadas foram: raça, parto traumático, recém-nascido, renda familiar, altura inicial, e a interação entre parto traumático e recém-nascido. Uma vez escolhido o conjunto de covariáveis determinantes do crescimento de crianças com deficiência do GH, o interesse se concentrou na avaliação do modelo de Cox ajustado com essas covariáveis. Inicialmente, foi avaliada a suposição de taxas de falha proporcionais por meio dos gráficos de $\log[\widehat{\Lambda}_0(t)]$ *versus* o tempo apresentados na Figura 6.5. Esta suposição deve ser atendida para a utilização do modelo de Cox.

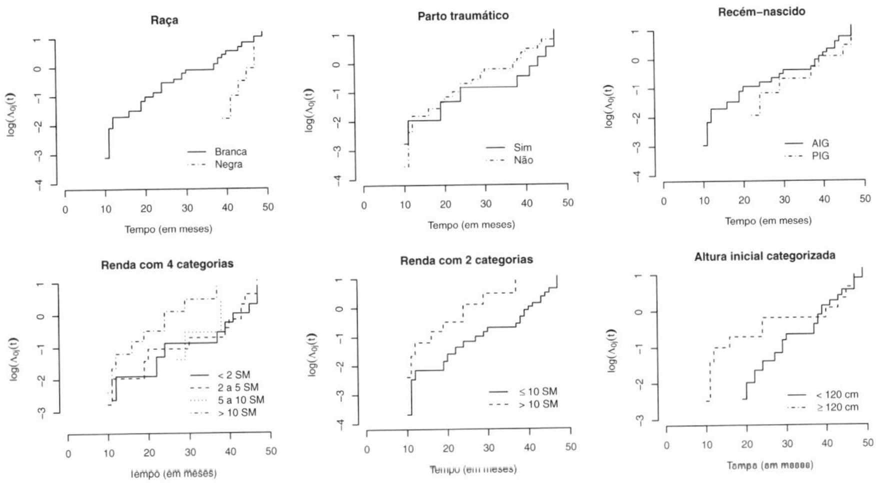

Figura 6.5 – Tempo *versus* $\log[\widehat{\Lambda}_0(t)]$ para as cováriaveis selecionadas.

A Figura 6.5 mostra que as curvas para as covariáveis raça, parto traumático e recém-nascido não indicam situações de afastamento do paralelismo, o que sugere a não violação da suposição de taxas de falha proporcionais. Ainda, as curvas para as três categorias de renda $\leq 10\,\text{SM}$ não evidenciam diferenças marcantes entre elas. Agrupando-as, então, em uma única categoria, nota-se pelo gráfico da renda com somente duas categorias ($\leq 10\,\text{SM}$ e $> 10\,\text{SM}$) que não há evidências de violação da suposição de proporcionalidade das taxas de falha. O mesmo não pode ser concluído para a altura inicial (categorizada em dois níveis de acordo com o valor mediano), uma vez que as curvas para esta covariável apresentam desvios quanto ao paralelismo, o que sugere violação da suposição.

O modelo de Cox ajustado com as covariáveis selecionadas e o termo de interação entre parto traumático e recém-nascido também indicou a presença de diferenças não significativas entre as 3 categorias de renda com valores $\leq 10\,\text{SM}$. Considerando o mesmo modelo, mas com a covariável renda com somente as categorias $\leq 10\,\text{SM}$ e $> 10\,\text{SM}$, foram obtidos os gráficos dos resíduos padronizados de Schoenfeld mostrados na Figura 6.6, bem como o coeficiente de correlação ρ e os testes associados à hipótese nula de proporcionalidade das taxas de falha apresentados na Tabela 6.7.

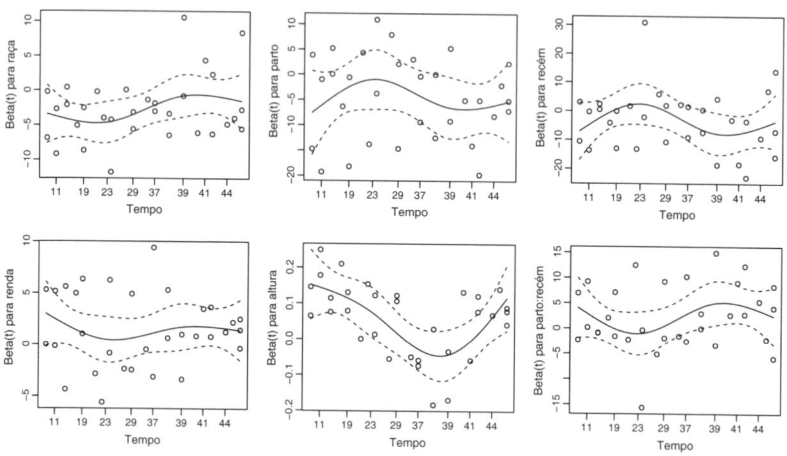

Figura 6.6 – Resíduos padronizados de Schoenfeld do modelo ajustado.

Tabela 6.7 – Avaliação da proporcionalidade das taxas de falha

Covariável	rho (ρ)	χ^2	Valor p
Raça	0,269	2,357	0,125
Parto traumático	0,061	0,875	0,350
Recém-nascido	−0,097	3,168	0,075
Renda	−0,018	0,001	0,981
Altura inicial	−0,411	7,944	0,005
Parto*recém-nascido	0,145	8,374	0,004
GLOBAL	–	19,512	0,003

Nota-se que os resultados apresentados também indicam a existência de violação da suposição de taxas de falha proporcionais, em particular para a covariável altura inicial. Portanto, com base nas duas análises gráficas apresentadas, o modelo de Cox estratificado pela covariável altura inicial se apresenta como uma possível opção de análise para os dados desse estudo.

6.6.1 Resultados do modelo de Cox estratificado

Uma vez evidenciada a violação da suposição de taxas de falha proporcionais causada pela covariável altura inicial, o modelo de Cox estratificado foi utilizado para a análise dos dados do hormônio de crescimento. Para tanto, as crianças foram estratificadas de acordo com duas categorias (estratos) da covariável altura inicial: $< 120\,\text{cm}$ e $\geq 120\,\text{cm}$. Assumindo o vetor $\boldsymbol{\beta}$ comum aos estratos, o modelo dado por

$$\lambda(t \mid \mathbf{x}_{ij}) = \lambda_{0j}(t) \exp(\boldsymbol{\beta}' \mathbf{x}_{ij}),$$

para $j = 1, 2$ e $i = 1, \ldots, n_j$, em que n_j é o número de crianças no j-ésimo estrato, forneceu as estimativas mostradas na Tabela 6.8.

Tabela 6.8 – Estimativas do modelo estratificado por altura inicial

Covariável	Coeficiente estimado	Valor p
Raça	−1,98	0,006
Parto traumático	−1,35	0,021
Recém-nascido	−0,47	0,580
Renda	1,19	0,024
Parto*recém-nascido	1,26	0,232

A Tabela 6.8 mostra que o efeito da interação entre parto traumático e recém-nascido, assim como o da covariável recém-nascido, não foram significativos. Removendo, inicialmente, a interação do modelo e, em seguida, a covariável recém-nascido, chegou-se ao modelo final, cujas estimativas podem ser visualizadas na Tabela 6.9.

Tabela 6.9 – Estimativas do modelo estratificado final ajustado aos dados

Covariável	Coeficiente	Erro-padrão	Valor p	RTF	$\text{IC(RTF)}_{95\%}$
Raça: negra	−1,96	0,687	0,004	0,141	(0,04; 0,54)
Parto: não	−1,01	0,527	0,056	0,364	(0,13; 1,02)
Renda: $> 10\,\text{SM}$	1,03	0,505	0,041	2,801	(1,04; 7,54)

Nota: RTF = exp(coeficiente) significa razão de taxas de falha.

Os resíduos padronizados de Schoenfeld apresentados na Figura 6.7 para o modelo final, assim como os resultados dos testes associados à hipótese nula de proporcionalidade das taxas de falha em cada estrato mostrado na Tabela 6.10, indicam evidências a favor da suposição de taxas de falha proporcionais para o modelo de Cox estratificado pelas duas categorias da covariável altura inicial.

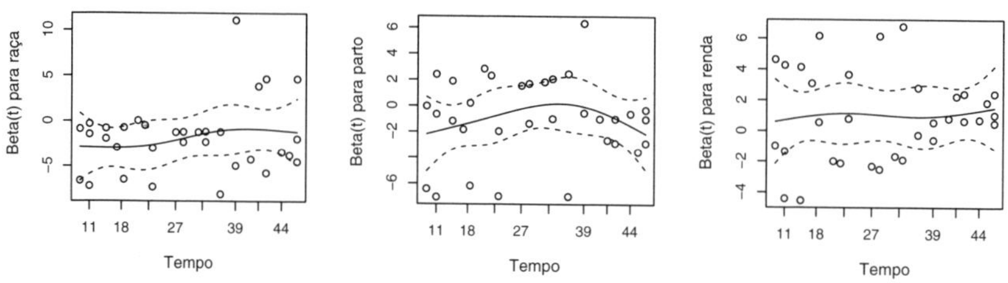

Figura 6.7 – Resíduos padronizados de Schoenfeld para o modelo final.

Tabela 6.10 – Proporcionalidade das taxas de falha no modelo final

Covariável	rho (ρ)	χ^2	Valor p
Raça	0,196	1,695	0,193
Parto traumático	0,066	0,005	0,943
Renda	0,085	0,646	0,422
GLOBAL	–	2,611	0,456

A análise gráfica dos resíduos de Cox-Snell exibida na Figura 6.8 também confirma o ajuste satisfatório do modelo final, uma vez que os resíduos seguem aproximadamente a distribuição exponencial padrão.

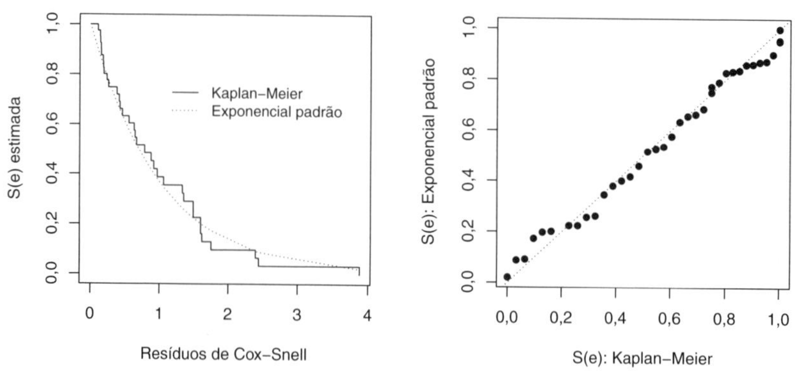

Figura 6.8 – Análise gráfica dos resíduos de Cox-Snell do modelo final.

As interpretações obtidas a partir das estimativas do modelo final mostradas na Tabela 6.9 são apresentadas a seguir.

i) A taxa de ocorrência da altura alvo em crianças brancas foi estimada em exp(1,96) = 7,1 vezes à das crianças da raça negra. O intervalo de 95% de confiança resultou em (1,85; 27,2).

ii) Para as crianças que tiveram parto traumático, a taxa de ocorrência da altura alvo foi estimada em cerca de exp(1,01) = 2,74 vezes à das que não tiveram parto traumático. O intervalo de 95% de confiança resultou em (0,98; 7,7).

ii) Finalmente, a taxa de ocorrência da altura alvo em crianças de famílias com renda mensal superior a 10 SM foi estimada em 2,8 vezes à das crianças de famílias com renda mensal ≤ 10 SM. O intervalo de 95% de confiança resultou em (1,04; 7,54).

Em relação aos dois estratos considerados para a covariável idade inicial, suas respectivas funções taxa de falha acumulada de base e de sobrevivência de base são mostradas na Figura 6.9.

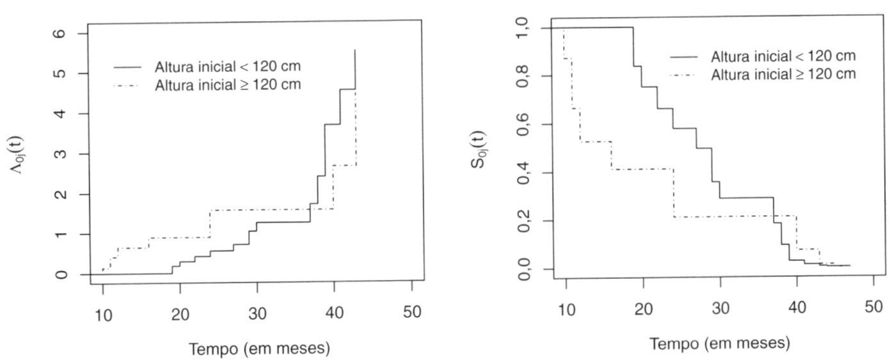

Figura 6.9 – Taxa de falha acumulada de base $\Lambda_0(t)$ e sobrevivência de base $S_0(t)$ associadas ao estrato j da covariável altura, $j = 1, 2$.

Diferente do que foi observado para os dados de leucemia pediátrica analisados na Seção 6.5, a Figura 6.9 mostra que as curvas das taxas de falha acumulada de base e das sobrevivências de base estimadas para os estratos da covariável altura inicial se cruzam. Esse fato corrobora as evidências de violação da suposição de taxas de falha proporcionais encontradas para esta covariável. Os comandos para obtenção dos resultados apresentados para este estudo podem ser encontrados em https://docs.ufpr.br/~giolo/asa.

6.7 Exercícios

1. A covariável altura inicial foi dicotomizada na mediana para realizar a análise apresentada na Seção 6.6. Dicotomize esta covariável no primeiro quartil e refaça a análise.

2. Um teste alternativo àquele que baseia-se nos resíduos padronizados de Schoenfeld foi proposto por Cox (1979) para verificar a proporcionalidade das taxas de falha. Este teste, apresentado na Seção 5.6.2 do Capítulo 5, introduz uma covariável dependente do tempo no modelo. Utilize este teste para avaliar a porporcionalidade das taxas de falha para a covariável leucócitos iniciais (LEUINI) dos dados do estudo de leucemia pediátrica.

3. Repita o teste citado no Exercício 2 para avaliar a suposição de taxas de falha proporcionais para a covariável altura inicial dos dados do estudo sobre hormônio de crescimento.

Capítulo 7

Modelo aditivo de Aalen

7.1 Introdução

O modelo de taxas de falha proporcionais de Cox tornou-se popular por apresentar interpretação simples e atrativa dos seus resultados em termos da razão de taxas de falha, ser facilmente estendido para incorporar covariáveis dependentes do tempo e estar disponível em vários *softwares* estatísticos. Por outro lado, Aalen (1989) citou algumas limitações do modelo de Cox. A primeira é que a proporcionalidade das taxas de falha pode não ser válida e, embora esta suposição seja crucial, é comum que alguns pesquisadores, por exemplo da área médica, utilizem o modelo de Cox sem proceder à devida verificação. Além disso, a não violação da suposição mencionada não implica que a adequação do modelo de Cox esteja garantida, visto que, por exemplo, a forma funcional de uma covariável contínua pode estar incorreta. A segunda limitação é que o modelo de Cox não possibilita a detecção de mudanças no efeito das covariáveis ao longo do tempo. Por último, a suposição de taxas de falha proporcionais é, em geral, vulnerável às mudanças no número de covariáveis no modelo. Se covariáveis são retiradas do modelo, ou medidas com um nível de precisão diferente, a proporcionalidade das taxas de falha pode ser afetada.

As limitações mencionadas conduziram a modelos alternativos ao de Cox para a função taxa de falha. Um deles, o modelo de taxas de falha aditivo, proposto originalmente por Aalen (1980, 1989), permite que tanto os valores quanto o efeito das covariáveis variem ao longo do tempo. Por exemplo, tanto a dosagem de um medicamento quanto o seu efeito podem variar ao longo do acompanhamento de pacientes. Para essas situações, o modelo aditivo de Aalen caracteriza-se como uma alternativa ao modelo de taxas de falha proporcionais de Cox. Com base no modelo de Aalen, informações detalhadas podem ser obtidas a respeito do efeito (ou da influência) de cada covariável ao longo do tempo.

Alguns aspectos diferenciam os modelos de Cox e de Aalen. No modelo de Cox, as covariáveis exercem efeito multiplicativo sobre a função taxa de falha, enquanto no de Aalen, elas exercem efeito aditivo. Além disso, o modelo de Cox é semiparamétrico, com sua função taxa de falha de base estimada de forma não paramétrica e o efeito das covariáveis de forma paramétrica. Quanto ao modelo de Aalen, ele é completamente não paramétrico, no sentido de que funções são ajustadas e não parâmetros. Ou seja, no procedimento de estimação, o modelo de Aalen faz uso apenas de informação local, o que o torna bastante flexível. O processo de estimação para este modelo generaliza o estimador de Nelson-Aalen para a função taxa de falha acumulada apresentado na Seção 2.4.1. Outras particularidades deste modelo, principalmente em relação à sua estrutura linear, podem ser encontradas em Aalen et al. (2008). Outras referências importantes são o artigo de Aalen (1989) e o livro de Martinussen e Scheike (2006). Aplicações do modelo podem ser encontradas em Andersen e Vaeth (1989), Pereira et al. (2007), Pagano et al. (2008) e Xie et al. (2013), dentre outros.

Este capítulo é dedicado à apresentação do modelo aditivo de Aalen. As Seções 7.2 e 7.3 apresentam o modelo e o método de mínimos quadrados utilizado para se fazer inferências sobre quantidades desconhecidas e, também, sobre algumas funções de interesse. Testes para avaliar o efeito das covariáveis são abordados na Seção 7.4. A Seção 7.5 apresenta resíduos e técnicas gráficas para avaliar a adequação do modelo. Casos particulares do modelo de Aalen são tratados na Seção 7.6 e duas ilustrações aparecem na Seção 7.7. Algumas considerações finalizam o capítulo na Seção 7.8.

7.2 Modelo aditivo de Aalen

Seguindo a notação dos capítulos anteriores, considere T a variável aleatória tempo até a ocorrência do evento e $\mathbf{x}(t) = (1, x_1(t), x_2(t), \ldots, x_p(t))'$ um vetor de dimensão $p + 1$ em que $x_q(t)$, $q = 1, \ldots, p$, correspondem aos valores de p covariáveis possivelmente dependentes do tempo. Diferente do modelo de Cox, observa-se que o modelo aditivo de Aalen inclui o intercepto e assume que a função taxa de falha $\lambda(t \mid \mathbf{x}(t))$ é uma combinação linear de $x_q(t)$, $q = 1, \ldots, p$, dada por

$$\lambda(t \mid \mathbf{x}(t)) = \beta_0(t) + \sum_{q=1}^{p} \beta_q(t)\ x_q(t) = \boldsymbol{\beta}'(t)\,\mathbf{x}(t), \tag{7.1}$$

com $\boldsymbol{\beta}(t) = (\beta_0(t), \beta_1(t), \ldots, \beta_p(t))'$ um vetor de funções do tempo desconhecidas, em que nenhuma forma paramétrica é assumida para elas.

O componente $\beta_0(t)$, que corresponde à função taxa de falha de base, fornece a taxa de falha para um indivíduo que apresenta todas as covariáveis $x_q(t)$, $q = 1, \ldots, p$, iguais a zero. Na presença de covariáveis contínuas, elas são usualmente centradas em seus respectivos valores médios, com $\beta_0(t)$ fornecendo, nestes casos, a taxa de falha para um indivíduo que apresenta valor médio para as covariáveis contínuas e zero para as categóricas. Quanto às funções $\beta_q(t)$, $q = 1, \ldots, p$, denominadas funções de regressão, elas são interpretadas como o aumento na taxa de falha no tempo t correspondente ao aumento em uma unidade na q-ésima covariável. Nesse sentido, $\beta_q(t)$ é o excesso na taxa de falha no tempo t para a q-ésima covariável.

O modelo de Aalen (7.1) pode ser obtido a partir da expansão em série de Taylor da função taxa de falha do modelo de Cox em torno de $\mathbf{x}(t) = 0$ ignorando os termos superiores ao de primeira ordem. Ele é considerado não paramétrico pelo fato de nenhuma forma paramétrica ser assumida para as funções de regressão $\beta_q(t)$, $q = 1, \ldots, p$. Como visto, estas funções são permitidas variar arbitrariamente com o tempo, revelando mudanças no efeito das covariáveis e como elas ocorrem ao longo do tempo. Esta é a principal vantagem do modelo (7.1). Uma desvantagem é a possibilidade de ele fornecer valores estimados negativos para a função taxa de falha.

7.3 Estimação no modelo de Aalen

O modelo de taxas de falha proporcionais de Cox assume que as covariáveis exercem efeito multiplicativo sobre a função taxa de falha e que estes efeitos, representados pelo vetor de coeficientes de regressão $\boldsymbol{\beta}$, são constantes desconhecidas cujos valores não variam com o tempo. Em contraste, o modelo aditivo de Aalen assume que as covariáveis exercem efeito aditivo sobre a função taxa de falha, bem como que o vetor de funções de regressão desconhecidas $\boldsymbol{\beta}(t)$ são funções do tempo, ou seja, os efeitos das covariáveis são permitidos variar durante o estudo. Para esse modelo, os estimadores para $\boldsymbol{\beta}(t)$ são obtidos a partir do conhecido método de mínimos quadrados em termos da função taxa de falha acumulada, similar ao do estimador de Nelson-Aalen apresentado na Seção 2.4.1. Esse procedimento de estimação é apresentado a seguir.

A abordagem para a estimação de funções de regressão depende da forma funcional assumida para elas. Como para o modelo de Aalen nenhuma forma paramétrica é assumida para as funções $\boldsymbol{\beta}(t)$, é usual que sejam estimadas as funções de regressão acumulada em vez das funções de regressão. A argumentação é análoga àquela utilizada para justificar que é mais difícil estimar a função densidade de probabilidade do que a função de distribuição acumulada (SILVERMAN, 1998). Assim, o procedimento de estimação para o modelo de Aalen é realizado em termos das funções de regressão acumulada $\mathbf{B}(t) = (B_0(t), \ldots, B_p(t))'$, com $B_q(t)$, $q = 0, 1, \ldots, p$, definidas por

$$B_q(t) = \int_0^t \beta_q(u)du.$$

Considerando $t_1 < t_2 < \ldots < t_k$ os tempos distintos e ordenados de falha em uma amostra de tamanho $n \geq k$, bem como a ausência de empates, Aalen propôs um estimador de mínimos quadrados para $\mathbf{B}(t)$. Este estimador, obtido a partir de resultados de processos de contagem, em especial pela decomposição de Doob-Meyer (AALEN et al., 2008), é dado por

$$\widehat{\mathbf{B}}(t) = \sum_{t_j \leq t} \mathbf{Z}(t_j)\mathbf{I}(t_j), \tag{7.2}$$

em que $\mathbf{Z}(t_j)$ é uma inversa generalizada da matriz $\mathbf{X}(t_j)$ e $\mathbf{I}(t_j)$ é um vetor de dimensão n cujo componente associado ao indivíduo que experimentou o evento no tempo t_j recebe o valor 1 e os demais o valor zero.

Em princípio, $\mathbf{Z}(t_j)$ pode ser qualquer inversa generalizada de $\mathbf{X}(t_j)$. Uma escolha baseada no princípio de mínimos quadrados local é dada por

$$\mathbf{Z}(t_j) = [\mathbf{X}'(t_j)\mathbf{X}(t_j)]^{-1}\mathbf{X}'(t_j). \tag{7.3}$$

Em geral, esta inversa, utilizada comumente em modelos de regressão, pode não ser ótima. Uma escolha ótima depende do conhecimento dos verdadeiros valores dos parâmetros. Huffer e McKeague (1987) sugeriram o uso de outra inversa, definindo, assim, o estimador de mínimos quadrados ponderados. Neste texto, é utilizada a inversa de mínimos quadrados (7.3).

A matriz $\mathbf{X}(t)$ tem dimensão $n \times (p+1)$ com sua i-ésima linha dada por $\mathbf{x}_i(t) = (1, x_{i1}(t), x_{i2}(t), \ldots, x_{ip}(t))$ se o i-ésimo indivíduo está sob risco no tempo t. Caso contrário, $\mathbf{x}_i(t)$ contém apenas zeros. Para exemplificar, considere $n = 5$ e $p = 3$. No início do estudo (isto é, em $t = 0$) todos os indivíduos estão sob risco e, assim,

$$\mathbf{X}(0) = \begin{bmatrix} 1 & x_{11} & x_{12} & x_{13} \\ 1 & x_{21} & x_{22} & x_{23} \\ 1 & x_{31} & x_{32} & x_{33} \\ 1 & x_{41} & x_{42} & x_{43} \\ 1 & x_{51} & x_{52} & x_{53} \end{bmatrix}.$$

Se, no entanto, em $t = t_1 > 0$ somente os indivíduos 1, 4 e 5 estão sob risco, esta mesma matriz, no tempo t_1, é dada por

$$\mathbf{X}(t_1) = \begin{bmatrix} 1 & x_{11} & x_{12} & x_{13} \\ 0 & 0 & 0 & 0 \\ 0 & 0 & 0 & 0 \\ 1 & x_{41} & x_{42} & x_{43} \\ 1 & x_{51} & x_{52} & x_{53} \end{bmatrix}.$$

É importante notar que o estimador para $\mathbf{B}(t)$ expresso em (7.2) é definido apenas sobre o intervalo de tempo em que $\mathbf{X}(t)$ tem posto completo, ou seja, a estimação pára quando $\mathbf{X}(t)$ deixa de ser uma matriz não singular. O valor de t em que tal fato ocorre é denotado neste texto por τ. Assim, o estimador $\widehat{\mathbf{B}}(t)$ é definido somente para $t \leq \tau$.

Expressando o modelo (7.1) em termos de $\mathbf{B}(t)$, utilizando para isso processos de contagem e a decomposição de Doob-Meyer, Aalen (1989) apresentou, com base na teoria de martingais, a matriz de covariância de $\widehat{\mathbf{B}}(t)$, bem como estudou as propriedades assintóticas de $\widehat{\mathbf{B}}(t)$. De acordo com ele, os componentes de $\widehat{\mathbf{B}}(t)$ convergem assintoticamente, sob condições de regularidade, para um processo gaussiano. Ainda, um estimador apresentado por ele para a matriz de covariância de $\widehat{\mathbf{B}}(t)$, para $t \leq \tau$, é dado por

$$\widehat{\text{Var}}(\widehat{\mathbf{B}}(t)) = \sum_{t_j \leq t} \mathbf{Z}(t_j)\mathbf{I}^D(t_j)\mathbf{Z}'(t_j), \quad j = 1, \ldots, k, \tag{7.4}$$

em que $\mathbf{I}^D(t_j)$ é uma matriz diagonal com $\mathbf{I}(t_j)$ na diagonal.

Com base no teorema central do limite para martingais, pode-se mostrar, para um valor fixo t, que o estimador $\widehat{\mathbf{B}}(t)$ segue distribuição aproximada normal multivariada em torno de seu valor verdadeiro $\mathbf{B}(t)$, com matriz de covariância estimada por (7.4)(AALEN et al., 2008). Assim, para t fixo, um intervalo aproximado de $100(1-\alpha)\%$ de confiança para a q-ésima função de regressão acumulada $B_q(t)$, $q = 0, 1, \ldots, p$, é dado por

$$\widehat{B}_q(t) \pm z_{(1-\alpha/2)} \sqrt{\widehat{\sigma}_{qq}(t)}, \tag{7.5}$$

com $z_{(1-\alpha/2)}$ o percentil $1-\alpha/2$ da distribuição normal padrão e $\widehat{\sigma}_{qq}(t)$ o q-ésimo elemento da diagonal da matriz (7.4).

Definidos os estimadores para as funções de regressão acumulada $B_q(t)$, $q = 1, \ldots, p$, e fornecidos os valores das covariáveis, pode-se estimar algumas funções de interesse, dentre elas, a função taxa de falha acumulada e a função de sobrevivência. Assim, considerando que todas as covariáveis são fixadas no tempo zero, e denotando o vetor dos valores assumidos por elas em $t = 0$ por $\mathbf{x}(0) = (1, x_1, x_2, \ldots, x_p)'$, segue que o estimador para a função taxa de falha acumulada é dado, para $t \leq \tau$, por

$$\widehat{\Lambda}(t \mid \mathbf{x}(0)) = \widehat{B}_0(t) + \sum_{q=1}^{p} \widehat{B}_q(t)\, x_q, \tag{7.6}$$

com $\widehat{B}_q(t)$ os estimadores de mínimos quadrados definidos em (7.2). Nota-se que as estimativas estão disponíveis somente para $t \leq \tau$, com τ o valor máximo de t para o qual a matriz $\mathbf{X}(t)$ é não singular.

A partir da relação entre as funções $S(t \mid \mathbf{x})$ e $\Lambda(t \mid \mathbf{x})$ apresentada no Capítulo 1, obtém-se para $S(t \mid \mathbf{x}(0))$, o seguinte estimador

$$\widehat{S}(t \mid \mathbf{x}(0)) = \exp[-\widehat{\Lambda}(t \mid \mathbf{x}(0))], \quad t \in (0, \tau], \tag{7.7}$$

com $\widehat{\Lambda}(t \mid \mathbf{x}(0))$ o estimador definido em (7.6). Alternativamente, esta função pode ser estimada, em analogia ao estimador de Kaplan-Meier, por

$$\widehat{S}(t \mid \mathbf{x}(0)) = \prod_{t_j \leq t} [1 - (\mathbf{Z}(t_j)\mathbf{I}(t_j))'\mathbf{x}(0)].$$

A estimativa da função de sobrevivência (7.7) não é necessariamente monótona sobre todo o período de observação. Ela pode aumentar para alguns valores de t e, de acordo com a equação (7.7), decrescer para algum t.

7.4 Avaliação do efeito das covariáveis

As funções de regressão acumulada $B_q(t)$, $q = 1, \ldots, p$, são estimadas para cada tempo distinto e ordenado de falha t_j, $j = 1, \ldots, k$. Assim, $\widehat{B}_q(t)$ pode ser considerada como uma função empírica que descreve o efeito que a q-ésima covariável ($q = 1, \ldots, p$) exerce sobre a taxa de falha.

Para investigar o efeito das covariáveis, uma forma simples consiste em uma análise dos gráficos $\widehat{B}_q(t)$ *versus* t, $q = 1, \ldots, p$. Os intervalos de confiança definidos em (7.5) também podem ser representados nestes gráficos. Devido à natureza cumulativa das funções $B_q(t)$, $q = 1, \ldots, p$, ênfase deve ser dada, nesta análise, à inclinação das curvas estimadas.

Ao analisar a inclinação das curvas $\widehat{B}_q(t)$, $q = 1, \ldots, p$, é possível verificar se há ou não efeito de uma particular covariável sobre a taxa de falha e, em caso positivo, investigar se este efeito é constante ou se ele varia no intervalo de tempo $(0, \tau]$. Se, por exemplo, o comportamento do gráfico $\widehat{B}_q(t)$ *versus* t for o de uma reta com inclinação aproximadamente nula para todo $t \in (0, \tau]$, então a q-ésima covariável não exerce efeito sobre a taxa de falha. Contudo, se o comportamento for o de uma reta com inclinação não nula, com esta inclinação mantendo-se a mesma para todo $t \in (0, \tau]$, então o efeito da q-ésima covariável é constante ao longo do tempo. Por outro lado, se a inclinação da reta for positiva para $t \in (0, t_1]$, $t_1 < \tau$, e negativa para $t \in (t_1, \tau]$, então o efeito da q-ésima covariável é o de produzir um aumento na taxa de falha no intervalo $(0, t_1]$ e um decréscimo no intervalo $(t_1, \tau]$. Ou seja, o efeito da covariável varia com o tempo. Suavizações obtidas utilizando, por exemplo, estimadores baseados em funções *kernel* podem auxiliar nas interpretações dos gráficos (RAMLAU-HANSEN, 1983).

Para exemplificar, o gráfico (a) da Figura 7.1 apresenta uma situação em que é possível assumir que o efeito da covariável é constante, uma vez que o comportamento de $\widehat{B}(t)$ é próximo ao de uma reta com a mesma inclinação para todo $t \in (0, 8]$. Como a inclinação é negativa, o efeito desta covariável é o de produzir um decréscimo na taxa de falha. Já para a situação em (b), o efeito da covariável varia no intervalo $(0, 8]$, sendo que até o tempo $t = 6$ ele é constante positivo e após este tempo é constante negativo. Em outras palavras, um aumento no valor da covariável em $(0, 6]$ produz um aumento na taxa de falha e, no intervalo $(6, 8]$, uma redução.

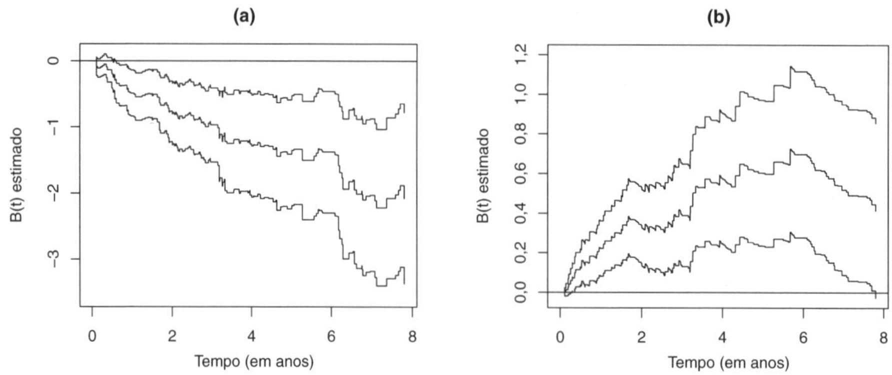

Figura 7.1 – $\widehat{B}(t)$ e respectivos intervalos de 95% de confiança em que o efeito da covariável em (a) é constante e em (b) varia com o tempo.

A partir da Figura 7.1, nota-se que os intervalos de confiança para $B(t)$ podem ser utilizados para avaliar se as covariáveis apresentam efeito significativo sobre a taxa de falha. Para aquelas com efeito não significativo, o valor zero deve pertencer aos intervalos de confiança para todo $t \in (0, \tau]$. Em contrapartida, para aquelas com efeito significativo, o valor zero não deve pertencer aos intervalos de confiança para todo $t \in (0, \tau]$, ou para pelo menos um subintervalo de $(0, \tau]$. Para ambos os gráficos dispostos na Figura 7.1, pode-se observar que o valor zero não pertence aos intervalos de confiança para praticamente todo $t \in (0, 8]$. Assim, ambas as covariáveis exercem efeito sobre a taxa de falha.

Embora os gráficos mencionados sejam muito úteis para avaliar se as covariáveis exercem efeito sobre a taxa de falha e se o efeito de cada uma delas é constante ou varia ao longo do tempo, eles dependem da interpretação do analista, o que lhes confere um caráter subjetivo. Desse modo, testes foram propostos para: (*i*) testar a significância do efeito das covariáveis e, em caso positivo, (*ii*) testar se o efeito de cada uma delas é constante ou varia ao longo do tempo. Alguns desses testes são apresentados a seguir.

7.4.1 Testando a significância do efeito das covariáveis

Testar se a covariável q ($q = 1, \ldots, p$) não exerce efeito sobre a função taxa de falha equivale, para o modelo de Aalen, a testar a hipótese nula

$$H_0\colon \beta_q(t) = 0 \quad \text{ou} \quad H_0\colon B_q(t) = 0, \qquad \text{para todo } t \in (0, \tau].$$

Embora seja usual considerar o intervalo $(0, \tau]$, é possível restringir a atenção a um intervalo menor. Para testar a hipótese H_0, foram propostos alguns testes que apresentam boas propriedades *versus* hipóteses alternativas da forma $\beta_q(t) > 0$ ou $\beta_q(t) < 0$. Um deles, proposto por Aalen (1980, 1989), considera, para cada tempo de falha t_j, a estatística de teste expressa pelo q-ésimo elemento U_q do vetor definido por

$$\mathbf{U} = \sum_{t_j \leq \tau} \mathbf{K}(t_j)\mathbf{Z}(t_j)\mathbf{I}(t_j), \tag{7.8}$$

em que $\mathbf{K}(t)$ é uma matriz diagonal $(p+1) \times (p+1)$, cujos elementos da diagonal são funções peso não negativas. Nota-se que a estatística de teste (7.8) surge como uma combinação ponderada da soma do estimador (7.2).

Em geral, a escolha para as funções peso depende da hipótese alternativa e do peso relativo que se deseja atribuir a diferentes períodos do intervalo de tempo $(0, \tau]$. Uma escolha ótima para as funções peso necessita do conhecimento das verdadeiras variâncias dos estimadores, o que, entretanto, depende de funções de parâmetros desconhecidos. Aalen (1989) considerou duas escolhas para as funções peso, ambas adequadas para as hipóteses alternativas $\beta_q(t) > 0$ ou $\beta_q(t) < 0$. A primeira é considerar cada função peso como sendo igual ao número de indivíduos que permanecem sob risco em um tempo específico t. Neste caso, a matriz $\mathbf{K}(t_j)$ em (7.8) pode ser substituída por um escalar $K_1(t_j)$ dado por

$$\mathbf{K}_1(t_i) = \sum_{i=1}^{n} K_{1i}(t),$$

em que $K_{1i}(t) = 1$, se o i-ésimo indivíduo está sob risco no tempo t, e $K_{1i}(t) = 0$, caso contrário. Uma segunda escolha é tomar

$$\mathbf{K}_2(t) = \left\{\text{diag}\left[(\mathbf{X}'(\text{t})\mathbf{X}(\text{t}))^{-1}\right]\right\}^{-1},$$

em que $\mathbf{K}_2(t)$ é a inversa de uma matriz diagonal tendo a mesma diagonal principal da matriz $[\mathbf{X}'(t)\mathbf{X}(t)]^{-1}$. Esta sugestão foi inspirada na regressão de mínimos quadrados ordinários, em que as variâncias dos estimadores são proporcionais aos elementos da diagonal da matriz $(\mathbf{X}'\mathbf{X})^{-1}$, com $\mathbf{X}$ a matriz de delineamento. Nesse texto, foi utilizada a segunda opção, visto que alguns estudos a indicaram como a mais adequada em diversas situações.

Um estimador para a matriz de covariância de $\mathbf{U}$ em (7.8) é

$$\mathbf{V} = \sum_{t_j \leq \tau} \mathbf{K}(t_j)[\mathbf{Z}(t_j)\mathbf{I}^D(t_j)\mathbf{Z}'(t_j)]\mathbf{K}'(t_j).$$

Suponha que o interesse seja o de testar simultaneamente H_0 para q em algum subconjunto A de $\{1, \ldots, p\}$ contendo $s \leq p$ elementos. Para tanto, considere $\mathbf{U}_A$ o subvetor correspondente de $\mathbf{U}$ e $\mathbf{V}_A$ a submatriz correspondente de $\mathbf{V}$ (isto é, $\mathbf{V}_A$ é a matriz de covariâncias estimadas de $\mathbf{U}_A$). Tem-se, então, a estatística de teste normalizada $\mathbf{U}'_A\mathbf{V}_A^{-1}\mathbf{U}_A$ que, sob H_0, para todo q em A, segue distribuição assintótica qui-quadrado com s graus de liberdade. Contudo, se o interesse for o de testar a hipótese nula H_0 para um único q em A, então, é utilizada a estatística de teste $Z_q = U_q V_{qq}^{-1/2}$ que, sob H_0, segue distribuição assintótica normal padrão.

A partir da escolha de diferentes funções peso, Lee e Weissfeld (1998) sugeriram outras quatro estatísticas de testes. A primeira contém $K_1(t)$ como caso especial e é dada por uma função quadrática, contínua e integrável em $[0,1]$. A segunda é uma combinação da primeira e segunda propostas apresentadas, enquanto a terceira é baseada na estimativa de Kaplan-Meier. A quarta combina a terceira e a função peso $K_2(t)$.

Sob o modelo aditivo de Aalen, Martinussen e Scheike (2006) mostraram que $n^{1/2}|\widehat{B}(t)-B(t)|$ converge em distribuição para um processo gaussiano e propuseram um teste alternativo para testar a hipótese nula H_0: $B_q(t)=0$, $q=1,\ldots,p$. O teste baseia-se no desvio maximal e variabilidade de $\widehat{B}_q(t)$, com sua estatística, sob H_0, dada por

$$T_{1S} = \sup_{t\in(0,\tau]} \left| \frac{n^{1/2}\widehat{B}_q(t)}{\left[\widehat{\sigma}_{qq}(t)\right]^{1/2}} \right|,$$

em que $\widehat{\sigma}_{qq}(t)$ é o q-ésimo elemento da diagonal da matriz (7.4).

Considerando a abordagem de reamostragem, a distribuição aproximada de T_{1S} pode ser obtida com base na distribuição empírica de T_{1S}. Mais detalhes podem ser encontrados em Martinussen e Scheike (2006).

7.4.2 Testando o efeito constante das covariáveis

Para as covariáveis com efeito significativo, há interesse em testar, para cada uma delas, se o efeito é constante, ou seja, testar a hipótese nula

$$H_0: \beta_q(t) = \alpha \quad \text{ou} \quad H_0: B_q(t) = \alpha\, t, \quad \text{para todo } t \in (0,\tau],$$

com α uma constante não nula. Em termos da função de regressão acumulada, nota-se que H_0 é dada por $B_q(t)=\alpha\, t$. Isso porque o comportamento de $\widehat{B}_q(t)$ *versus* t, para todo $t \in (0,\tau]$, deve ser próximo ao de uma reta com inclinação não nula para que o efeito da q-ésima covariável seja constante.

Duas estatísticas de teste apresentadas por Martinussen e Scheike (2006) para testar a hipótese H_0 são dadas por

$$T_{2S} = n^{1/2} \sup_{t\in[0,\tau]} |\widehat{B}_q(t) - \widehat{\alpha}\, t| \quad \text{e} \quad T_{2I} = n\int_0^{\tau} \left[\widehat{B}_q(t) - \widehat{\alpha}\, t\right]^2 dt.$$

Sob a abordagem de reamostragem, as distribuições aproximadas de T_{2S} e T_{2I} podem ser obtidas com base na distribuição empírica de cada uma delas. Uma potencial desvantagem das estatísticas T_{2S} e T_{2I} é que ambas dependem do intervalo de tempo considerado. Um teste sob o intervalo $(0, \tau]$ pode não ser rejeitado mesmo que a hipótese nula tenha sido rejeitada para um intervalo de tempo menor $(0, \tau_1]$, com $\tau_1 < \tau$. Assim, é recomendado que os resultados dos testes sejam avaliados em conjunto com os gráficos $\widehat{B}_q(t)$ *versus* t, para $q = 1, \ldots, p$.

7.5 Resíduos e adequação do modelo

Embora o modelo aditivo de Aalen seja bastante flexível, é importante verificar se ele fornece um ajuste adequado aos dados. Para esta finalidade, métodos baseados nos resíduos são ferramentas bastante úteis. Contudo, para definir os resíduos associados ao modelo de Aalen deve-se considerar o seu aspecto não paramétrico, a presença de covariáveis com efeito variando ao longo do tempo, assim como a usual presença de dados censurados.

No Capítulo 5, métodos baseados nos resíduos de Cox-Snell foram utilizados para avaliar a adequação do modelo de Cox. Para esse modelo, tais resíduos foram definidos por $e_i = \widehat{\Lambda}(t_i \mid \mathbf{x}_i)$, $i = 1, \ldots, n$, e, para que o modelo seja considerado adequado, eles devem seguir a distribuição exponencial padrão. Contudo, sob o modelo aditivo de Aalen, nota-se que a função taxa de falha acumulada $\Lambda(t \mid \mathbf{x}(t))$ pode ser estimada somente enquanto as funções $B_q(t)$, $q = 1, \ldots, p$, forem estimáveis, ou seja, para $t \in (0, \tau]$. Dessa forma, é importante ter em mente que desvios dos resíduos de Cox-Snell na cauda superior da distribuição não necessariamente significa inadequação do modelo. Os indivíduos sob risco que apresentarem o evento após τ são tratados como censurados neste valor.

Feita esta observação, considere $t_i \leq \tau$ o tempo de falha ou de censura associado ao i-ésimo indivíduo, $i = 1, \ldots, n$. Considere, ainda, que os valores das covariáveis são fixados em $t = 0$, de modo que a dependência de $\mathbf{x}_i$ em t pode ser excluída da notação. Para este indivíduo, o valor estimado para a taxa de falha acumulada no tempo $t \in (0, \tau]$ é então dado por

$$\widehat{\Lambda}(t \mid \mathbf{x}_i) = \widehat{B}_0(t) + \widehat{B}_1(t)x_{i1} + \ldots + \widehat{B}_p(t)x_{ip}.$$

Assim, para o modelo aditivo de Aalen, os resíduos de Cox-Snell foram definidos por Aalen (1989), para $t_i \leq \tau$, por

$$e_i = \widehat{\Lambda}(t_i \mid \mathbf{x}_i) = \widehat{B}_0(t_i) + \widehat{B}_1(t_i)x_{i1} + \ldots + \widehat{B}_p(t_i)x_{ip}.$$

Se $t_i < \tau$ corresponde a um tempo censurado, e_i também corresponde a um resíduo censurado. Para verificar se estes resíduos seguem aproximadamente uma distribuição exponencial padrão, deve-se construir o gráfico dos pares de pontos $(e_i, \widehat{\Lambda}(e_i))$, para todo e_i em que $t_i \leq \tau$. Desvios destes pares de pontos de uma linha reta com inclinação 1 e passando pela origem, dado que para a exponencial padrão $\Lambda(e) = e$, evidenciam que a adequação do modelo não é satisfatória. Para a obtenção de $\widehat{\Lambda}(e_i)$ pode-se utilizar o estimador de Nelson-Aalen expresso em (2.9) ou a relação $\widehat{\Lambda}(e_i) = -\log[\widehat{S}(e_i)]$ apresentada na Seção 1.5.5, com $\widehat{S}(e_i)$ obtida pelo estimador de Kaplan-Meier apresentado em (2.4).

Para certas situações, ressalta-se que o gráfico dos pares $(e_i, \widehat{\Lambda}(e_i))$, para e_i tal que $t_i \leq \tau$, pode não ser adequado para verificar se os resíduos seguem distribuição aproximada exponencial padrão. Em particular, isto ocorre quando há um percentual elevado de falhas após τ.

Outros resíduos para o modelo aditivo de Aalen, dentre eles os resíduos martingais, são abordados em Aalen et al. (2008). Outras técnicas gráficas também foram sugeridas por Mau (1986, 1988) e Arjas (1988).

7.6 Modelo aditivo semiparamétrico

O modelo aditivo de Aalen (7.1) assume que o efeito de todas as covariáveis variam ao longo do tempo. Entretanto, em muitos cenários práticos, o efeito de algumas delas pode variar ao longo do tempo, enquanto o de outras não. Para investigar quais covariáveis apresentam efeito variando ou não ao longo do tempo, alguns testes foram apresentados na Seção 7.4.

Para as situações em que o efeito de algumas covariáveis variam ao longo do tempo e o de outras não, McKeague e Sasieni (1994) propuseram o modelo de taxas de falha aditivo semiparamétrico, considerado um caso particular do modelo aditivo de Aalen. Na prática, este modelo é atrativo quando o interesse for o de investigar em mais detalhes a dinâmica dos efeitos das covariáveis. Por exemplo, o efeito de um tratamento em um estudo clínico. Além disso, se houver evidências de que o efeito é constante, não há a necessidade de considerar uma função de regressão para estimá-lo.

A expressão do modelo aditivo semiparamétrico é dada por

$$\lambda(t \mid \mathbf{x}(t)) = \boldsymbol{\beta}'(t)\,\mathbf{x}(t) + \boldsymbol{\alpha}'\,\mathbf{z}(t), \quad t \in (0, \tau], \tag{7.9}$$

em que $\boldsymbol{\beta}(t) = (\beta_0(t), \beta_1(t), \ldots, \beta_{p_1}(t))'$ são funções desconhecidas associadas à $\mathbf{x}(t) = (1, x_1(t), \ldots, x_{p_1}(t))'$, em que nenhuma forma paramétrica é assumida para elas, e $\boldsymbol{\alpha} = (\alpha_1, \ldots, \alpha_{p_2})'$ é um vetor de parâmetros desconhecidos associados às covariáveis $\mathbf{z}(t) = (z_1(t), \ldots, z_{p_2}(t))'$, que apresentam efeito constante, com $p_1 + p_2 = p$ o número total de covariáveis.

Quanto à estimação de $\boldsymbol{\beta}(t)$ e do vetor $\boldsymbol{\alpha}$ do modelo (7.9), não há custo adicional em termos de complexidade. Seguindo raciocínio semelhante ao utilizado para o modelo de Aalen, McKeague e Sasieni (1994) obtiveram os estimadores aproximados para as funções de regressão acumulada $\mathbf{B}(t)$ e para o vetor $\boldsymbol{\alpha}$, bem como suas propriedades assintóticas.

A ideia do procedimento de estimação consiste em resolver as equações de mínimos quadrados atualizando as estimativas para $\boldsymbol{\alpha}$ e $\mathbf{B}(t)$ até que a convergência seja obtida. Para tanto, o procedimento iterativo tem início fixando um chute inicial para $\boldsymbol{\alpha}$ para obter $\widehat{\mathbf{B}}(t)$. A seguir, a solução $\widehat{\mathbf{B}}(t)$ é considerada nas equações para obter $\widehat{\boldsymbol{\alpha}}$, e assim sucessivamente, até a convergência ser obtida. Para detalhes adicionais sobre este procedimento, pode-se consultar Martinussen e Scheike (2006).

Os resíduos de Cox-Snell são definidos para o modelo (7.9) de forma análoga ao apresentado para o modelo aditivo de Aalen.

Outro caso particular do modelo aditivo de Aalen (7.1), proposto por Lin e Ying (1994, 1995, 1997), considera que as funções de regressão associadas às p covariáveis são todas constantes desconhecidas. Esse modelo, denominado modelo aditivo de Ling e Ying, é dado por

$$\lambda(t \mid \mathbf{x}(t)) = \beta_0(t) + \alpha_1\,x_1(t) + \ldots + \alpha_p\,x_p(t), \tag{7.10}$$

em que α_q, $q = 1, \ldots, p$, são parâmetros desconhecidos e $\beta_0(t)$ é uma função taxa de falha de base arbitrária. O procedimento de estimação segue raciocínio similar ao apresentado para os outros modelos. Detalhes podem ser encontrados em Lin e Ying (1994, 1997) e Klein e Moeschberger (2003).

7.7 Exemplos

Esta seção ilustra os modelos tratados neste capítulo por meio de dois exemplos. Um deles, refere-se ao estudo de câncer de laringe descrito na Seção 5.7.1, e o outro ao estudo de pacientes infectados pelo HIV descrito na Seção 1.4.4. Detalhes adicionais sobre o segundo estudo podem ser encontrados em Pereira et al. (2007).

Para a análise dos dados dos estudos mencionados foram utilizados a função *addreg* e o pacote *timereg* do *software R*. Os comandos utilizados nestes pacotes estão disponíveis em https://docs.ufpr.br/~giolo/asa.

7.7.1 Estudo sobre câncer de laringe

Para ilustrar o modelo aditivo de Aalen em uma situação em que nenhuma das covariáveis depende do tempo, são utilizados, nesta seção, os dados do estudo de pacientes com câncer de laringe descritos e analisados por meio do modelo de Cox na Seção 5.7.1. As covariáveis registradas no diagnóstico dos pacientes foram: X_1 = estadiamento da doença (I, II, III ou IV) e X_2 = idade (em anos). Para as análises realizadas, a variável idade foi centrada em sua média ($\bar{x}$ = 64,6 anos). Quanto à covariável estadiamento, ela foi incluída no modelo por meio de três variáveis indicadoras, com a categoria de referência correspondendo ao estádio I. Assim, quando as três variáveis indicadoras forem iguais a 0, tem-se o estádio I.

Inicialmente, foi ajustado o modelo aditivo de Aalen considerando ambas as covariáveis e a interação entre elas. Para este modelo, foi possível estimar $\mathbf{B}(t)$ até τ = 3,9 anos. Com base nos resultados mostrados na Tabela 7.1, nota-se a presença de efeito não significativo da interação entre estadiamento e idade. Os gráficos das funções $B_5(t)$ a $B_7(t)$ dispostos na

Figura 7.2 corroboram este fato, pois o valor zero pertence aos intervalos de 95% de confiança para todo $t \in (0, \tau]$, com $\tau = 3{,}9$. Observa-se que foi utilizado o teste T_{1S} apresentado na Seção 7.4.1 porque o ajuste do modelo com a interação não foi possível por meio da função *addreg*.

Tabela 7.1 – Resultados associados aos modelos ajustados aos dados de laringe

Covariável	Modelo 1		Modelo 2		Modelo 3	
	T_{1S}	Valor p	T_{1S}	Valor p	T_{1S}	Valor p
Intercepto	2,73	0,047	3,00	0,021	3,19	0,013
Estádio II	1,19	0,746	1,13	0,835	1,11	0,816
Estádio III	2,91	0,030	2,87	0,039	2,85	0,043
Estádio IV	3,54	0,004	2,98	0,029	2,92	0,034
Idade - $\bar{x}$	1,42	0,652	1,98	0,310	–	–
Estádio II *(idade - $\bar{x}$)	2,00	0,172	–	–	–	–
Estádio III *(idade - $\bar{x}$)	1,24	0,802	–	–	–	–
Estádio IV *(idade - $\bar{x}$)	1,14	0,714	–	–	–	–

Nota: Saídas fornecidas pelo pacote *timereg* do *software R*.

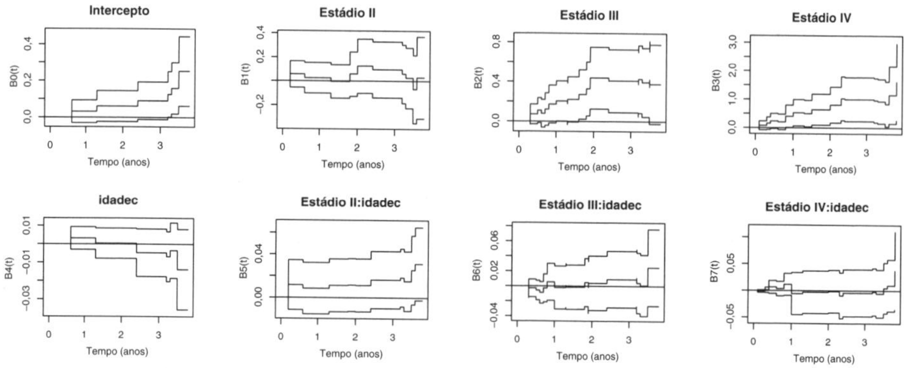

Figura 7.2 – $\widehat{B}(t)$ e intervalos de 95% de confiança do modelo com a interação.

Para o modelo sem a interação, observou-se $\tau = 4{,}3$, com a covariável idade também apresentando efeito não significativo (modelo 2, Tabela 7.1). Por fim, para o modelo contendo somente a covariável estadiamento, notou-se que a mesma apresentou efeito significativo (modelo 3, Tabela 7.1). Para este modelo, também observou-se $\tau = 4{,}3$ anos.

Para a obtenção dos resultados apresentados para os três modelos ajustados, são listados, a seguir, os comandos utilizados no pacote *timereg*.

```
> library(timereg)
> laringe<-read.table("https://docs.ufpr.br/~giolo/asa/dados/laringe.txt",h=T)
> attach(laringe); laringe$idadec<-idade-mean(idade)
> i<-order(laringe$tempos); dados<-laringe[i,]
> fit1<- aalen(Surv(tempos,cens)~factor(estadio)+idadec+factor(estadio)*idadec,
               dados, max.time=3.9)
> summary(fit1); par(mfrow=c(2,4)); plot(fit1)
> fit2<- aalen(Surv(tempos,cens)~factor(estadio)+idadec,dados,max.time=4.3)
> summary(fit2); par(mfrow=c(2,3)); plot(fit2)
> fit3<- aalen(Surv(tempos,cens)~factor(estadio),dados,max.time=4.3)
> summary(fit3); par(mfrow=c(2,2)); plot(fit3)
```

Os gráficos com as estimativas associadas ao modelo de Aalen contendo somente a covariável estadiamento podem ser visualizados na Figura 7.3.

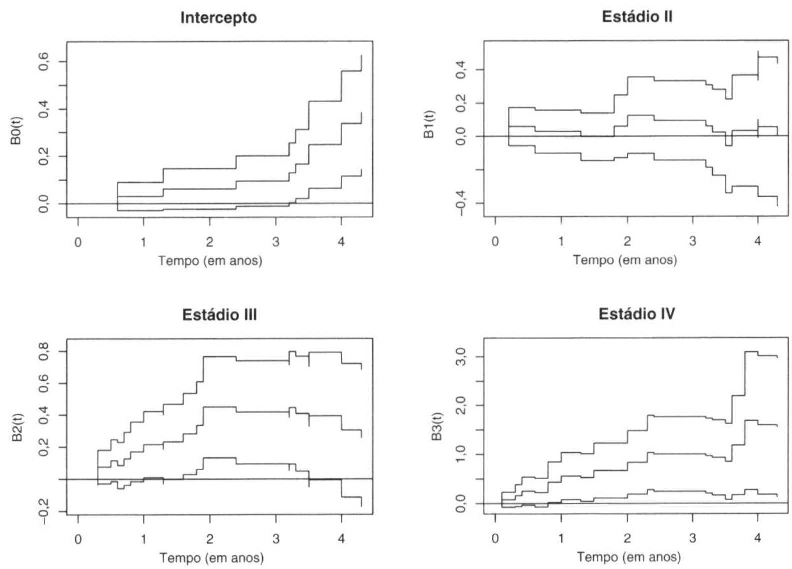

Figura 7.3 – $\widehat{B}(t)$ com seus respectivos intervalos de 95% de confiança.

Com base nos gráficos, nota-se, para $B_2(t)$ e $B_3(t)$, que o valor zero não pertence aos intervalos de confiança para todo $t \in (0;\ 4{,}3]$, o que, similar aos resultados da estatística de teste T_{1S} mostrados na Tabela 7.1, evidencia a presença de efeito significativo da covariável estadiamento. Além disso, é possível observar que o efeito desta covariável varia com o tempo, visto que, para pelo uma das funções de regressão acumulada $B_q(t)$, $q = 1, 2, 3$, a inclinação não é mesma para todo $t \in (0;\ 4{,}3]$.

No que diz respeito à qualidade de ajuste do modelo aditivo de Aalen com a covariável estadiamento, não é adequado utilizar, neste caso, o gráfico dos resíduos de Cox-Snell discutido na Seção 7.5. Isso porque um percentual elevado da amostra (48%) apresenta tempo observado maior que $\tau = 4{,}3$. A amostra é composta de $n = 90$ pacientes, em que 45% são censuras.

Em termos da função taxa de falha acumulada, o modelo aditivo de Aalen ajustado aos dados deste estudo fica expresso por

$$\widehat{\Lambda}(t \mid \mathbf{x}) = \begin{cases} \widehat{B}_0(t) & \text{se estádio I} \\ \widehat{B}_0(t) + \widehat{B}_1(t) & \text{se estádio II} \\ \widehat{B}_0(t) + \widehat{B}_2(t) & \text{se estádio III} \\ \widehat{B}_0(t) + \widehat{B}_3(t) & \text{se estádio IV,} \end{cases}$$

em que $\widehat{B}_q(t)$, $q = 0, \ldots, 3$ correspondem às funções de regressão acumulada mostradas na Figura 7.3. Dessa expressão, nota-se que a função $\widehat{B}_0(t)$ corresponde a taxa de falha acumulada dos pacientes no estádio I. Além disso, nota-se que $\widehat{B}_1(t)$ fornece o incremento (isto é, o acréscimo ou o decréscimo) em $\widehat{\Lambda}(t \mid \mathbf{x})$ atribuído à mudança do estádio I para o II, enquanto $\widehat{B}_2(t)$ e $\widehat{B}_3(t)$ fornecem o incremento em $\widehat{\Lambda}(t \mid \mathbf{x})$ atribuído à mudança do estádio I para o III e do estádio I para o IV, respectivamente. A representação gráfica das curvas $\widehat{\Lambda}(t \mid \mathbf{x})$ é apresentada na Figura 7.4.

Analisando a taxa de falha acumulada $\widehat{\Lambda}(t \mid \mathbf{x})$ dos pacientes no estádio I, que corresponde à $\widehat{B}_0(t)$ apresentada na Figura 7.3, nota-se que a inclinação da curva é positiva e aproximadamente a mesma até $t \approx 3{,}2$ anos. A partir deste tempo até $t = 4{,}3$, a inclinação continua positiva, porém mais acentuada do que a observada para $t \in (0;\ 3{,}2]$. Logo, para os pacientes no estádio I, a taxa de falha em $t \in (0;\ 3{,}2]$ foi inferior àquela em $t \in (3{,}2;\ 4{,}3]$.

Quanto à taxa de falha acumulada dos pacientes no estádio II, foi visto que $\widehat{\Lambda}(t \mid \mathbf{x}) = \widehat{B}_0(t) + \widehat{B}_1(t)$, com $\widehat{B}_1(t)$ o incremento em $\widehat{\Lambda}(t \mid \mathbf{x})$ atribuído à mudança do estádio I para o II. Visto que o gráfico associado à $\widehat{B}_1(t)$ (Figura 7.3) mostra que este incremento foi próximo de zero para todo $t \in (0;\ 4{,}3]$, tem-se que a taxa de falha dos pacientes no estádio II não diferiu daquela dos pacientes no estádio I, o que pode ser observado na Figura 7.4.

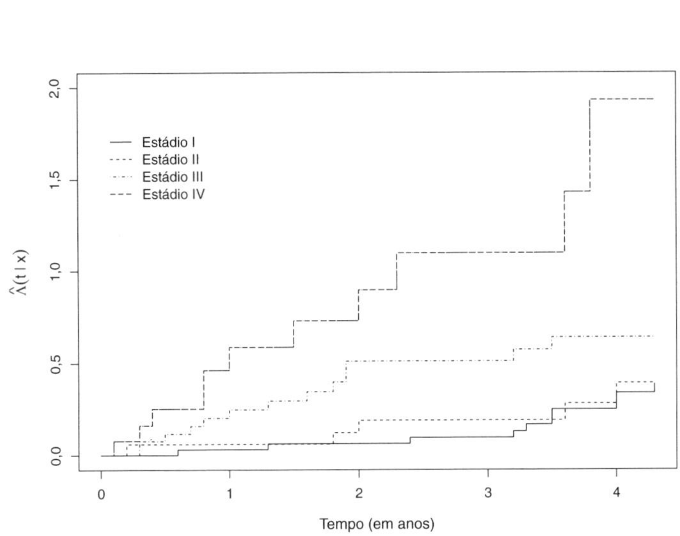

Figura 7.4 – $\widehat{\Lambda}(t \mid \mathbf{x})$ *versus* t de acordo com os estádios.

Em relação aos pacientes no estádio III, tem-se que $\widehat{\Lambda}(t \mid \mathbf{x}) = \widehat{B}_0(t) + \widehat{B}_2(t)$, com $\widehat{B}_2(t)$ o incremento em $\widehat{\Lambda}(t \mid \mathbf{x})$ atribuído à mudança do estádio I para o III. Como a curva $\widehat{B}_2(t)$ exibida na Figura 7.3 apresenta inclinação positiva até o tempo $t \approx 2$ e inclinação próxima de zero para $t \in (2;\ 4{,}3]$, refletindo estabilização da taxa de falha neste período, segue que os pacientes no estádio III apresentaram taxa de falha superior à dos pacientes no estádio I, como pode ser visualizado na Figura 7.4. Finalmente, para os pacientes no estádio IV, em que $\widehat{\Lambda}(t \mid \mathbf{x}) = \widehat{B}_0(t) + \widehat{B}_3(t)$, com $\widehat{B}_3(t)$ o incremento em $\widehat{\Lambda}(t \mid \mathbf{x})$ atribuído à mudança do estádio I para o IV, a Figura 7.3 mostra que $\widehat{B}_3(t)$ apresenta inclinação positiva até $t \approx 2{,}5$, inclinação nula para $t \in (2{,}5;\ 3{,}5]$ e inclinação positiva para $t \in (3{,}5;\ 4{,}3]$. Tem-se, assim, que a taxa de falha dos pacientes no estádio IV foi superior a daqueles no estádio I para todo $t \in (0;\ 4{,}3]$, bem como foi superior a daqueles no estádio III, como pode ser claramente visualizado na Figura 7.4.

Análise dos dados deste estudo foi realizada na Seção 5.7.1 por meio do ajuste do modelo de Cox. Em tal análise, o efeito da interação entre as variáveis estadiamento e idade foi significativo e, sendo assim, foram utilizados os resultados do modelo com esta interação (Tabela 5.4). Algumas razões podem ser levantadas para justificar a diferença entre as duas análises: (1) o modelo de Cox, por ser semiparamétrico, é mais eficiente que o de Aalen. Inclusive, o processo de estimação do modelo de Aalen com a interação ficou restrito a $\tau = 3{,}9$; (2) a Tabela 5.2 mostra que foi realizado um teste individual para cada termo da interação. Caso fosse realizado o teste conjunto com três graus de liberdade, o efeito da interação não seria significativo e, assim, os modelos finais ficariam com as mesmas variáveis.

7.7.2 Estudo sobre sinusite em pacientes com HIV

O estudo envolvendo a ocorrência de sinusite em pacientes infectados pelo HIV apresenta, como descrito na Seção 1.4.4, algumas covariáveis fixas e uma dependente do tempo. Devido à presença da covariável dependente do tempo (grupos de risco), uma extensão do modelo de Cox, que permite a inclusão deste tipo de covariável, foi utilizada no Capítulo 6 para a análise dos dados desse estudo. No entanto, o modelo aditivo de Aalen se apresenta como uma outra alternativa para a análise desses dados.

Para o ajuste desse modelo, foram consideradas as covariáveis listadas na Tabela 6.1. São elas: idade, sexo, grupos de risco, atividade sexual, uso de droga injetável e uso de cocaína. A covariável idade foi centrada em sua respectiva média ($\bar{x} = 32{,}4$ anos). Para a inclusão da covariável grupos de risco no modelo, foram utilizadas três variáveis indicadoras, com a categoria de referência correspondendo ao grupo HIV soronegativo.

Para o modelo contendo todas as covariáveis citadas, a estimação das funções de regressão acumulada $B_q(t)$, $q = 1, \ldots, p$, ficou restrita ao tempo $\tau = 283$ dias. Efeito não significativo foi observado para: sexo, atividade sexual, uso de droga injetável e uso de cocaína. Após remover, uma a uma, as covariáveis com efeito não significativo, restaram no modelo as covariáveis: idade centrada na média e grupos de risco. O tempo máximo em que foi possível estimar as funções de regressão acumulada para o modelo com estas covariáveis foi $\tau = 617$ dias. A Figura 7.5 mostra essas funções para o modelo com as covariáveis idade e grupos de risco.

Para $\widehat{B}_1(t)$, nota-se que o valor zero não pertence aos intervalos de confiança para todo $t \in (0,\ 617]$, evidenciando a significância do efeito da

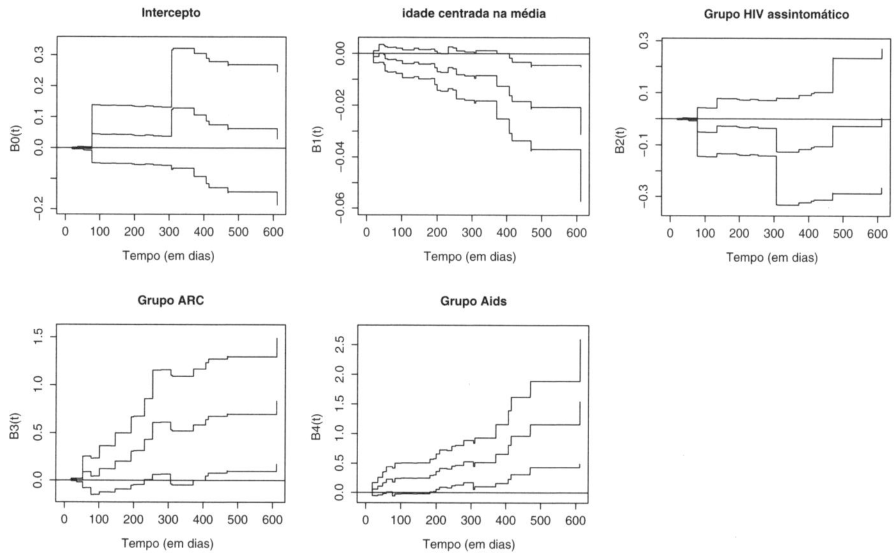

Figura 7.5 – Funções de regressão acumulada estimadas para $t \in (0, 617]$.

covariável idade centrada na média. Ainda, os resultados da estatística de teste Z_q mostrados na Tabela 7.2 indicam a significância desse efeito.

Tabela 7.2 – Teste do efeito das covariáveis no modelo de Aalen

Covariável	H_0: $\beta_q(t) = 0$	
	Z_q	Valor p
Intercepto	0,91	0,37
Idade - $\bar{x}$	−2,56	0,01
Grupo HIV assintomático	−0,68	0,50
Grupo ARC	2,32	0,02
Grupo Aids	3,51	<0,01

Nota: Saídas fornecidas pela função *addreg* do *software* R.

Quanto à covariável grupos de risco, representada no modelo por $B_2(t)$ a $B_4(t)$, a Figura 7.5 mostra que, para $\widehat{B}_3(t)$ e $\widehat{B}_4(t)$, o valor zero não pertence aos intervalos de confiança para todo $t \in (0, 617]$ e, sendo assim, há evidências de efeito significativo desta covariável. Os resultados da estatística de teste Z_q mostrados na Tabela 7.2 corroboram este fato.

Após selecionar as covariáveis com efeito significativo, há interesse em avaliar a qualidade de ajuste do modelo com estas covariáveis. Para tanto, foram obtidos os resíduos de Cox-Snell para $T \leq \tau$ e construídos os gráficos apresentados na Figura 7.6, que, com exceção de alguns poucos pares de pontos, mostram evidências de ajuste satisfatório do modelo. Sob o modelo selecionado, o percentual de falhas após $\tau = 617$ foi menor que 8%.

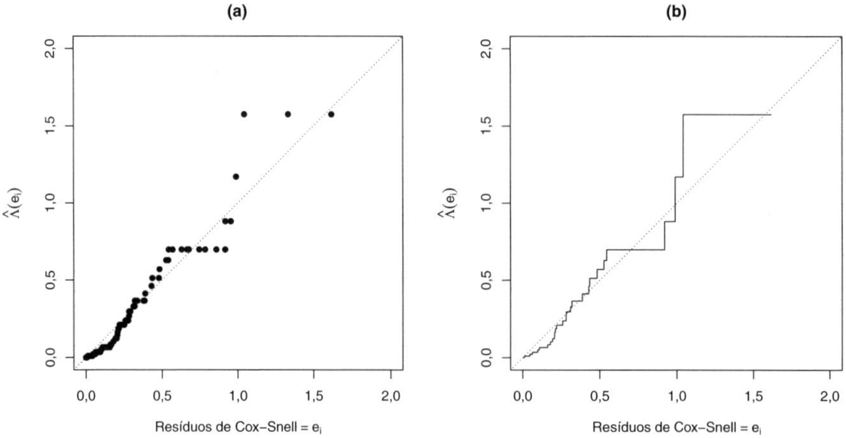

Figura 7.6 – (a) Resíduos e_i *versus* $\widehat{\Lambda}(e_i)$ e (b) mesmo gráfico em forma de escada, com $\widehat{\Lambda}(e_i)$ as estimativas obtidas pelo estimador de Nelson-Aalen.

7.7.2.1 Interpretação do modelo de Aalen ajustado

Para o modelo ajustado, a expressão de sua respectiva função taxa de falha acumulada, para $t \in (0, \tau]$, é dada por

$$\widehat{\Lambda}(t \mid \mathbf{x}(t)) = \widehat{B}_0(t) + \widehat{B}_1(t)(x_1 - \bar{x}) + \widehat{B}_2(t)x_2(t) + \widehat{B}_3(t)x_3(t) + \widehat{B}_4(t)x_4(t),$$

em que x_1 é a idade do paciente, $\bar{x} = 32{,}4$ anos e $(x_2(t), x_3(t), x_4(t))$ indica o grupo de risco no tempo t, com (0,0,0) indicando o grupo HIV soronegativo, (1,0,0) o grupo HIV assintomático, (0,1,0) o grupo ARC e (0,0,1) o grupo Aids. Desse modo, quando a idade $x_1 = \bar{x}$, tem-se

$$\widehat{\Lambda}(t \mid \mathbf{x}(t)) = \begin{cases} \widehat{B}_0(t) & \text{se HIV soronegativo no tempo } t \\ \widehat{B}_0(t) + \widehat{B}_2(t) & \text{se HIV assintomático no tempo } t \\ \widehat{B}_0(t) + \widehat{B}_3(t) & \text{se ARC no tempo } t \\ \widehat{B}_0(t) + \widehat{B}_4(t) & \text{se Aids no tempo } t, \end{cases}$$

em que $\widehat{B}_q(t)$, $q = 0, 2, 3, 4$, são as funções de regressão acumulada exibidas na Figura 7.5. Com base nesta expressão, o gráfico (a) da Figura 7.7 mostra as taxas de falha acumulada $\widehat{\Lambda}(t \mid \mathbf{x}(t))$ associadas aos pacientes com idade $\bar{x} = 32{,}4$ anos que iniciaram o estudo em um dos quatro grupos de risco e permaneceram no mesmo grupo ao longo de todo o estudo. Por outro lado, o gráfico (b) apresenta $\widehat{\Lambda}(t \mid \mathbf{x}(t))$ associada a um paciente com $\bar{x} = 32{,}4$ anos que mudou de grupo de risco ao longo do período (0, 617] dias.

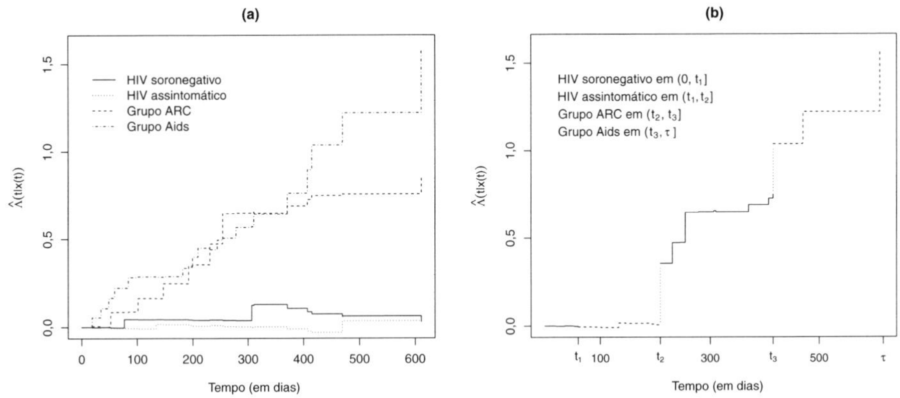

Figura 7.7 – Curvas $\widehat{\Lambda}(t \mid x(t))$ (a) para pacientes com $\bar{x} = 32{,}4$ anos que permaneceram no mesmo grupo de risco desde o início do estudo e (b) para um paciente que mudou de grupo de risco ao longo do estudo.

De acordo com o apresentado, pacientes com idade $\bar{x} = 32{,}4$ anos que iniciaram o estudo no grupo HIV soronegativo e permaneceram nele até o final do estudo, apresentaram taxa de falha acumulada $\widehat{\Lambda}(t \mid x(t)) = \widehat{B}_0(t)$. Como a Figura 7.5 mostra que $\widehat{B}_0(t)$ apresenta inclinação próxima de zero, com o valor zero pertencendo aos intervalos de confiança para $t \in (0,\ 617]$, segue que a taxa de ocorrência de sinusite estimada para estes pacientes foi próxima de zero, como mostra o gráfico (a) da Figura 7.7. De forma análoga, para os pacientes com idade $\bar{x} = 32{,}4$ anos que iniciaram o estudo no grupo HIV assintomático e permaneceram nele para todo $t \in (0,\ 617]$, tem-se que $\widehat{\Lambda}(t \mid \mathbf{x}(t)) = \widehat{B}_0(t) + \widehat{B}_2(t)$. Visto que $\widehat{B}_2(t)$ também apresenta inclinação próxima de zero, com o valor zero pertencendo aos intervalos de confiança para todo $t \in (0,\ 617]$, segue que a taxa de ocorrência de sinusite estimada para estes pacientes também foi próxima de zero, como pode ser visualizado no gráfico (a) da Figura 7.7. Quanto aos pacientes com idade

$\bar{x} = 32{,}4$ anos que iniciaram o estudo no grupo ARC e permaneceram nele para todo $t \in (0, 617]$, tem-se que $\widehat{\Lambda}(t \mid \mathbf{x}(t)) = \widehat{B}_0(t) + \widehat{B}_3(t)$. Como $\widehat{B}_3(t)$ apresenta inclinação positiva, segue que a taxa de ocorrência de sinusite para estes pacientes foi superior a dos pacientes no grupo HIV soronegativo, com estabilização a partir de $t \approx 415$ dias, como mostra o gráfico (a) da Figura 7.7. Por fim, para os pacientes com idade $\bar{x} = 32{,}4$ anos que iniciaram o estudo no grupo Aids e permaneceram nele para todo $t \in (0, 617]$, tem-se que $\widehat{\Lambda}(t \mid \mathbf{x}(t)) = \widehat{B}_0(t) + \widehat{B}_4(t)$. Visto que $\widehat{B}_4(t)$ apresenta inclinação positiva, sendo ela menos acentuada para $t \in (0, 370]$ do que para $t \in (370, 617]$, segue que a taxa de ocorrência de sinusite para estes pacientes foi superior a daqueles no grupo HIV soronegativo (Figura 7.7). O gráfico (a) da Figura 7.7 também mostra que a taxa de ocorrência de sinusite foi similar para os pacientes nos grupos ARC e Aids no período (0, 415], com um distanciamento ocorrendo para $t \in (415, 617]$.

As interpretações apresentadas foram feitas para pacientes com idade $\bar{x} = 32{,}4$ anos. Para outras idades, nota-se que a função de regressão acumulada $\widehat{B}_1(t)$ associada à covariável idade centrada na média (Figura 7.5) apresenta inclinação negativa para todo $t \in (0, 617]$. Assim, acréscimos nos valores da idade indicam decréscimos na taxa de ocorrência de sinusite.

Uma vez que, neste estudo, a covariável grupos de risco é dependente do tempo, mudanças de grupo foram observadas para vários pacientes. O gráfico (b) da Figura 7.7 ilustra esta situação para um paciente com idade $\bar{x} = 32{,}4$ anos que mudou de grupo de risco nos tempos t_1, t_2 e t_3, com $t_1 < t_2 < t_3 < \tau$. Nota-se que a taxa de falha acumulada deste paciente mudou à medida que ele mudou de grupo de risco. Além disso, acréscimos na idade implica em decréscimos na taxa de ocorrência de sinusite.

Os comandos em *R* para obtenção dos resultados apresentados para este estudo estão disponíveis em https://docs.ufpr.br/~giolo/asa.

7.7.2.2 Comparativo entre os modelos ajustados aos dados

Para a análise dos dados do estudo sobre sinusite em pacientes com HIV, foram considerados dois modelos: o modelo de Cox com covariáveis dependentes do tempo, ajustado no Capítulo 6, e o modelo de Aalen, ajustado neste capítulo. Em essência, eles apresentaram as mesmas conclusões. Para ambos, as covariáveis idade e grupos de risco foram identificadas como fatores de risco para a ocorrência de sinusite. A idade apresentou efeito negativo, indicando que decréscimos são esperados na taxa de ocorrência de sinusite com o aumento da idade. Além disso, a taxa de ocorrência de sinusite foi maior para os pacientes que estavam nos grupos ARC ou Aids desde o início do estudo, ou que ingressaram neles no decorrer do estudo.

Para comparar a qualidade de ajuste dos dois modelos mencionados, a Figura 7.8 apresenta no gráfico (a) os pares de pontos $(e_i, \widehat{\Lambda}(e_i))$ para ambos os modelos, com e_i os resíduos de Cox-Snell e $\widehat{\Lambda}(e_i)$ estimada usando o estimador de Nelson-Aalen. No gráfico (b), os mesmos pares são apresentados para ambos os modelos no formato de curvas escada.

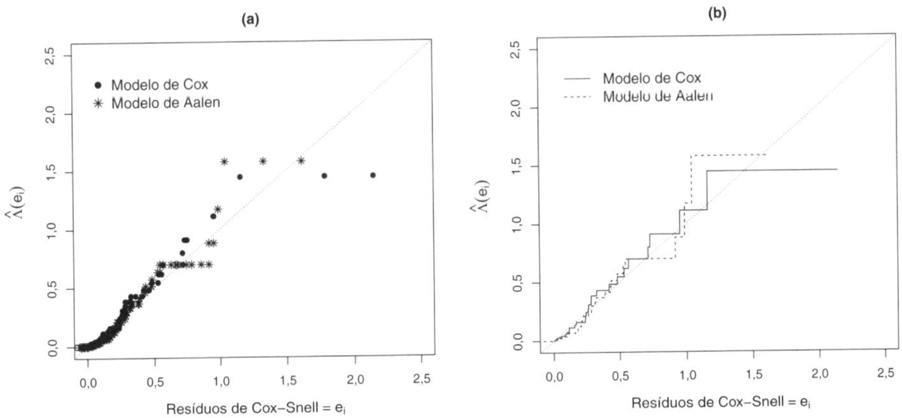

Figura 7.8 – Resíduos e_i *versus* $\widehat{\Lambda}(e_i)$ para os modelos de Cox e de Aalen.

Com base nos gráficos mostrados na Figura 7.8, nota-se que os pontos associados a ambos os modelos, com exceção de alguns deles, apresentam proximidade com a reta $y = x$, indicando que os dois modelos apresentaram qualidade de adequação similar e satisfatória. Um aspecto importante a ser considerado quanto à escolha por um dos modelos diz respeito ao efeito das covariáveis. Para o modelo de Aalen, eles são permitidos variar ao longo do tempo, o que não ocorre para o modelo de Cox com covariáveis dependentes do tempo ajustado no Capítulo 6. Logo, se a variação do efeito de uma ou mais covariáveis for acentuada, a escolha pelo modelo de Aalen, ou um de seus casos particulares apresentados na Seção 7.6, é a opção mais indicada.

Avaliando, inicialmente, o efeito da covariável idade centrada na média, nota-se que a função $\widehat{B}_1(t)$ associada a esta covariável (Figura 7.5) apresenta inclinação com mudanças não muito acentuadas para $t \in (0, 617]$, sugerindo que o seu efeito é constante. Em relação à covariável grupos de risco, deve-se avaliar a inclinação das curvas $\widehat{B}_2(t)$, $\widehat{B}_3(t)$ e $\widehat{B}_4(t)$ associadas à esta covariável (Figura 7.5). Neste caso, evidências de inclinação constante para as três simultaneamente, sugere efeito constante para a covariável grupos de risco. Para $\widehat{B}_2(t)$, nota-se inclinação próxima de zero para $t \in (0, 617]$ e, para $\widehat{B}_3(t)$ e $\widehat{B}_4(t)$, suas respectivas inclinações apresentam mudanças não muito acentuadas ao longo do tempo. Assim, se estas mudanças não forem relevantes no contexto do estudo, pode-se assumir que o efeito da covariável grupos de risco é constante. Caso contrário, deve-se manter o efeito da covariável grupos de risco variando ao longo do tempo.

As evidências de mudanças não muito acentuadas nas inclinações das curvas associadas às covariáveis idade e grupos de risco auxiliam a explicar a adequação satisfatória tanto do modelo de Aalen quanto do modelo de Cox com covariáveis dependentes do tempo indicada na Figura 7.8. Além disso, elas também indicam a possibilidade de serem considerados os casos particulares do modelo de Aalen apresentados na Seção 7.6. Por exemplo, se for assumido efeito constante para a covariável idade centrada na média, mas para a covariável grupos de risco não, tem-se o modelo aditivo semiparamétrico (7.9). Nesse caso, a expressão do modelo, em termos da função risco acumulada, fica dada por

$$\Lambda(t \mid \mathbf{x}(t)) = B_0(t) + \alpha_1 \, t \, (x_1 - \bar{x}) + B_2(t) \, x_2(t) + B_3(t) \, x_3(t) + B_4(t) \, x_4(t),$$

em que $B_0(t)$ é a função risco de base acumulada, α_1 é o parâmetro desconhecido que corresponde à inclinação de $B_1(t)$, x_1 é a idade do paciente, $\bar{x}$ = 32,4 anos, $B_q(t)$, q = 2, 3, 4, são funções de regressão acumulada e $(x_2(t), x_3(t), x_4(t))$ indica o grupo de risco no tempo t.

Por outro lado, se efeito constante for assumido para ambas as covariáveis (isto é, idade e grupos de risco), tem-se o modelo aditivo de Lin e Ying expresso em (7.10) que, para este estudo, fica dado por

$$\Lambda(t \mid \mathbf{x}(t)) = B_0(t) + \alpha_1\, t\,(x_1 - \bar{x}) + \alpha_2\, t\, x_2(t) + \alpha_3\, t\, x_3(t) + \alpha_4\, t\, x_4(t), \quad (7.11)$$

em que $B_0(t)$ é a função risco de base acumulada, α_q são parâmetros desconhecidos que correspondem à inclinação de $B_q(t)$, para $q = 1, \ldots, 4$, x_1 é a idade, $\bar{x} = 32{,}4$ anos, e $(x_2(t), x_3(t), x_4(t))$ indica o grupo de risco no tempo t, com (0,0,0) o grupo HIV soronegativo.

É possível notar que o modelo (7.11) apresenta um paralelo com o modelo de Cox com covariáveis dependentes do tempo expresso em (6.1), sendo que, para o modelo (6.1), os efeitos das covariáveis atuam de forma multiplicativa na taxa de falha e, para (7.11), de forma aditiva.

Os comandos utilizados no pacote *timereg* do *R* para o ajuste dos modelos aditivo semiparamétrico e aditivo de Lin e Ying encontram-se disponíveis a seguir, bem como em https://docs.ufpr.br/~giolo/asa.

```
> library(timereg)
> fit4<-aalen(Surv(ti,tf,cens)~const(idc)+factor(grp),max.time=617,aids3)
> summary(fit4); par(mfrow=c(2,2)); plot(fit4)
> fit5<-aalen(Surv(ti,tf,cens)~const(idc)+const(factor(grp)),max.time=617,aids3)
> summary(fit5); par(mfrow=c(1,1)); plot(fit5)
```

7.8 Considerações finais

Neste capítulo, foi apresentado o modelo aditivo de Aalen e dois casos particulares: o modelo aditivo semiparamétrico e o modelo aditivo de Lin e Ying. Diferente do modelo de Cox apresentado no Capítulo 5, em que os efeitos das covariáveis atuam de forma multiplicativa na taxa de falha, no modelo de Aalen os efeitos atuam de forma aditiva. Ainda, o modelo de Cox é semiparamétrico, enquanto o de Aalen é não paramétrico, no sentido de que nenhuma forma paramétrica é assumida para as funções de regressão.

Embora o modelo aditivo de Aalen e seus casos particulares estejam implementados em *softwares* estatísticos, bem como suas propriedades bem estudadas, a utilização dos mesmos não é muito frequente em aplicações práticas, possivelmente devido à forma não paramétrica assumida para as funções de regressão (MARTINUSSEN; SCHEIKE, 2006) e ao fato do modelo de Cox ter sido proposto em data anterior ao de Aalen.

A principal vantagem do modelo aditivo de Aalen, quando comparado ao de Cox, é a dele possibilitar uma avaliação das mudanças que ocorrem no efeito das covariáveis ao longo do tempo. Contudo, extensões do modelo de Cox também foram propostas com o intuito de permitir esta avaliação. Uma dessas extensões, apresentada em Martinussen e Scheike (2006), e que também está implementada no pacote *timereg*, é dada por

$$\lambda(t \mid \mathbf{x}(t)) = \lambda_0(t) \exp\left[\sum_{q=1}^{p} \beta_q(t)\ x_q(t)\right] = \lambda_0(t) \exp[\boldsymbol{\beta}'(t)\,\mathbf{x}(t)], \qquad (7.12)$$

em que $\lambda_0(t)$ é uma função taxa de falha de base arbitrária e $\beta_1(t), \ldots, \beta_p(t)$ são funções do tempo desconhecidas, em que nenhuma forma paramétrica é assumida para elas. Logo, similar ao modelo de Aalen, o modelo (7.12) permite que tanto as covariáveis quanto os seus efeitos variem com o tempo. Além disso, também foi proposto um caso particular de (7.12) que permite que algumas covariáveis apresentem efeito variando ao longo do tempo e outras não, similar ao modelo aditivo semiparamétrico (7.9). Nota-se, ainda, que quando todos os componentes de $\boldsymbol{\beta}(t)$ não dependerem do tempo, isto é, $\beta_q(t) = \beta_q$, para $q = 1, \ldots, p$, tem-se o modelo (6.1).

Outro modelo apresentado por Martinussen e Scheike (2006), denominado modelo Cox-Aalen, tem como ideia combinar os modelos multiplicativo de Cox e o aditivo de Aalen. Uma proposta semelhante é apresentada em Zahl (2003). Para os leitores interessados em detalhes adicionais sobre modelos que apresentam covariáveis com efeito variando ao longo do tempo, usualmente denominados modelos de regressão dinâmicos para dados de sobrevivência, sugere-se o livro de Martinussen e Scheike (2006).

7.9 Exercícios

1. Ajuste o modelo aditivo de Aalen aos dados de embalagens de requeijão descritos no Exercício 6 do Capítulo 2.

2. Ajuste o modelo aditivo de Aalen aos dados de leucemia pediátrica descritos na Seção 1.4.3. Compare os resultados obtidos com aqueles do modelo de Cox apresentados na Seção 5.7.3.

3. Ajuste o modelo aditivo de Aalen aos dados de leucemia aguda apresentados na Seção 4.6.2. Compare os resultados obtidos com aqueles do modelo de regressão exponencial apresentados na mesma seção.

Capítulo 8

Censura intervalar e dados grupados

8.1 Introdução

As situações abordadas nos capítulos anteriores foram aquelas em que os indivíduos sob estudo apresentavam como resposta um tempo exato de falha ou um tempo censurado à direita. No entanto, dados de sobrevivência podem, eventualmente, ser registrados em intervalos de tempo. Nesses casos, e como mencionado na Seção 1.3.2, tem-se dados de sobrevivência com censura intervalar. Esse tipo de dados ocorre, por exemplo, em estudos agronômicos, quando as visitas às unidades de campo são realizadas entre datas distantes (COLOSIMO et al., 2000) ou, similarmente, em estudos agropecuários, quando as avaliações do rebanho são realizadas entre períodos espaçados (GIOLO et al., 2003). Eles também aparecem com frequência em estudos clínicos longitudinais, quando a ocorrência do evento de interesse é monitorada em visitas médicas de rotina (KIM et al., 1993; SUN, 1996).

Em tais estudos, o tempo exato em que o evento de interesse ocorreu é usualmente desconhecido. Para os indivíduos em que o evento ocorreu, sabe-se somente que foi em um intervalo de tempo denotado por $(L, U]$, em que $L < T \leq U$. A principal razão para a ocorrência desse tipo de dados é o monitoramento pouco rígido das unidades amostrais. Por exemplo, para o estudo de sinusite descrito na Seção 1.4.4, o monitoramento dos pacientes foi realizado a cada três meses no consultório médico. Assim, a ocorrência da sinusite ocorreu entre duas consultas consecutivas, em que o diagnóstico foi negativo na primeira e positivo na seguinte. Caso o monitoramento dos pacientes tivesse sido realizado diariamente, o que não é viável na prática, as censuras intervalares dariam lugar a tempos exatos.

Por outro lado, a ocorrência de censuras à direita e à esquerda continuam sendo possíveis nesses estudos. No que se refere às censuras à direita, elas são caracterizadas por aquelas situações em que o evento de interesse não ocorreu até a última visita e, sendo assim, assume-se, nestes casos, que T pertence ao intervalo (L, ∞), com L o tempo decorrido desde o início do estudo até a última visita e $U = \infty$. Similarmente, as censuras à esquerda são caracterizadas por aquelas situações em que o evento de interesse ocorreu anterior à primeira visita. Para estes casos, assume-se que T ocorreu no intervalo $(0, U]$, com $L = 0$ representando o início do estudo e U o tempo decorrido desde o início do estudo até a primeira visita. Além disso, se o evento de interesse ocorreu exatamente no momento de uma das visitas, o que é pouco provável, mas pode eventualmente acontecer, tem-se um tempo exato de falha. Para estes casos, considera-se que $T = L = U$.

Do que foi apresentado, nota-se que os tempos exatos, bem como os tempos censurados à direita e à esquerda, são casos particulares de dados de sobrevivência intervalar. Portanto, dados de sobrevivência intervalar generalizam qualquer situação em que pode ocorrer combinações de tempos de falha (exatos ou intervalares) e censuras à direita e à esquerda.

Um caso particular de dados de sobrevivência intervalar, que também é relevante e é abordado neste capítulo, são os dados grupados. Este tipo de dados ocorre quando todas as unidades amostrais são monitoradas nos mesmos instantes. Um exemplo que ilustra esta situação é o de um estudo em que todas as unidades amostrais foram monitoradas após 7, 14, 21, 28 e 35 dias do início do estudo (periodicidade semanal). Se, contudo, uma parte das unidades amostrais tivesse sido monitorada a cada cinco dias e a outra a cada sete dias, os dados seriam de censura intervalar e não grupados. Os dados grupados são frequentemente associados às situações com excesso de empates. Ressalta-se que o termo empate tem sentido somente para dados grupados, tendo em vista que, para este tipo de dados, todas as unidades amostrais são monitoradas exatamente nos mesmos tempos.

Na análise de dados de sobrevivência intervalar, estimar a função de sobrevivência $S(t)$ e acessar a importância das covariáveis para esta função também são os principais interesses. Contudo, como poucos *softwares* estatísticos acomodam este tipo de dados, é comum assumir para o evento que ocorreu no intervalo $(L, U]$ que o tempo exato corresponde ao limite inferior ou ao limite superior ou, então, ao ponto médio do intervalo, o que viabiliza a aplicação dos métodos tratados nos capítulos anteriores. Entretanto, alguns autores, dentre eles, Rücker e Messerer (1988), Odell et al. (1992) e Dorey et al. (1993), ressaltam que proceder desse modo pode conduzir a vieses, bem como a resultados e conclusões não muito confiáveis, principalmente na presença de intervalos de maior comprimento.

Este capítulo apresenta um procedimento não paramétrico e modelos de regressão propostos para a análise de dados de sobrevivência intervalar. As Seções 8.2 e 8.3 apresentam, respectivamente, o estimador de Turnbull e modelos paramétricos. O modelo semiparamétrico é tratado na Seção 8.4. Para ilustrar o estimador de Turnbull e os modelos, são utilizados os dados de câncer de mama descritos na Seção 1.4.6. Devido à importância dos dados grupados, modelos para a análise deste tipo de dados são tratados na Seção 8.5. Para ilustrar o uso desses modelos, a Seção 8.6 apresenta a análise dos tempos de vida de mangueiras descritos na Seção 1.4.7. Considerações de ordem prática sobre a utilização de aproximações ou modelos discretos na presença de empates finalizam o capítulo na Seção 8.7.

8.2 Estimador não paramétrico de Turnbull

No Capítulo 2, estimadores não paramétricos foram apresentados para estimar a função de sobrevivência. Nesta seção, um estimador similar, proposto por Turnbull (1976), é apresentado para estimar esta mesma função no contexto de sobrevivência intervalar. Tal estimador, que não tem forma analítica fechada, é baseado em um procedimento iterativo e consiste de uma modificação do estimador de Kaplan-Meier apresentado na Seção 2.3.

Para apresentar o estimador não paramétrico de Turnbull para as situações em que o tempo exato é desconhecido, mas sabe-se que $T_i \in (L_i, U_i]$ ou $T_i \in (L_i, \infty)$, $i = 1, \ldots, n$, considere $0 = \tau_0 < \tau_1 < \tau_2 < \ldots < \tau_m$ uma sequência de tempos que inclui todos os limites L_i e U_i. Para a i-ésima observação, $i = 1, \ldots, n$, defina um peso α_{ij} o qual assume o valor 1, se o intervalo $(\tau_{j-1}, \tau_j]$ está contido no intervalo $(L_i, U_i]$, e o valor zero, caso contrário. Nota-se que α_{ij} indica se o evento que ocorreu no intervalo $(L_i, U_i]$ poderia ter ocorrido em τ_j. Assumindo valores iniciais para $S(\tau_j)$, $j = 0, 1, \ldots, m$, o algoritmo iterativo de Turnbull é apresentado a seguir.

Passo 1: Calcule a probabilidade de um evento ocorrer no tempo τ_j por

$$p_j = S(\tau_{j-1}) - S(\tau_j), \qquad j = 1, \ldots, m.$$

Passo 2: Estime o número de eventos ocorridos em τ_j por

$$d_j = \sum_{i=1}^{n} \frac{\alpha_{ij} p_j}{\sum_{k=1}^{m} \alpha_{ik} p_k}, \qquad j = 1, \ldots, m.$$

Passo 3: Obtenha o número estimado de indivíduos sob risco em τ_j por

$$n_j = \sum_{k=j}^{m} d_k.$$

Passo 4: Atualize o estimador produto-limite (2.4) utilizando os resultados obtidos nos passos 2 e 3. Se a estimativa atualizada de $S(\tau_j)$ estiver próxima da anterior para todo τ_j, pare o procedimento iterativo; caso contrário, repita os passos 1 a 3 utilizando as estimativas atualizadas de $S(\tau_j)$.

Como este algoritmo não se encontra, em geral, disponível nos *softwares* estatísticos, ele foi implementado no *R* por Giolo (2004). A função com a implementação citada está disponível em https://docs.ufpr.br/~giolo/asa. Para os valores iniciais de $S(\tau_j)$, foram utilizadas as estimativas obtidas por meio do estimador de Kaplan-Meier. Para tanto, os valores de τ_j foram assumidos como sendo os tempos observados de falha.

Para ilustrar os passos do algoritmo iterativo de Turnbull, considere uma amostra de tamanho $n = 5$ com os seguintes dados de censura intervalar: $(0, 5]$, $(1, 8]$, $(4, 9]$, $(5, 8]$ e $(5, 9]$. Para obtenção da primeira iteração do algoritmo, foi, inicialmente, ordenado todos os limites (inferior e superior) dos intervalos. Esta é a primeira coluna da Tabela 8.1. Para os valores iniciais de $S(\tau_j)$, mostrados na segunda coluna da tabela, foram assumidas as estimativas de Kaplan-Meier. A seguir, foram calculadas as probabilidades descritas no passo 1, que resultaram em $p_1 = p_2 = p_3 = p_4 = p_5 = 0{,}2$, e também os pesos (por exemplo, $\alpha_{11} = \alpha_{12} = \alpha_{13} = 1$ e $\alpha_{14} = \alpha_{15} = 0$). Utilizando os valores obtidos e a expressão apresentada no passo 2, foram então calculados os valores de d_j (número estimado de falhas em τ_j) mostrados na terceira coluna da Tabela 8.1. O valor de d_2, por exemplo, foi calculado por $d_2 = 0{,}2/(0{,}2 + 0{,}2 + 0{,}2) + 0{,}2/(0{,}2 + 0{,}2 + 0{,}2) = 2/3$. Por fim, e de acordo com o passo 3, foram obtidos os valores de n_j (número estimado de indivíduos sob risco em τ_j) mostrados na quarta coluna. Finalmente, as estimativas de $S(\tau_j)$ foram atualizadas utilizando o estimador produto-limite (2.4). Por exemplo, $\widehat{S}(4) = (1 - (1/3)/5)(1 - (2/3)/(14/3)) = 0{,}8$. Este procedimento foi repetido até a convergência, produzindo as estimativas de Turnbull para $S(\tau_j)$ mostradas na última coluna da Tabela 8.1.

Tabela 8.1 – Ilustração da primeira iteração do algoritmo de Turnbull

τ_j	$S(\tau_j)$ inicial	d_j estimado	n_j estimado	$S(\tau_j)$ atualizada	$S(\tau_j)$ final
0	1,0	0	5	1,000	1,000
1	0,8	$\frac{1}{3}$	5	0,933	0,999
4	0,6	$\frac{2}{3}$	$\frac{14}{3}$	0,800	0,997
5	0,4	1	4	0,600	0,667
8	0,2	$\frac{13}{6}$	3	0,167	0,000
9	0,0	$\frac{5}{6}$	$\frac{5}{6}$	0,000	0,000

Com base no algoritmo de Turnbull implementado no *R*, as estimativas fornecidas podem ser obtidas utilizando os comandos listados a seguir.

```
> library(survival)
> source("https://docs.ufpr.br/~giolo/asa/arquivos/Turnbull.R")
> left<-c(0,1,4,5,5); right<-c(5,8,9,8,9)
> dat<-as.data.frame(cbind(left,right)); attach(dat)
> right[is.na(right)] <- Inf
> tau<-cria.tau(dat); p<-S.ini(tau=tau); A<-cria.A(data=dat,tau=tau)
> tb<-Turnbull(p,A,dat); tb
```

8.2.1 Exemplo: estudo envolvendo câncer de mama

Nesta seção, os dados de câncer de mama descritos na Seção 1.4.6 são utilizados para ilustrar o estimador de Turnbull. Tais dados são de um estudo realizado com 94 mulheres com diagnóstico precoce de câncer de mama que teve como objetivo comparar duas terapias: *(i)* radioterapia e *(ii)* radioterapia combinada com a quimioterapia. Um total de 46 delas recebeu a primeira e 48 a segunda. As pacientes foram monitoradas, em média, a cada 4 ou 6 meses, com o evento de interesse sendo a ocorrência de retração da mama (moderada ou severa). Como o monitoramento das pacientes ocorreu em datas distintas e com espaçamento relativamente grande entre elas, não se conhece o tempo exato de ocorrência do evento. Sabe-se apenas que o evento ocorreu entre duas visitas consecutivas. Para as pacientes em que a retração da mama não ocorreu até a última visita, tem-se a presença de censuras à direita ($U = \infty$). Os dados estão na Tabela 8.2.

Tabela 8.2 – Dados de pacientes com diagnóstico precoce de câncer de mama

Terapia	Intervalo de tempo até a retração da mama (em meses)
Radioterapia	(0,7] (0,8] (0,5] (4,11] (5,12] (5,11] (6,10] (7,16] (7,14] (11,15]
	(11,18] (15,∞) (17,∞) (17,25] (17,25] (18,∞) (19,35] (18,26]
	(22,∞) (24,∞) (24,∞) (25,37] (26,40] (27,34] (32,∞) (33,∞)
	(34,∞) (36,44] (36,48] (36,∞) (36,∞) (37,44] (37,∞) (37,∞)
	(37,∞) (38,∞) (40,∞) (45,∞) (46,∞) (46,∞) (46,∞) (46,∞)
	(46,∞) (46,∞) (46,∞) (46,∞)
Radioterapia e quimioterapia	(0,22] (0,5] (4,9] (4,8] (5,8] (8,12] (8,21] (10,35] (10,17] (11,13]
	(11,∞) (11,17] (11,∞) (11,20] (12,20] (13,∞) (13,39] (13,∞)
	(13,∞) (14,17] (14,19] (15,22] (16,24] (16,20] (16,24] (16,60]
	(17,27] (17,23] (17,26] (18,25] (18,24] (19,32] (21,∞) (22,32]
	(23,∞) (24,31] (24,30] (30,34] (30,36] (31,∞) (32,∞) (32,40]
	(34,∞) (34,∞) (35,∞) (35,39] (44,48] (48,∞)

Utilizando o algoritmo de Turnbull, foram estimadas as curvas de sobrevivência apresentadas na Figura 8.1. Os comandos em *R* para obtê-las estão em https://docs.ufpr.br/~giolo/asa. Com base na figura, nota-se que as curvas $S(t)$ não apresentam diferenças marcantes no período compreendido entre 0 e 18 meses. A partir de dezoito meses, ocorre um decréscimo mais acentuado da curva $S(t)$ associada às pacientes que receberam radioterapia combinada com a quimioterapia. Para $t = 40$ meses, por exemplo, estima-se que somente 11% das pacientes que receberam radioterapia combinada com a quimioterapia estejam livres de retração da mama. Já para as que receberam somente radioterapia, a estimativa é de aproximadamente 47%. As curvas $S(t)$ apresentadas na Figura 8.1 indicam, portanto, que a probabilidade de sobrevivência ao evento (isto é, de não ocorrência de retração da mama) decresceu mais lentamente entre as pacientes que receberam somente radioterapia.

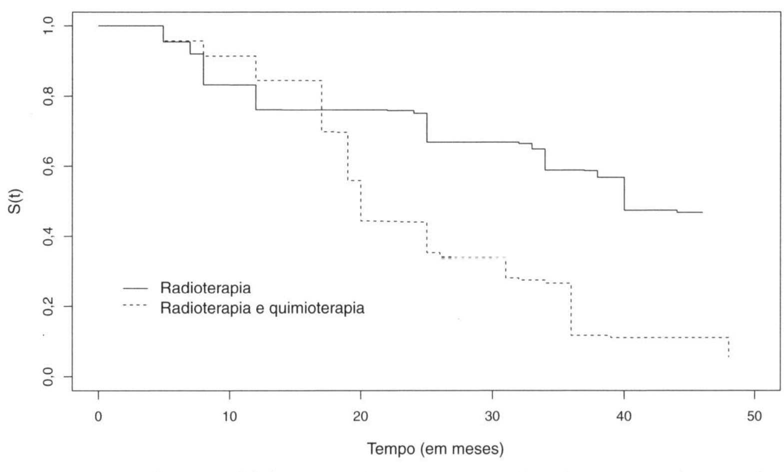

Figura 8.1 – Curvas $S(t)$ estimadas por meio do algoritmo de Turnbull.

Uma forma alternativa de tratar os dados de censura intervalar é considerar o ponto médio dos intervalos como sendo o tempo exato de falha. Isto é, $t_i = (l_i + u_i)/2$ para censura intervalar ($\delta_i = 1$) e $t_i = l_i$ para censura à direita ($\delta_i = 0$), $i = 1, \ldots, n$. Considerando os pares (t_i, δ_i), $i = 1, \ldots, n$, pode-se, então, utilizar os métodos clássicos de análise de sobrevivência.

Procedendo deste modo com os dados do estudo de câncer de mama, foram obtidas, com base no estimador de Kaplan-Meier, as curvas de sobrevivência mostradas na Figura 8.2. A título de comparação, foram também exibidas nesta mesma figura as curvas obtidas anteriormente pelo estimador de Turnbull. Nota-se, que as curvas estimadas por ambos os estimadores são bastante similares em vários tempos, mas em outros elas tendem a mostrar algumas diferenças. Quanto maior a amplitude dos intervalos, espera-se que essas diferenças se tornem maiores. Além disso, diferenças ainda maiores são esperadas se, em vez de considerar o ponto médio dos intervalos, forem considerados os seus limites inferiores ($t_i = l_i$, para $\delta_i = 1$ ou 0). Do mesmo modo, diferenças maiores são esperadas se, em vez do ponto médio, forem considerados os limites superiores dos intervalos (isto é, $t_i = u_i$, se $\delta_i = 1$ e $t_i = l_i$, se $\delta_i = 0$). Assim, se os dados são de censura intervalar, o mais indicado é analisá-los com base nos próprios intervalos registrados.

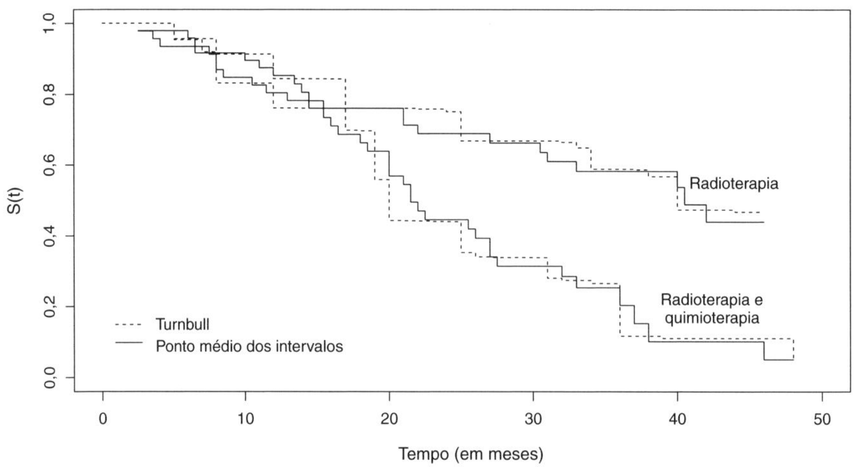

Figura 8.2 – Curvas $S(t)$ considerando os intervalos de tempo (estimador de Turnbull) e o ponto médio dos intervalos (estimador de Kaplan-Meier).

8.3 Modelos paramétricos

Modelos paramétricos, como os tratados nos Capítulos 3 e 4, também são de interesse para a análise de dados de sobrevivência intervalar. Como discutido nos capítulos citados, após um modelo paramétrico ter sido especificado, seus parâmetros precisam ser estimados e isto é feito, em geral, pelo método de máxima verossimilhança.

No contexto de dados de sobrevivência intervalar e sob o método de estimação mencionado, a natureza intervalar dos dados precisa ser levada em consideração para a construção da função de verossimilhança. De acordo com Klein e Moeschberger (2003), cada indivíduo contribui para esta função com uma informação específica. Por exemplo, um indivíduo que apresenta um tempo exato de falha contribui com a probabilidade de ocorrência do evento de interesse neste tempo. Esta contribuição é dada pela função densidade de probabilidade de T neste respectivo tempo. Por outro lado, um indivíduo censurado à direita contribui com a função de sobrevivência de T avaliada no último tempo de visita, enquanto um indivíduo censurado à esquerda contribui com a função de distribuição acumulada de T avaliada no tempo da primeira visita. Por fim, a contribuição de um indivíduo que apresenta um tempo de falha em um intervalo de tempo é dada pela probabilidade de que o tempo de ocorrência do evento pertença ao intervalo.

Assim, como $S(0) = 1$ e $\lim_{t \to \infty} S(t) = 0$, tem-se que as contribuições para a função de verossimilhança são as apresentadas na Tabela 8.3.

Tabela 8.3 – Contribuição dos indivíduos para a função de verossimilhança

Indivíduo	T	Contribuição
Com tempo exato de falha	$T = t$	$f(t)$
Censurado à direita	$T \in (L, \infty)$	$S(\ell) - S(\infty) = S(\ell)$
Censurado à esquerda	$T \in (0, U]$	$S(0) - S(u) = 1 - S(u) = F(u)$
Com tempo intervalar	$T \in (L, U]$	$F(u) - S(\ell) = S(\ell) - S(u)$

Nota: T = tempo até a ocorrência do evento de interesse.

De acordo com o que foi apresentado, a função de verossimilhança $L(\boldsymbol{\theta})$ para os dados de câncer de mama (Seção 8.2.1), em que para cada paciente i, $i = 1, \ldots, n$, tem-se $T_i \in (L_i, U_i]$ ou $T_i \in (L_i, \infty)$, fica expressa por

$$\begin{aligned} L(\boldsymbol{\theta}) &= \prod_{i=1}^{n} \left[S(\ell_i|\,\mathbf{x}_i) - S(u_i|\,\mathbf{x}_i)\right] \\ &= \prod_{i=1}^{n} \left[S(\ell_i|\,\mathbf{x}_i) - S(u_i|\,\mathbf{x}_i)\right]^{\delta_i} \left[S(\ell_i|\,\mathbf{x}_i)\right]^{1-\delta_i}, \end{aligned} \qquad (8.1)$$

em que $\mathbf{x}_i$ é o vetor de covariáveis associado ao i-ésimo paciente e $\delta_i = 1$, se o evento ocorreu em $(L_i, U_i]$, e $\delta_i = 0$, se não ocorreu até L_i.

Após especificar o modelo paramétrico, a função $L(\boldsymbol{\theta})$ fica determinada. Os modelos mais utilizados são os apresentados no Capítulo 3. Em seguida, os estimadores de máxima verossimilhança são obtidos, com as estatísticas assintóticas (Wald e razão de verossimilhanças) possibilitando a realização de inferências sobre $\boldsymbol{\theta}$ (ver Seção 3.4).

8.3.1 Resíduos para os modelos paramétricos

Como já abordado extensivamente em capítulos anteriores, proceder a uma avaliação da adequação do modelo paramétrico utilizado é parte fundamental da análise de dados. Contudo, na presença de censura intervalar poucos métodos estão disponíveis na literatura para verificar as suposições de modelos paramétricos (SAKURAI; HATTORI, 2018).

Os resíduos continuam sendo os elementos fundamentais para esta finalidade. Na presença de censura intervalar, Farrington (2000) apresenta alguns tipos de resíduos para os modelos paramétricos, os quais podem ser utilizados para verificar a adequação do modelo ajustado e a forma funcional de covariáveis contínuas. Contudo, esses resíduos não estão implementados nos *softwares* estatísticos, sendo difícil utilizá-los na prática da estatística. Como os resíduos de Cox-Snell podem ser obtidos pela implementação de um código simples no *software* R, eles são apresentados a seguir.

Na ausência de censura intervalar, os resíduos de Cox-Snell são baseados no fato de que, para uma variável aleatória T com função de sobrevivência $S(t)$, a variável aleatória $-\log[S(T)]$ segue uma distribuição exponencial com média 1. Considerando este resultado para uma amostra de observações com censura intervalar $(l_1, u_1], \ldots, (l_n, u_n]$, em que $u_i = \infty$ para censura à direita, e função de sobrevivência estimada $\widehat{S}_i(\cdot)$, segue que o conjunto dos intervalos $(-\log(\widehat{S}_i(l_i)), -\log(\widehat{S}_i(u_i))] = (\widehat{\Lambda}(l_i), \widehat{\Lambda}(u_i)]$, $i = 1, \ldots, n$, corresponde a uma amostra de observações com censura intervalar, que devem seguir aproximadamente uma distribuição exponencial com média 1 para que o modelo seja considerado adequado.

O processo para verificar a adequação do modelo paramétrico ajustado aos dados segue os seguintes passos:

Passo 1: Ajustar um modelo paramétrico aos dados e obter os resíduos de Cox-Snell, isto é, os intervalos $(\widehat{\Lambda}(l_i), \widehat{\Lambda}(u_i)]$, $i = 1, \ldots, n$. Para os modelos exponencial, de Weibull e log-normal, as respectivas expressões para $\widehat{\Lambda}(\cdot)$ estão apresentadas na Seção 4.4.1.

Passo 2: Para os resíduos de Cox-Snell (isto é, os n intervalos obtidos no Passo 1), utilizar o estimador não paramétrico de Turnbull para obter as estimativas $\widehat{S}(\tau_j)$, $j = 1, \ldots, m$.

Passo 3: Construir o gráfico $-\log(\widehat{S}(\tau_j)) = \widehat{\Lambda}(\tau_j)$ *versus* τ_j, $j = 1, \ldots, m$, que deve seguir uma exponencial padrão, ou seja, passar pela origem e apresentar inclinação 1, para que o modelo ajustado seja considerado adequado.

A fim de ilustrar o ajuste de modelos paramétricos no contexto de dados de sobrevivência intervalar, o exemplo de câncer de mama apresentado na Seção 8.2.1 é reanalisado a seguir.

8.3.2 Exemplo: dados de câncer de mama

Nesta seção, modelos paramétricos são utilizados para a análise dos dados de câncer de mama descritos na Seção 8.2.1. Os modelos de Weibull e log-normal foram assumidos para a variável resposta T. Considerando que a covariável $X =$ terapia assume os valores $x = 1$, se radioterapia, e $x = 0$, se radioterapia e quimioterapia, as expressões da função de sobrevivência para os dois modelos considerados são dadas, respectivamente, por

$$S(t \mid \mathrm{x}) = \exp\left[-\left(\frac{t}{\alpha(x)}\right)^{1/\sigma}\right] \quad \text{e} \quad S(t \mid \mathrm{x}) = \Phi\left(\frac{-\log(t) + \mu(x)}{\sigma}\right),$$

em que $\Phi(\cdot)$ é a função de distribuição da normal padrão, $\mu(x) = \beta_0 + \beta_1 x$ e $\alpha(x) = \exp(\beta_0 + \beta_1 x)$. Para a amostra dos tempos t_i $(i = 1, \ldots, n)$, que pertecem aos intervalos $(L_i, U_i]$, segue, a partir de (8.1), que as respectivas funções de verossimilhança são dadas por

$$\begin{aligned} L(\boldsymbol{\theta}) \;=\; & \prod_{i=1}^{n} \left[\exp\left[-\left(\frac{\ell_i}{\alpha(x_i)}\right)^{1/\sigma}\right] - \exp\left[-\left(\frac{u_i}{\alpha(x_i)}\right)^{1/\sigma}\right]\right]^{\delta_i} \times \\ & \left[\exp\left[-\left(\frac{\ell_i}{\alpha(x_i)}\right)^{1/\sigma}\right]\right]^{1-\delta_i} \end{aligned}$$

$$\text{e} \quad L(\boldsymbol{\theta}) = \prod_{i=1}^{n}\left[\Phi\left(\frac{-\log(\ell_i)+\mu(x_i)}{\sigma}\right) - \Phi\left(\frac{-\log(u_i)+\mu(x_i)}{\sigma}\right)\right]^{\delta_i} \times \left[\Phi\left(\frac{-\log(\ell_i)+\mu(x_i)}{\sigma}\right)\right]^{1-\delta_i}.$$

Maximizando as funções de verossimilhança em relação aos componentes do vetor $\boldsymbol{\theta} = (\beta_0, \beta_1, \sigma)'$, foram obtidas as estimativas dos parâmetros mostradas na Tabela 8.4. Os comandos para obtê-las estão listados a seguir.

```
> breast<-read.table("https://docs.ufpr.br/~giolo/asa/dados/breast.txt",h=T)
> breast$left<-ifelse(breast$left==0,0.01,breast$left)
> attach(breast); library(survival)
> fit1<-survreg(Surv(left,right,type="interval2")~ther,breast,dist="weibull")
> fit2<-survreg(Surv(left,right,type="interval2")~ther,breast,dist="lognorm")
> summary(fit1); summary(fit2)
```

Tabela 8.4 – Estimativas dos modelos ajustados aos dados de câncer de mama

	Modelo de Weibull			Modelo log-normal		
Parâmetros	Estimativa	Erro-padrão	Valor p	Estimativa	Erro-padrão	Valor p
β_0	3,331	0,11	<0,001	3,126	0,14	<0,001
β_1: radioterapia	0,568	0,18	0,001	0,421	0,20	0,038
$\log(\sigma)$	−0,479	0,12	<0,001	−0,125	0,11	0,252

As curvas de sobrevivência estimadas pelo método não paramétrico de Turnbull (Seção 8.2.1) e as obtidas pelos modelos de Weibull e log-normal podem ser visualizadas na Figura 8.3.

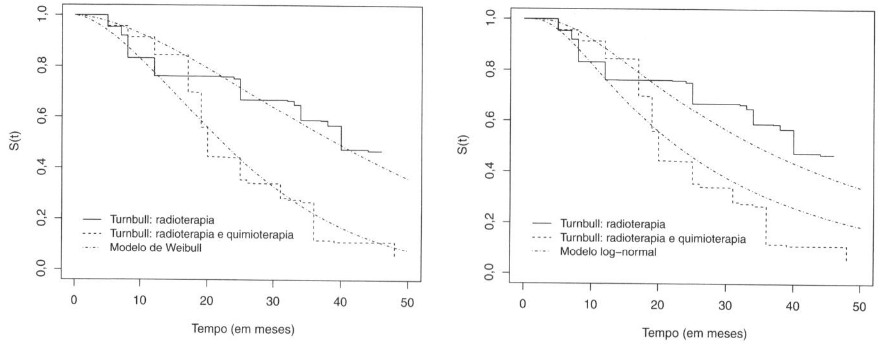

Figura 8.3 – $S(t)$ estimadas pelo estimador de Turnbull e modelos considerados.

A Figura 8.4 apresenta a análise gráfica dos resíduos de Cox-Snell para os dois modelos. A partir das Figuras 8.3 e 8.4, nota-se evidências a favor do modelo de Weibull. Os gráficos dos resíduos de Cox-Snell mostram que os valores maiores se afastam da reta $y = x$, sendo este afastamento mais acentuado para o modelo log-normal.

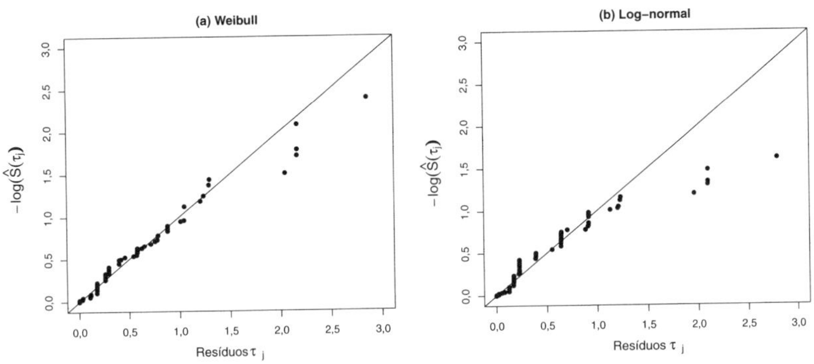

Figura 8.4 – Análise dos resíduos de Cox-Snell para ambos os modelos.

De acordo com o modelo de Weibull, que se ajustou melhor aos dados do que o log-normal, há evidências de diferença entre as terapias (valor $p=$ 0,001, Tabela 8.4). Sob este modelo, o tempo em que se espera ter 50% das pacientes com retração da mama (tempo mediano) dentre as que receberam radioterapia é de exp(0,568) = 1,76 vezes (IC 95%: 1,14; 2,38) o daquelas que receberam radioterapia e quimioterapia. Com base nas curvas (Figura 8.3) e na expressão do tempo mediano fornecida para o modelo de Weibull na Seção 3.2.2, estima-se que o tempo mediano seja de aproximadamente 39 meses para as pacientes que receberam radioterapia e de 22 meses para as que receberam radioterapia e quimioterapia.

8.4 Modelo semiparamétrico de Cox

Nem sempre é possível encontrar um modelo paramétrico que se ajuste bem a um particular conjunto de dados de sobrevivência com censura intervalar. Nestes casos, uma alternativa é o modelo semiparamétrico de Cox que, como mencionado no Capítulo 5, tornou-se bastante popular, em especial na área médica, devido à presença do seu componente não paramétrico.

Considerando a contribuição dos indivíduos para a função de verossimilhança apresentada na Tabela 8.3, esta função fica expressa para o modelo semiparamétrico de Cox no contexto de sobrevivência intervalar por

$$\begin{aligned} L(\boldsymbol{\theta}) &= \prod_{i=1}^{n} \Big[S(\ell_i \mid \mathbf{x}_i) - S(u_i \mid \mathbf{x}_i) \Big] \\ &= \prod_{i=1}^{n} \Big[[S_0(\ell_i)]^{\exp(\boldsymbol{\beta}'\mathbf{x}_i)} \Big] - \Big[[S_0(u_i)]^{\exp(\boldsymbol{\beta}'\mathbf{x}_i)} \Big] \\ &= \prod_{i=1}^{n} \Big[[1 - F_0(\ell_i)]^{\exp(\boldsymbol{\beta}'\mathbf{x}_i)} \Big] - \Big[[1 - F_0(u_i)]^{\exp(\boldsymbol{\beta}'\mathbf{x}_i)} \Big], \qquad (8.2) \end{aligned}$$

em que ℓ_i e u_i são os respectivos limites inferior e superior do intervalo de tempo observado para o i-ésimo indivíduo, $\mathbf{x}_i = (x_{i1}, \ldots, x_{ip})'$ é o vetor de covariáveis observadas para o i-ésimo indivíduo, $\boldsymbol{\beta}$ é o vetor de parâmetros associados às covariáveis e $S_0(\cdot)$ e $F_0(\cdot)$ são as funções de sobrevivência de base e de distribuição de base, respectivamente. Censura à direita, em que $u_i = \infty$, implica que o segundo termo de (8.2) seja igual a zero.

Para maximizar o logaritmo de $L(\boldsymbol{\theta})$, em que $\boldsymbol{\theta} = (F_0(\cdot), \boldsymbol{\beta})$, Pan (1999) estendeu o algoritmo iterativo do minorante convexo (ICM) para o contexto de dados de sobrevivência intervalar. Inspirado no algoritmo de Pan (1999), Anderson-Bergman (2017) propôs um novo algoritmo e o implementou no pacote *icenReg* do *software* R. Em cada iteração, este novo algoritmo consiste em: (1) um passo Newton-Raphson condicional, que atualiza o vetor de parâmetros $\boldsymbol{\beta}$, (2) um passo ICM, que atualiza o logaritmo da função taxa de falha acumulada de base $\Lambda_0(\cdot)$, e (3) um passo gradiente ascendente, que atualiza a função de distribuição de base $F_0(\cdot)$.

8.4.1 Ilustração do ajuste do modelo de Cox

Nesta seção, o modelo de Cox no contexto de dados de sobrevivência intervalar é ajustado aos dados do estudo de câncer de mama. Assim, considerando a covariável X = terapia, que assume os valores $x = 1$, se radioterapia, e $x = 0$, se radioterapia e quimioterapia, o modelo de Cox, expresso em termos da função taxa de falha por $\lambda(t \mid x) = \lambda_0(t)\exp(\beta_1 x)$, produziu a estimativa $\widehat{\beta}_1 = -0{,}795$ (valor $p < 0{,}05$).

Os comandos utilizados no pacote *icenReg* do *software* R para o ajuste deste modelo estão disponíveis em https://docs.ufpr.br/~giolo/asa.

Como o modelo de Cox assume proporcionalidade das taxas de falha, tal suposição foi avaliada com base nas curvas $\log(\Lambda_0(t)) = \log[-\log(S_0(t))]$ *versus* t (Figura 8.5), com $S_0(t)$ estimada pelo algoritmo de Turnbull. Visto que as curvas estão bem próximas até $t \simeq 20$ meses e mantêm uma distância aproximadamente constante a partir desse tempo, não há evidências suficientes para rejeitar a suposição de proporcionalidade.

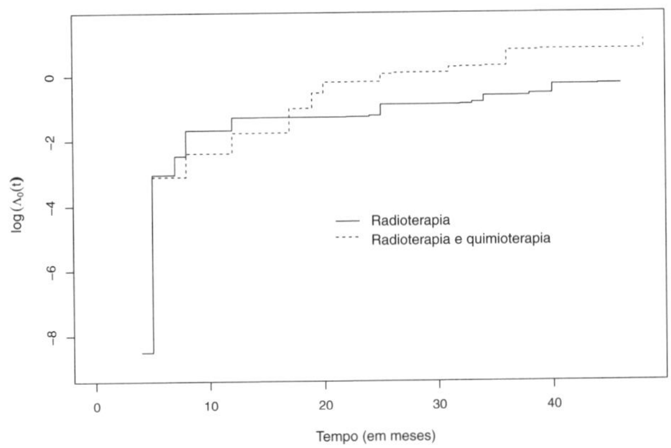

Figura 8.5 – Curva $\log(\Lambda_0(t))$ *versus* t para cada terapia.

Com base nas estimativas de β_1 e da função de sobrevivência de base $S_0(t)$, foram obtidas as curvas de sobrevivência apresentadas na Figura 8.6 juntamente com as curvas obtidas pelo estimador de Turnbull. Exceto para o intervalo de tempo inicial (0, 20] meses, em que as curvas de Turnbull se cruzam mas estão bem próximas, pode-se observar que o modelo de Cox apresentou um bom ajuste aos dados de câncer de mama. Sob este modelo, há evidências de diferença entre as terapias (valor $p < 0{,}05$). Para as pacientes que receberam radioterapia e quimioterapia, estima-se que a taxa de retração da mama seja $\exp(0{,}795) \approx 2{,}2$ vezes a daquelas que receberam radioterapia, com intervalo de 95% de confiança igual a (1,2; 4,1).

De modo geral, as curvas de sobrevivência estimadas pelo modelo de Cox (Figura 8.6) indicam que a radioterapia produziu resultados menos traumáticos para as pacientes, no que diz respeito à retração da mama, do

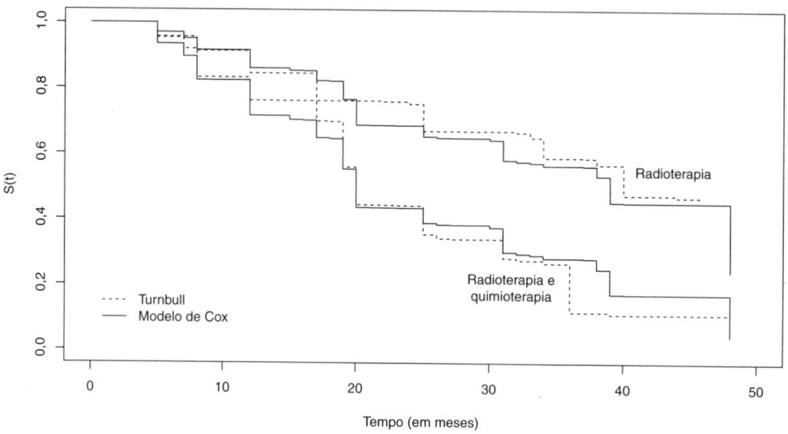

Figura 8.6 – $S(t)$ estimadas pelo estimador de Turnbull e modelo de Cox.

que a radioterapia combinada com a quimioterapia. Resultados semelhantes foram obtidos na Seção 8.3.2 utilizando o modelo paramétrico de Weibull, que também pretence à classe de taxas de falha proporcionais.

8.5 Dados grupados

Dados grupados são considerados um caso particular de dados de censura intervalar e ocorrem quando todas as unidades amostrais são avaliadas nos mesmos tempos. Muitas vezes, este tipo de dados é identificado por um número excessivo de empates. Um exemplo é o de um estudo sobre o efeito protetor do fungo *Saccharomyces boulardii* em camundongos imunologicamente debilitados. Neste estudo, o sistema imunológico de 93 camundongos de um mesmo biotério foi debilitado quimicamente e, a seguir, um de quatro tratamentos (controle e o fungo nas dosagens 10 mg, 1 mg e 0,1 mg) foi alocado aleatoriamente a cada animal. O objetivo foi comparar os tratamentos controlando pelo peso inicial do animal. Como o pesquisador visitou o laboratório uma vez por dia e o tempo de vida dos animais é curto, os dados ficaram grupados. Ou seja, aconteceram várias mortes no mesmo dia e estes tempos são ditos empatados. Neste caso, a unidade de medida utilizada na mensuração dos tempos (dia) é grosseira para este estudo. Se o acompanhamento tivesse sido mais rígido (visitas de hora em hora), os tempos certamente não seriam grupados. Outro exemplo que apresenta dados grupados é o das mangueiras descrito na Seção 1.4.7. Neste caso, as mangueiras foram visitadas 12 vezes ao longo de todo o tempo de duração do estudo (21 anos). Na ocasião das visitas, foi registrada a condição de cada mangueira (viva ou morta). Como as visitas foram realizadas poucas vezes e com espaçamento grande entre elas, ocorreram muitos tempos de falha no mesmo intervalo, caracterizando a presença de dados grupados.

Existem três abordagens propostas na literatura para o tratamento de dados empatados ou grupados: (1) utilizar a função de verossimilhança parcial exata no contexto do modelo de taxas de falha proporcionais, ou (2) utilizar aproximações para a função de verossimilhança parcial no contexto do modelo de taxas de falha proporcionais, ou, ainda, (3) utilizar modelos de regressão discretos (LAWLESS, 2003). Nas duas primeiras abordagens, a resposta é tratada como contínua e na terceira como discreta. Estas abordagens são apresentadas nas Seções 8.5.1, 8.5.2 e 8.5.3, respectivamente.

8.5.1 Verossimilhança parcial exata

A presença de tempos empatados acarreta problemas para a estimação do vetor de parâmetros $\boldsymbol{\beta}$, uma vez que a construção da função de verossimilhança parcial depende dos postos (isto é, da ordem em sequência crescente) dos tempos de falha. Como discutido na Seção 8.5, é razoável assumir que os empates são o resultado de medidas imprecisas e que, portanto, existe uma ordenação para eles. Se a ordenação dos tempos empatados fosse conhecida, seria possível construir a função de verossimilhança parcial na sua forma usual, visto que ela depende somente dos postos das observações. Contudo, na ausência deste conhecimento deve-se considerar todas as possíveis permutações das observações empatadas para a sua construção.

Para construir a função de verossimilhança parcial exata, que depende da ordenação dos tempos distintos de falha (PETO, 1972), considere como ilustração para a sua construção os dados apresentados na Tabela 8.5. A palavra *exata* é utilizada para diferenciar esta função das funções de verossimilhança parcial aproximadas apresentadas na Seção 8.5.2.

Tabela 8.5 – Exemplo de um banco de dados com observações empatadas

Indivíduo	Tempo de vida	Indicadora de falha	Covariável	Termo
1	5	1	10	$\psi_1 = \exp(10\beta)$
2	5	1	18	$\psi_2 = \exp(18\beta)$
3	8	1	15	$\psi_3 = \exp(15\beta)$
4	8	0	21	$\psi_4 = \exp(21\beta)$
5	10	1	25	$\psi_5 = \exp(25\beta)$

Para estes dados, há três tempos distintos de falha: 5, 8 e 10. No tempo $t_1 = 5$ ocorreram duas observações empatadas e os 5 indivíduos estão sob risco. Portanto, há $2! = 2$ possíveis ordenações: a ordenação A_1 representa que o evento ocorreu primeiro para o indivíduo 1 e depois para o 2 e a A_2 que o evento ocorreu primeiro para o indivíduo 2 e depois para o 1. Desse modo, pelo teorema da probabilidade total, tem-se que

$$L_1(\boldsymbol{\beta}) = P(\text{dois eventos em } t_1) = P(A_1) + P(A_2),$$

em que $$P(A_1) = \frac{\psi_1}{\psi_1 + \psi_2 + \psi_3 + \psi_4 + \psi_5} \times \frac{\psi_2}{\psi_2 + \psi_3 + \psi_4 + \psi_5}$$

e $$P(A_2) = \frac{\psi_2}{\psi_1 + \psi_2 + \psi_3 + \psi_4 + \psi_5} \times \frac{\psi_1}{\psi_1 + \psi_3 + \psi_4 + \psi_5},$$

com os valores de $\psi_1, \ldots, \psi_5$ definidos na Tabela 8.5.

No tempo $t_2 = 8$ ocorreu um empate de uma observação que falhou com outra que foi censurada. Neste caso, adota-se a convenção de que o tempo de censura é maior do que o tempo de falha e a contribuição para a função de verossimilhança parcial é da forma usual, sem empates, ou seja,

$$L_2(\boldsymbol{\beta}) = \frac{\psi_3}{\psi_3 + \psi_4 + \psi_5}.$$

Por fim, no tempo $t_3 = 10$ não há empates. Neste caso, a contribuição é 1, pois $L_3(\boldsymbol{\beta}) = \psi_5/\psi_5$. A função de verossimilhança parcial exata é, então, o produto dos termos apresentados, isto é, $L(\boldsymbol{\beta}) = L_1(\boldsymbol{\beta})L_2(\boldsymbol{\beta})L_3(\boldsymbol{\beta})$. A forma geral desta função é apresentada a seguir.

Considere d_j falhas no tempo t_j, $j = 1, \ldots, k$, em que $t_1 < t_2 < \ldots < t_k$. Embora o posto dos tempos de falha em t_j seja menor do que o daqueles em t_{j+1}, o arranjo da ordenação das d_j falhas é desconhecido. Considere cada uma das possibilidades por A_s, com $s = 1, \ldots, d_j!$ e $G_j = P(A_1 \cup \ldots \cup A_{d_j!}) = \sum_{s=1}^{d_j!} P(A_s)$. Desse modo, a função de verossimilhança parcial exata considerando empates é dada por

$$L(\boldsymbol{\beta}) = \prod_{j=1}^{k} G_j = \prod_{j=1}^{k} \left[\exp(\boldsymbol{\beta}'\mathbf{s}_j) \sum_{P \in Q_j} \prod_{r=1}^{d_j} \left(\sum_{l \in R(t_j, P, r)} \exp(\boldsymbol{\beta}'\mathbf{x}_l) \right)^{-1} \right], \quad (8.3)$$

em que Q_j corresponde ao conjunto das permutações dos índices $1, \ldots, d_j$, $P = (p_1, \ldots, p_{d_j})$ é um elemento de Q_j, $R(t_j, P, r)$ é o conjunto diferença $R(t_j) - (p_1, \ldots, p_{r-1})$, p_0 é o conjunto vazio, e $\mathbf{s}_j$ é a soma das covariáveis dos indivíduos que falharam em t_j.

8.5.2 Aproximações para a verossimilhança parcial

Visto que a função de verossimilhança parcial exata (8.3) fica extremamente complexa se o número de empates for grande em qualquer tempo de falha, algumas aproximações foram propostas para a função de verossimilhança parcial para minimizar esta dificuldade. Uma delas, a aproximação de Breslow, foi apresentada na Seção 5.3.

Efron (1977) sugeriu uma aproximação alternativa, dada por

$$L(\boldsymbol{\beta}) = \prod_{j=1}^{k} \frac{\exp(\boldsymbol{\beta}'\mathbf{s}_j)}{\prod_{r=1}^{d_j} \left[\left[\sum_{l \in R(t_j)} \exp(\boldsymbol{\beta}'\mathbf{x}_l) \right] - (r-1) d_j^{-1} \left[\sum_{l \in D(t_j)} \exp(\boldsymbol{\beta}'\mathbf{x}_l) \right] \right]}, \quad (8.4)$$

em que $D(t_j)$ é o conjunto de todos os indivíduos que falharam em t_j.

Outras aproximações foram propostas para a função de verossimilhança parcial (KALBFLEISCH; PRENTICE, 1973, FAREWELL; PRENTICE, 1980). Contudo, a aproximação de Efron é a que mais se aproxima da exata (8.3). Na prática, a de Breslow é a mais utilizada por sua simplicidade e encontra-se implementada na maior parte dos *softwares* estatísticos que ajustam o modelo de taxas de falha proporcionais. Ressalta-se que tanto a função de verossimilhança parcial exata quanto as aproximações devem ser utilizadas na presença de poucos empates (LAWLESS, 2003).

Utilizando simulações de Monte Carlo, Hertz-Picciotto e Rockhill (1997) compararam as aproximações de Breslow (1972), Efron (1977) e Kalbfleisch e Prentice (1973). Concluíram que a aproximação de Efron apresenta performance melhor que as outras duas, em particular para tamanhos de amostra pequenos. Este resultado foi confirmado por Chalita et al. (2002), que compararam as aproximações de Breslow e Efron. Na presença de um número pequeno de empates, estas aproximações produzem resultados similares e, na ausência deles, reduzem-se à função de verossimilhança parcial (5.6).

8.5.3 Modelos de regressão discretos

A natureza discreta dos tempos de falha deve ser explicitamente reconhecida quando existe um número grande de empates. Para a análise de dados de sobrevivência discretos ou grupados, modelos de regressão são apresentados por Lawless (2003) e Collett (2003). Eles são simples de serem entendidos e facilmente implementados em *softwares* estatísticos, dentre eles o *R* (R CORE TEAM, 2022). A estrutura de regressão é especificada em termos da probabilidade de um indivíduo sobreviver a um certo tempo, condicional à sua sobrevivência ao tempo de visita anterior. Para os dois modelos usualmente considerados na literatura: (1) um deles assume que os tempos latentes de falha vêm de um modelo de taxas de falha proporcionais contínuo (PRENTICE; GLOECKLER, 1978) e (2) o outro de um modelo de chances proporcionais (HOSMER; LEMESHOW, 2000).

Considere que os tempos de falha são grupados em k intervalos denotados por $I_j = (t_{j-1}, t_j]$, $j = 1, \ldots, k$, em que $0 = t_0 < t_1 < \ldots < t_k$ e $t_{k+1} = \infty$. Seja $R(t_j)$ o conjunto de indivíduos sob risco em t_{j-1} e $\delta_{\ell j}$ uma variável indicadora associada ao tempo do ℓ-ésimo indivíduo no I_j-ésimo intervalo de tempo ($\delta_{\ell j} = 1$, se falha e $\delta_{\ell j} = 0$, caso contrário). A função de verossimilhança é frequentemente escrita em termos da probabilidade de falha do ℓ-ésimo indivíduo em I_j, condicional à sua sobrevivência em t_{j-1} e ao vetor $\mathbf{x}_\ell$ de valores observados das covariáveis, ou seja,

$$p_j(\mathbf{x}_\ell) = P(t_{j-1} < T_\ell \leq t_j \mid T_\ell > t_{j-1}, \mathbf{x}_\ell). \tag{8.5}$$

Desse modo, considerando que: *(i)* a contribuição de uma observação não censurada em I_j para a função de verossimilhança é

$$\Big[[1-p_1(\mathbf{x}_\ell)]\dots[1-p_{j-1}(\mathbf{x}_\ell)]\Big]p_j(\mathbf{x}_\ell)$$

e *(ii)* a contribuição de uma observação censurada (em t_j) é

$$\Big[[1-p_1(\mathbf{x}_\ell)]\dots[1-p_j(\mathbf{x}_\ell)]\Big],$$

segue que a função de verossimilhança é dada por

$$\prod_{j=1}^{k}\prod_{\ell\in R(t_j)}\left[p_j(\mathbf{x}_\ell)\right]^{\delta_{\ell j}}\left[1-p_j(\mathbf{x}_\ell)\right]^{(1-\delta_{\ell j})}. \tag{8.6}$$

A equação (8.6) corresponde à função de verossimilhança de uma variável aleatória com uma distribuição de Bernoulli, cuja variável resposta é $\delta_{\ell j}$ e a probabilidade de sucesso é $p_j(\mathbf{x}_\ell)$. A estrutura de regressão representada pela probabilidade $p_j(\mathbf{x}_\ell)$ em (8.6) pode ser modelada por um modelo de taxas de falha proporcionais ou de chances proporcionais (COLLETT, 2003). A seguir, estes dois modelos são apresentados para $p_j(\mathbf{x}_\ell)$.

8.5.3.1 Modelo de taxas de falha proporcionais

Assumindo o modelo de taxas de falha proporcionais de Cox para os tempos T, a função de sobrevivência tem a seguinte forma

$$S(t\mid\mathbf{x}_\ell)=\exp\left[-\int_0^t\lambda(u\mid\mathbf{x}_\ell)\,du\right]=\left[S_0(t)\right]^{\exp\left(\boldsymbol{\beta}'\mathbf{x}_\ell\right)}, \tag{8.7}$$

em que $S_0(t)$ é a função de sobrevivência de base e $\mathbf{x}_\ell$ os valores das covariáveis para o ℓ-ésimo indivíduo. Então, $p_j(\mathbf{x}_\ell)$ assume a seguinte forma

$$p_j(\mathbf{x}_\ell)=1-\gamma_j^{\exp\left(\boldsymbol{\beta}'\mathbf{x}_\ell\right)}, \tag{8.8}$$

em que $\gamma_j=S_0(t_j)/S_0(t_{j-1})$, para $j=1,\dots,k$.

O modelo (8.8) pode ser linearizado utilizando a transformação complemento log-log. Isto é,

$$\log[-\log[1-p_j(\mathbf{x}_\ell)]]=\gamma_j^*+\boldsymbol{\beta}'\mathbf{x}_\ell=\eta_{\ell j},$$

em que $\gamma_j^*=\log[-\log(\gamma_j)]$ é o efeito do j-ésimo intervalo e $\eta_{\ell j}$ é o preditor linear, $j=1,\dots,k$ e $\ell=1,\dots,n$.

A função de verossimilhança para este modelo é obtida substituindo (8.8) na equação (8.6), de modo que o logaritmo da função de verossimilhança, $\log[L(\boldsymbol{\theta})]$, com $\boldsymbol{\theta} = (\boldsymbol{\beta}, \boldsymbol{\gamma})'$, pode ser escrito como

$$\log[L(\boldsymbol{\theta})] = \sum_{j=1}^{k} \sum_{\ell \in R(t_j)} \left[\delta_{\ell j} \log\left[1 - \gamma_j^{\exp(\boldsymbol{\beta}'\mathbf{x}_\ell)}\right] + (1 - \delta_{\ell j}) \log\left[\gamma_j^{\exp(\boldsymbol{\beta}'\mathbf{x}_\ell)}\right]\right], \quad (8.9)$$

em que $R(t_j)$ corresponde ao conjunto de indivíduos sob risco em t_{j-1}.

Prentice e Gloeckler (1978) sugeriram o uso da reparametrização dada por $\gamma_j^* = \log[-\log(\gamma_j)]$, que torna os γ_j^*s irrestritos e a convergência do processo iterativo de estimação dos parâmetros mais rápida. A expressão (8.9) reparametrizada, em que $\boldsymbol{\theta} = (\boldsymbol{\beta}, \boldsymbol{\gamma}^*)'$, é dada por

$$\log[L_1(\boldsymbol{\theta})] = \sum_{j=1}^{k} \sum_{\ell \in R(t_j)} \left[-(1 - \delta_{\ell j}) \exp(\gamma_j^* + \boldsymbol{\beta}'\mathbf{x}_\ell) + \delta_{\ell j} \log\left[1 - \exp(-\exp(\gamma_j^* + \boldsymbol{\beta}'\mathbf{x}_\ell))\right]\right].$$

Para a obtenção dos estimadores de máxima verossimilhança do vetor de parâmetros $\boldsymbol{\theta} = (\boldsymbol{\beta}, \boldsymbol{\gamma})'$ ou $\boldsymbol{\theta} = (\boldsymbol{\beta}, \boldsymbol{\gamma}^*)'$, é necessário encontrar as derivadas parciais de primeira ordem de $\log[L(\boldsymbol{\theta})]$ ou $\log[L_1(\boldsymbol{\theta})]$ em relação aos componentes de $\boldsymbol{\theta}$, igualar as expressões obtidas a zero e resolver o sistema de equações resultante, o que usualmente requer a utilização de um método iterativo como, por exemplo, o de Newton-Raphson (Apêndice A).

8.5.3.2 Modelo logístico

Assumindo o modelo logístico para os tempos T, tem-se que

$$p_j(\mathbf{x}_l) = 1 - \left[1 + \gamma_j \exp(\boldsymbol{\beta}'\mathbf{x}_\ell)\right]^{-1} \quad (8.10)$$

em que $\gamma_j = p_j(0)/[1 - p_j(0)]$, para $j = 1, \ldots, k$.

O modelo (8.10) pode ser linearizado utilizando a transformação logito,

$$\log\left(\frac{p_j(\mathbf{x}_\ell)}{1 - p_j(\mathbf{x}_\ell)}\right) = \gamma_j^* + \boldsymbol{\beta}'\mathbf{x}_\ell = \eta_{\ell j},$$

em que $\gamma_j^* = \log(\gamma_j)$ é o efeito do j-ésimo intervalo de tempo. Desta forma, os modelos (8.8) e (8.10) podem ser ajustados usando métodos usuais para a modelagem de resposta binária.

Substituindo (8.10) na expressão (8.6) da função de verossimilhança, obtém-se o modelo de chances proporcionais para dados grupados. O logaritmo da função de verossimilhança para este modelo é dado por

$$\log[L(\boldsymbol{\theta})] = \sum_{j=1}^{k} \sum_{\ell \in R(t_j)} \left[\log\Big(\left[1 + \gamma_j \exp(\boldsymbol{\beta}'\mathbf{x}_\ell)\right]^{-1} \Big) + \delta_{\ell j} \big(\log(\gamma_j) + \boldsymbol{\beta}'\mathbf{x}_\ell \big) \right]. \quad (8.11)$$

A reparametrização $\gamma_j^* = \log(\gamma_j)$ é indicada para acelerar a convergência do método numérico de estimação dos parâmetros e a aproximação normal para a distribuição dos estimadores de máxima verossimilhança. A expressão (8.11) com a reparametrização mencionada é dada por

$$\log[L(\boldsymbol{\beta}, \gamma^*)] = \sum_{j=1}^{k} \sum_{\ell \in R(t_j)} \Big[-\log[1 + \exp(\gamma_j^* + \boldsymbol{\beta}'\mathbf{x}_\ell)] + \delta_{\ell j} (\gamma_j^* + \boldsymbol{\beta}'\mathbf{x}_\ell) \Big].$$

Os componentes do vetor escore, que correspondem às derivadas parciais de $\log[L(\boldsymbol{\beta}, \gamma^*)]$ em relação aos componentes de $\boldsymbol{\beta}$ e $\boldsymbol{\gamma}^*$, são dados por

$$\begin{aligned}
\frac{\partial \log[L(\boldsymbol{\beta}, \boldsymbol{\gamma}^*)]}{\partial \beta_q} &= \sum_{j-1}^{k} \sum_{\ell \in R(l_j)} \left[\delta_{\ell j} x_{\ell q} - \frac{x_{\ell q} \exp(\gamma_j^* + \boldsymbol{\beta}'\mathbf{x}_\ell)}{1 + \exp(\gamma_j^* + \boldsymbol{\beta}'\mathbf{x}_\ell)} \right] \\
\frac{\partial \log[L(\boldsymbol{\beta}, \boldsymbol{\gamma}^*)]}{\partial \gamma_j^*} &= \sum_{j=1}^{k} \sum_{\ell \in R(t_j)} \left[\delta_{\ell j} - \frac{\exp(\gamma_j^* + \boldsymbol{\beta}'\mathbf{x}_\ell)}{1 + \exp(\gamma_j^* + \boldsymbol{\beta}'\mathbf{x}_\ell)} \right],
\end{aligned}$$

para $q = 1, \ldots, p$ e $j = 1, \ldots, k$. As equações de máxima verossimilhança, obtidas igualando os componentes do vetor escore a zero, podem ser resolvidas utilizando o método iterativo de Newton-Raphson.

8.6 Exemplo: tempos de vida de mangueiras

Nesta seção, os dados do estudo de mangueiras descrito na Seção 1.4.7 são utilizados para ilustrar os modelos apresentados. O estudo consistiu de um experimento fatorial completamente aleatorizado em blocos completos e foi realizado com o objetivo de investigar a resistência das mangueiras a uma praga denominada seca da mangueira, que mata a planta. O experimento (fatorial 6×7) utilizou 6 copas (Extrema, Oliveira, Pahiri, Imperial, Carlota e Bourbon) enxertadas sobre 7 porta-enxertos (Espada, Extrema, Oliveira, Carlota, Pahiri, Coco e Bourbon). Todas as 42 combinações foram replicadas em 5 blocos diferentes. Os blocos caracterizavam cinco localidades diferentes (fazendas). O interesse principal foi o de identificar mangueiras obtidas a partir de porta-enxertos resistentes à praga citada.

A resposta (tempo de vida das mangueiras) foi medida em anos e apresentou um número grande de empates. Ao todo, foram monitoradas 210 mangueiras, ocorrendo 154 mortes ao longo dos 21 anos de duração do estudo. Isso significa que 56 mangueiras estavam vivas no final do estudo.

Para se ter uma ideia do comportamento dos dados foi, inicialmente, construída a Tabela 8.6 que descreve os tempos de vida das mangueiras sem levar em conta as covariáveis. Esta tabela mostra que o único intervalo que não apresenta tempos de vida empatados é o terceiro, todos os demais apresentam vários empates. Isso sugere que os modelos para dados discretos ou grupados podem ser adequados para a análise dos dados desse estudo.

Tabela 8.6 – Descrição dos tempos de vida (em anos) das mangueiras

Intervalo de tempo $I_j = (t_{j-1}, t_j]$	Total de mortes	Total sob risco	$\widehat{S}(t)$	Erro-padrão de $\widehat{S}(t)$
$(0, 2]$	12	210	1	–
$(2, 3]$	8	198	0,943	0,0160
$(3, 4]$	1	190	0,905	0,0203
$(4, 10]$	8	189	0,900	0,0207
$(10, 12]$	2	181	0,862	0,0238
$(12, 14]$	23	179	0,852	0,0245
$(14, 15]$	13	156	0,743	0,0302
$(15, 16]$	16	143	0,681	0,0322
$(16, 17]$	28	127	0,605	0,0337
$(17, 18]$	10	99	0,471	0,0344
$(18, 19]$	27	89	0,424	0,0341
$(19, 21]$	6	62	0,295	0,0315
$(21, \infty)$	–	56	0,267	0,0305

Considerando, então, para a análise dos dados das mangueiras, os modelos taxas de falha proporcionais de Cox e logístico no contexto de dados discretos, tem-se que eles ficam representados, respectivamente, por

$$\log[-\log(1 - p_j(\mathbf{x}_{rsq}))] = \gamma_j^* + \alpha_r + \omega_s + (\alpha * \omega)_{rs} + \tau_q \qquad (8.12)$$

$$\text{e} \quad \log\left(\frac{p_j(\mathbf{x}_{rsq})}{1 - p_j(\mathbf{x}_{rsq})}\right) = \log(\gamma_j) + \alpha_r + \omega_s + (\alpha * \omega)_{rs} + \tau_q, \tag{8.13}$$

em que γ_j^* e $\log(\gamma_j)$ representam o efeito do j-ésimo intervalo de tempo, $j = 1, \ldots, 12$, α_r representa o efeito da r-ésima copa, $r = 1, \ldots, 6$, ω_s representa o efeito do s-ésimo porta-enxerto, $s = 1, \ldots, 7$, $(\alpha * \omega)_{rs}$ representa o efeito da interação e τ_q representa o efeito do q-ésimo bloco, $q = 1, \ldots, 5$.

Para testar os efeitos considerados nos modelos (8.12) e (8.13), foi utilizado o teste da razão de verossimilhanças. Os resultados mostrados na Tabela 8.7 para estes dois modelos, bem como os valores do critério de informação de Akaike (AIC) (modelo de Cox = 938,3 e logístico = 941,1), foram próximos. Esta conclusão também foi obtida por Colosimo et al. (2000), que utilizaram o teste escore para discriminar entre os dois modelos. Isso indica que ambos os modelos são adequados para estes dados e, portanto, apresentam resultados similares.

Para os dois modelos, observa-se (Tabela 8.7) efeito não significativo da interação entre porta-enxerto e copa, bem como do porta-enxerto, e efeito significativo da copa e dos intervalos de tempo.

Tabela 8.7 – Resultados do teste da razão de verossimilhanças (TRV)

		Modelo de Cox		Modelo logístico	
Fontes de variação	g.l.	TRV	Valor p	TRV	Valor p
Intervalos de tempo	11	155,8	<0,001	152,17	<0,001
Bloco	4	11,1	0,025	10,53	0,032
Copa	5	26,8	<0,001	24,61	<0,001
Porta-enxerto	6	7,5	0,277	8,39	0,211
Interação	30	29,0	0,517	27,46	0,599

A Tabela 8.8 mostra as estimativas dos parâmetros para os modelos de Cox e logístico contendo os efeitos significativos. Com base nelas, nota-se que o 11º intervalo foi o que apresentou, em ambos os modelos, efeito mais acentuado sobre a probabilidade de sobrevivência $(1 - p_j(\mathbf{x}_\ell))$. Assim, espera-se que a probabilidade de sobrevivência neste intervalo seja menor do que nos demais (em todas as combinações de blocos com copas).

Tabela 8.8 – Estimativas dos parâmetros dos modelos de Cox e logístico

Parâmetros	Modelo de Cox		Modelo logístico	
	Estimativa	Erro-padrão	Estimativa	Erro-padrão
γ_1^*	-3,086	0,385	-3,089	0,408
γ_2^*	-3,449	0,459	-3,471	0,458
γ_3^*	-5,508	1,030	-5,563	1,041
γ_4^*	-3,401	0,433	-3,427	0,457
γ_5^*	-4,751	0,749	-4,806	0,765
γ_6^*	-2,201	0,324	-2,171	0,354
γ_7^*	-2,630	0,374	-2,609	0,401
γ_8^*	-2,280	0,351	-2,276	0,383
γ_9^*	-1,433	0,307	-1,349	0,344
γ_{10}^*	-2,217	0,403	-2,186	0,432
γ_{11}^*	-0,916	0,315	-0,782	0,360
γ_{12}^*	-2,104	0,480	-2,093	0,512
τ_2	–0,025	0,277	-0,00025	0,299
τ_3	0,012	0,269	0,013	0,292
τ_4	0,576	0,254	0,615	0,280
τ_5	0,577	0,258	0,630	0,284
α_2	-0,629	0,291	-0,653	0,318
α_3	-0,072	0,279	-0,033	0,307
α_4	-0,324	0,282	-0,304	0,309
α_5	-0,432	0,293	-0,384	0,318
α_6	0,711	0,259	0,768	0,293

A partir das estimativas dos parâmetros, foram obtidas a razão de taxas de falha (modelo de Cox) e a razão de chances (modelo logístico) das copas 2 à 6 em relação à copa 1 mostradas na Tabela 8.9.

Tabela 8.9 – Razão de taxas de falha e de chances estimadas

Razão	Modelo de Cox	Modelo logístico
Copa 2 *vs.* copa 1	0,533	0,520
Copa 3 *vs.* copa 1	0,930	0,967
Copa 4 *vs.* copa 1	0,723	0,738
Copa 5 *vs.* copa 1	0,649	0,681
Copa 6 *vs.* copa 1	2,036	2,155

Nota: razão = $\exp(\alpha_r)$, $r = 2, \ldots, 6$.

Sob o modelo de Cox, tem-se, por exemplo, que a taxa de morte das mangueiras da copa 6 (Bourbon) foi em torno de 2 vezes à daquelas da copa 1 (Extrema). Já sob o modelo logístico, a chance de morte das mangueiras da copa 6 foi em torno de 2,15 vezes à daquelas da copa 1.

Sabendo que $p_j(\mathbf{x})$ corresponde à probabilidade de morte no intervalo I_j, condicional à sobrevivência no intervalo I_{j-1}, pode-se calcular, sob os modelos de Cox e logístico, as probabilidades $1 - p_j(\mathbf{x}) = S(t \mid \mathbf{x})$ em cada bloco. Considerando o bloco 1, as Figuras 8.7 e 8.8 mostram as curvas das probabilidades de sobrevivência, $\widehat{S}(t \mid \mathbf{x})$, estimadas pelos modelos taxas de falha proporcionais de Cox e logístico para as seis variedades de copa.

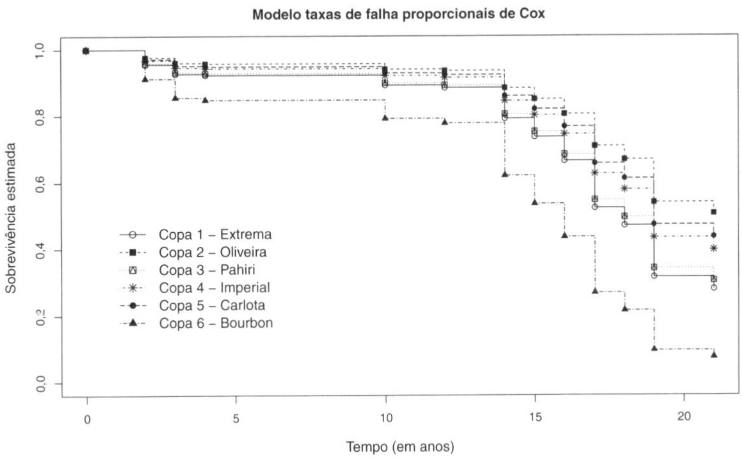

Figura 8.7 – Curvas estimadas pelo modelo de Cox considerando o bloco 1.

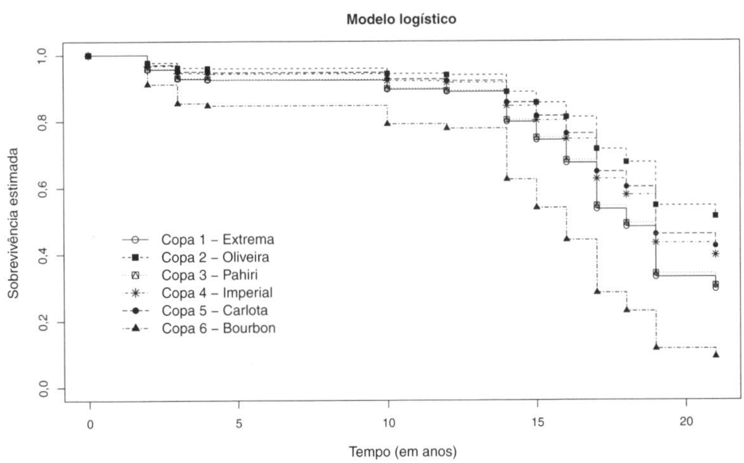

Figura 8.8 – Curvas estimadas pelo modelo logístico considerando o bloco 1.

A partir das curvas, nota-se que: (1) Oliveira foi a variedade mais resistente, (2) as variedades Carlota, Imperial, Extrema e Pahiri apresentaram resistência intermediária, e (3) Bourbon foi a variedade mais susceptível.

Os comandos utilizados no *R* para obtenção dos resultados apresentados nesta seção estão disponíveis em https://docs.ufpr.br/~giolo/asa.

8.7 Modelos discretos ou aproximações?

Na Seção 8.5.2, foram apresentadas aproximações para a função de verossimilhança parcial, que devem ser utilizadas somente na presença de poucos empates (LAWLESS, 2003). Por outro lado, os modelos discretos, que devem ser utilizados somente na presença de muitos empates, foram apresentados na Seção 8.5.3. Contudo, existem situações em que é difícil classificar o número de empates como grande ou pequeno. Por exemplo, para os dados do experimento com camundongos citado na Seção 8.5, os tempos de vida foram registrados em dias e há vários empates. Ao todo, tem-se 61 observações censuradas e 12 falhas distintas dentre os 32 tempos de falha observados durante o período de estudo. Neste caso, o número de empates é grande ou pequeno? Em outras palavras, é mais indicado utilizar o modelo de Cox na sua forma usual com uma aproximação para a função de verossimilhança parcial ou um modelo para dados discretos?

Para tomar esta decisão, Chalita et al. (2002) propuseram uma regra empírica. Com base em extensivas simulações de Monte Carlo, a regra proposta baseia-se na seguinte definição para a proporção de empates

$$pe = \frac{r - k}{n}, \tag{8.14}$$

em que r é o número total de falhas e k é o número de falhas distintas.

Na ausência de empates, nota-se que $r = k$ e $pe = 0$. Por outro lado, se todas as observações forem empatadas, tem-se $r = n$ e $k = 1$ e, em consequência, $pe = (n - 1)/n$. Ou seja, pe é, neste caso, basicamente igual a 1. Esta medida é uma quantidade chave para quantificar a proporção de empates em uma amostra e decidir entre os modelos discretos e as aproximações para a função de verossimilhança parcial.

Assim, a partir de simulações de Monte Carlos, e utilizando (8.14) e o erro quadrático médio (EQM), Chalita et al. (2002) concluíram que:

(*i*) quando o número de empates diminui, o EQM decresce para os modelos contínuos e cresce para os modelos discretos;

(*ii*) para os modelos contínuos, a forma exata é o melhor ajuste seguido das aproximações de Efron e Breslow. Este resultado está de acordo com aqueles obtidos por Hertz-Picciotto e Rockhill (1997);

(*iii*) para os modelos discretos, o modelo de Cox parece se ajustar melhor do que o logístico. Isso pode ser explicado pelo fato da distribuição de Weibull ter sido utilizada na simulação e esta ser um membro da família de taxas de falha proporcionais.

A sugestão empírica proposta pelos autores para decidir entre os modelos discretos e as aproximações para a função de verossimilhança parcial utilizando o valor de pe está reproduzida na Tabela 8.10.

Tabela 8.10 – Proposta empírica para decidir entre os modelos discretos e uma aproximação para a função de verossimilhança parcial

pe (%)	Decisão
< 20	Deve ser utilizado o modelo para dados contínuos com uma aproximação para a função de verossimilhança parcial
20 a 25	Pode ser utilizado o modelo para dados contínuos com uma aproximação para a função de verossimilhança parcial
> 25	Deve ser utilizado um modelo para dados discretos

Para o experimento com camundongos (Seção 8.5), $pe = (32-12)/93 =$ 0,215 (21,5%). Assim, de acordo com a proposta empírica apresentada na Tabela 8.10, pode ser utilizado o modelo de Cox para dados contínuos com uma aproximação para a função de verossimilhança parcial.

8.8 Exercícios

1. Utilize o método não paramétrico de Turnbull para os dados apresentados na Tabela 8.6.

2. Utilize o critério empírico apresentado na Seção 8.5 para verificar se os modelos discretos necessitam ser utilizados para os dados dos tempos de vida das mangueiras.

3. Na Seção 8.7 constatou-se que o modelo taxas de falha proporcionais de Cox com uma aproximação para a função de verossimilhança parcial pode ser utilizado para a análise dos dados do experimento com camundongos. Ajuste este modelo aos dados (Tabela 8.11).

Tabela 8.11 – Dados do experimento realizado com 93 camundongos

Grupo	Peso	Tempo	Cens	Grupo	Peso	Tempo	Cens	Grupo	Peso	Tempo	Cens
1	19,9	7	1	2	24,3	7	0	4	19,7	5	1
1	19,7	7	1	2	23,9	7	0	4	22,5	7	1
1	16,4	5	1	2	22,4	7	0	4	25,6	7	1
1	17,0	7	0	2	18,9	7	0	4	21,7	7	1
1	21,6	7	0	2	18,2	8	1	4	19,5	7	0
1	24,6	7	0	2	18,0	9	1	4	23,8	7	0
1	22,7	7	0	2	24,4	9	1	4	21,0	7	0
1	15,9	7	0	2	18,8	11	1	4	20,2	7	0
1	18,9	7	0	2	19,9	18	1	4	16,5	7	0
1	15,7	7	0	3	23,4	7	0	4	22,7	7	0
1	20,4	7	0	3	26,8	7	0	4	22,9	7	0
1	15,8	7	0	3	23,4	7	0	4	16,9	7	0
1	16,9	7	0	3	26,2	7	0	4	22,1	7	0
1	15,3	7	0	3	20,6	7	0	4	17,9	7	0
1	17,3	7	0	3	24,4	7	0	4	22,1	7	0
1	18,0	9	0	3	23,4	7	0	4	21,5	7	0
1	20,6	10	1	3	22,6	7	0	4	22,1	7	0
1	21,2	12	1	3	19,1	7	0	4	23,0	7	0
1	17,9	12	1	3	15,1	7	0	4	24,7	7	0
1	20,9	14	1	3	19,2	7	0	4	19,5	7	0
2	15,1	3	1	3	20,3	7	0	4	24,8	7	0
2	17,1	7	1	3	19,3	7	0	4	20,1	7	0
2	21,9	7	1	3	21,3	7	0	4	19,8	7	0
2	18,6	7	1	3	22,3	7	0	4	19,7	7	0
2	15,7	7	0	3	21,0	9	1	4	17,9	7	0
2	19,9	7	0	3	19,1	11	1	4	21,1	7	0
2	14,6	7	0	3	17,4	11	1	4	19,0	5	1
2	18,3	7	0	3	20,4	18	1	4	16,4	7	1
2	14,5	7	0	3	21,0	25	1	4	20,3	8	1
2	20,9	7	0	4	21,5	5	1	4	21,6	8	1
2	16,7	7	0	4	22,0	5	1	4	20,8	17	1

Nota: tempo em dias, peso em gramas, cens = 1 se falha e 0 caso contrário.

Capítulo 9

Riscos competitivos

9.1 Introdução

Em análise de sobrevivência, existem situações em que cada indivíduo está sujeito a experimentar diferentes tipos de eventos e, em algumas delas, há a presença de riscos competitivos, ou seja, a presença de eventos que competem entre si. Um risco competitivo é definido, em geral, como um evento cuja ocorrência impede a ocorrência do evento de interesse ou altera fundamentalmente a probabilidade de sua ocorrência. Um exemplo típico de evento competitivo é o óbito. Em um estudo em que o evento de interesse é, por exemplo, o óbito atribuído a uma causa cardiovascular, o óbito atribuído a outra causa (como o câncer) é um evento competitivo, pois a sua presença impede a ocorrência do evento de interesse.

Riscos competitivos também podem estar presentes em estudos em que os diferentes tipos de eventos incluem desfechos não fatais. Por exemplo, em um estudo em que o interesse se concentra em três tipos de eventos: diagnóstico de câncer, diagnóstico de doença cardiovascular e óbito, cada um desses eventos é considerado um risco competitivo para os demais, pois quando um deles ocorre impede que os outros dois ocorram primeiro (AUSTIN et al., 2016). A não ocorrência de eventos até o final do estudo ou a perda de seguimento do paciente por razões não relacionadas àquelas sob estudo, caracterizam a presença de censuras à direita.

Na presença de riscos competitivos, os métodos convencionais de análise de sobrevivência tratam as observações dos indivíduos que apresentam eventos diferentes do evento de interesse como censuras. Contudo, proceder desse modo pode violar a suposição de censura não informativa discutida no Capítulo 2, pois não é razoável supor que os indivíduos que experimentaram eventos diferentes daquele de interesse (e que foram tratados como censurados) sejam representados por aqueles que continuam sob observação.

Tendo em vista que as metodologias convencionais não são usualmente adequadas para a análise de dados na presença de riscos competitivos, técnicas especializadas são apresentadas neste capítulo para a análise desse tipo de dados. O estimador de Kaplan-Meier é um exemplo emblemático desta inadequação, visto que ele subestima a função de sobrevivência na presença de eventos competitivos. Esta inadequação do estimador de Kaplan-Meier no contexto de riscos competitivos será abordada ao longo do capítulo.

Existe uma vasta literatura sobre riscos competitivos publicada, essencialmente, nas duas primeiras décadas deste século. Este fato evidencia a importância de técnicas específicas para dados de riscos competitivos em várias situações de análise de sobrevivência. Dentre as publicações, três delas receberam mais de 500 citações até o início de 2022: Pintilie (2006), Putter et al. (2007) e Austin et al. (2016). De modo geral, os conceitos e metodologias apresentados neste capítulo baseiam-se nessas três referências.

Para ilustrar as metodologias apresentadas, são utilizados os dados de uma amostra aleatória de 600 pacientes extraída do estudo analisado por Oliveira et al. (2021) descrito na Seção 1.4.8. Neste estudo, os autores caracterizaram o perfil de crianças e adolescentes com idade inferior a 20 anos hospitalizados no período de 16/02/2020 a 09/01/2021 com diagnóstico confirmado de Covid-19. Os dados, obtidos do Sistema de Informação de Vigilância Epidemiológica da Gripe (Sivep-Gripe), contém informações sobre o óbito, alta hospitalar, idade, sexo e presença de comorbidades. Neste exemplo, óbito e alta hospitalar são eventos competitivos.

Este capítulo está organizado do seguinte modo. A Seção 9.2 apresenta conceitos e funções importantes no contexto de riscos competitivos. Análise descritiva baseada na função de incidência acumulada, em vez do estimador de Kaplan-Meier, é tratada na Seção 9.3. O teste não paramétrico de Gray para a comparação de dois grupos, tanto relacionado ao evento de interesse quanto aos eventos competitivos, é apresentado na Seção 9.4. Dois modelos semiparamétricos, o de taxas de falha causa-específica e o de Fine-Gray, são apresentados na Seção 9.5. Os dados de crianças e adolescentes brasileiros diagnosticados com Covid-19 são analisados na Seção 9.6. A Seção 9.7 finaliza o capítulo com algumas considerações finais.

9.2 Conceitos no contexto de riscos competitivos

Duas abordagens são descritas na literatura para lidar com riscos competitivos. Uma delas, a abordagem de variáveis latentes, assume a existência de k tempos latentes, um para cada um dos k tipos de eventos. A desvantagem desta abordagem é a questão da não identificabilidade (PINTILIE, 2006). A abordagem adotada neste texto considera que as variáveis de interesse são representadas pelo par (T, C), em que T é a variável resposta tempo até a ocorrência do evento e C é a variável que indica o tipo de evento ocorrido, que pode assumir valores no conjunto finito $\{0, 1, \ldots, c\}$, com c o número de eventos. Quando $C = 0$ tem-se censura à direita e, neste caso, T corresponde ao tempo até o último contato com o indivíduo.

Algumas funções são importantes no contexto de riscos competitivos. Dentre elas, a função de incidência acumulada ou função de subdistribuição, a função taxa de falha causa-específica e a função taxa de falha da subsdistribuição. Essas funções são apresentadas a seguir.

9.2.1 Função de incidência acumulada (FIA)

Na ausência de riscos competitivos, utiliza-se com frequência a função de sobrevivência, sendo o estimador de Kaplan-Meier o método não paramétrico mais utilizado para estimá-la. Contudo, na presença de riscos competitivos, essa função perde a sua interpretação pelo fato de a ocorrência de um evento impedir a observação dos demais. Isso significa que sobreviver a um evento no tempo t implica em sobreviver ou não aos demais eventos.

Na presença de riscos competitivos, a função de incidência acumulada (FIA) ou função de subdistribuição para o evento k, definida por

$$F_k(t) = P(T \leq t, C = k), \quad k = 1, \ldots, c,$$

passa a assumir o papel do estimador de Kaplan-Meier. Esta função é interpretada como a probabilidade de ocorrência do k-ésimo evento até o tempo t na presença de todos os outros tipos de eventos, ou seja, dado que os demais eventos não ocorreram até este tempo.

A função de distribuição global, que corresponde à probabilidade de que um evento de qualquer tipo ocorra até o tempo t, é definida por

$$F(t) = P(T \leq t) = \sum_{k=1}^{c} P(T \leq t, C = k) = \sum_{k=1}^{c} F_k(t).$$

Observa-se que $\lim_{t \to \infty} F_k(t) = P(C = k) < 1$, para $k \geq 1$. Ou seja, $F_k(t)$ não é uma função de distribuição própria, daí o termo função de subdistribuição. Ainda, $S(t) = 1 - F(t)$ é interpretada como a probabilidade de sobrevivência global, ou seja, a probabilidade de estar livre de qualquer evento até t.

9.2.2 Função taxa de falha em riscos competitivos

Na presença de riscos competitivos, duas funções taxa de falha distintas são de interesse: a função taxa de falha causa-específica (ou função subtaxa de falha) e a função taxa de falha da subdistribuição.

Para o evento k, a função taxa de falha causa-específica é definida por

$$\lambda_k(t) = \lim_{\Delta t \to 0} \frac{P(t < T \leq t + \Delta t, C = k \mid T > t)}{\Delta t}. \tag{9.1}$$

Similar à função taxa de falha usual, a função (9.1) é interpretada como a taxa instantânea de ocorrência do k-ésimo evento em indivíduos que não experimentaram nenhum dos eventos até t. Pode-se, também, definir a função taxa de falha causa-específica acumulada por $\Lambda_k(t) = \int_0^t \lambda_k(u)du$.

A função taxa de falha global é obtida pela soma das funções taxa de falha causa-específica, isto é,

$$\lambda(t) = \sum_{k=1}^{c} \lambda_k(t).$$

A relação entre $\lambda_k(t)$, $f_k(t)$ e $S(t)$ pode ser obtida por

$$\begin{aligned}\lambda_k(t) &= \lim_{\Delta t \to 0} \frac{P(t < T \leq t + \Delta t, C = k \,|\, T > t)}{\Delta t} \\ &= \frac{1}{P(T > t)} \lim_{\Delta t \to 0} \frac{P(t < T \leq t + \Delta t, C = k)}{\Delta t} = \frac{f_k(t)}{S(t)}, \end{aligned} \qquad (9.2)$$

em que $f_k(t) = dF_k(t)/dt$ é a função subdensidade para o evento k e o denominador de (9.2) é a função de sobrevivência global.

Uma função taxa de falha alternativa proposta por Gray (1988), denominada função taxa de falha da subdistribuição, é dada por

$$\tilde{\lambda}_k(t) = \lim_{\Delta t \to 0} \frac{P(t < T \leq t + \Delta t, C = k \,|\, T > t \text{ ou } (T < t \text{ e } C \neq k))}{\Delta t}. \qquad (9.3)$$

Esta definição merece uma breve justificativa. Sua interpretação corresponde à taxa instantânea de ocorrência do k-ésimo evento em indivíduos que não experimentaram o evento k. Logo, o conjunto de indivíduos sob risco inclui aqueles que não experimentaram nenhum evento, assim como aqueles que experimentaram um evento diferente do tipo k. Este fato ressalta a diferença entre as expressões (9.3) e (9.2), visto que (9.2) inclui somente os indivíduos que não experimentaram nenhum evento.

A relação entre $\tilde{\lambda}_k(t)$, $f_k(t)$ e $F_k(t)$ é expressa por

$$\tilde{\lambda}_k(t) = \frac{f_k(t)}{1 - F_k(t)} = -\frac{d \log(1 - F_k(t))}{dt}.$$

9.3 Método não paramétrico

Na ausência de riscos competitivos, em que há um único evento de interesse, o estimador de Kaplan-Meier apresentado no Capítulo 2 é, usualmente, utilizado para descrever a experiência de sobrevivência dos indivíduos sob estudo. Um estimador não paramétrico para a FIA assume este papel na presença de riscos competitivos. Este estimador, bem como um estimador para a sua variância, são apresentados a seguir.

9.3.1 Estimador da FIA

A partir da definição de $F_k(t)$, e utilizando (9.2), tem-se que

$$F_k(t) = \int_o^t f_k(u)du = \int_o^t \lambda_k(u)S(u)du. \tag{9.4}$$

Um estimador não paramétrico para $F_k(t)$ assume pontos de massa nos tempos em que ocorreram eventos do tipo k. Utilizando a expressão (9.4), segue que o estimador para $F_k(t)$ fica expresso por

$$\widehat{F}_k(t) = \sum_{t_j \leq t} \widehat{\lambda}_k(t_j)\widehat{S}(t_{j-1}), \tag{9.5}$$

em que $\widehat{\lambda}_k(t_j) = d_{kj}/n_j$ é a função taxa de falha causa-específica associada ao k-ésimo evento, n_j é o número de indivíduos sob risco em t_j, d_{kj} é o número de eventos do k-ésimo tipo no tempo t_j e, finalmente, $\widehat{S}(t_{j-1})$ é a estimativa da sobrevivência global em t_{j-1} obtida pelo Kaplan-Meier.

Pode-se notar que o estimador da FIA depende do total de indivíduos que experimentaram o k-ésimo evento, bem como do total de todos aqueles sob risco em t_{j-1}.

9.3.2 Intervalo de confiança para a FIA

Para construir um intervalo de confiança para a FIA em um tempo fixo t, é necessário obter uma estimativa para a variância de $\widehat{F}_k(t)$. Utilizando o método delta (Apêndice B) e procedendo de forma similar ao apresentado no Capítulo 2 para a variância do estimador de Kaplan-Meier, segue que

$$\begin{aligned}
\widehat{Var}(\widehat{F}_k(t)) &= \sum_{t_j \leq t} \left[[\widehat{F}_k(t) - \widehat{F}_k(t_j)]^2 \frac{d_j}{n_j(n_j - d_j)} \right] \\
&+ \sum_{t_j \leq t} [\widehat{S}(t_{j-1})]^2 \frac{d_{kj}(n_j - d_{kj})}{(n_j)^3} \\
&- 2 \sum_{t_j \leq t} [\widehat{F}_k(t) - \widehat{F}_k(t_j)] \widehat{S}(t_{j-1}) \frac{d_{kj}}{(n_j)^2}.
\end{aligned}$$

Informações adicionais sobre a obtenção do estimador de $\text{Var}(\widehat{F}_k(t))$ podem ser encontradas em Marubini e Valsecchi (1995).

Para t fixo, um intervalo aproximado com $100(1-\alpha)\%$ de confiança para $F_k(t)$, baseado na normalidade assintótica de $\widehat{F}_k(t)$, pode ser obtido por

$$\widehat{F}_k(t) \pm z_{\alpha/2} \left[\widehat{Var}(\widehat{F}_k(t))\right]^{1/2},$$

em que $z_{\alpha/2}$ é o $\alpha/2$-percentil da distribuição normal padrão.

Similar ao que foi reportado para o estimador de Kaplan-Meier no Capítulo 2, este intervalo de confiança pode apresentar limite inferior negativo ou limite superior maior que 1. Desse modo, transformações também podem ser utilizadas para contornar este problema. Pode-se, por exemplo, utilizar a transformação $\log[-\log \widehat{F}_k(t)]$, o que, para t fixo, resulta no intervalo de $100(1-\alpha)\%$ de confiança para $F_k(t)$ dado por

$$\left[\widehat{F}_k(t)\right]^{\exp(\pm A_k)}$$

em que $A_k = \dfrac{z_{\alpha/2}\left[\widehat{Var}(\widehat{F}_k(t))\right]^{1/2}}{\widehat{F}_k(t)\left(\log \widehat{F}_k(t)\right)}$.

Um exemplo que ilustra a estimação da FIA é apresentado a seguir.

9.3.3 Exemplo de estimação da FIA

Para ilustrar a estimação da FIA, bem como a inadequação do estimador de Kaplan-Meier na presença de riscos competitivos, considere um estudo contendo 20 pacientes hospitalizados devido à uma virose, em que o óbito é o evento de interesse. Neste contexto, a alta hospitalar devido à cura da virose é um evento competitivo. A data de entrada no estudo foi a da hospitalização do paciente. A Figura 9.1 mostra a configuração dos eventos e a Tabela 9.1 os dados registrados no estudo.

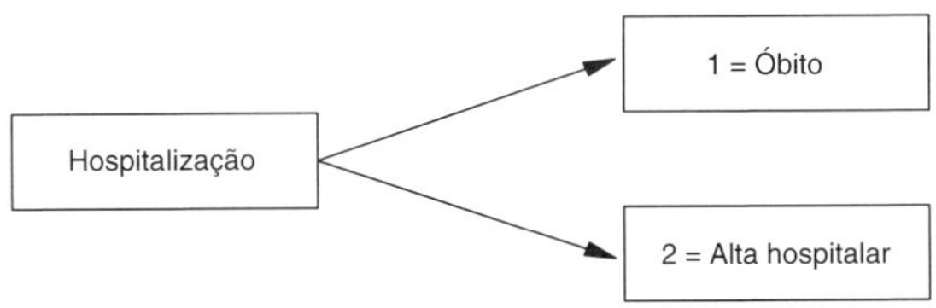

Figura 9.1 – Configuração dos eventos do estudo.

Tabela 9.1 – Dados hipotéticos de óbito e alta hospitalar de 20 pacientes

Paciente	Tempo	Evento	Paciente	Tempo	Evento
1	1	1	11	13	2
2	3	2	12	15	1
3	4	1	13	17	2
4	5	2	14	25	2
5	7	1	15	34	0
6	7	1	16	40	2
7	8	2	17	52	2
8	9	1	18	63	1
9	12	2	19	66	2
10	12	1	20	71	2

Nota: Evento 0 = censura à direita, 1 = óbito e 2 = alta hospitalar.

A Tabela 9.2 mostra as estimativas obtidas por meio dos estimadores de Kaplan-Meier e da FIA. As estimativas de Kaplan-Meier, denotadas na tabela por $\widehat{S}_1(t)$, foram obtidas assumindo o evento competitivo alta hospitalar como censura. Quanto ao estimador da FIA, expresso em (9.5), ele envolve as estimativas da sobrevivência global (ou livre de eventos), $\widehat{S}(t_{j-1})$, também obtidas por meio do estimador de Kaplan-Meier, porém assumindo $\delta_i = 1$, se óbito ou alta hospitalar e $\delta_i = 0$, se censura, para $i = 1, \ldots, 20$. Nota-se que as estimativas fornecidas na Tabela 9.2 são somente para os tempos t_j associados ao evento óbito ($k = 1$).

Tabela 9.2 – Estimativas obtidas para os tempos t_j associados ao óbito

t_j	n_j	d_{1j}	$\widehat{S}_1(t_j)$	$1 - \widehat{S}_1(t_j)$	$\widehat{S}(t_{j-1})$	$\widehat{F}_1(t_j)$
0	20	0	1,000	0	-	0
1	20	1	0,950	0,050	1	0,05
4	18	1	0,897	0,103	0,90	0,10
7	16	2	0,785	0,215	0,80	0,20
9	13	1	0,725	0,275	0,65	0,25
12	12	1	0,664	0,336	0,60	0,30
15	9	1	0,590	0,410	0,45	0,35
63	3	1	0,394	0,606	0,18	0,41

Nota: $\widehat{S}_1(t_j)$ obtida pelo Kaplan-Meier assumindo alta hospitalar como censura e $\widehat{S}(t_{j-1})$ assumindo $\delta_i = 1$, se óbito ou alta, e $\delta_i = 0$, se censura.

A título de ilustração, os cálculos para a obtenção da estimativa de $F_1(9) = P(T \leq 9, C = 1)$ são apresentados a seguir.

$$\begin{aligned}\widehat{F}_1(9) &= \sum_{t_j \leq 9} \widehat{\lambda}_1(t_j)\,\widehat{S}(t_{j-1}) = \sum_{t_j \leq 9} \frac{d_{1j}}{n_j}\,\widehat{S}(t_{j-1}) \\ &= \left(\tfrac{1}{20} \times 1\right) + \left(\tfrac{1}{18} \times 0{,}9\right) + \left(\tfrac{2}{16} \times 0{,}8\right) + \left(\tfrac{1}{13} \times 0{,}65\right) = 0{,}25.\end{aligned}$$

A Figura 9.2 apresenta as curvas de Kaplan-Meier e as da FIA para os dois eventos (óbito e alta hospitalar). Para um tempo t fixo no período de acompanhamento, pode-se observar que existem três possibilidades disjuntas: $(T \leq t, C = 1), (T \leq t, C = 2)$ e $(T > t)$. A última significa que nenhum dos eventos ocorreu até o tempo t. Além disso, a ocorrência de ambos os eventos é um conjunto de probabilidade zero e os três eventos são disjuntos. Nota-se, ainda, que o estimador de Kaplan-Meier é inapropriado na presença de riscos competitivos, pois para vários valores de t a soma das probabilidades dos dois primeiros eventos é maior que 1. Por exemplo, para $t = 71$ tem-se:

- FIA: $\widehat{F}_1(71) = 0{,}41$, $\widehat{F}_2(71) = 0{,}59$ e $\widehat{P}(T > 71) = 0$.
- Kaplan-Meier: $1 - \widehat{S}_1(71) = 0{,}61$ e $1 - \widehat{S}_2(71) = 1{,}0$.

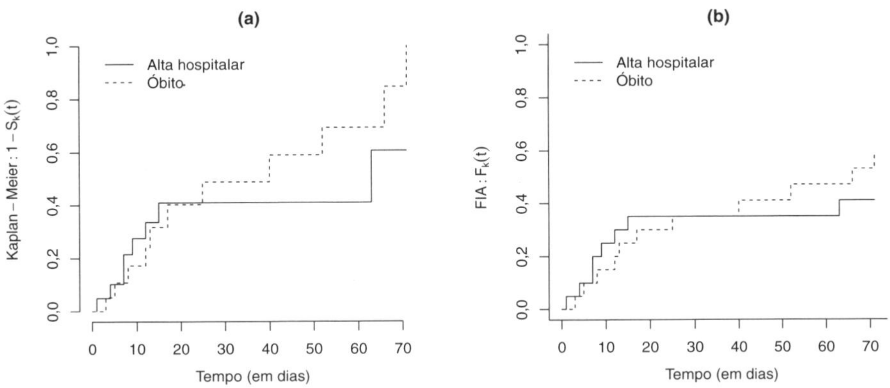

Figura 9.2 – (a) Kaplan-Meier e (b) FIA para os dados do exemplo hipotético.

Os comandos utilizados no *R* para a obtenção das estimativas apresentadas na Tabela 9.2 estão listados a seguir. Para a obtenção da Figura 9.2, os comandos estão disponíveis em https://docs.ufpr.br/~giolo/asa.

```
> library(survival)
> tempo<-c(1,3,4,5,7,7,8,9,12,12,13,15,17,25,34,40,52,63,66,71)
> evento<-c(2,1,2,1,2,2,1,2,1,2,1,2,1,1,0,1,1,2,1,1)
> KMo<-survfit(Surv(tempo,evento==1)~1) # KM para o evento 1=óbito
> summary(KMo); 1-KMo$surv
> fia<-survfit(Surv(tempo,evento,type="mstate")~1); summary(fia)
```

Os intervalos de confiança para $F_k(t)$ utilizando a transformação log-log podem ser obtidos pelos comandos fornecidos a seguir.

```
> fia<-survfit(Surv(tempo,evento,type="mstate")~1,conf.type="log-log")
> cbind(fia$time,fia$lower[,2],fia$upper[,2]) # evento 1
```

Para, por exemplo, $t = 9$, o intervalo de 95% de confiança para $F_1(9)$ resultou em (0,09; 0,45).

9.4 Teste de Gray para uma covariável categórica

Esta seção apresenta um teste para a comparação de grupos na presença de riscos competitivos, similar aos apresentados na Seção 2.6 para a comparação de curvas de sobrevivência. O referido teste foi proposto por Gray (1988) e baseia-se na comparação de m funções taxa de falha da subdistribuição. Essa função, definida em (9.3), pode ser interpretada como a probabilidade de se observar o evento k no tempo t, condicional a ele não ter ocorrido ou a ter sido observado um evento diferente de k.

Então, por que comparar os grupos utilizando a função taxa de falha da subdistribuição e não a função taxa de falha causa-específica? Isso pode ser feito, mas, neste caso, a comparação é realizada como se os outros tipos de eventos não existissem. Ou seja, podem ser utilizados os testes apresentados na Seção 2.6, como, por exemplo, o teste *logrank*. Embora, à primeira vista, essa abordagem pareça incorreta, ela pode ser uma maneira adequada de tratar os dados quando o objetivo principal envolve o mecanismo biológico da resposta (PINTILIE, 2006). Por outro lado, a comparação das FIAs leva em consideração todos os tipos de eventos e não pressupõe independência entre os tempos dos diferentes tipos de eventos. Como, no entanto, a FIA para o evento de interesse pode apresentar probabilidade baixa apenas porque o risco de um evento competitivo é alto, a simples comparação da FIA para o evento de interesse não é suficiente, sendo necessária a comparação da FIA também para os eventos competitivos. Desse modo, são necessárias técnicas especiais para comparar as FIAs ou as funções taxa de falha da subdistribuição, tal como propõe o teste de Gray apresentado a seguir.

Sem perda de generalidade, considere somente dois tipos de eventos, o de interesse e o competitivo. Como as funções envolvidas no teste referem-se ao evento de interesse, o índice para o tipo de evento é suprimido a fim de simplificar a notação. O teste de Gray (1988) para m grupos compara médias ponderadas das funções taxa de falha da subdistribuição. A forma geral da função escore para o i-ésimo grupo, $i = 1, \ldots, m$, é

$$u_i = \int_0^{\tau} W_i(t)[\tilde{\lambda}_i(t) - \tilde{\lambda}_0(t)]dt,$$

em que τ é o tempo máximo de acompanhamento, $W_i(t)$ é uma função peso, $\tilde{\lambda}_i(t)$ é a função taxa de falha da subdistribuição para o i-ésimo grupo definida em (9.3) e $\tilde{\lambda}_0(t)$ é a função taxa de falha da subdistribuição para todos os grupos juntos. Pode-se mostrar que $\sum_{i=1}^{m} u_i = 0$. Em geral, a função peso é da forma $W_i(t) = L(t)R_i(t)$, para alguma função específica $L(t)$ e

$$R_i(t) = n_i(t)\frac{1 - \widehat{F}_i(t-)}{S_i(t-)},$$

em que $n_i(t)$ é o número de indivíduos sob risco no tempo t no i-ésimo grupo, $F(t-)$ é o valor da FIA anterior a t para o evento de interesse e $S(t-)$ é o valor, anterior a t, da probabilidade de estar livre de eventos, estimada por meio do estimador de Kaplan-Meier. Isto significa que $R_i(t)$ representa o número ajustado de indivíduos sob risco em t. Quanto à $L(t)$, ela pode ser uma função dinâmica, similar à apresentada em (2.14), entretanto, o mais utilizado é $L(t) = 1$, equivalente ao teste *logrank*.

A estatística de teste associada ao teste de Gray consiste em uma forma quadrática que envolve $U = \sum_{i=1}^{m} u_i$ e sua respectiva matriz de variância-covariância. Sob a hipótese nula de igualdade das FIAs, tal estatística segue distribuição qui-quadrado com o número de graus de liberdade igual a $m-1$.

9.4.1 Teste de Gray para dois grupos

Para ilustrar o teste de Gray, considere $m = 2$ grupos, em que é desejado testar, para o evento de interesse, a hipótese nula

$$H_0\colon F_1(t) = F_2(t),$$

em que $F_1(t)$ e $F_2(t)$ são as FIAs dos grupos 1 e 2, respectivamente. Nota-se que esta mesma hipótese pode ser testada para cada um dos eventos competitivos com a finalidade de comparar as FIAs dos dois grupos.

Considerando a amostra de 600 pacientes extraída do estudo sobre Covid-19 descrito na Seção 1.4.8, o teste de Gray foi utilizado, nesta seção, para investigar se a covariável comorbidades (sem ou com) está associada com o tempo medido desde a hospitalização até o óbito dos pacientes. Ao todo, tem-se 57 óbitos na amostra. Neste estudo, o evento competitivo é a alta hospitalar, visto que ela impede que o óbito seja observado. A análise completa desses dados é apresentada na Seção 9.6.

Para ambos os eventos (óbito e alta hospitalar), a Figura 9.3 mostra as FIAs para os grupos sem e com comorbidades, as quais parecem diferir entre os grupos. Nota-se que a incidência de óbitos foi superior para os pacientes com comorbidades do que para os sem comorbidades. Como esperado, o inverso foi observado para o evento alta hospitalar.

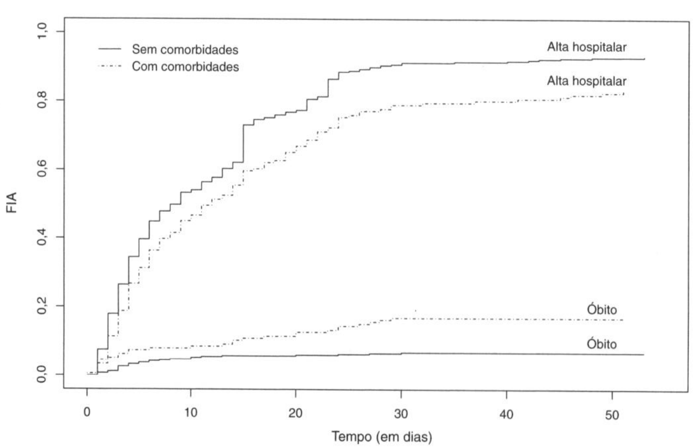

Figura 9.3 – FIAs associadas à covariável comorbidades.

Para testar a hipótese nula de que as curvas dos pacientes com e sem comorbidades não diferem entre si, foi utilizado o teste de Gray. Os resultados mostrados na Tabela 9.3 confirmam a rejeição da hipótese nula tanto para o evento óbito quanto para o evento alta hospitalar.

Tabela 9.3 – Testando os grupos de comorbidades para cada evento

Evento	Estatística	Valor p	Graus de liberdade
Óbito	13,26	0,0003	1
Alta hospitalar	11,09	0,0008	1

Os comandos para a realização do teste de Gray no *R* estão a seguir.

```
> library(cmprsk)
> covid<-read.table("https://docs.ufpr.br/~giolo/asa/dados/covid.txt",h=T)
> attach(covid)
> com_test<-cuminc(ftime=tempo,fstatus=desfecho,group=comorbidades); com_test$Tests
```

O valor p associado ao teste *logrank*, tanto para o evento óbito quanto para o evento alta hospitalar, resultou em 0,005.

9.5 Modelos na presença de riscos competitivos

Na área da saúde, é comum a utilização de um modelo de regressão para a função taxa de falha. Em particular, o modelo de Cox apresentado no Capítulo 5 é o mais utilizado em estudos clínicos. Em análise de sobrevivência na ausência de riscos competitivos, um modelo para a função taxa de falha tem o seu equivalente para a função de sobrevivência devido à relação $S(t) = -\log[\Lambda(t)]$. Contudo, esta relação não é válida na presença de riscos competitivos, conforme apontado por Andersen et al. (2012).

Duas classes de modelos semiparamétricos propostas para a análise de dados na presença de riscos competitivos são: (*i*) o modelo taxas de falha causa-específica e (*ii*) o modelo de Fine-Gray. A escolha do modelo deve ser norteada pela questão de interesse. Em particular, o modelo taxas de falha causa-específica é indicado para situações em que o objetivo diz respeito à etiologia da doença ou algum mecanismo biológico, e o de Fine-Gray quando há interesse em predições (VAN DER PAS et al., 2018). Estas duas classes de modelos são apresentadas a seguir.

9.5.1 Modelo taxas de falha causa-específica

O modelo taxas de falha causa-específica assume o modelo taxas de falha proporcionais de Cox para cada causa ou evento k ($k = 1, \ldots, c$), em que os eventos diferentes do k-ésimo são tratados como observações censuradas. Para a causa k, o modelo é dado por

$$\lambda_k(t \mid \mathbf{x}) = \lambda_{0k}(t) \exp(\boldsymbol{\beta}_k' \mathbf{x}), \tag{9.6}$$

em que $\lambda_{0k}(t)$ é a função taxa de falha de base para a k-ésima causa, $\boldsymbol{\beta}_k$ é o vetor que representa o efeito das covariáveis para a k-ésima causa e $\mathbf{x}$ é o vetor de valores observados para as covariáveis.

Similar ao modelo de Cox na ausência de riscos competitivos, inferência sobre o vetor de parâmetros $\boldsymbol{\beta}_k$ é realizada, para a causa k ($k = 1, \ldots, c$), utilizando a função de verossimilhança parcial, em que os eventos diferentes do k-ésimo são tratados como observações censuradas. O estimador de Breslow apresentado no Capítulo 5 é utilizado para estimar a função taxa de falha de base acumulada $\Lambda_{0k}(t)$, para $k = 1, \ldots, c$. Para testar a significância do efeito das covariáveis, pode-se utilizar a estatística de Wald e a da razão de verossimilhanças parciais apresentada no Capítulo 5.

(a) Interpretação dos coeficientes de regressão

Análogo ao modelo de Cox, a interpretação dos coeficientes de regressão é realizada em termos da razão de taxas de falha causa-específica, obtida a partir da exponenciação dos coeficientes. Assim, o coeficiente associado a uma dada covariável pode ser interpretado como o efeito que ela exerce sobre a taxa de ocorrência do k-ésimo evento para aqueles indivíduos que ainda não experimentaram nenhum evento.

Na ausência de riscos competitivos, uma covariável que aumenta a taxa de ocorrência do evento também aumenta a incidência de ocorrência do evento (ou seja, a probabilidade de sua ocorrência). Contudo, na presença de riscos competitivos, uma covariável que aumenta a taxa de ocorrência de um evento pode não necessariamente aumentar a incidência de ocorrência deste evento (AUSTIN, 2016). Como consequência, a razão de taxas de falha causa-específica não deve ser utilizada, no caso do modelo taxas de falha causa-específica, para inferir que uma determinada covariável está associada a um aumento ou a uma redução da incidência do evento. Ou seja, não é possível inferir a direção do efeito desta covariável sobre a incidência do evento. Isso porque, para este modelo, a FIA para o k-ésimo evento, definida segundo a expressão (9.4) por $F_k(t) = \int_0^t \lambda_k(u)S(u)du$, depende de todas as funções taxa de falha causa-específica, visto que $S(t) = \exp[-\sum_{k=1}^{c} \Lambda_k(t)]$, em que $\Lambda_k(t) = \int_0^t \lambda_k(u)du$. Assim, estimar uma única função taxa de falha causa-específica é insuficiente se o foco estiver na FIA para um determinado tipo de evento (AUSTIN; FINE, 2017).

(b) Adequação do modelo taxas de falha causa-específica

Para que o modelo ajustado seja considerado adequado, deve-se avaliar: (i) a suposição de taxas de falha proporcionais, (ii) a relação linear entre o logaritmo da taxa de falha e cada uma das covariáveis contínuas no modelo, e (iii) a qualidade de ajuste do modelo aos dados.

Para investigar a validade da suposição de taxas de falha proporcionais para a causa k $(k = 1, \ldots, c)$, pode-se utilizar os gráficos e testes associados aos resíduos padronizados de Schoenfeld apresentados para o modelo de Cox no Capítulo 5. Para as covariáveis categóricas, também é possível utilizar, para cada uma delas, os gráficos $\log(\widehat{\Lambda}_{0kj}(t))$ *versus* $\log(t)$, com $j = 1, \ldots, m$, as categorias da covariável. Para a obtenção de $\widehat{\Lambda}_{0kj}(t)$ pode-se utilizar o estimador de Nelson-Aalen. Inspeção visual destes gráficos fornece uma indicação da proporcionalidade das taxas de falha, sendo que o paralelismo das curvas indica a não violação da suposição.

Quanto à forma funcional das covariáveis contínuas, os resíduos martingais podem ser utilizados para esta finalidade. Por fim, para a k-ésima causa $(k = 1, \ldots, c)$, a qualidade de ajuste do modelo pode ser avaliada utilizando a análise gráfica dos resíduos de Cox-Snell apresentada no Capítulo 5.

9.5.2 Modelo de Fine-Gray

Visto que o modelo taxas de falha causa-específica não possibilita inferir a direção do efeito das covariáveis sobre a incidência dos eventos, Fine e Gray (1999) propuseram considerar as regressoras diretamente na FIA. O modelo proposto por eles baseia-se na função taxa de falha da subdistribuição que, para a causa k, é definida por

$$\tilde{\lambda}_k(t) = -\frac{d \log(1 - F_k(t))}{dt}. \qquad (9.7)$$

Essa expressão mostra que a função taxa de falha da subdistribuição $\tilde{\lambda}_k(t)$ apresenta uma relação direta com a FIA, ou seja, com $F_k(t)$, possibilitando, assim, inferências a respeito do efeito das covariáveis sobre a incidência do evento k $(k = 1, \ldots, c)$. Ressalta-se que (9.7) não é a função taxa de falha causa-específica; a diferença está no conjunto de indivíduos sob risco que, para $\tilde{\lambda}_k(t)$, inclui todos os indivíduos que não experimentaram nenhum evento e não foram censurados, bem como os que experimentaram um evento diferente do k-ésimo, como dito para a expressão (9.3).

Em termos da k-ésima taxa de falha da subdistribuição, o modelo de Fine-Gray, que assume taxas de falha proporcionais, é dado por

$$\tilde{\lambda}_k(t \mid \mathbf{x}) = \tilde{\lambda}_{0k}(t) \exp(\boldsymbol{\beta}'_k \mathbf{x}), \qquad (9.8)$$

em que $\tilde{\lambda}_{0k}(t)$ é a função taxa de falha de base da subdistribuição para a k-ésima causa, $\boldsymbol{\beta}_k$ é o vetor dos efeitos das covariáveis para a k-ésima causa e $\mathbf{x}$ é o vetor de valores observados para as covariáveis.

Na presença de censuras à direita, Fine e Gray (1999) mostraram que o vetor de coeficientes de regressão $\boldsymbol{\beta}_k$ pode ser estimado maximizando a função de verossimilhança parcial definida por

$$L(\boldsymbol{\beta}_k) = \prod_{i=1}^{n} \left[\frac{\exp(\boldsymbol{\beta}'_k \mathbf{x}_i)}{\sum_{\ell \in R(t_j)} w_{i\ell} \exp(\boldsymbol{\beta}'_k \mathbf{x}_\ell)} \right]^{\delta_i = k},$$

em que o conjunto $R(t_j)$ de indivíduos sob risco para a causa k no tempo de falha t_j inclui os indivíduos que ainda estão sob observação e também aqueles que experimentaram um evento diferente do k-ésimo antes de t_j. Para os indivíduos que não experimentaram o evento k antes de t_j atribui-se o peso $w_{i\ell} = 1$ e, para os que experimentaram eventos diferentes do k-ésimo, $w_{i\ell} = \widehat{G}(t_j)/\widehat{G}(\min(t_j, t_\ell))$, em que $\widehat{G}(t)$ é a estimativa de Kaplan-Meier da função de sobrevivência da variável aleatória correspondente às censuras. Detalhes adicionais podem ser encontrados em Fine e Gray (1999).

Tendo em vista a normalidade assintótica de $\widehat{\boldsymbol{\beta}}_k$, podem ser utilizadas as estatísticas de Wald, da razão de verossimilhanças e escore para testar a significância do efeito das covariáveis. Após ajustar o modelo (9.8), a FIA para a causa k, $F_k(t)$, pode ser estimada, para um dado vetor $\mathbf{x}$, por

$$\widehat{F}_k(t \mid \mathbf{x}) = 1 - \exp[-\widehat{\tilde{\Lambda}}_k(t \mid \mathbf{x})] = 1 - \exp[-\widehat{\tilde{\Lambda}}_{0k}(t)\exp(\widehat{\boldsymbol{\beta}}_k'\mathbf{x})],$$

em que $\widehat{\tilde{\Lambda}}_{0k}(t)$ é o estimador de Breslow da função taxa de falha de base acumulada da subdistribuição para o k-ésimo evento.

(a) Interpretação dos coeficientes do modelo de Fine-Gray

A interpretação dos coeficientes do modelo de Fine-Gray também pode ser realizada em termos da razão de taxas de falha da subdistribuição, que resulta da exponenciação dos coeficientes. Para o evento k, esta razão fornece a mudança relativa na taxa de ocorrência do evento k para aqueles indivíduos que estão livres de eventos ou que experimentaram eventos diferentes do k-ésimo. Contudo, esta interpretação pode ser difícil de conceitualizar, pois ela considera que os indivíduos que experimentaram eventos diferentes do k-ésimo estão sob risco para o evento k (AUSTIN; FINE, 2017).

Por outro lado, a expressão (9.7) mostra uma relação direta entre as funções $\tilde{\lambda}_k(t)$ e $F_k(t)$ e, sendo assim, uma alternativa é interpretar os coeficientes do modelo como uma medida de associação com a função $F_k(t)$, ou seja, com a incidência do k-ésimo evento. Embora esta interpretação seja mais fácil de entender, ela requer alguns cuidados. Um deles diz respeito à interpretação do valor numérico das razões de taxas de falha da subdistribuição. Neste aspecto, ressalta-se que a magnitude do efeito da covariável sobre a função taxa de falha da subdistribuição é diferente da magnitude do efeito da covariável sobre a FIA. Ou seja, se uma covariável aumenta a função taxa de falha da subdistribuição, ela também aumenta a incidência do evento, mas não se pode inferir que as magnitudes desses dois efeitos sejam do mesmo tamanho, apesar de estarem na mesma direção. Apesar dessa limitação, significância estatística da razão de taxas de falha da subdistribuição implica significância do efeito da covariável sobre a FIA. Esta conclusão não é válida para o modelo taxas de falha causa-específica.

Outro cuidado é que não se pode tirar conclusões a respeito da magnitude relativa do efeito de uma mesma covariável sobre a incidência de eventos distintos comparando a magnitude relativa das razões de taxas de falha da subdistribuição. Ou seja, se a taxa de falha da subdistribuição, para uma dada covariável, é maior para o evento 1 do que para o evento 2, não implica necessariamente que a incidência do evento 1 é maior que a do evento 2 (AUSTIN; FINE, 2017).

(b) Adequação do modelo de Fine-Gray

O modelo de Fine-Gray também assume (*i*) taxas de falha proporcionais e (*ii*) relação linear entre o logaritmo da taxa de falha e cada uma das covariáveis contínuas no modelo. Para avaliar a proporcionalidade para a causa k ($k = 1, \ldots, c$), pode-se utilizar os gráficos e testes associados aos resíduos tipo-Schoenfeld, similar ao modelo de Cox. Os resíduos tipo-Schoenfeld são denominados desta forma devido aos pesos $w_{i\ell}$ considerados na estimação do vetor $\boldsymbol{\beta}_k$. Para covariáveis categóricas, pode-se também utilizar os gráficos $\log[-\log(1 - \widehat{F}_{kj}(t))]$ *versus* $\log(t)$, $j = 1, \ldots, m$. Inspeção visual destes gráficos fornece uma indicação da proporcionalidade, com o paralelismo das curvas indicando a não violação da suposição.

Quanto à forma funcional das covariáveis contínuas no modelo, pode-se utilizar o método gráfico apresentado no Capítulo 5, que utiliza os resíduos martingais. Por fim, para avaliar se o modelo de Fine-Gray apresenta ajuste satisfatório aos dados, pode-se comparar para todos os subconjuntos formados pelas combinações das categorias das covariáveis (ou pelo menos para aqueles subconjuntos em que o número de observações não é muito pequeno), as curvas da FIA obtidas pelo estimador não paramétrico e as preditas pelo modelo (PUTTER et al., 2007). Proximidade entre as curvas indicam evidências a favor do modelo ajustado.

9.6 Exemplo: Covid-19 em crianças e adolescentes

Esta seção apresenta a análise de uma amostra de 600 pacientes do estudo descrito na Seção 1.4.8, o qual foi realizado com crianças e adolescentes hospitalizados com Covid-19 entre 16/02/2020 e 09/01/2021 (OLIVEIRA et al., 2021). O evento de interesse foi o óbito por Covid-19, sendo a alta hospitalar o evento competitivo, como representado na Figura 9.4.

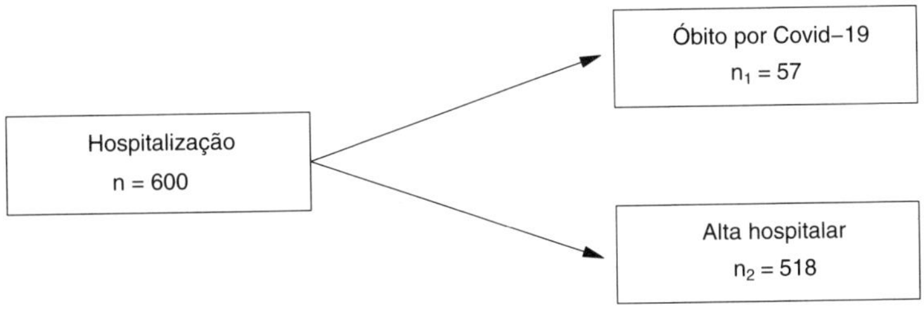

Figura 9.4 – Configuração dos eventos do estudo sobre Covid-19.

O objetivo do estudo foi avaliar o efeito das covariáveis sexo, idade e comorbidades sobre o tempo desde a hospitalização por Covid-19 até o óbito do paciente. A Tabela 9.4 apresenta uma descrição das variáveis.

Tabela 9.4 – Descrição das variáveis do estudo sobre Covid-19

Variável	Categoria	Frequência	Percentual
Evento	Óbito por Covid-19	57	9,5
	Alta hospitalar	518	86,3
	Censura	25	4,2
Sexo	Masculino	313	52,2
Idade	[0, 2) anos	196	32,7
	[2, 11) anos	198	33,0
	[11, 20) anos	206	34,3
Comorbidades	Presente	176	29,3

Para dar início às análises, o estimador não paramétrico apresentado na Seção 9.3.1 foi utilizado para estimar as curvas de incidência acumulada (FIA) para as três covariáveis. A seguir, foi utilizado o teste de Gray para testar se as curvas, para cada um dos eventos ($k = 1, 2$), não diferem.

As curvas estimadas e os valores p associados ao teste são mostrados na Figura 9.5. Nota-se que as curvas para os sexos masculino e feminino não apresentam diferenças marcantes. Quanto aos grupos de idade, a curva de óbitos apresenta-se levemente inferior para as crianças no grupo de idade

$[2, 11)$ anos. Contudo, o teste de Gray não indicou diferença significativa entre as curvas (valor $p = 0{,}28$), o que pode ser consequência do número pequeno de pacientes em cada grupo de idade (ao todo, 57 pacientes foram a óbito). Por outro lado, a curva de alta hospitalar apresenta-se inferior para os pacientes no grupo de idade [11, 20) anos. Em relação à covariável comorbidades, as curvas apresentam diferenças para ambos os eventos, como já mencionado na Seção 9.4.1. Nota-se que a ausência de comorbidades reduziu a incidência de óbitos e aumentou a de alta hospitalar.

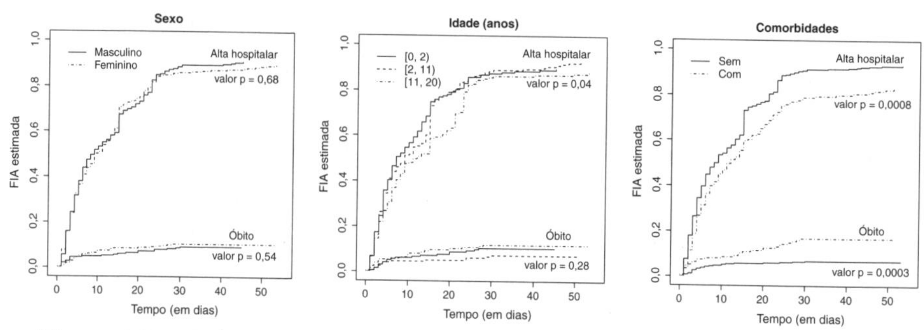

Figura 9.5 – FIA para as covariáveis consideradas no estudo de Covid-19.

Como há interesse em avaliar o efeito de todas as covariáveis conjuntamente, foram ajustados aos dados de Covid-19 os dois modelos abordados neste capítulo. Os resultados são apresentados a seguir.

9.6.1 Resultados dos modelos para o evento óbito

Inicialmente, foi ajustado o modelo taxas de falha causa-específica para investigar o óbito por Covid-19, tratando a alta hospitalar como evento competitivo. Para as três covariáveis consideradas, as categorias de referência foram: sexo feminino, grupo de idade $[2, 11)$ anos e ausência de comorbidades. A categoria de referência para a idade seguiu o que os infectologistas pediátricos conheciam à época sobre o grupo de menor risco. A partir das estimativas apresentadas na Tabela 9.5, nota-se efeito não significativo da covariável sexo (valor $p = 0{,}778$) e efeito significativo das covariáveis idade e comorbidades ao nível $\alpha = 0{,}10$. Após a remoção da covariável sexo, foram obtidas as estimativas mostradas na Tabela 9.6.

Tabela 9.5 – Modelo taxas de falha causa-específica inicial para o evento óbito

Covariável	Coeficiente	Erro-padrão	Valor p	RTF_{CE}	IC 90%
Idade: [0, 2) anos	0,649	0,354	0,067	1,91	(1,07; 3,42)
Idade: [11, 20) anos	0,568	0,341	0,096	1,76	(1,01; 3,09)
Sexo: masculino	0,076	0,270	0,778	1,08	(0,69; 1,68)
Comorbidades: sim	0,799	0,273	0,003	2,22	(1,42; 3,48)

Tabela 9.6 – Modelo taxas de falha causa-específica final para o evento óbito

Covariável	Coeficiente	Erro-padrão	Valor p	RTF_{CE}	IC 90%
Idade: [0, 2) anos	0,654	0,353	0,064	1,92	(1,08; 3,44)
Idade: [11, 20) anos	0,568	0,341	0,096	1,76	(1,01; 3,09)
Comorbidades: sim	0,808	0,270	0,003	2,24	(1,44; 3,50)

Nota: RTF_{CE} = exp(coeficiente) significa razão de taxas de falha causa-específica.

Como o modelo taxas de falha causa-específica assume proporcionalidade das taxas de falha, deve-se avaliar esta suposição para que as conclusões baseadas no modelo sejam válidas. Para tanto, a Figura 9.6 apresenta os gráficos $(s^*_{iq} + \hat{\beta}_q)$ *versus* t, para $q = 1, 2, 3$, em que s^*_{iq} denota os resíduos padronizados de Schoenfeld. Nota-se que as curvas suavizadas (linha sólida) oscilam em torno da estimativa de máxima verossimilhança parcial (linha horizontal pontilhada), indicando evidências a favor da suposição.

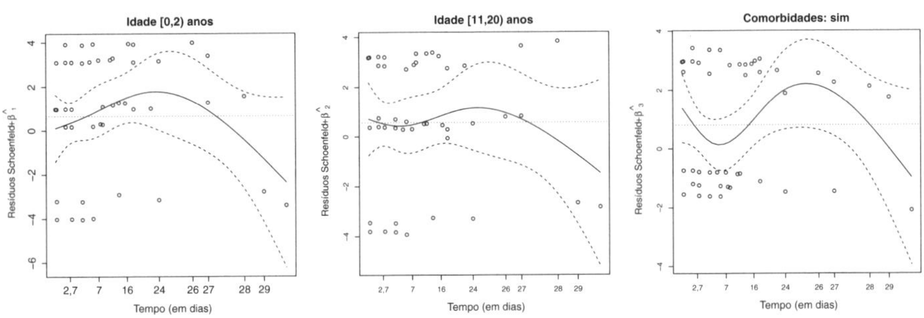

Figura 9.6 – Resíduos de Schoenfeld para o modelo taxa de falha causa-específica.

O teste que baseia-se nos resíduos de Schoenfeld também não rejeitou a hipótese de proporcionalidade das taxas de falha (valor $p = 0{,}97$, g. l. $= 3$). Ademais, a análise gráfica dos resíduos de Cox-Snell (não apresentada) evidenciou ajuste satisfatório do modelo. Visto que a suposição de proporcionalidade não foi rejeitada e o modelo apresentou ajuste satisfatório, o sinal positivo do coeficiente associado à covariável comorbidades (Tabela 9.6) indica que a presença de comorbidades aumenta a taxa de óbito dentre aqueles livres de ambos os eventos. A razão de taxas de falha causa-específica (RTF_{CE}) para a presença de comorbidades em relação à sua ausência foi estimada em 2,24, com IC 90% = (1,44; 3,5). Logo, a taxa de óbitos foi 124% maior para os com comorbidades do que para os sem comorbidades. Isto para os que estavam sob risco (isto é, livres de evento).

Quanto à idade, $RTF_{CE} = 1{,}92$ para o grupo de idade $[0, 2)$ anos em relação ao grupo $[2, 11)$ anos, com IC 90% = (1,08; 3,44). Assim, para as crianças sob risco, tem-se que a taxa de óbitos foi 92% maior para as que estavam no grupo $[0, 2)$ anos do que para as que estavam no grupo $[2, 11)$ anos. Quanto aos grupos $[11, 20)$ e $[2, 11)$ anos, a taxa de óbitos para as que estavam no grupo $[11, 20)$ anos foi 1,76 vezes a das que estavam no grupo $[2, 11)$ anos, IC 90% = (1,01; 3,09). Isso evidencia o comportamento em forma de jota (J) para a covariável idade. Os resultados da análise realizada para o conjunto de dados completo confirmou de forma contundente este comportamento (OLIVEIRA et al., 2021).

Os comandos utilizados no *R* para o ajuste do modelo final de taxas de falha causa-específica estão listados a seguir. Os comandos para a obtenção dos gráficos estão disponíveis em https://docs.ufpr.br/~giolo/asa.

```
> covid<-read.table("https://docs.ufpr.br/~giolo/asa/dados/covid.txt",h=T)
> attach(covid); library(cmprsk)
> covid$idade<-relevel(factor(covid$idade),ref=2) # grupo de idade de referência
> mod1<-coxph(Surv(tempo,desfecho==1)~factor(idade)+comorbidades,data=covid)
> summary(mod1); exp(cbind(RTF=coef(mod1),confint(mod1,level=0.90)))
> cox.zph(mod1,transform="km",terms=TRUE)
```

Considerando, agora, o modelo de Fine-Gray para o evento óbito por Covid-19, tratando a alta hospitalar como evento competitivo, foram obtidas as estimativas mostradas na Tabela 9.7. Similar ao modelo anterior, nota-se efeito significativo, ao nível $\alpha = 0{,}10$, das covariáveis idade e comorbidades, e efeito não significtivo da covariável sexo (valor $p = 0{,}69$). Após a remoção da covariável com efeito não significativo, foram obtidas as estimativas mostradas na Tabela 9.8

Tabela 9.7 – Modelo de Fine-Gray inicial para o evento óbito por Covid-19

Covariável	Coeficiente	Erro-padrão	Valor p	RTF_S	IC 90%
Idade: [0, 2) anos	0,596	0,357	0,095	1,81	(1,01; 3,26)
Idade: [11, 20) anos	0,581	0,347	0,094	1,79	(1,01; 3,16)
Sexo: masculino	0,109	0,272	0,690	1,12	(0,71; 1,74)
Comorbidades: sim	1,011	0,269	<0,001	2,75	(1,76; 4,28)

Tabela 9.8 – Modelo de Fine-Gray final para o evento óbito por Covid-19

Covariável	Coeficiente	Erro-padrão	Valor p	RTF_S	IC 90%
Idade: [0, 2) anos	0,601	0,358	0,094	1,82	(1,01; 3,29)
Idade: [11, 20) anos	0,574	0,342	0,093	1,78	(1,01; 3,12)
Comorbidades: sim	1,020	0,266	<0,001	2,77	(1,79; 4,29)

Nota: RTF_S = exp(coef.) significa razão de taxas de falha da subdistribuição.

Como o modelo de Fine-Gray assume proporcionalidade das taxas de falha, esta suposição foi avaliada pelos gráficos s^*_{iq} *versus* t, para $q = 1, 2, 3$, em que s^*_{iq} denota os resíduos padronizados tipo-Schoenfeld. Nota-se que as curvas suavizadas (linha sólida) oscilam em torno de zero (linha horizontal pontilhada), indicando evidências a favor da suposição.

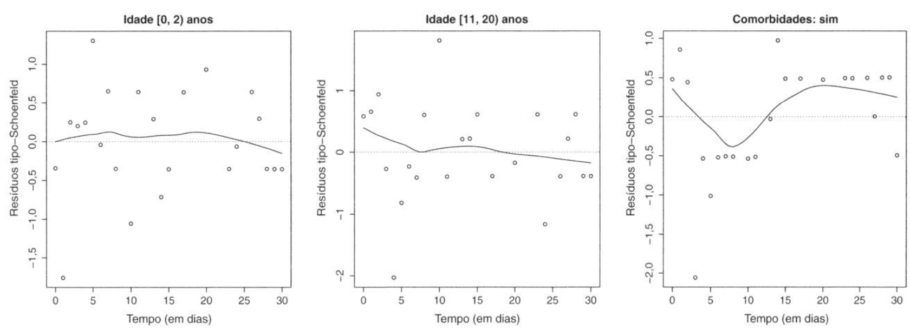

Figura 9.7 – Avaliação da proporcionalidade para o modelo de Fine-Gray.

Como dito na Seção 9.5.2, a qualidade de ajuste do modelo de Fine-Gray pode ser avaliada comparando as FIAs obtidas pelo estimador não paramétrico e as preditas pelo modelo para subconjuntos formados pelas combinações das categorias das covariáveis. Contudo, como há somente 57 óbitos na amostra analisada, ficou inviável realizar esta comparação. Para o conjunto de dados completo, o modelo apresentou ajuste satisfatório.

Com base nas razões de taxas de falha da subdistribuição (RTF_S) mostradas na Tabela 9.8, observa-se que a RTF_S para a presença de comorbidades em relação à ausência delas foi estimada em 2,77, IC 90% = (1,79; 4,29). Logo, a taxa de óbitos para os pacientes com comorbidades foi 177% maior do que para os sem comorbidades. Isto para os pacientes sob risco que, neste caso, inclui tanto os que estavam livres de evento quanto os que experimentaram o evento competitivo (alta hospitalar). De modo similar, a taxa de óbitos das crianças no grupo de idade $[0, 2)$ anos foi 1,82 vezes a daquelas no grupo $[2, 11)$ anos, IC 90% = (1,01; 3,29). Ademais, a taxa de óbtitos das crianças e adolescentes no grupo [11, 20) anos foi 1,78 vezes a daqueles no grupo $[2, 11)$ anos, IC 90% = (1,01; 3,12).

As RTF_S nos permite ainda concluir que a presença de comorbidades está associada com o aumento da incidência de óbitos e que esta incidência foi maior para as crianças nos grupos $[0, 2)$ e $[11, 20)$ anos do que para aquelas no grupo $[2, 11)$ anos. Esse fato pode ser visualizado na Figura 9.8, que mostra as curvas da FIA estimadas para o evento óbito por Covid-19, isto é, $\widehat{F}_1(t \mid \mathbf{x})$, em que $\mathbf{x}$ denota o vetor formado pelas combinações das categorias das covariáveis grupos de idade e comorbidades.

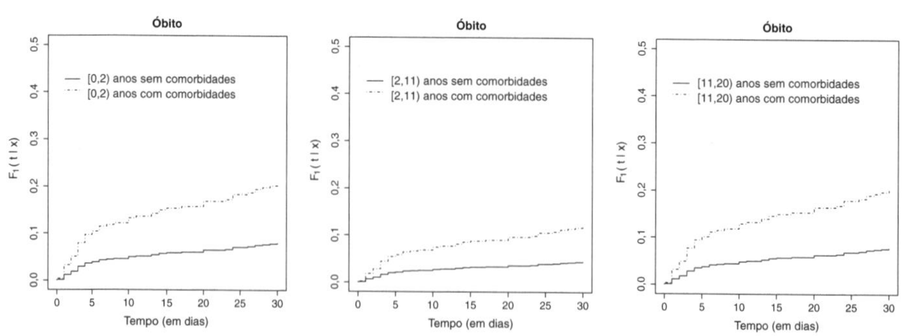

Figura 9.8 – Curvas da FIA estimadas pelo modelo de Fine-Gray para o evento óbito.

Os comandos para o ajuste do modelo de Fine-Gray estão listados a seguir e os para a obtenção dos gráficos em https://docs.ufpr.br/~giolo/asa.

```
> library(cmprsk)
> covid$idade<-relevel(factor(covid$idade),ref=2)
> cens<-ifelse(desfecho>1,0,desfecho)
> mod2<-coxph(Surv(tempo,cens)~factor(idade)+factor(comorbidades),data=covid,x=T)
> xmod2<-model.matrix(mod2) # matriz X na forma matricial
> fit2<-with(covid,crr(tempo,desfecho,xmod2,failcode=1)) #1=óbito
> summary(fit2)
```

9.6.2 Resultados dos modelos para o evento alta hospitalar

Considerando a alta hospitalar como o evento de interesse e óbito por Covid-19 como o evento competitivo, a Tabela 9.9 apresenta as estimativas obtidas a partir do ajuste do modelo taxas de falha causa-específica. Tendo em vista o efeito não significativo da covariável sexo (valor p = 0,853), sua remoção do modelo produziu as estimativas mostradas na Tabela 9.10.

Tabela 9.9 – Modelo taxas de falha causa-específica inicial para alta hospitalar

Covariável	Coeficiente	Erro-padrão	Valor p	RTF_{CE}	IC 90%
Idade: [0, 2) anos	0,075	0,109	0,492	1,08	(0,90; 1,29)
Idade: [11, 20) anos	−0,175	0,109	0,108	0,84	(0,70; 1,00)
Sexo: masculino	0,017	0,089	0,853	1,02	(0,88; 1,18)
Comorbidades: sim	−0,286	0,101	0,005	0,75	(0,64; 0,88)

Tabela 9.10 – Modelo taxas de falha causa-específica final para alta hospitalar

Covariável	Coeficiente	Erro-padrão	Valor p	RTF_{CE}	IC 90%
Idade: [0, 2) anos	0,076	0,109	0,484	1,08	(0,90; 1,29)
Idade: [11, 20) anos	−0,175	0,109	0,108	0,84	(0,70; 1,00)
Comorbidades: sim	−0,284	0,100	0,005	0,75	(0,64; 0,89)

Nota: RTF_{CE} = exp(coeficiente) significa razão de taxas de falha causa-específica.

Embora na amostra analisada o nível de significância tenha sido levemente superior a α = 0,10 para a covariável idade, ela não foi excluída do modelo por ter apresentado efeito significativo para o conjunto de dados completo. Assim, avaliando a suposição de taxas de falha proporcionais para o modelo com as covariáveis idade e comordidades, nota-se inclinação próxima de zero das curvas suavizadas (linha sólida) mostradas nos gráficos da Figura 9.9, indicando evidências a favor da suposição. A não rejeição da hipótese de proporcionalidade também foi evidenciada pelos resultados do teste que baseia-se nos resíduos de Schoenfeld (valor $p = 0{,}78$, g. l. $= 3$).

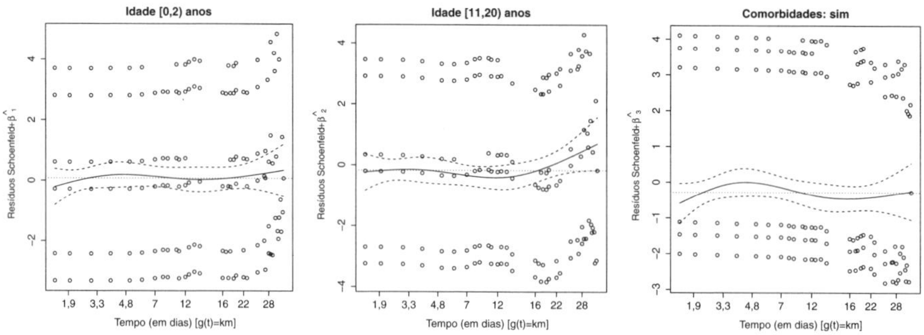

Figura 9.9 – Resíduos de Schoenfeld para o modelo taxas de falha causa-específica.

O modelo também apresentou qualidade de ajuste satisfatória de acordo com a análise gráfica dos resíduos de Cox-Snell mostrada na Figura 9.10.

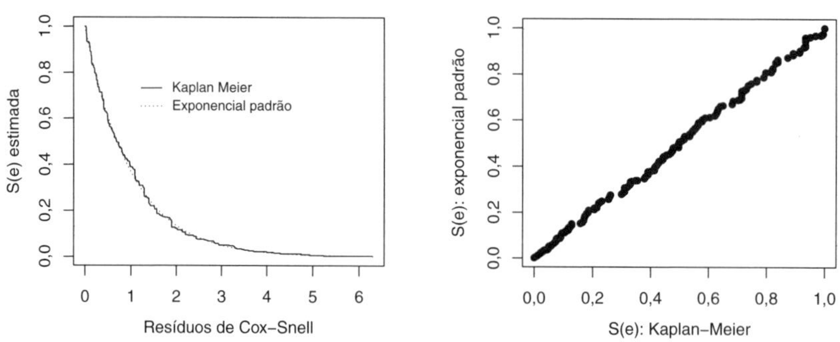

Figura 9.10 – Análise dos resíduos de Cox-Snell para o evento alta hospitalar.

Assim, com base nas RTF_{CE} mostradas na Tabela 9.10, tem-se que a taxa de alta hospitalar para as crianças sem comorbidades foi $1/0{,}75 = 1{,}33$ vezes a daquelas com comorbidades, IC 90% $= (1{,}13;\ 1{,}57)$; isto para as que estavam sob risco (ou seja, livres de evento). Há, assim, um efeito protetor da ausência de comorbidades no que se refere à alta hospitalar. Além disso, a taxa de alta hospitalar não diferiu entre as crianças nos grupos de idade [0, 2) e [2, 11) anos (valor $p = 0{,}484$).

Os comandos em *R* para obtenção dos resultados e gráficos apresentados estão disponíveis em https://docs.ufpr.br/~giolo/asa.

Considerando, a seguir, o modelo de Fine-Gray para o evento alta hospitalar, tratando óbito como evento competitivo, foram obtidas as estimativas mostradas na Tabela 9.11. Mantendo no modelo as duas covariáveis com efeito significativo e removendo aquela com efeito não significativo, foram obtidas as estimativas apresentadas na Tabela 9.12.

Tabela 9.11 – Modelo de Fine-Gray inicial para o evento alta hospitalar

Covariável	Coeficiente	Erro-padrão	Valor p	RTF_S	IC 90%
Idade: [0, 2) anos	−0,048	0,104	0,650	0,95	(0,80; 1,13)
Idade: [11, 20) anos	−0,233	0,099	0,019	0,79	(0,67; 0,93)
Sexo: masculino	0,003	0,083	0,980	1,00	(0,93; 1,14)
Comorbidades: sim	−0,317	0,096	0,001	0,73	(0,62; 0,85)

Tabela 9.12 – Modelo de Fine-Gray final para o evento alta hospitalar

Covariável	Coeficiente	Erro-padrão	Valor p	RTF_S	IC 90%
Idade: [0, 2) anos	−0,047	0,105	0,650	0,95	(0,80; 1,13)
Idade: [11, 20) anos	−0,233	0,099	0,019	0,79	(0,67; 0,93)
Comorbidades: sim	−0,316	0,096	0,001	0,73	(0,62; 0,85)

Nota: RTF_S = exp(coef.) significa razão de taxas de falha da subdistribuição.

Para este modelo, os gráficos mostrados na Figura 9.11 indicam evidências a favor da suposição de proporcionalidade das taxas de falha, pois as curvas suavizadas (linhas sólida) apresentam inclinação próxima de zero.

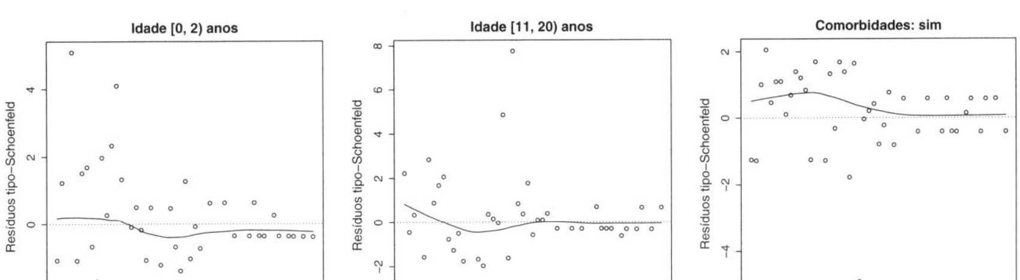

Figura 9.11 – Avaliação da proporcionalidade para o modelo de Fine-Gray.

A proporcionalidade das taxas de falha pode, alternativamente, ser avaliada pela inspeção dos gráficos $\log[-\log(1-\widehat{F}_{2j}(t)]$ *versus* $\log(t)$ mostrados na Figura 9.12. Com base no paralelismo das curvas indicado em ambos os gráficos, há evidências a favor da suposição de proporcionalidade.

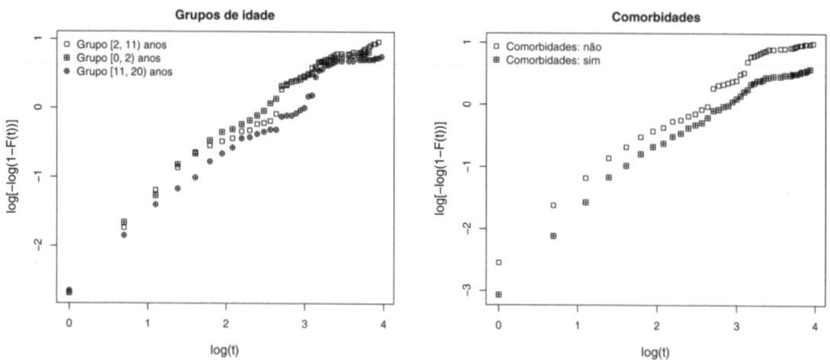

Figura 9.12 – Proporcionalidade para o modelo de Fine-Gray.

Quanto à qualidade de ajuste do modelo, a proximidade entre as curvas empíricas da FIA (isto é, estimadas pelo método não paramétrico) e as preditas pelo modelo de Fine-Gray para os subconjuntos formados pela combinação das categorias das covariáveis, indicaram ajuste satisfatório do modelo. A Figura 9.13 mostra esta proximidade para três subconjuntos.

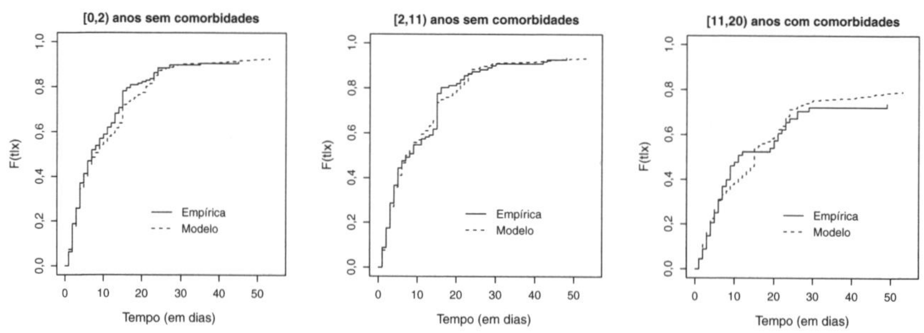

Figura 9.13 – Curvas empíricas e preditas pelo modelo de Fine-Gray.

Desse modo, com base nas razões de taxas de falha da subdistribuição (RTF_S) mostradas na Tabela 9.12, tem-se que a taxa de alta hospitalar para os pacientes sem comorbidades foi $1/0{,}73 = 1{,}37$ vezes a daqueles com comorbidades, IC 90% = (1,18; 1,61). Isto para os que estavam sob risco, que inclui tanto os que estavam livres de evento quanto os que haviam experimentado o evento competitivo (óbito por Covid-19). De modo similar, a taxa de alta hospitalar para aqueles com idade $[2, 11)$ anos foi $1/0{,}79 = 1{,}27$ vezes a dos com idade $[11, 20)$ anos, IC 90% = (1,07; 1,49).

As RTF_S também nos permite descrever a direção da associação entre as covariáveis e a incidência de alta hospitalar. Tem-se, assim, que a presença de comorbidades está associada com uma redução na incidência de alta hospitalar e que a incidência de alta hospitalar foi menor para aqueles no grupo de idade $[11, 20)$ anos do que para aqueles nos grupos $[0, 2)$ e $[2, 11)$ anos. Esses fatos podem ser visualizados a partir das curvas da FIA estimadas para o evento alta hospitalar, $\widehat{F}_2(t \mid \mathbf{x})$, apresentadas na Figura 9.14, em que o óbito por Covid-19 é o evento competitivo e $\mathbf{x}$ corresponde ao vetor das covariáveis idade e comorbidades.

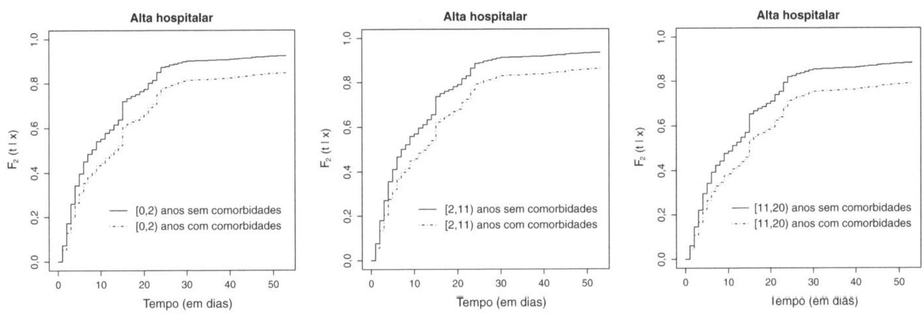

Figura 9.14 – FIAs estimadas pelo modelo de Fine-Gray para alta hospitalar.

Os comandos em linguagem *R* para obtenção dos resultados e gráficos apresentados estão disponíveis em https://docs.ufpr.br/~giolo/asa.

9.6.3 Escolha entre os dois modelos

Mas afinal, qual o modelo deve ser escolhido para a análise estatística dos dados? Esta pergunta é fundamental e deve ser tratada com o devido cuidado, principalmente para aquelas situações em que os resultados fornecidos pelos modelos forem diferentes. Conforme mencionado na Seção 9.5, a literatura advoga que o modelo taxas de falha causa-específica é indicado para situações em que o objetivo diz respeito à etiologia de doenças ou entendimento de mecanismos biológicos. Em contrapartida, o modelo de Fine-Gray é indicado quando o interesse se concentra em fazer predições ou prognósticos. Nesse sentido, o modelo de Fine-Gray parece o mais adequado para o estudo de Covid-19. Por outro lado, Van der Pas et al. (2018) recomendam que sempre sejam utilizados os dois modelos, pois, desse modo, tanto a etiologia quanto a predição podem ser investigadas.

Para o exemplo analisado, é possível notar a proximidade numérica dos resultados obtidos para os dois modelos. Contudo, isso nem sempre ocorre. Segundo Van Der Pas et al. (2018), a explicação mais provável para esta proximidade é a presença de poucos eventos.

9.7 Considerações finais

Neste capítulo, métodos não paramétricos e semiparamétricos foram apresentados para a análise de dados na presença de riscos competitivos. No entanto, distribuições paramétricas (exponencial e a Weibull, dentre outras) também podem ser utilizadas para modelar dados de riscos competitivos.

Um aspecto importante dos modelos apresentados é que, embora eles possam produzir resultados numéricos similares, as conclusões para o modelo taxas de falha causa-específica devem ser feitas em termos das razões de taxas de falha causa-específica e, para o modelo de Fine-Gray, em termos das razões de taxas de falha da subsdistribuição ou, alternativamente, em termos da incidência dos eventos. Ademais, é importante mencionar que a suposição de taxas de falha proporcionais assumida por ambos os modelos apresentados pode não ser válida, assim como o efeito das covariáveis pode variar com o tempo. Para estas situações, modelos foram propostos na literatura. Algumas referências incluem Scheike e Zhang (2008) e Beyersmann et al. (2012), dentre outros.

9.8 Exercícios

1. Mostre que $\widehat{F}_k(t) \leq 1 - \widehat{S}(t)$. Ou seja, a FIA para o k-ésimo evento é sempre menor ou igual ao complemento do Kaplan-Meier. A igualdade é obtida no caso em que não existem eventos competitivos.

2. Mostre que a função de sobrevivência global pode ser expressa como $1 - F(t) = \prod_{k=1}^{c}(1 - F_k(t))$.

Capítulo 10

Estudos com fração de imunes

10.1 Introdução

Um pressuposto usual em análise de sobrevivência é a de que todos os indivíduos sob estudo estão sujeitos à ocorrência do evento de interesse. Contudo, em algumas situações não é razoável assumir este pressuposto, visto que uma fração da população pode não estar sujeita à ocorrência do evento, por mais longo que seja o período de seguimento. Por exemplo, uma fração das mulheres com remissão completa do câncer de mama pode não apresentar a recidiva do câncer, mesmo se monitoradas até o final de suas vidas. Ou, ainda: *a*) uma fração dos clientes de certa instituição financeira pode não se tornar inadimplente; *b*) uma fração de ex-detentos pode não reincidir no crime; *c*) uma fração das pessoas infectadas pela Covid-19 pode não ir a óbito devido à infecção, dentre vários outros exemplos.

Dependendo da área de pesquisa, a fração de indivíduos que não está sujeita ao evento de interesse, mesmo se acompanhados por um longo período, é denominada fração de curados, ou de imunes ao evento, ou de fidelizados, ou de sobreviventes de longa duração. Nota-se que estes indivíduos não são censuras no sentido clássico da teoria de dados de sobrevivência. Contudo, os seus tempos estão limitados ao período de seguimento, o que torna difícil distingui-los dos tempos censurados ocorridos em decorrência do término do estudo. Desse modo, é essencial investigar a existência desta fração de indivíduos e, em caso afirmativo, considerá-la na análise dos dados. Se esta fração for ignorada, conclusões incorretas podem ser obtidas.

A Seção 10.2 apresenta uma estratégia que auxilia a investigar a existência de indivíduos imunes ao evento. Modelos de regressão utilizados com frequência para a análise de dados com fração de imunes são apresentados na Seção 10.3. A aplicação dos modelos é ilustrada na Seção 10.4.

10.2 Existência de fração de imunes

A existência de uma fração de indivíduos imunes ao evento de interesse na população da qual a amostra foi extraída é uma característica que se mostra evidente em diversos estudos. Contudo, para investigá-la, é essencial levar em consideração se o tempo de seguimento foi longo o suficiente para a detecção dessa fração, caso ela exista. Definir o quão longo o seguimento deve ser depende da área de pesquisa. Em alguns estudos, um seguimento de alguns dias ou meses pode ser considerado suficiente, enquanto em outros haverá a necessidade de um seguimento maior.

Uma estratégia simples para investigar a existência de indivíduos imunes na população é proceder a uma análise exploratória com base no estimador não paramétrico de Kaplan-Meier apresentado no Capítulo 2. Na presença de imunes, uma característica da função de sobrevivência $S(t)$ é a de que ela decresce, mas não atinge o valor zero quando o tempo t de seguimento tende ao infinito, ou, equivalentemente, a função de distribuição $F(t) = 1 - S(t)$ cresce, mas não atinge o valor 1 quando t tende ao infinito. Ou seja,

$$\lim_{t\to\infty} S(t) = (1-\pi) > 0 \quad \text{ou} \quad \lim_{t\to\infty} F(t) = \pi < 1$$

em que $(1-\pi)$ denota a proporção de imunes da população e, consequentemente, π correponde à proporção de não imunes.

Pelo fato de $S(t)$ não atingir o valor zero e, em consequência, $F(t)$ não atingir o valor 1, elas são denominadas função de sobrevivência imprópria e função de distribuição imprópria, respectivamente. Um aspecto importante de dados de sobrevivência com fração de imunes é o de que os indivíduos imunes ao evento não são identificáveis. Isso porque, como dito anteriormente, é difícil distingui-los dos que foram censurados em decorrência do término do estudo. Logo, é possível apenas assumir a existência de indivíduos imunes na população com base em evidências sugeridas pela amostra.

Para investigar a existência de indivíduos imunes na população da qual a amostra foi extraída, Maller e Zhou (1996) sugeriram estimar a função $S(t)$ pelo método de Kaplan-Meier e, com base na curva estimada $\widehat{S}(t)$, avaliar se ela é imprópria, isto é, se $\lim_{t\to\infty} \widehat{S}(t) > 0$, bem como avaliar se o período de seguimento foi longo o suficiente no contexto do estudo sob análise. Para exemplificar, a Figura 10.1 mostra o comportamento da função de sobrevivência $S(t)$ estimada a partir de amostras $t_1 < t_2 < \ldots < t_n$ e os respectivos indicadores de falha $\delta_1, \delta_2, \ldots, \delta_n$.

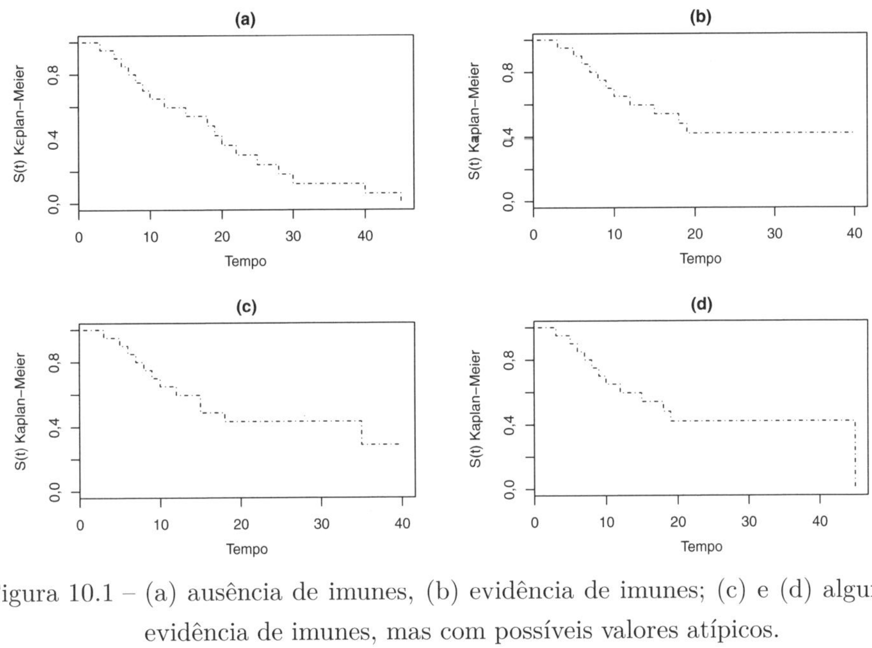

Figura 10.1 – (a) ausência de imunes, (b) evidência de imunes; (c) e (d) alguma evidência de imunes, mas com possíveis valores atípicos.

O gráfico (a) da Figura 10.1 mostra que $\widehat{S}(t_n) = 0$, com saltos ao longo de todo o período de seguimento. Este comportamento evidencia a ausência de imunes. Nota-se que mesmo se o maior tempo observado fosse uma censura, $\widehat{S}(t_n)$ ainda estaria claramente próxima de 0 e, assim, continuaria sendo improvável a presença de imunes. Por outro lado, o gráfico (b) mostra que a partir de $t = 20$ a curva se estabiliza bem acima do valor zero, o que evidencia que $S(t)$ é provavelmente imprópria, bem como ser plausível assumir a existência de imunes, visto a estabilização da curva ter se mantido por um período considerável até o término do estudo. Quanto à curva no gráfico (c), nota-se que ela se estabiliza a partir de $t = 18$, mas esta estabilização é interrompida por uma falha tardia em $t = 35$. Neste caso, $\widehat{S}(t)$ deve ser imprópria e há alguma evidência de imunes, mas com um possível valor atípico. Por fim, o gráfico (d) mostra que a curva se estabiliza a partir de $t = 19$, mas ocorre uma falha tardia em $t = 45$, fazendo com que $\widehat{S}(t_n) = 0$. Neste caso, $\widehat{S}(t)$ é própria, mas o comportamento da curva anterior à falha tardia sugere a possibilidade de imunes e, em consequência, indica a necessidade de investigar se a falha tardia é um valor atípico.

10.3 Modelos com fração de imunes

O modelo tempo de vida acelerado e o modelo semiparamétrico de Cox apresentados nos Capítulos 4 e 5, respectivamente, não são apropriados para a análise de tempos de sobrevida em que é assumido a existência de indivíduos imunes. Sendo assim, modelos foram propostos para esta finalidade e eles são usualmente referenciados na literatura por modelos com fração de cura ou de imunes. Duas classes de modelos são bem populares: a dos modelos de mistura (BOAG, 1949) e a dos modelos de não mistura (YAKOVLEV et al., 1993). Estas duas classes são apresentadas a seguir.

10.3.1 Modelo de mistura com fração de imunes

O modelo de mistura com fração de imunes foi proposto por Boag (1949) e retomado por Berkson e Gage (1952). Desde então, ele tem sido estudado por diversos pesquisadores, dentre eles, Farewell (1982), Kuk e Chen (1992), Maller e Zhou (1996) e Corbière e Joly (2007). O referido modelo assume a existência de uma fração $1 - \pi$ de indivíduos imunes (ou não suscetíveis) ao evento de interesse e, em consequência, uma proporção π de indivíduos não imunes (ou suscetíveis) ao evento. Para apresentá-lo, considere U uma variável aleatória Bernoulli, em que $U = 1$, se o indivíduo é suscetível (ou não imune) ao evento, e $U = 0$, caso contrário, tal que $P(U = 1) = \pi$ e $P(U = 0) = 1 - \pi$. Além disso, considere T uma variável aleatória não negativa e contínua representando o tempo até a ocorrência do evento e $S_p(t)$ a função de sobrevivência imprópria associada à população de interesse, ou seja, à população dos imunes e não imunes ao evento. Tem-se, assim, que o modelo de mistura com fração de imunes é dado, para $t \geq 0$, por

$$\begin{aligned} S_p(t) &= (1 - \pi)\, S_I(t) + \pi\, S_U(t) \\ &= (1 - \pi) + \pi\, S_U(t), \end{aligned} \tag{10.1}$$

em que $S_p(t)$ é a função de sobrevivência imprópria associada à população de interesse (imunes e não imunes), $1 - \pi = P(U = 0)$ é a probabilidade de ser imune ao evento, $S_I(t) = P(T > t \mid U = 0)$ é a função de sobrevivência associada aos indivíduos imunes, com $S_I(t) = 1$, para todo t, visto que eles nunca experimentarão o evento, $S_U(t) = P(T > t \mid U = 1)$ é a função de sobrevivência própria associada aos indivíduos não imunes e $\pi = P(U = 1)$ é a probabilidade de não ser imune ao evento. Quando não houver imunes, o que implica que $\pi = 1$, o modelo de mistura reduz-se ao modelo de sobrevivência padrão.

Na presença de covariáveis, o modelo (10.1) fica expresso por

$$S_p(t \mid \mathbf{x}, \mathbf{z}) = \big[1 - \pi(\mathbf{z})\big] + \pi(\mathbf{z})\, S_U(t \mid \mathbf{x}), \quad t \geq 0, \tag{10.2}$$

em que $\mathbf{z}$ é o vetor de covariáveis de dimensão q que exerce efeito sobre $\pi(\mathbf{z}) = P(U = 1 \mid \mathbf{z})$ e $\mathbf{x}$ é o vetor de covariáveis de dimensão p que exerce efeito sobre $S_U(t \mid \mathbf{x})$. Usualmente, $\mathbf{x}$ e $\mathbf{z}$ incluem as mesmas covariáveis, mas não é necessário que isto ocorra. Ou seja, o vetor $\mathbf{z}$ pode incluir todas, algumas, ou nenhuma das covariáveis do vetor $\mathbf{x}$.

A função de sobrevivência (10.2) apresenta as seguintes propriedades: (a) $S_p(t \mid \mathbf{x}, \mathbf{z})$ é não-crescente; (b) para $t = 0$, $S_p(t \mid \mathbf{x}, \mathbf{z}) = 1$; ($c$) se $\pi(\mathbf{z}) = 1$, então $S_p(t \mid \mathbf{x}, \mathbf{z}) = S_U(t \mid \mathbf{x})$; e ($d$) quando $t \to \infty$, $S_p(t \mid \mathbf{x}, \mathbf{z}) \to 1 - \pi(\mathbf{z})$. Além disso, a função de sobrevivência para os indivíduos não imunes é uma função de sobrevivência própria, ou seja, $\lim_{t \to \infty} S_U(t \mid \mathbf{x}) = 0$.

A função densidade imprópria pode ser obtida por

$$f_p(t \mid \mathbf{x}, \mathbf{z}) = \frac{-\partial S_p(t \mid \mathbf{x}, \mathbf{z})}{\partial t} = \pi(\mathbf{z}) f_U(t \mid \mathbf{x}),$$

em que $f_U(t \mid \mathbf{x})$ corresponde à função densidade própria associada ao grupo dos indivíduos que estão sob risco. Ainda, a correspondente função taxa de falha populacional é dada por

$$\lambda_p(t \mid \mathbf{x}, \mathbf{z}) = \frac{f_p(t \mid \mathbf{x}, \mathbf{z})}{S_p(t \mid \mathbf{x}, \mathbf{z})} = \frac{\pi(\mathbf{z}) f_U(t \mid \mathbf{x})}{[1 - \pi(\mathbf{z})] + \pi(\mathbf{z}) S_U(t \mid \mathbf{x})}.$$

10.3.1.1 Modelo de mistura paramétrico e semiparamétrico

O efeito do vetor $\mathbf{z}$ sobre a probabilidade $\pi(\mathbf{z})$ pode ser investigado pelo uso do modelo de regressão binomial com função de ligação logito, tal que

$$logit[\pi(\mathbf{z})] = \log\left[\frac{\pi(\mathbf{z})}{1 - \pi(\mathbf{z})}\right] = \beta_0 + \boldsymbol{\beta}'\mathbf{z},$$

em que β_0 é o intercepto e $\boldsymbol{\beta}$ é o vetor de parâmetros de dimensão q associado ao vetor $\mathbf{z}$. Outras alternativas incluem as funções de ligação probito e complemento log-log, em que tem-se, respectivamente,

$$\Phi^{-1}(\pi(\mathbf{z})) = \beta_0 + \boldsymbol{\beta}'\mathbf{z} \quad \text{e} \quad \log[-\log(1 - \pi(\mathbf{z}))] = \beta_0 + \boldsymbol{\beta}'\mathbf{z}.$$

Quanto ao componente $S_U(t \mid \mathbf{x})$, pode-se considerar tanto a abordagem paramétrica quanto a semiparamétrica. Sob a abordagem paramétrica, pode-se assumir as distribuições de Weibull, exponencial ou lognormal, dentre outras citadas no Capítulo 3. Para a exponencial, tem-se

$$S_U(t \mid \mathbf{x}) = \exp\left[\frac{-t}{\exp(\gamma_0 + \boldsymbol{\gamma}'\mathbf{x})}\right], \quad \text{para } t \geq 0,$$

em que $\boldsymbol{\gamma}$ é o vetor de parâmetros de dimensão p associado ao vetor $\mathbf{x}$.

Sob a classe dos modelos de taxas de falha proporcionais, tem-se que

$$\begin{aligned} S_U(t \mid \mathbf{x}) &= [S_0(t)]^{\exp(\gamma_0 + \boldsymbol{\gamma}'\mathbf{x})} \\ &= \exp[-\exp(\gamma_0 + \boldsymbol{\gamma}'\mathbf{x})\, \Lambda_0(t)], \end{aligned} \tag{10.3}$$

em que $S_0(t) = \exp[-\Lambda_0(t)]$ é a função de sobrevivência de base e $\Lambda_0(t)$ é a função taxa de falha acumulada de base.

Como visto no Capítulo 4, os modelos de Weibull e exponencial pertencem à classe dos modelos de taxas de falha proporcionais. Assim, se for assumido o modelo de Weibull para a função $S_0(t)$, tem-se o modelo de mistura de Weibull com fração de imunes. Por analogia, se for assumido o modelo exponencial, tem-se o modelo de mistura exponencial com fração de imunes. Por outro lado, se $S_0(t)$ for assumida arbitrária, tem-se o modelo de mistura semiparamétrico de Cox com fração de imunes. Neste caso, a constante γ_0 desaparece da expressão (10.3) devido à presença do componente não paramétrico, que absorve este termo constante.

10.3.1.2 Estimação dos parâmetros

Para o modelo de mistura com fração de imunes, o efeito das covariáveis sobre $\pi(\mathbf{z})$ e $S_U(t \mid \mathbf{x})$ é avaliado por meio dos vetores de parâmetros de regressão $\boldsymbol{\beta}$ e $\boldsymbol{\gamma}$, respectivamente. Para estimar os componentes desses dois vetores utilizando o método de máxima verossimilhança, considere que os dados para uma amostra de tamanho n estão no formato $(t_i, \delta_i, \mathbf{x}_i, \mathbf{z}_i)$, $i = 1, \ldots, n$, com $\delta_i = 1$, se o evento foi observado, e $\delta_i = 0$, caso contrário. Como a contribuição para a função de verossimilhança de um indivíduo em que $\delta_i = 1$ é $\pi(\mathbf{z}_i) f_U(t_i \mid \mathbf{x}_i)$ e a de um indivíduo em que $\delta_i = 0$ é $[1 - \pi(\mathbf{z}_i)] + \pi(\mathbf{z}_i)\, S_U(t_i \mid \mathbf{x}_i)$, a função de verossimilhança fica dada por

$$L(\boldsymbol{\beta}, \boldsymbol{\gamma}) = \prod_{i=1}^{n} \Big[\pi(\mathbf{z}_i) f_U(t_i \mid \mathbf{x}_i)\Big]^{\delta_i} \Big[[1 - \pi(\mathbf{z}_i)] + \pi(\mathbf{z}_i)\, S_U(t_i \mid \mathbf{x}_i)\Big]^{1-\delta_i}. \quad (10.4)$$

Na ausência de fração imunes, o que implica $\pi(\mathbf{z}_i) = 1$, para todo $\mathbf{z}_i$, a função de verossimilhança (10.4) reduz-se àquela expressa em (4.10).

Para o modelo de mistura no contexto paramétrico, as estimativas de máxima verossimilhança são obtidas por meio de métodos usuais de otimização, tal como o método iterativo de Newton-Raphson. Os erros-padrão assintóticos são obtidos invertendo-se a matriz de informação de Fisher das derivadas de segunda ordem do logaritmo de $L(\boldsymbol{\beta}, \boldsymbol{\gamma})$.

Em relação ao modelo de mistura de Cox com fração de imunes, a presença do componente não paramétrico $S_0(t)$ inviabiliza a estimação direta da função $L(\boldsymbol{\beta}, \boldsymbol{\gamma})$. Neste caso, o algoritmo EM fornece uma maneira simples e eficiente de estimar separadamente $\boldsymbol{\beta}$, $\boldsymbol{\gamma}$ e $S_0(t) = \exp[-\Lambda_0(t)]$. Assim, considerando a variável latente não observada $U = 1$, se o indivíduo é suscetível ao evento, e $U = 0$, caso contrário, segue que se $\delta_i = 1$, então $u_i = 1$, e se $\delta_i = 0$, então u_i não é observado, com u_i o valor especificado pela variável aleatória U_i. Dado os u_i's, o logaritmo da função de verossimilhança dos dados completos (10.4) fica expresso como a soma de dois componentes: um que depende apenas de $\boldsymbol{\beta}$ e o outro apenas de $\boldsymbol{\gamma}$ e $\Lambda_0(t)$. Ou seja, o logaritmo da função de verossimilhança é dado pela soma dos dois termos a seguir

$$\log\big[L(\boldsymbol{\beta} \mid \mathbf{u})\big] = \log\left[\prod_{i=1}^{n} \pi(\mathbf{z}_i)^{u_i}\big[1 - \pi(\mathbf{z}_i)\big]^{1-u_i}\right] \tag{10.5}$$

$$\log\big[L(\boldsymbol{\gamma}, \Lambda_0(t) \mid \mathbf{u})\big] = \log\left[\prod_{i=1}^{n} \Big[\lambda_U(t \mid \mathbf{x}_i)\Big]^{\delta_i u_i} \Big[S_U(t \mid \mathbf{x}_i)\Big]^{u_i}\right], \tag{10.6}$$

em que $\mathbf{u} = (u_1, \ldots, u_n)'$. O algoritmo EM começa com valores iniciais $\boldsymbol{\beta}^{(0)}$, $\boldsymbol{\gamma}^{(0)}$ e $[S_0(t)]^{(0)}$. Na (l)-ésima iteração do passo E é calculada a esperança da função log-verossimilhança completa em relação a $\mathbf{u}$, condicional aos dados observados, $\boldsymbol{\beta}^{(l)}$, $\boldsymbol{\gamma}^{(l)}$ e $[S_0(t)]^{(l)}$ (SY; TAYLOR, 2000). Visto que (10.5) corresponde à função log-verossimilhança de um modelo de regressão binomial e (10.6) tem a mesma forma da função log-verossimilhança do modelo de Cox padrão, o passo M equivale à maximização separada de (10.5) e (10.6).

Para estimar $\boldsymbol{\gamma}$ sem especificar $\lambda_0(t)$, Peng e Dear (2000) e Sy e Taylor (2000) propuseram um método similar ao da máxima verossimilhança parcial, com uma expressão aproximada para (10.6) dada por

$$\sum_{j=1}^{k}\left[\boldsymbol{\gamma}' s_j - d_j \log\left(\sum_{i \in R(t_j)} u_i \exp(\boldsymbol{\gamma}' \mathbf{x}_i)\right)\right],$$

em que k é o número de falhas distintas, d_j é o número de falhas em t_j, s_j é a soma dos vetores de covariáveis associados às falhas em t_j e $R(t_j)$ é o conjunto de índices dos indivíduos sob risco em t_j.

Quanto à estimação de $S_0(t)$, os autores citados propuseram dois métodos não paramétricos. O primeiro baseia-se na estimativa de máxima verossimilhança perfilada de $\Lambda_0(t)$, similar ao método de Breslow para o modelo de Cox padrão. O segundo baseia-se no estimador de Kaplan-Meier. Para que estimativas plausíveis sejam obtidas para $\boldsymbol{\beta}$ e $\boldsymbol{\gamma}$ é importante que $\widehat{S}_0(t)$ se aproxime de zero quando $t \to \infty$. Esta condição é necessária para garantir identificabilidade à modelagem. Contudo, para os dois métodos citados, isto não ocorre quando há tempos de sobrevida censurados após t_k, em que t_k é o maior tempo de falha observado. Peng (2003) propôs então que $\widehat{S}_0(t)$ decresça suavemente para zero a partir do maior tempo de falha observado t_k e, para tanto, considerou as funções de distribuição exponencial e de Weibull para completar a cauda da função $S_0(t)$.

Os erros-padrão dos parâmetros estimados não são obtidos diretamente porque a matriz de informação observada não é facilmente obtida quando o algoritmo EM é utilizado. Em especial, a variância de $\widehat{\boldsymbol{\gamma}}$ é difícil de ser calculada. Uma forma utilizada com frequência para a obtenção dos erros-padrão na presença do algoritmo EM foi proposta por Louis (1982). Uma forma mais simples para a obtenção da matriz de informação observada foi proposta por Sy e Taylor (2000). Outra forma alternativa é utilizar *bootstrap* não paramétrico, conforme proposto por Peng e Dear (2000).

10.3.1.3 Avaliação da qualidade de ajuste do modelo

Um procedimento utilizado para avaliar a qualidade de ajuste do modelo de mistura é o de comparar, para todas as combinações das categorias das covariáveis, as curvas de sobrevivência obtidas por Kaplan-Meier e as estimadas pelo modelo, tanto para $S_p(t \mid \mathbf{x}, \mathbf{z})$ quanto para $S_U(t \mid \mathbf{x})$. Proximidade entre as curvas indicam evidências a favor do modelo ajustado. Para covariáveis contínuas, pode-se considerar o valor médio para cada uma delas. Para as mesmas combinações, pode-se, ainda, calcular a correlação de Pearson ρ entre as probabilidades de sobrevivência obtidas por Kaplan-Meier e as estimadas pelo modelo. Valores próximos de 1 para essa correlação indicam evidências a favor do modelo (CORBIÈRE; JOLY, 2007).

10.3.2 Modelo tempo de promoção com fração de imunes

O modelo tempo de promoção com fração de imunes (ou modelo de não mistura) foi proposto por Yakovlev et al. (1993) e discutido, dentre outros, por Chen et al. (1999), Ibrahim et al. (2001), Chen et al. (2002) e Tsodikov (2002). O seu desenvolvimento teve como base o mecanismo biológico de células cancerosas que permanecem ativas após o tratamento do câncer.

Para a formulação do modelo, foi assumido que após o tratamento o paciente fica com M células cancerosas. Como o número de células pode crescer rapidamente, produzindo mais tarde uma doença cancerosa detectável, foi assumido para M a distribuição de Poisson com média θ, tal que

$$P(M = m) = \frac{\theta^m e^{-\theta}}{m!}, \quad m = 0, 1, 2, \ldots \tag{10.7}$$

Em outro contexto, $M \geq 0$ pode ser pensada como o número não observável de causas competindo entre si que podem produzir o evento de interesse. Considerando, ainda, que a variável aleatória contínua e não negativa Z_j representa o tempo até a j-ésima célula produzir uma massa cancerosa detectável, o tempo até a recidiva do câncer pode ser definido pela variável $T = \min\{Z_j, j = 1, \ldots, M\}$ se $M \geq 1$, e $T = \infty$ se $M = 0$.

Supondo M independente de Z_1, Z_2, ... e que, condicional a M, os Z_j's são independentes e identicamente distribuídos (i.i.d.) com funções $F(t)$ e $S(t)$, tem-se que a função de sobrevivência populacional é dada por

$$\begin{aligned}
S_p(t) &= P(M = 0) + \sum_{m=1}^{\infty} P(Z_1 > t, \ldots, Z_m > t \mid M = m) P(M = m) \\
&= P(M = 0) + \sum_{m=1}^{\infty} [S(t)]^m P(M = m) \\
&= \sum_{m=0}^{\infty} [S(t)]^m P(M = m) = \exp(-\theta) \sum_{m=0}^{\infty} [S(t)]^m \frac{\theta^m}{m!} \\
&= \exp[-\theta(1 - S(t))] = \exp[-\theta F(t)],
\end{aligned} \tag{10.8}$$

uma vez que o somatório é igual a $\exp[\theta S(t)]$.

Como $\lim_{t \to \infty} F(t) = 1$, segue de (10.8) que $\lim_{t \to \infty} S_p(t) = \exp(-\theta)$. Logo, $\exp(-\theta)$ corresponde, para este modelo, à proporção de imunes ao evento.

Além disso, quando $M \sim \text{Bernoulli}\,(\pi)$, $0 \leq \pi \leq 1$, a função $S_p(t)$ reduz-se ao modelo de mistura padrão (10.1), visto que, neste caso, tem-se

$$S_p(t) = P(M=0) + P(M=1)S(t) = (1-\pi) + \pi\, S(t).$$

Na presença de covariáveis, o modelo (10.8) fica expresso, em termos da função de sobrevivência populacional, por

$$\begin{aligned} S_p(t \mid \mathbf{x}, \mathbf{z}) &= \exp\big[-\theta(\mathbf{z})\big(1 - S(t \mid \mathbf{x})\big)\big] \\ &= \exp\big[-\theta(\mathbf{z})F(t \mid \mathbf{x})\big] \end{aligned}$$

e, em termos das funções densidade e taxa de falha populacional, por

$$f_p(t \mid \mathbf{x}, \mathbf{z}) = \theta(\mathbf{z})\, f(t \mid \mathbf{x}) \exp\big[-\theta(\mathbf{z})F(t \mid \mathbf{x})\big]$$

e $$\lambda_p(t \mid \mathbf{x}, \mathbf{z}) = \theta(\mathbf{z})\, f(t \mid \mathbf{x}).$$

Para estudar o efeito das covariáveis $\mathbf{z}$, é utilizada, em geral, a função logarítmica, $\log[\theta(\mathbf{z})] = \beta_0 + \boldsymbol{\beta}'\mathbf{z}$, de modo que, $\theta(\mathbf{z}) = \exp(\beta_0 + \boldsymbol{\beta}'\mathbf{z})$. Para a função de sobrevivência própria $S(t \mid \mathbf{x})$, são usualmente considerados os modelos de Weibull, exponencial ou log-normal, dentre outros.

Outra distribuição sugerida por Rodrigues et al. (2009) para a variável aleatória M foi a binomial negativa $(\theta,\, \alpha)$, tal que, para $m = 0,\, 1,\, 2,\, \ldots,$

$$P(M=m) = \frac{\Gamma(\alpha^{-1}+m)}{m!\,\Gamma(\alpha^{-1})}\Big(\frac{\alpha\,\theta}{1+\alpha\,\theta}\Big)^m (1+\alpha\,\theta)^{-1/\alpha}$$

com $\theta > 0$, $\alpha \geq -1$ e $(1+\alpha\,\theta) > 0$, em que a esperança é $E(M) = \theta$ e a variância $\text{Var}(M) = \theta(1+\alpha\,\theta)$. Neste caso, tem-se

$$S_p(t) = \sum_{m=0}^{\infty} [S(t)]^m P(M=m) = \begin{cases} \big[1+\alpha\,\theta F(t)\big]^{-1/\alpha} & \text{para } \alpha > -1/\theta,\ \alpha \neq 0 \\ \exp\big[-\theta F(t)\big] & \text{para } \alpha = 0 \end{cases}$$

$$\text{e}\ \ f_p(t) = -\frac{\partial S_p(t)}{\partial t} = \begin{cases} \theta f(t)\big[1+\alpha\,\theta F(t)\big]^{(-1/\alpha)-1} & \text{para } \alpha > -1/\theta,\ \alpha \neq 0 \\ \theta f(t)\exp[-\theta F(t)] & \text{para } \alpha = 0. \end{cases}$$

Como $\lim\limits_{t\to\infty} F(t) = 1$, a fração de imunes resulta em

$$\lim_{t \to \infty} S_p(t) = \begin{cases} (1 + \alpha\,\theta)^{-1/\alpha} & \text{para } \alpha > -1/\theta,\ \alpha \neq 0 \\ \exp(-\theta) & \text{para } \alpha = 0. \end{cases}$$

Para $\alpha = 0$, nota-se que $S_p(t) = \exp[-\theta F(t)]$, dando origem ao modelo proposto por Yakovlev et al. (1993). Já para $\alpha = -1$, $S_p(t) = 1 - \theta F(t) = (1 - \theta) + \theta S(t)$, que corresponde ao modelo de mistura (10.1).

10.3.2.1 Estimação dos parâmetros

Sob a abordagem paramétrica, o método de máxima verossimilhança pode ser utilizado para a estimação dos parâmetros. Neste caso, a função de verossimilhança é dada por

$$L(\boldsymbol{\beta}, \boldsymbol{\gamma}, \boldsymbol{\phi}) = \prod_{i=1}^{n} \left[f_p(t_i \mid \mathbf{x}_i, \mathbf{z}_i)\right]^{\delta_i} \left[S_p(t_i \mid \mathbf{x}_i, \mathbf{z}_i)\right]^{1-\delta_i}$$

em que δ_i é a variável indicadora de falha, $\boldsymbol{\beta}$ e $\boldsymbol{\gamma}$ são os vetores de parâmetros associados aos vetores de covariáveis $\mathbf{z}$ e $\mathbf{x}$, respectivamente, e $\boldsymbol{\phi}$ é o vetor dos demais parâmetros associados à distribuição assumida para a variável M. Detalhes adicionais podem ser encontrados em Castro et al. (2010).

10.3.2.2 Diagnóstico e comparação de modelos

Para auxiliar no diagnóstico e comparação dos modelos, Castro et al. (2010) sugeriram o uso da *deviance* global (valor da função de verossimilhança em seu máximo), dos critérios de Akaike (AIC) e Schwartz Bayesian (SBC) e dos gráficos dos resíduos, incluindo o *worm plot* dos resíduos quantis (VAN BUUREN; FREDRIKS, 2001).

10.4 Estudo sobre câncer de pele

Para ilustrar o uso dos modelos com fração de imunes, foram utilizados os dados dos pacientes diagnosticados com câncer de pele melanoma descritos na Seção 1.4.9. O estudo teve início em 2005 e término em 2015, com o ingresso dos 1.117 pacientes ocorrendo ao longo do período de 01/01/2005 a 31/12/2009. O objetivo da análise foi avaliar o tempo de sobrevida dos pacientes levando-se em conta o sexo, a idade e o estadiamento do câncer. A variável resposta foi o tempo, em meses, desde o diagnóstico até o óbito devido ao câncer de pele melanoma ou o término do estudo.

A Tabela 10.1 mostra que a maioria dos pacientes tinha idade ≥ 40 anos, sendo 51,3% do sexo masculino. Ademais, o tumor foi classificado nos estádios 0, 1 ou 2 para 82,4% dos pacientes. Nestes estádios, o tumor não se espalhou para os linfonodos próximos ou outros órgãos. A classificação de estádio 4 (mais avançado, em que o câncer se espalhou para os linfonodos distantes ou outros órgãos) foi registrada para 1,7% dos pacientes.

Tabela 10.1 – Características dos pacientes com melanoma

Covariável	Descrição	Frequência (%)
Sexo	0: Feminino	544 (48,7)
	1: Masculino	573 (51,3)
Idade	18 a 39 anos	70 (6,3)
	40 a 59 anos	418 (37,4)
	60 a 80 anos	629 (56,3)
Estadiamento	Estádio 0 ou 1	652 (58,4)
	Estádio 2	268 (24,0)
	Estádio 3	178 (15,9)
	Estádio 4	19 (1,7)
Tratamento	Cirurgia	945 (86,4)
	Quimioterapia	172 (15,4)

O conhecimento do estadiamento é importante, pois auxilia na decisão do tratamento a ser realizado. Em geral, a cirurgia é o tratamento mais indicado para o câncer de pele melanoma, mas a radioterapia e a quimioterapia também podem ser utilizadas, dependendo do estádio.

Neste estudo, 945 pacientes foram submetidos à cirurgia e 172 à quimioterapia. Dentre os submetidos à cirurgia, 71 realizaram quimioterapia após a cirurgia e 9 radioterapia. Devido, em parte, ao diagnóstico precoce do câncer, um percentual elevado dos pacientes não foi a óbito devido ao câncer de pele melanoma (84,6%), o que sugere a existência de uma possível fração de imunes a este evento (ou fração de curados).

10.4.1 Análise exploratória

Para investigar a existência de pacientes imunes ao evento, com o evento definido como o óbito devido ao câncer de pele melanoma, foi estimada a função de sobrevivência $S(t)$ por meio do método de Kaplan-Meier. Com base na curva $\widehat{S}(t)$ mostrada na Figura 10.2, nota-se que ela se estabiliza bem acima do valor zero a partir de $t = 98$ meses. Este fato indica que $S(t)$ é possivelmente imprópria, sendo razoável assumir a existência de uma fração de imunes, ou seja, de que na população de indivíduos com câncer de pele melanoma há uma fração que não irá a óbito devido a este câncer.

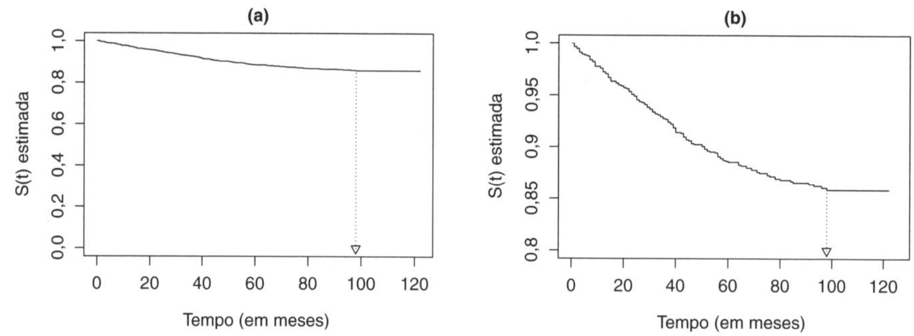

Figura 10.2 – (a) Curva $S(t)$ estimada pelo estimador de Kaplan-Meier e (b) visão aumentada da parte superior da curva estimada (eixo y de 0,8 a 1).

A Figura 10.3 mostra as curvas de Kaplan-Meier e o resultado do teste *logrank* para as covariáveis sexo, faixa etária, estadiamento e tratamento. Nota-se que a sobrevida foi superior entre as mulheres, bem como entre os pacientes nos estádios menos avançados. A curva $\widehat{S}(t)$ também foi superior para os pacientes submetidos à cirurgia. Em relação à idade, as curvas não apresentaram diferenças muito acentuadas.

Como a análise exploratória evidenciou a presença de fração de imunes, os modelos abordados neste capítulo são utilizados, a seguir, para a análise dos dados do estudo de câncer de pele melanoma.

10.4.2 Ajuste do modelo de mistura semiparamétrico

Para ajustar o modelo de mistura com fração de imunes, o modelo de regressão logística foi considerado para $\pi(\mathbf{z})$ e, para $S_U(t \mid \mathbf{x})$, a classe dos

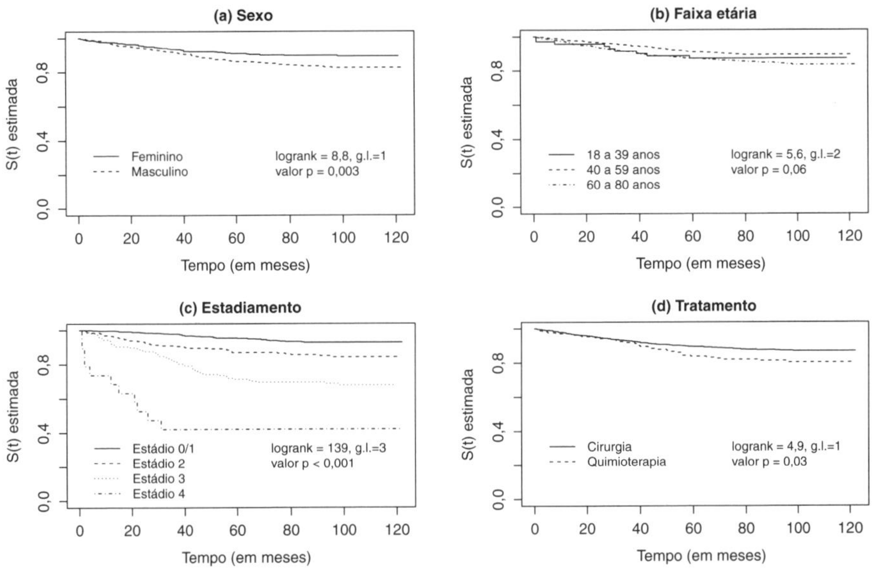

Figura 10.3 – Curvas $\widehat{S}(t)$ por sexo, idade, estadiamento e tratamento.

modelos de taxas de falha proporcionais, com $S_0(t)$ arbitrária. Quanto aos vetores $\mathbf{z}$ e $\mathbf{x}$ foram consideradas, inicialmente, as mesmas covariáveis: sexo, faixa etária e estadiamento do tumor. A primeira categoria de cada uma delas (Tabela 10.1) foi assumida como a categoria de referência. Devido à correlação elevada entre as covariáveis tratamento e estadiamento (tratamento depende do estadiamento do tumor), optou-se pelo estadiamento.

Para a seleção das covariáveis, foi utilizado o procedimento *backward* (CHARNET et al., 2008). Ou seja, foram incluídas todas as covariáveis nos componentes $\pi(\mathbf{z})$ e $S_U(t \mid \mathbf{x})$ e, então, excluídas (uma a uma) aquelas com efeito não significativo. O nível de significância adotado foi $\alpha = 0,10$. O pacote *smcure* do *software R*, utilizado para as análises, faz uso do método *bootstrap* para a obtenção dos erros-padrão associados às estimativas. Ao final do procedimento, as covariáveis sexo e estadiamento apresentaram efeito significativo sobre $\pi(\mathbf{z})$ e somente o estadiamento sobre $S_U(t \mid \mathbf{x})$.

Para avaliar a adequação do modelo ajustado, foram comparadas as curvas $S_p(t \mid \mathbf{z}, \mathbf{x})$ estimadas por Kaplan-Meier e pelo modelo. A Figura 10.4 mostra estas curvas para duas combinações entre sexo e estadiamento.

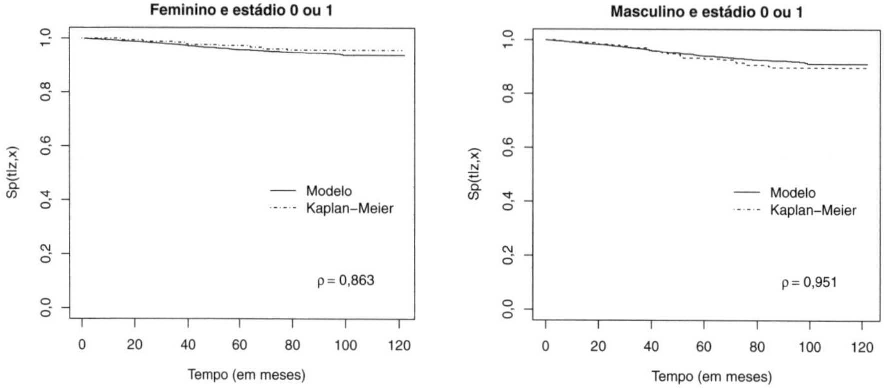

Figura 10.4 – Curvas $S_p(t \mid \mathbf{z}, \mathbf{x})$ estimadas via Kaplan-Meier e o modelo.

A proximidade entre as curvas de sobrevivência $\widehat{S}_p(t \mid \mathbf{z}, \mathbf{x})$ mostradas na Figura 10.4, bem como os valores do coeficiente de correlação de Pearson (ρ) superiores a 0,85 obtidos para as duas combinações consideradas nesta figura e para todas as demais combinações apresentadas na Tabela 10.2, evidenciam a adequação do modelo.

Tabela 10.2 – Correlação entre as probabilidades $S_p(t \mid \mathbf{z}, \mathbf{x})$ estimadas por Kaplan--Meier e pelo modelo para as combinações entre sexo e estadiamento

Combinação	n	Sexo	Estadiamento	Correlação ρ
1	344	Feminino	0 ou 1	0,863
2	127	Feminino	2	0,953
3	66	Feminino	3	0,984
4	7	Feminino	4	0,928
5	308	Masculino	0 ou 1	0,951
6	141	Masculino	2	0,919
7	112	Masculino	3	0,994
8	12	Masculino	4	0,979

Além disso, a proximidade entre as curvas de sobrevivência obtidas pelo estimador de Kaplan-Meier e pelo modelo de mistura com fração de imunes para $S_U(t \mid \mathbf{x})$ mostradas na Figura 10.5 e os correspondentes valores de ρ superiores a 0,9, também evidenciam a adequação do modelo.

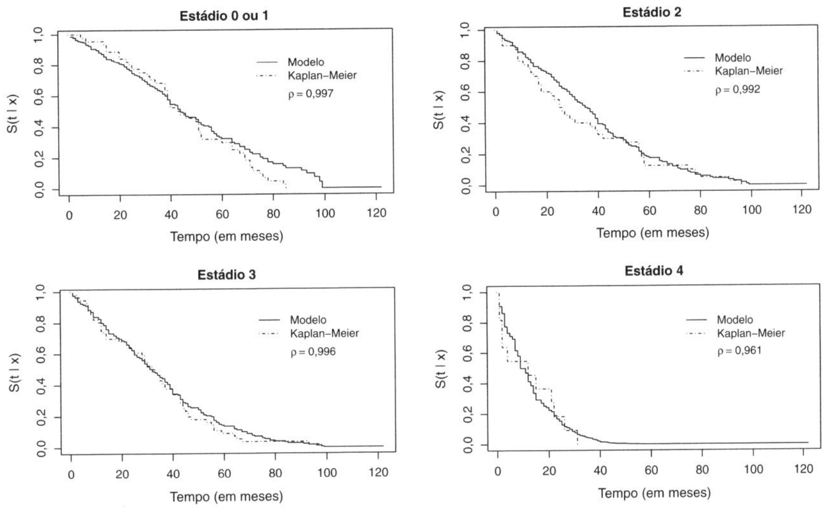

Figura 10.5 – $S_U(t \mid \mathbf{x})$ observada (Kaplan-Meier) e estimada pelo modelo.

(a) Estimativas dos parâmetros e interpretações

A Tabela 10.3 apresenta as estimativas dos parâmetros associados ao componente $\pi(\mathbf{z})$. Para homens e mulheres no mesmo estádio, os homens apresentaram chance de óbito devido ao câncer de pele igual a exp(0,38) = 1,46 vezes (IC 95%: 1,03; 2,08) a das mulheres (ou seja, 46% maior).

Tabela 10.3 – Estimativas dos parâmetros associados ao componente $\pi(\mathbf{z})$

Parâmetro	Estimativa	Erro-padrão	Z	Valor p	IC(OR)$_{95\%}$
β_0	−2,71	0,166	−16,3	<0,001	–
β_1: Masculino	0,38	0,180	2,13	0,033	(1,03; 2,08)
β_2: Estádio 2	0,79	0,221	3,59	<0,001	(1,43; 3,40)
β_3: Estádio 3	1,71	0,257	6,63	<0,001	(3,34; 9,15)
β_4: Estádio 4	2,78	0,502	5,55	<0,001	(6,02; 43,12)

Nota: OR = razão de chances = $\exp(\beta_j)$.

Já para pacientes do mesmo sexo, esta chance, para os que estavam no estádio 2, foi exp(0,79) = 2,2 vezes (IC 95%: 1,43; 3,40) a dos que estavam nos estádios 0 ou 1 (categoria de referência). Ademais, a chance de óbito para os que estavam no estádio 3 foi exp(1,71) = 5,5 vezes (IC 95%: 3,34; 9,15) a dos que estavam nos estádios 0 ou 1 e, para os que estavam no estádio 4, exp(2,78) = 16,1 vezes (IC 95%: 6,02; 43,12).

Quanto às estimativas dos parâmetros associados à $S_U(t \mid \mathbf{x})$, tem-se da Tabela 10.4 que a taxa de óbito devido ao câncer de pele dos pacientes não imunes no estádio 3 foi exp(0,57) = 1,8 vezes (IC 95%: 1,14; 2,71) a dos não imunes nos estádios 0 ou 1. Para os pacientes não imunes no estádio 4, a referida taxa foi exp(1,94) = 6,9 vezes (IC 95%: 3,21; 14,45) a dos não imunes nos estádios 0 ou 1.

Tabela 10.4 – Estimativas dos parâmetros associados ao componente $S_U(t \mid \mathbf{x})$

Parâmetro	Estimativa	Erro-padrão	Z	Valor p	$\text{IC(RTF)}_{95\%}$
γ_1: Estádio 2	0,43	0,267	1,60	0,109	(0,91; 2,59)
γ_2: Estádio 3	0,57	0,218	2,60	0,009	(1,14; 2,71)
γ_3: Estádio 4	1,94	0,373	5,21	<0,001	(3,21; 14,45)

Nota: RTF = razão de taxas de falha = $\exp(\gamma_j)$.

Nota-se que o estádio 2, em relação aos estádios 0 ou 1, apresentou efeito não significativo ao nível $\alpha = 0{,}10$ (Tabela 10.4). Logo, não é possível afirmar que a taxa de óbito dos pacientes não imunes no estádio 2 diferiu daquela dos pacientes não imunes nos estádios iniciais (0 ou 1).

Com base no modelo de mistura ajustado, a Tabela 10.5 apresenta, para todas as combinações entre sexo e estadiamento, as estimativas para $1 - \pi(\mathbf{z})$, $S_p(t \mid \mathbf{z}, \mathbf{x})$ e $S_U(t \mid \mathbf{x})$ para alguns tempos. Estas estimativas auxiliam a estabelecer os perfis de pacientes com maior e menor probabilidade de óbito devido ao câncer de pele. Para o estádio 4, por exemplo, a proporção de imunes $1 - \pi(\mathbf{z})$ foi estimada em 48% para as mulheres e 38,6% para os homens. Dentre os não imunes neste mesmo estádio, a probabilidade de sobrevida aos 30 meses após o diagnóstico foi estimada em 7,6% para ambos os sexos. De modo geral, quanto mais precoce o diagnóstico do câncer de pele, maior a proporção dos que não morrem devido a esta doença. Nos estádios iniciais, nota-se proporção estimada superior a 90%.

A título de ilustração, a Figura 10.6 mostra as curvas de sobrevivência populacional $S_p(t \mid \mathbf{z}, \mathbf{x})$ estimadas a partir do modelo ajustado para pacientes do sexo feminino e masculino nos estádios 2 e 4. Nota-se que a sobrevida foi superior para os que estavam no estádio 2, bem como que, em

Tabela 10.5 – Estimativas obtidas a partir do modelo de mistura ajustado

Sexo	Estádio	$1-\widehat{\pi}(\mathbf{z})$	$\widehat{S}_p(t \mid \mathbf{z},\mathbf{x})$			$\widehat{S}_U(t \mid \mathbf{x})$	
		$t \to \infty$	$t = 30$	$t = 60$	$t = 120$	$t = 30$	$t = 60$
F	0/1	0,937	0,981	0,975	0,937	0,692	0,322
F	2	0,871	0,944	0,894	0,871	0,569	0,176
F	3	0,731	0,871	0,767	0,731	0,523	0,135
F	4	0,480	0,520	0,481	0,480	0,076	0,000
M	0/1	0,911	0,972	0,939	0,911	0,692	0,322
M	2	0,822	0,923	0,853	0,822	0,569	0,176
M	3	0,649	0,832	0,696	0,649	0,523	0,135
M	4	0,386	0,433	0,386	0,386	0,076	0,000

ambos os estádios, as mulheres apresentaram sobrevida superior a dos homens. Quanto às curvas de sobrevivência $S_U(t \mid \mathbf{x})$ mostradas nesta mesma figura, elas revelam, para os pacientes não imunes, que o tempo desde o diagnóstico até o óbito foi significativamente inferior para os que estavam no estádio 4, comparado ao dos que estavam no estádio 2.

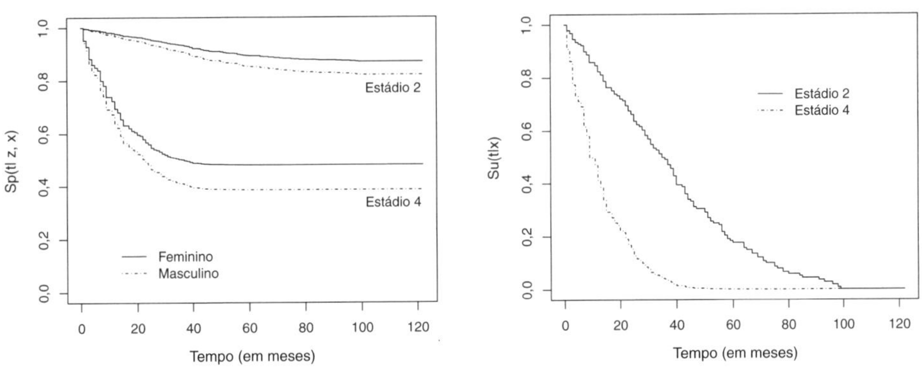

Figura 10.6 – Curvas $S_p(t \mid \mathbf{z},\mathbf{x})$ e $S_U(t \mid \mathbf{x})$ estimadas a partir do modelo de mistura para pacientes de ambos os sexos nos estádios 2 e 4.

De modo geral, os resultados das análises realizadas revelaram-se animadores no que se refere à sobrevida de pacientes diagnosticados com câncer de pele melanoma. Sem dúvidas, prevenção e diagnóstico precoce são primordiais para a redução da incidência deste tipo de câncer e acréscimo do tempo de sobrevida daqueles acometidos por ele.

Os resultados apresentados nesta seção foram obtidos com o auxílio do pacote *smcure* do *software R*. Os comandos utilizados estão disponíveis para os interessados em https://docs.ufpr.br/~giolo/asa.

10.4.3 Ajuste do modelo tempo de promoção

Para proceder ao ajuste do modelo tempo de promoção, foi assumido para M a distribuição de Poisson com parâmetro $\theta(\mathbf{z})$ e, para $S(t \mid \mathbf{x})$, o modelo de Weibull com parâmetros $\alpha(\mathbf{x}) = \exp(\gamma_0 + \boldsymbol{\gamma}'\mathbf{x})$ e $1/\sigma$. Similar ao modelo de mistura ajustado previamente, foram consideradas as covariáveis estadiamento, sexo e idade para $\mathbf{z}$ e $\mathbf{x}$. Para avaliar a significância do efeito das covariáveis $\mathbf{z}$ sobre $\theta(\mathbf{z})$ foi considerada a função de ligação logarítmica (usual no caso da Poisson), de modo que $\log[\theta(\mathbf{z})] = \beta_0 + \boldsymbol{\beta}'\mathbf{z}$.

O procedimento de seleção de covariáveis utilizado foi o *backward*, que teve início com todas as covariáveis nos componentes $\log[\theta(\mathbf{z})]$ e $S(t \mid \mathbf{x})$, excluindo-se, uma a uma, as com efeito não significativo. O nível de significância adotado foi $\alpha = 0{,}10$. As covariáveis que apresentaram efeito significativo para $\log[\theta(\mathbf{z})]$ foram sexo e estadiamento e, para $S(t \mid \mathbf{x})$, somente o estadiamento (as mesmas selecionadas sob o modelo de mistura).

(a) Qualidade de ajuste do modelo

Quanto à qualidade de ajuste do modelo selecionado, a proximidade entre as curvas estimadas por Kaplan-Meier e pelo modelo apresentadas na Figura 10.7 evidenciam a adequação do modelo ajustado.

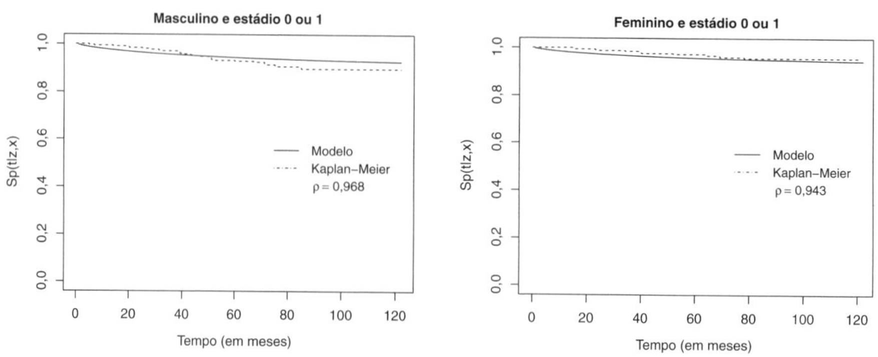

Figura 10.7 – Curvas $S_p(t \mid \mathbf{z}, \mathbf{x})$ estimadas via Kaplan-Meier e o modelo ajustado

A adequação do modelo também é evidenciada pelos valores do coeficiente de correlação de Pearson (ρ) superiores a 0,85 obtidos para as duas combinações entre as covariáveis consideradas na Figura 10.7, bem como para todas as demais apresentadas na Tabela 10.6,

Tabela 10.6 – Correlação entre as probabilidades $S_p(t \mid \mathbf{z}, \mathbf{x})$ estimadas por Kaplan-Meier e pelo modelo para as combinações entre sexo e estadiamento

Combinação	n	Sexo	Estadiamento	Correlação ρ
1	344	Feminino	0 ou 1	0,943
2	127	Feminino	2	0,968
3	66	Feminino	3	0,978
4	7	Feminino	4	0,882
5	308	Masculino	0 ou 1	0,968
6	141	Masculino	2	0,962
7	112	Masculino	3	0,981
8	12	Masculino	4	0,953

(b) Expressão do modelo ajustado

A expressão do modelo tempo de promoção Poisson-Weibull ajustado aos dados do estudo de câncer de pele melanoma é dada por

$$\widehat{S}_p(t \mid \mathbf{x}, \mathbf{z}) = \exp[-\widehat{\theta}(\mathbf{z})(1 - \widehat{S}(t \mid \mathbf{x}))] = \exp[-\widehat{\theta}(\mathbf{z})\widehat{F}(t \mid \mathbf{x})],$$

em que $\widehat{S}(t \mid \mathbf{x}) = \exp[-(t/\widehat{\alpha}(\mathbf{x}))^{\hat{a}}]$, tal que $\widehat{\alpha}(\mathbf{x}) = \exp(\widehat{\gamma_0} + \widehat{\boldsymbol{\gamma}}'\mathbf{x})$, $\hat{a} = 1/\widehat{\sigma}$ e $\widehat{\theta}(\mathbf{z}) = \exp(\widehat{\beta_0} + \widehat{\boldsymbol{\beta}}'\mathbf{z})$, com $\mathbf{z}$ o vetor composto das covariáveis sexo e estadiamento e $\mathbf{x}$ somente da covariável estadiamento.

A Tabela 10.7 apresenta as estimativas associadas aos parâmetros deste modelo. Diferente do modelo de mistura semiparamétrico ajustado na Seção 10.4.2, nota-se que o estádio 2, em relação aos estádios 0 ou 1 (referência), apresentou efeito (γ_1) significativo. Uma possível justificativa, de acordo com o que foi discutido no final da Seção 5.7.2, é que os modelos paramétricos, se bem ajustados, devem produzir resultados mais precisos do que os do modelo semiparamétrico.

Com base no modelo tempo de promoção ajustado, a Tabela 10.8 apresenta, para todas as combinações entre as covariáveis sexo e estadiamento,

Tabela 10.7 – Estimativas dos parâmetros do modelo ajustado

Parâmetro	Estimativa	Erro-padrão	Z	Valor p
β_0: Intercepto	$-2{,}58$	0,269	$-9{,}60$	<0,001
β_1: Masculino	0,29	0,174	1,66	0,048
β_2: Estádio 2	0,59	0,298	1,99	0,023
β_3: Estádio 3	1,49	0,282	5,28	<0,001
β_4: Estádio 4	2,31	0,392	5,89	<0,001
γ_0: Intercepto	4,34	0,276	15,7	<0,001
γ_1: Estádio 2	$-0{,}61$	0,312	$-1{,}96$	0,025
γ_2: Estádio 3	$-0{,}48$	0,295	$-1{,}62$	0,052
γ_3: Estádio 4	$-1{,}52$	0,377	$-4{,}03$	<0,001
$\log(\sigma)$	0,35	0,087	4,02	<0,001

as estimativas para a proporção de imunes ao evento, $\exp[-\widehat{\theta}(\mathbf{z})]$, e para $\widehat{S}_p(t \mid \mathbf{z}, \mathbf{x})$ para alguns tempos. Para pacientes no estádio 4, por exemplo, a proporção de imunes foi estimada em 48,6% para as mulheres e 37,2% para os homens. Além disso, para pacientes neste mesmo estádio, a probabilidade de sobrevida aos 30 meses após o diagnóstico foi estimada em 57,9% para as mulheres e 47,3% para os homens. Para estádios menos avançados, as estimativas para esta probabilidade aumentam consideravelmente.

De modo geral, é possível notar que as estimativas e conclusões obtidas a partir do modelo tempo de promoção Poisson-Weibull foram similares às obtidas a partir do modelo de mistura semiparamétrico logito-Cox.

Tabela 10.8 – Estimativas obtidas a partir do modelo tempo de promoção

Sexo	Estádio	$\exp[-\widehat{\theta}(\mathbf{z})]$	$\widehat{S}_p(t \mid \mathbf{z}, \mathbf{x})$		
		$t \to \infty$	$t = 30$	$t = 60$	$t = 120$
F	0/1	0,925	0,970	0,956	0,942
F	2	0,874	0,929	0,906	0,886
F	3	0,718	0,847	0,795	0,750
F	4	0,486	0,579	0,518	0,492
M	0/1	0,899	0,959	0,941	0,922
M	2	0,832	0,905	0,873	0,848
M	3	0,635	0,797	0,729	0,674
M	4	0,372	0,473	0,406	0,378

Para visualizar graficamente as estimativas fornecidas pelos modelos de mistura e tempo de promoção, a Figura 10.8 mostra as curvas $\widehat{S}_p(t \mid \mathbf{z}, \mathbf{x})$ para pacientes mulheres e homens diagnosticados nos estádios 2 e 4.

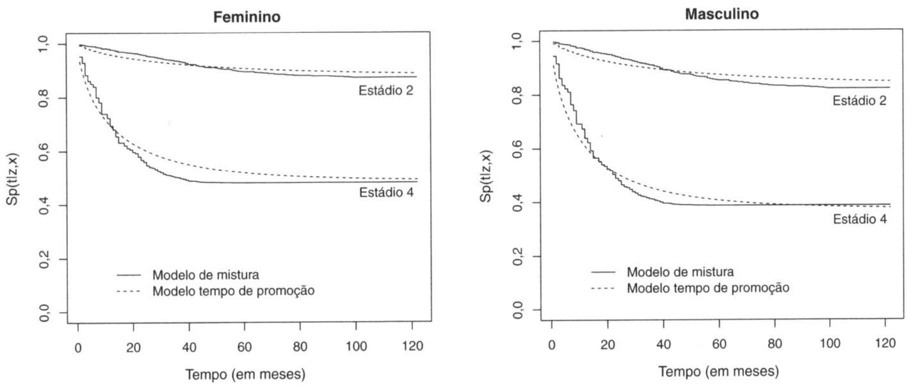

Figura 10.8 – $S_p(t \mid \mathbf{z}, \mathbf{x})$ estimadas a partir dos modelos de mistura e tempo de promoção para pacientes diagnosticados nos estádios 2 e 4.

Os resultados apresentados nesta seção foram obtidos com o auxílio do pacote *flexcure* do *R*. Os comandos utilizados neste pacote estão disponíveis para os interessados em https://docs.ufpr.br/~giolo/asa.

10.4.4 Considerações finais

Neste capítulo, foram apresentados alguns modelos propostos na literatura para a análise de dados de sobrevivência caracterizados pela presença de indivíduos imunes ao evento de interesse. Esses modelos têm despertado a atenção não somente dos profissionais da área da saúde, mas também de outras áreas (economia, sociologia, criminologia, infectologia etc.). Algumas publicações recentes apresentam uma revisão dos avanços destes modelos, dentre elas, Peng e Taylor (2014) e Amico e Van Keilegom (2018).

Em razão do interesse por estes modelos e das particularidades de cada estudo, extensões dos modelos de mistura e não mistura foram propostas para situações em que há, por exemplo, a presença de uma estrutura de correlação, efeitos aleatórios e riscos competitivos. Para mais detalhes sobre estas e outras extensões sugere-se Peng e Yu (2021).

10.5 Exercícios

1. Mostre que $\sum_{m=0}^{\infty} [S(t)]^m \frac{\theta^m}{m!}$ converge e é igual a $\exp[\theta S(t)]$.

2. Para o modelo de mistura ajustado na Seção 10.4.2 assuma para $S_0(t)$ a distribuição de Weibull. Compare os resultados com os apresentados na seção mencionada, em que $S_0(t)$ foi assumida arbitrária.

3. Em um estudo realizado com $n = 205$ pacientes com melanoma maligno no estádio I foram registradas as covariáveis: sexo (1 se masculino e 0 se feminino), espessura do tumor (0 se ≤ 2 mm e 1 se > 2 mm) e ulceração (0 se ausente e 1 se presente). A variável resposta consistiu do tempo, em anos, desde a excisão do melanoma até o óbito ou censura (DRZEWIECHI et al., 1980).

(a) Para a análise dos dados desse estudo, faça uso do modelo tempo de promoção Poisson-Weibull. Os dados estão no arquivo melanoma.txt disponível em https://docs.ufpr.br/~giolo/asa.

(b) Discuta os resultados fornecidos pelo modelo.

Capítulo 11

Análise de sobrevivência multivariada

11.1 Introdução

Nos capítulos anteriores, vários métodos estatísticos foram apresentados para a análise de dados de sobrevivência. Para todos eles, a suposição considerada foi a de que os tempos de sobrevida de indivíduos distintos são independentes. Embora esta suposição seja válida para muitos estudos, ela pode não ser para outros. Por exemplo, há situações em que os tempos de sobrevida são observados em grupos de indivíduos e, dentro de cada grupo, os tempos podem não ser mutuamente independentes. Estes grupos podem ser formados por gêmeos, indivíduos de uma mesma família, animais de uma mesma ninhada, dentre outros. Para esses casos, é razoável supor a existência de correlação entre os tempos dos indivíduos de um mesmo grupo. Ignorar a presença desta correlação pode conduzir à estimativas viesadas da variância dos estimadores (HOUGAARD, 2000).

Além das situações mencionadas, há várias outras em que a suposição de independência dos tempos pode não ser válida. Uma delas ocorre quando cada unidade amostral está sujeita a múltiplos eventos da mesma natureza, denominados eventos recorrentes. Por exemplo: ataques epiléticos, ataques de asma, crises de enxaqueca, falhas de um mesmo equipamento elétrico, dentre outros. Nesses casos, o evento é observado mais de uma vez para cada unidade amostral e, sendo assim, também é razoável supor a existência de correlação entre os tempos de uma mesma unidade. Nessas situações, a suposição de independência entre os tempos também pode não ser válida (COOK; LAWLESS, 2007, AMORIM; CAI, 2015).

Dentre os modelos propostos na literatura para analisar dados de sobrevivência multivariados está o modelo de fragilidade (OAKES, 1992). Para este modelo, um efeito aleatório, denominado fragilidade em análise de sobrevivência, é introduzido para cada grupo (ou para cada indivíduo com múltiplos eventos) a fim de modelar a correlação entre os seus tempos. Condicional ao efeito aleatório, o modelo assume que os tempos são independentes. Ressalta-se que o modelo de fragilidade também pode ser utilizado para a análise de dados de sobrevivência univariados (VAUPEL et al., 1979). Contudo, o efeito aleatório introduzido no modelo para cada indivíduo tem um significado diferente daquele considerado para dados de sobrevivência multivariados. No contexto univariado, a fragilidade é uma medida de heterogeneidade dos indivíduos, enquanto no contexto multivariado é também uma medida de associação.

Adicional ao modelo de fragilidade, outros modelos também foram propostos para a análise de dados de sobrevivência multivariados, dentre eles, o modelo Andersen-Gill (ANDERSEN; GILL, 1982). Para este modelo, inferência sobre os parâmetros é realizada a partir do ajuste que ignora a correlação entre os tempos de um mesmo indivíduo. Isto é, assume-se, inicialmente, que, condicional às covariáveis, os tempos de sobrevivência são independentes. Em seguida, uma correção para a variância dos parâmetros estimados é realizada a fim de se obter estimativas consistentes para esta quantidade. Uma vantagem deste modelo é a não complexidade computacional. Para este modelo, tem-se, ainda, interpretação populacional para os parâmetros. Para o modelo de fragilidade, a interpretação é intragrupos.

Este capítulo tem como objetivo apresentar os modelos mais utilizados para a análise de dados de sobrevivência multivariados. Atenção especial é dada ao modelo de fragilidade gama no contexto multivariado. Optou-se por escrever um capítulo menos técnico, citando artigos relevantes da literatura, e voltado para aplicações. A Seção 11.2 faz uma avaliação da escala do tempo em termos multivariado. A Seção 11.3 apresenta os principais modelos multivariados, enquanto as Seções 11.4 e 11.5 apresentam o modelo de fragilidade e seus procedimentos inferenciais, respectivamente. Exemplos são analisados na Seção 11.6.

11.2 O tempo na estrutura multivariada

As situações citadas na Seção 11.1 caracterizam dados de sobrevivência multivariados. Dois cenários são possíveis para eventos multivariados. O primeiro consiste de eventos que ocorrem simultaneamente, ou seja, não ordenados ou em paralelo. Eles são caracterizados por conglomerados ou grupos e ilustrados pelos exemplos apresentados no primeiro parágrafo da Seção 11.1. O segundo cenário consiste de eventos recorrentes, ou seja, ocorrências ordenadas ou em série. Isso significa, por exemplo, que para o segundo evento ocorrer, o primeiro já deve ter ocorrido. Exemplos que ilustram este cenário foram citados no segundo parágrafo da Seção 11.1.

A seguir, esses dois cenários são explorados em mais detalhes, em especial o que envolve eventos recorrentes. No primeiro cenário, a escala do tempo é bem definida para os indivíduos do mesmo conglomerado ou grupo e os tempos ocorrem de forma simultânea. Ou seja, a linha de base é comum a todos os indivíduos e não existe uma ordenação na sua estrutura. O mesmo não ocorre para os tempos relacionados ao segundo cenário. Neste caso, há, para cada indivíduo, uma ordenação dos eventos, como ilustrado na representação de eventos recorrentes mostrada na Figura 11.1.

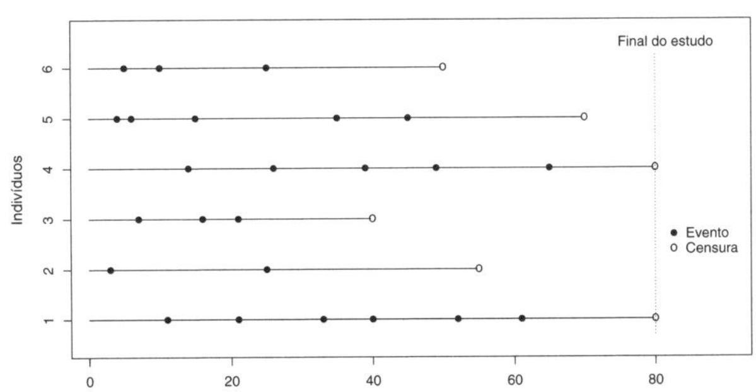

Figura 11.1 – Representação de eventos recorrentes.

As escalas de tempo mais usuais para a análise de eventos recorrentes são descritas em termos: (a) do seu processo de contagem ou tempos de calendário (TC), (b) dos tempos entre eventos consecutivos (TE), usualmente chamados na literatura de *gap times*, e (c) dos tempos totais (TT). Para ilustrar estas escalas, os intervalos de tempo associados à elas podem ser visualizados na Figura 11.2 para o indivíduo 6 da Figura 11.1, que apresentou o evento três vezes e censura aos 50 dias.

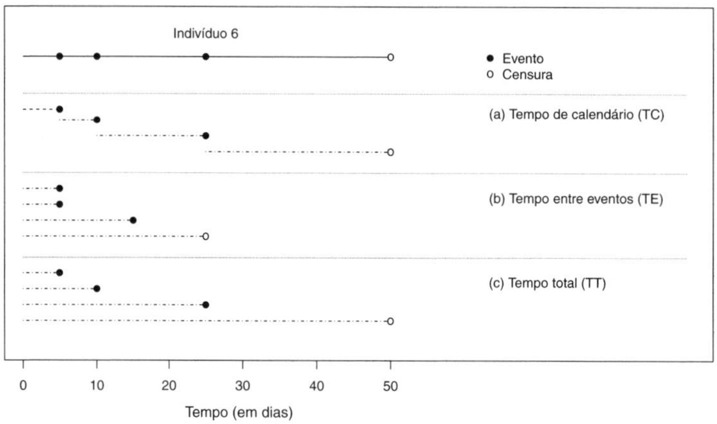

Figura 11.2 – Escalas de tempo usuais para eventos recorrentes.

Para a escala TC, nota-se que os intervalos associados aos eventos recorrentes e a censura são dados por $(t_{k-1}, t_k]$, para $k = 1, \ldots, K+1$, em que K é número de eventos observados, t_k é o tempo de calendário desde a entrada no estudo até a k-ésima ocorrência do evento, t_{K+1} é o tempo desde a entrada no estudo até o último contato com o indivíduo e $t_0 = 0$. Para as escalas TE e TT, os intervalos são, respectivamente, $(0, t_k - t_{k-1}]$ e $(0, t_k]$, $k = 1, \ldots, K+1$. Observa-se que a informação sobre a ordenação dos tempos é perdida na escala TE.

Visto que a escolha por uma das escalas envolve um tempo de origem, é desejável que esta origem seja consistente entre os indivíduos e facilite a interpretação e análise. Por exemplo, o tempo de origem pode ser a data do diagnóstico de uma doença ou o início da vida útil de um equipamento industrial. Usualmente, a escala de tempo é definida de acordo com os objetivos do estudo. Rondeau (2010) menciona que a escala TE costuma ser útil quando se tem eventos pouco frequentes, ou quando ocorre uma renovação após um evento (por exemplo, após um reparo ou substituição de um componente). Ozga et al. (2018) mencionam que ela pode ser interessante quando o foco principal for os episódios da doença e não o processo da doença do paciente como um todo. No contexto industrial, modelar a função intensidade do processo de contagem é usual quando o objetivo é a predição de um próximo evento (TOLEDO et al., 2015) ou a estimação do tempo ótimo de manutenção preventiva (BALAN; PUTTER, 2020, GILARDONI; COLOSIMO, 2007). Nesses dois casos, o processo de contagem é frequentemente modelado como um processo de Poisson não homogêneo.

11.3 Modelos multivariados

Vários modelos foram propostos na literatura para a análise de tempos de sobrevivência multivariados. Os mais utilizados na prática são apresentados nesta seção. Os modelos propostos para tempos não ordenados são abordados na Seção 11.3.1 e os para tempos ordenados na Seção 11.3.2.

11.3.1 Modelos para tempos não ordenados

Dois modelos são apresentados para o cenário de tempos não ordenados: o de Cox (ou enfoque marginal) e o de fragilidade. A principal característica dos tempos não ordenados é a de se ter a mesma linha de base para todos os indivíduos, tanto intra como entre conglomerados.

11.3.1.1 Modelo de Cox ou enfoque marginal

Esta modelagem é inspirada nos resultados obtidos por Liang e Zeger (1986) para dados longitudinais. Assim, sob o enfoque marginal, considera-se, para as distribuições marginais dos tempos de sobrevivência multivariados, os modelos de taxas de falha proporcionais de Cox e ignora-se a dependência entre estes tempos. Os estimadores de máxima verossimilhança parcial são obtidos da forma usual, sendo utilizada a matriz sanduíche ou robusta para a variância dos estimadores (LIN, 1994).

Em outras palavras, os tempos multivariados são tratados como independentes e a análise usual (que faz uso do modelo de Cox e da verossimilhança parcial apresentada no Capítulo 5) é utilizada para estimar os parâmetros do modelo. Lin (1994) prova que estes estimadores são consistentes e seguem assintoticamente a distribuição normal. No entanto, o estimador usual para a variância dos estimadores não é consistente. Seguindo a formulação de Liang e Zeger (1986), Lin (1994) apresenta um estimador consistente para a variância dos estimadores, denominado usualmente na literatura de estimador sanduíche.

Este enfoque é simples de ser utilizado, pois utiliza o ajuste usual para o modelo de Cox e, em seguida, corrige o estimador da variância pela matriz sanduíche. No *software R*, este ajuste é obtido utilizando o argumento *cluster* na sintaxe do comando *coxph*.

11.3.1.2 Modelo de fragilidade

O modelo de fragilidade pode ser utilizado nos contextos univariado e multivariado. A seguir, ele é apresentado nestes dois contextos.

(a) Contexto univariado

Dados de sobrevivência em um contexto univariado podem ser pensados como o caso especial em que não há múltiplos eventos e todos os grupos ou famílias têm tamanho igual a 1. Nesses casos, é possível assumir um componente de fragilidade para cada indivíduo. Contudo, qual o propósito em considerar um componente de fragilidade para cada indivíduo se eles não apresentam tempos correlacionados? Não é difícil encontrar justificativas. Em estudos da área médica, por exemplo, a argumentação de que os indivíduos são inerentemente diferentes é amplamente aceita. Independente de quantas covariáveis sejam medidas, dois indivíduos com exatamente os mesmos valores das covariáveis não são esperados experimentar qualquer resposta exatamente no mesmo tempo. Existem variações biológicas não mensuráveis entre eles que justificam este fato. Esta heterogeneidade pode aparecer devido a vários fatores, alguns deles não mensuráveis. Por exemplo, alguns indivíduos podem apresentar predisposição genética para a doença sob investigação, o que faz com que eles tenham um risco crescente de desenvolvê-la comparado aos que não têm esta predisposição.

Para considerar a heterogeneidade citada, que pode influenciar os tempos de sobrevida dos indivíduos, um efeito aleatório (fragilidade), não negativo, é introduzido no modelo de Cox (5.2) como um fator multiplicativo. O modelo de fragilidade para o i-ésimo indivíduo fica, então, expresso por

$$\lambda(t \mid \mathbf{x}_i, z_i) = z_i \, \lambda_0(t) \exp(\boldsymbol{\beta}' \mathbf{x}_i), \quad i = 1, \ldots, n, \tag{11.1}$$

em que $\boldsymbol{\beta}$ é o vetor de parâmetros associados às covariáveis $\mathbf{x}$, $\lambda_0(t)$ é uma função taxa de falha de base arbitrária e $z_1, \ldots, z_n$ são os valores das fragilidades, assumidos serem uma amostra proveniente de variáveis aleatórias Z_i, $i = 1, \ldots, n$, independentes e identicamente distribuídas com distribuição de probabilidade conhecida de média 1 e variância desconhecida. Nota-se que as variáveis Z_i não variam com o tempo, o que, em algumas situações, pode representar uma limitação desse modelo. O modelo (11.1) reduz-se ao modelo de Cox (5.2) quando a variância da fragilidade for nula.

Dessa forma, a fragilidade introduzida no modelo (11.1) explica a heterogeneidade dos indivíduos devida a fatores genéticos não mensuráveis. Contudo, ela também pode ser útil quando, por alguma razão, uma ou mais covariáveis importantes não tiverem sido registradas na ocasião da realização do experimento. Assim, se, por algum motivo, não for possível incluir uma covariável importante no modelo, o que, em geral, afeta as inferências realizadas sobre os parâmetros do modelo, introduzir um termo de fragilidade no modelo pode auxiliar a amenizar este problema.

(b) Contexto multivariado

O modelo de fragilidade compartilhada tem sido utilizado para analisar dados de sobrevivência provenientes de situações em que há agrupamentos naturais ou artificiais de indivíduos. Sob este modelo, assume-se que os tempos dos indivíduos de um mesmo grupo são independentes condicional às variáveis não mensuráveis. A fragilidade representa, neste modelo, o risco comum compartilhado pelos indivíduos de um mesmo grupo. O modelo assume, ainda, que grupos distintos apresentam fragilidades distintas, sendo que os grupos com valores de fragilidade grandes tendem a experimentar o evento de interesse em tempos menores do que aqueles com valores pequenos. Os sobreviventes tendem, portanto, a pertencer aos grupos menos suscetíveis ou menos frágeis ao evento de interesse. Daí, o termo fragilidade ter sido adotado na literatura para referenciar este modelo.

Análogo ao apresentado para o contexto univariado, o modelo de fragilidade compartilhada é formulado pela introdução, no modelo de Cox (5.2), de um efeito aleatório para cada grupo. Quanto maior o valor deste efeito, que atua de forma multiplicativa na função taxa de falha, mais frágeis os indivíduos daquele grupo estão para apresentar o evento.

Formalmente, considere $T_j = \{T_{1j}, T_{2j}, \ldots, T_{n_j j}\}$ o conjunto dos n_j tempos de sobrevida dos indivíduos no j-ésimo grupo e Z_j a variável representando a fragilidade deste grupo, $j = 1, \ldots, m$. Condicional aos valores de Z_j, denotados por z_j, os componentes de T_j são assumidos independentes e o modelo de fragilidade compartilhada fica expresso por

$$\lambda(t \mid \mathbf{x}_{ij}, z_j) = z_j\, \lambda_0(t) \exp(\boldsymbol{\beta}' \mathbf{x}_{ij}), \tag{11.2}$$

$i = 1, \ldots, n_j$ e $j = 1, \ldots, m$, em que $\mathbf{x}_{ij}$ é o vetor dos valores das covariáveis mensuradas para o i-ésimo indivíduo do j-ésimo grupo, $\boldsymbol{\beta}$ é o vetor de parâmetros, $\lambda_0(t)$ é uma função taxa de falha de base arbitrária e z_j $(j = 1, \ldots, m)$ são os valores das fragilidades, que correspondem à uma amostra proveniente de variáveis aleatórias Z_j independentes e identicamente distribuídas com distribuição de probabilidade conhecida de média 1 e variância ξ. Para $\xi = 0$, tem-se o modelo de Cox (5.2) apresentado no Capítulo 5. Ainda, Z_j $(j = 1, \ldots, m)$ não varia com o tempo.

Equivalentemente, o modelo (11.2) pode ser reescrito como

$$\lambda(t \mid \mathbf{x}_{ij}, w_j) = \lambda_0(t) \exp(\boldsymbol{\beta}' \mathbf{x}_{ij} + w_j), \tag{11.3}$$

em que z_j corresponde, nesta formulação, à $\exp(w_j)$.

Apesar do modelo de fragilidade compartilhada apresentar duas formulações equivalentes, Klein e Moeschberger (2003) argumentam que, sob a formulação (11.2), é mais fácil notar que a taxa de falha dos indivíduos que pertencem aos grupos em que $z_j > 1$ é maior do que aquela predita pelo modelo que assume independência ($z_j = 1$ para todo j). E, do mesmo modo, que a taxa de falha dos indivíduos que pertencem aos grupos em que $z_j < 1$ é menor do que aquela predita pelo modelo que assume independência.

Versões paramétricas do modelo (11.2) são obtidas pela especificação de uma função paramétrica para a função taxa de falha de base $\lambda_0(t)$, como, por exemplo, a de Weibull.

11.3.2 Modelos para tempos ordenados: eventos recorrentes

Para o cenário de tempos ordenados ou eventos recorrentes, os modelos apresentados nesta seção incluem os modelos AG e PWP para a escala de tempo TC e o modelo WLW para a escala TT. O modelo AG difere do PWP, pois o segundo utiliza uma estratificação que baseia-se na ordem de ocorrência do evento. Todos os três modelos são de regressão marginal, em que o vetor de parâmetros $\boldsymbol{\beta}$ é estimado ignorando a estrutura de correlação, seguido do uso da correção da variância pelo estimator sanduíche. No entanto, os modelos podem diferir consideravelmente, visto que os conjuntos dos indivíduos sob risco são diferentes para os cenários TC e TT.

O modelo de fragilidade, assim como o de Cox marginal, também podem ser utilizados para eventos recorrentes na escala TE ou TC. Contudo, eles não são incluídos nesta seção, pois são raramente utilizados na prática.

11.3.2.1 Modelo Andersen-Gill (AG)

O modelo AG, proposto por Andersen e Gill (1982), baseia-se no modelo de Cox e assume independência entre os tempos de um mesmo indivíduo, condicional às covariáveis mensuradas. Sendo assim, ele é adequado quando as correlações entre os eventos são induzidas por covariáveis. Esta dependência pode ser capturada, no cenário de eventos recorrentes, pela especificação de covariáveis dependentes do tempo, tal como o número de eventos anteriores ou uma função deles (AMORIM; CAI, 2015). Como esta suposição pode não ser válida, estimativas robustas da variância dos estimadores são obtidas com base no *jackknife* agrupado (THERNEAU; GRAMBSCH, 2000). A variância robusta ou estimador sanduíche é a mesma mencionada para o modelo marginal na Seção 11.3.1.1. Essencialmente, estimativas robustas são estimativas corrigidas para a correlação intra indivíduo.

O modelo AG assume que a função taxa de falha de base é comum para todos os eventos, sendo sua expressão dada por

$$\lambda(t \mid \mathbf{x}_i(t)) = \lambda_0(t) \exp(\boldsymbol{\beta}' \mathbf{x}_i(t)),$$

em que $\mathbf{x}_i(t)$ corresponde ao vetor de covariáveis possivelmente dependentes do tempo observadas para o i-ésimo indivíduo, $i = 1, \ldots, n$. Nota-se, que esta expressão é idêntica à do modelo (6.1). No entanto, o procedimento de estimação é baseado em mais informações, dado que um indivíduo que experimentou o evento permanece sob risco para novas ocorrências do evento. Logo, a função de verossimilhança parcial é baseada em um número maior de eventos (visto que, em geral, um indivíduo contribui com mais de uma ocorrência do evento), bem como em um conjunto modificado de indivíduos sob risco. Sob o modelo (6.1), o indivíduo deixa de estar sob risco quando o evento ocorre, enquanto no modelo AG o indivíduo permanece sob risco mesmo após a ocorrência do evento.

Para o ajuste do modelo AG, os dados, para cada indivíduo, devem estar dispostos em múltiplas linhas e em ordem crescente de ocorrência do evento. Na 1ª linha, tem-se o intervalo $(t_0, t_1]$ associado à 1ª ocorrência, com $t_0 = 0$ e t_1 o tempo desde a entrada no estudo até a 1ª ocorrência do evento. Na 2ª linha, tem-se o intervalo $(t_1, t_2]$, com t_2 o tempo desde a entrada no estudo até a 2ª ocorrência do evento, e assim por diante, até o intervalo $(t_K, t_{K+1}]$, em que K denota o total de ocorrências do evento, t_K é o tempo desde a entrada no estudo até a última ocorrência do evento e t_{K+1} é o tempo desde a entrada no estudo até o último contato com o indivíduo. Para os indivíduos em que o evento não ocorreu, as informações, para cada um deles, são fornecidas em uma única linha, com o intervalo, nestes casos, dado por (t_0, tempo desde a entrada no estudo até o último contato com o indivíduo].

A Tabela 11.1 exemplifica, para dois indivíduos, o *layout* dos dados para o ajuste do modelo AG na presença de eventos recorrentes. Para o indivíduo 1, em que para os valores das covariáveis tem-se $(x_1, x_2) = (1, 24)$, o evento ocorreu aos 100 e 220 dias de sua entrada no estudo e ele foi acompanhado por 365 dias. Já para o indivíduo 2, em que $(x_1, x_2) = (1, 27)$, o evento ocorreu aos 88, 200 e 297 dias de sua entrada no estudo e ele foi acompanhado por 380 dias. Dessa forma, as três primeiras linhas das colunas *tstart* e *tstop* fornecem, para o indivíduo 1, os limites dos intervalos descritos previamente. A coluna *status* informa a ocorrência do evento ou censura em cada intervalo (1 = ocorrência do evento e 0 = censura) e a coluna *stratum* a ordem de ocorrência do evento/censura para cada indivíduo. As últimas quatro linhas fornecem estas mesmas informações para o indivíduo 2.

Tabela 11.1 – *Layout* dos dados para o ajuste do modelo AG

id	tstart	tstop	status	stratum	x_1	x_2
1	0	100	1	1	1	24
1	100	220	1	2	1	24
1	220	365	0	3	1	24
2	0	88	1	1	1	27
2	88	200	1	2	1	27
2	200	297	1	3	1	27
2	297	380	0	4	1	27

11.3.2.2 Modelo Prentice-Williams-Peterson (PWP)

O modelo PWP, proposto por Prentice, Williams e Peterson (1981), baseia-se no modelo de Cox estratificado, com a variável de estratificação definida pela ordenação de ocorrência do evento (*stratum*, Tabela 11.1). No estrato 1 tem-se todos os tempos associados à primeira ocorrência do evento, no estrato 2 todos os tempos associados à segunda ocorrência do evento, e assim por diante. Considerando os tempos na escala TC, o modelo PWP, expresso em termos da taxa de falha associada ao k-ésimo estrato, para $k = 1, \ldots, N$, em que N é o número máximo de ocorrências do evento observado na amostra, fica dado por

$$\lambda_k(t \mid \mathbf{x}_{ik}(t)) = \lambda_{0k}(t) \exp(\boldsymbol{\beta}_k' \mathbf{x}_{ik}(t)).$$

O modelo PWP considera, portanto, uma função taxa de falha para cada estrato, cada qual com uma função $\lambda_{0k}(t)$ e um vetor de parâmetros $\boldsymbol{\beta}_k$. Logo, diferente do modelo AG, a taxa de falha pode variar de um evento para o outro. Ou seja, o risco (ou a taxa) atual de experimentar o evento pode ser influenciado pela história prévia de ocorrências do evento.

Além disso, o modelo PWP assume que todos os indivíduos estão sob risco para o primeiro estrato (isto é, para a primeira ocorrência do evento), mas apenas aqueles com evento no estrato anterior estão sob risco para o estrato seguinte. Assim, caso o conjunto de indivíduos sob risco se torne muito pequeno para estratos posteriores e, em consequência, as estimativas se tornem pouco confiáveis, pode ser necessário limitar os dados a um número específico de ocorrências do evento (AMORIM; CAI, 2015).

Segundo Amorim e Cai (2015), o modelo PWP é preferível ao modelo AG quando as covariáveis apresentam efeitos diferentes em eventos subsequentes. Nota-se, contudo, que o modelo PWP pode ser utilizado para situações em que o vetor de parâmetros é comum aos estratos. Nesses casos, substitui-se $\boldsymbol{\beta}_k$ por $\boldsymbol{\beta}$ na expressão do modelo.

O *layout* dos dados para o ajuste do modelo PWP, seja considerando a escala TC ou a escala TE, é o mesmo apresentado na Tabela 11.1.

11.3.2.3 Modelo Wei-Lin-Weissfeld (WLW)

O modelo WLW, proposto por Wei, Lin e Weissfeld (1989), também tem como base o modelo estratificado de Cox, com os estratos definidos como descrito para o modelo PWP. Contudo, o modelo WLW trata os eventos recorrentes como um problema de riscos competitivos, em que a ordenação dos eventos não é levada em consideração e com o tempo até cada evento iniciando em zero, como ilustrado no esquema apresentado na Figura 11.3.

Como todos os intervalos de tempo iniciam em zero, a análise, na maioria das aplicações, utiliza a escala TT e, sendo assim, a função taxa de falha para o k-ésimo evento fica expressa por

$$\lambda_k(t \mid \mathbf{x}_{ik}(t)) = \lambda_{0k}(t) \exp(\boldsymbol{\beta}_k' \mathbf{x}_{ik}(t)), \quad k = 1, \ldots, N.$$

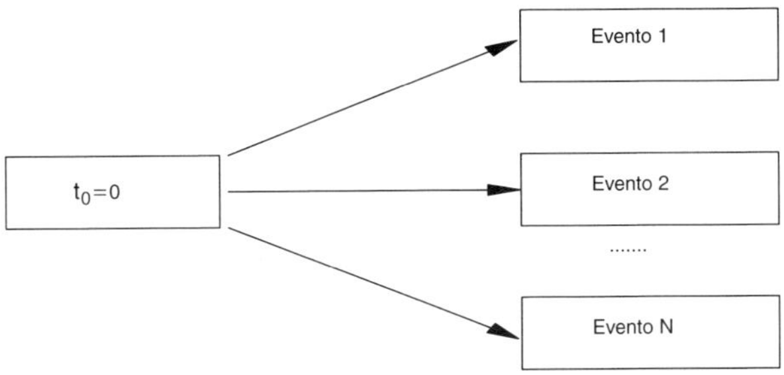

Figura 11.3 – Esquema dos eventos no modelo WLW.

Similar ao modelo PWP, tem-se uma função taxa de falha de base $\lambda_{0k}(t)$ e um vetor de parâmetros $\boldsymbol{\beta}_k$ para cada estrato. Contudo, o modelo WLW assume que um indivíduo permanece sob risco para o k-ésimo evento até a sua ocorrência, a menos que algum fato externo ocasione a censura. Logo, sob o modelo WLW, a estrutura de dependência entre os eventos não é especificada, o que pode ser questionável para diversas situações.

Quanto ao *layout* dos dados, se o número de eventos para um indivíduo for menor que o número máximo de eventos, tempos artificiais são definidos, com o indicador de evento (*status*) para eles igual a 0. Assim, se, por exemplo, o número máximo de eventos na amostra for $N = 4$, as informações, para cada indivíduo, devem ser fornecidas em 4 linhas, independente do número de eventos que cada um tenha experimentado. Para os indivíduos 1 e 2 mostrados na Tabela 11.1, a Tabela 11.2 mostra como deve ser o *layout* dos dados para o ajuste do modelo WLW na escala TT.

Tabela 11.2 – *Layout* dos dados para o ajuste do modelo WLW

id	time	status	stratum	x_1	x_2
1	100	1	1	1	24
1	220	1	2	1	24
1	365	0	3	1	24
1	365	0	4	1	24
2	88	1	1	1	27
2	200	1	2	1	27
2	297	1	3	1	27
2	380	0	4	1	27

Para o modelo WLW, também pode ser necessário limitar os dados a um número máximo de eventos, em particular quando as estimativas para um evento específico (estrato) se tornem pouco confiáveis. Para algumas situações, também pode-se ter $\boldsymbol{\beta}$ em vez de $\boldsymbol{\beta}_k$ na expressão do modelo.

11.4 Modelo de fragilidade: distribuições

Várias distribuições de probabilidade foram propostas para as variáveis de fragilidade. Vaupel et al. (1979), os primeiros a usar o termo fragilidade e a considerá-la em um contexto univariado, propuseram a distribuição gama de média 1. Desde então, ela foi assumida por vários autores, dentre eles, Lancaster (1979), Lancaster e Nickell (1980) e Vaupel e Yashin (1983). A popularidade da gama deve-se, em particular, à sua conveniência algébrica. Contudo, para que o modelo seja identificável é necessário assumir média 1 para esta distribuição (HOUGAARD, 2000).

Outras distribuições propostas por Vaupel e Yashin (1983) foram: a uniforme, a Weibull e a log-normal. Elas, contudo, não compartilham as mesmas propriedades analíticas da gama. Distribuições que compartilham tais propriedades foram propostas por Hougaard (1984) e elas incluem todas as pertencentes à família exponencial, tais como a gama e a gaussiana inversa. Hougaard (1986a, 1986b) também propôs uma família de distribuições denominada PVF (*power-variance-function*), que inclui várias distribuições como casos particulares, dentre elas, a gama, a estável positiva, a gaussiana inversa e a Poisson composta.

Outras famílias de distribuições, como a Addams e a Kummer, também foram propostas no contexto dos modelos de fragilidade (FARRINGTON et al., 2012). Uma revisão das distribuições sugeridas e uma comparação dos pacotes do *software R* para o ajuste dos modelos de fragilidade podem ser encontradas em Balan e Putter (2020).

Como dentre as distribuições citadas nenhuma substituiu a gama em sua popularidade, o modelo de fragilidade gama é abordado a seguir. De acordo com o apresentado na Seção 11.3, sua expressão, no contexto multivariado, é dada, para $i = 1, \ldots, n_j$ e $j = 1, \ldots, m$, por

$$\lambda(t \mid \mathbf{x}_{ij}, z_j) = z_j\, \lambda_0(t) \exp(\boldsymbol{\beta}' \mathbf{x}_{ij}),$$

em que $z_1, \ldots, z_m$ correspondem à uma amostra de variáveis aleatórias Z_j com distribuição gama de média 1 e variância desconhecida ξ. Ou seja, $Z_j \sim \Gamma(1/\xi, 1/\xi)$ tem função densidade de probabilidade dada por

$$f(z) = \frac{\left(\frac{1}{\xi}\right)^{1/\xi}}{\Gamma\left(\frac{1}{\xi}\right)}\, z^{\frac{1}{\xi}-1} \exp\left(-\frac{z}{\xi}\right), \quad z > 0,$$

de modo que $\mathrm{E}(Z_j) = 1$ e $\mathrm{Var}(Z_j) = \xi$. A variância ξ pode ser vista como uma maneira de quantificar a heterogeneidade não mensurada. Se $\xi = 0$, a distribuição gama fica degenerada no valor 1 e, assim, tem-se o modelo de taxas de falha proporcionais de Cox (5.2) para dados independentes. Por outro lado, valores de ξ grandes refletem um alto grau de heterogeneidade entre os grupos e uma forte associação dentro dos grupos. Para o modelo semiparamétrico de fragilidade, é necessário que $\mathrm{E}(Z_j) = 1$ para satisfazer a propriedade de identificabilidade dos parâmetros.

Quando $\xi > 0$, ocorrem, de acordo com Klein (1992), três situações distintas relacionadas à interpretação do vetor $\boldsymbol{\beta}$. São elas:

i) Se forem comparados dois indivíduos i e ℓ de um mesmo grupo, ou seja, com valores de fragilidade iguais, a proporcionalidade das taxas de falha se mantém e, em consequência, a interpretação do vetor $\boldsymbol{\beta}$ é a mesma daquela discutida para dados independentes. De fato, neste caso, tem-se que a razão das taxas de falha, $R(t)$, resulta em

$$R(t) = \frac{z_j\, \lambda_0(t) \exp(\boldsymbol{\beta}' \mathbf{x}_{ij})}{z_j\, \lambda_0(t) \exp(\boldsymbol{\beta}' \mathbf{x}_{\ell j})} = \exp\left[\boldsymbol{\beta}'(\mathbf{x}_{ij} - \mathbf{x}_{\ell j})\right].$$

ii) Se forem comparados dois indivíduos i e ℓ de grupos distintos (por exemplo, grupos 1 e 2), mas que apresentam os mesmos valores para as covariáveis, suponha $\mathbf{x}_1$, a razão das taxas de falha não será 1, mas sim a razão entre as fragilidades, isto é,

$$R(t) = \frac{z_1\, \lambda_0(t) \exp(\boldsymbol{\beta}' \mathbf{x}_1)}{z_2\, \lambda_0(t) \exp(\boldsymbol{\beta}' \mathbf{x}_1)} = \frac{z_1}{z_2}.$$

iii) Se, finalmente, forem comparados dois indivíduos de grupos distintos (grupos 1 e 2) e com covariáveis diferentes ($\mathbf{x}_1$ e $\mathbf{x}_2$), tem-se

$$R(t) = \exp\left[\boldsymbol{\beta}'(\mathbf{x}_1 - \mathbf{x}_2)\right]\left[\frac{1 + \xi\ \widehat{\Lambda}_0(t)\exp(\boldsymbol{\beta}'\mathbf{x}_2)}{1 + \xi\ \widehat{\Lambda}_0(t)\exp(\boldsymbol{\beta}'\mathbf{x}_1)}\right].$$

Neste caso, a razão das taxas de falha, diferente dos casos anteriores, depende do tempo t e tende a 1 quando $t \to \infty$, independente de quais sejam os valores das covariáveis. Além disso, conforme ξ cresce, a razão converge para 1 mais rapidamente.

11.5 Inferência sob o modelo de fragilidade

Os procedimentos de estimação baseiam-se, em geral, na construção de uma função de verossimilhança e sua maximização. Assim, se para o modelo (11.2) for assumida uma forma paramétrica para a função $\lambda_0(t)$, bem como a distribuição gama para as variáveis Z_j, $j = 1, \ldots, m$, obtém-se uma expressão analítica para a função de verossimilhança e, em consequência, estimativas são obtidas diretamente pela sua maximização.

No caso particular do modelo semiparamétrico de fragilidade gama, em que $\lambda_0(t)$ é assumida arbitrária e a distribuição gama é assumida para Z_j, $j = 1, \ldots, m$, uma proposta para estimar os parâmetros do modelo baseia-se na utilização do algoritmo EM (DEMPSTER et al., 1977). Outra abordagem propõe a maximização da função de verossimilhança parcial penalizada.

As abordagens baseadas no algoritmo EM foram propostas por Nielsen et al. (1992) e Klein (1992). Embora elas tenham sido bem aceitas, o algoritmo EM é lento, ocorrendo problemas de convergência em algumas situações (LATHAM, 1996). Assim, uma alternativa proposta para o modelo de fragilidade sob a formulação (11.3) é a de considerar no processo de estimação a função de verossimilhança parcial penalizada (HOUGAARD, 2000; THERNEAU et al., 2003). Essa abordagem é apresentada nesta seção e indicado aos interessados na abordagem via algoritmo EM os artigos de Nielsen et al. (1992) e Klein (1992). O pacote *survival* do *software* R utiliza a verossimilhança penalizada para a realização de inferências sobre os parâmetros do modelo de fragilidade.

11.5.1 Inferência baseada na verossimilhança penalizada

Formalmente, a função de verossimilhança penalizada é descrita como um produto em que o primeiro termo é a função de verossimilhança parcial, incluindo as fragilidades como parâmetros, e o segundo termo é uma penalidade introduzida para evitar diferenças grandes entre as fragilidades para os diferentes grupos. O logaritmo da função de verossimilhança parcial penalizada é, desse modo, expresso por

$$PPL(\boldsymbol{\beta}, \mathbf{w}, \xi) = \log[L(\boldsymbol{\beta}, \mathbf{w})] - g(\mathbf{w}, \xi),$$

em que $\log[L(\boldsymbol{\beta}, \mathbf{w})] = \sum_{j=1}^{m} \sum_{i=1}^{n_j} \delta_{ij} \left[(\boldsymbol{\beta}'\mathbf{x}_{ij} + w_j) - \log\left(\sum_{\ell q \in R(t_{ij})} \exp(\boldsymbol{\beta}'\mathbf{x}_{\ell q} + w_q) \right) \right]$ e o termo $g(\mathbf{w}, \xi)$ é a função penalidade.

Nota-se que $\log[L(\boldsymbol{\beta}, \mathbf{w})]$ é o logaritmo da função de verossimilhança parcial (5.6) escrito com dois índices de acordo com o modelo (11.2), sendo $R(t_{ij})$ o conjunto dos indivíduos (ℓq) sob risco no tempo t_{ij} em que ocorreu um evento. Para a função penalidade é comum considerar o logaritmo de uma função densidade. Assim, se a distribuição gama com média 1 e variância ξ for assumida para a fragilidade, o logaritmo da função densidade de Z pode ser escrito por

$$\log[f(z)] = \log[(1/\xi) - 1] \log(z) - (1/\xi)z + (1/\xi)\log(1/\xi) - \log\Gamma(1/\xi)$$

e, sendo assim, o logaritmo da função densidade de W é $(w - \exp(w))/\xi$, de modo que o logaritmo da função de verossimilhança parcial penalizada fica expresso por

$$PPL(\boldsymbol{\beta}, \mathbf{w}, \xi) = \log[L(\boldsymbol{\beta}, \mathbf{w})] - \frac{1}{\xi} \sum_{j=1}^{m} (w_j - \exp(w_j)). \qquad (11.4)$$

Segundo Therneau e Grambsch (2000), a solução baseada no logaritmo da função de verossimilhança parcial penalizada (11.4), em que a função penalidade é $g(\mathbf{w}, \xi) = (1/\xi) \sum_{j=1}^{m} (w_j - \exp(w_j))$, coincide com a solução via algoritmo EM do modelo de fragilidade gama para qualquer valor fixo ξ. De forma análoga, Therneau e Grambsch (2000) mostram que utilizar a função penalidade dada por $g(\mathbf{w}, \xi) = (1/2\xi) \sum_{j=1}^{m} w_j^2$ coincide com a solução EM do modelo de fragilidade gaussiana.

O procedimento iterativo é inicializado assumindo valores iguais a 1 para as fragilidades e tratando-as como parâmetros fixos e conhecidos no primeiro passo de maximização da função de verossimilhança parcial penalizada. No segundo passo, as fragilidades são avaliadas como médias condicionais, similar ao que é realizado no algoritmo EM. Este procedimento é repetido até a convergência ser obtida. Um efeito colateral do procedimento inferencial, usando a PPL, é a de se ter uma estimativa para w_j (ou para w_i, no caso univariado). Na realidade, como w_j é a realização da fragilidade Z, diz-se predição de w_j (FITZMAURICE et al., 2011). De acordo com Hougaard (2000), esta abordagem funciona bem para os modelos de fragilidade gama e lognormal. A matriz de variância-covariância dos estimadores do modelo de regressão, fixado ξ, é obtida pelo inverso do negativo das derivadas de segunda ordem da função log-verossimilhança parcial penalizada. Inferência sobre o parâmetro ξ é realizada a partir de uma verossimilhança perfilada (RIPATTI; PALMGREN, 2000). O caso limite em que $\xi = 0$ conduz ao modelo de taxas de falha proporcionais de Cox.

Inicialmente, deseja-se testar a hipótese H_0: $\xi = 0$, ou seja, a ausência de heterogeneidade não mensurada (fragilidade). A variância assintótica para a estimativa dos efeitos aleatórios pode ser encontrada em McGilchrist (1993).

Adicional ao teste da hipótese H_0: $\xi = 0$, há interesse em testar o efeito da q-ésima covariável, H_{0q}: $\beta_q = 0$, $q = 1, \ldots, p$. Para tanto, pode-se utilizar a estatística de Wald, dada por

$$W_q = \frac{(\widehat{\beta}_q)^2}{\widehat{Var}(\widehat{\beta}_q)}$$

que, sob H_{0q}, segue a distribuição χ^2_1 para grandes amostras.

Para testar o efeito de covariáveis representadas no modelo por $s \geq 2$ parâmetros (por exemplo, covariáveis com três ou mais categorias), a estatística W_q fica expressa em sua forma quadrática, sendo que, nestes casos, ela segue, sob H_0, distribuição assintótica χ^2_s.

11.5.2 Adequação do modelo de fragilidade

Avaliar a adequação do modelo de fragilidade é um tópico importante, porém desafiador. Isso porque, além das suposições básicas do modelo de taxas de falha proporcionais, deve-se avaliar a adequação da distribuição da fragilidade. A escolha de uma distribuição para a fragilidade é, na maioria das vezes, baseada na tratabilidade matemática ou disponibilidade do *software*, e não na forma como ela se ajusta aos dados. Entretanto, é importante testar a adequação da distribuição com a finalidade de selecionar a mais adequada para a fragilidade.

Visto que a família de distribuições PVF (HOUGAARD, 2000) apresenta algumas distribuições como casos particulares, pode-se utilizar o teste da razão de verossimilhanças para selecionar, dentro desta família, a mais adequada (BALAN; PUTTER, 2019, 2020). Critérios de informação, como os de Akaike (AIC) e Bayesiano (BIC), também podem auxiliar no processo de escolha da distribuição mais apropriada para as variáveis de fragilidade, em particular quando as distribuições não são casos particulares umas das outras. Estes critérios foram descritos nos Capítulos 3 e 4.

Para avaliar a forma funcional de covariáveis contínuas e a presença de observações atípicas, têm sido utilizados os métodos gráficos descritos no Capítulo 5, que baseiam-se nos resíduos martingais. Por outro lado, para avaliar se o modelo (11.2) mantém a proporcionalidade (condicional) das taxas de falha, os métodos gráficos utilizados têm sido aqueles que envolvem as curvas das taxas de falha acumulada e os resíduos de Schoenfeld. Esses métodos gráficos também foram descritos no Capítulo 5.

De modo geral, há poucas publicações sobre métodos para avaliar a adequação dos modelos de fragilidade. O artigo pioneiro foi o de Shih e Louis (1995), em que é proposto um método gráfico para avaliar se a fragilidade segue a distribuição gama. Extensões deste método gráfico foram propostas por Glidden (1999). Referências adicionais incluem Shih (1998), Cui e Sun (2004) e Geerdens et al. (2013).

11.6 Exemplos

Nesta seção, um exemplo ilustra o uso do modelo de fragilidade no contexto univariado e outro no multivariado. Um terceiro exemplo ilustra a aplicação do modelo AG para dados de eventos recorrentes.

11.6.1 Exemplo 1: estudo sobre leucemia pediátrica

O modelo de Cox foi utilizado na Seção 5.7.3 para analisar os dados do estudo de leucemia pediátrica descritos na Seção 1.4.3. Com base na análise realizada, as covariáveis que apresentaram efeito significativo sobre o tempo até a recidiva ou morte de crianças com LLA foram: leucometria inicial (LEUINI), idade, peso padronizado (ZPESO), porcentagem de linfoblastos medulares que reagiram ao ácido periódico de Schiff (PAS) e porcentagem de vacúolos no citoplasma dos linfoblastos (VAC). Contudo, é razoável assumir que as crianças são heterogêneas devido, essencialmente, a fatores genéticos e/ou possíveis covariáveis importantes não incluídas na análise.

Para avaliar a influencia desta heterogenidade no tempo até a recidiva ou morte das crianças, ajustou-se o modelo de fragilidade (11.1), que apresenta taxa de falha associada à i-ésima criança ($i = 1, \ldots, 103$) dada por

$$\lambda(t \mid \mathbf{x}_i) = z_i \, \lambda_0(t) \exp(\boldsymbol{\beta}' \mathbf{x}_i).$$

Assumindo $\lambda_0(t)$ arbitrária e $Z_i \sim \Gamma(1/\xi, 1/\xi)$, $i = 1, \ldots, 103$, obteve-se $\widehat{\xi} = 1{,}18$ (valor $p < 0{,}10$), o que indica heterogeneidade significativa entre as crianças ao nível de significância $\alpha = 0{,}10$.

A Figura 11.4 mostra os valores de z_i estimados. Visto que eles atuam de forma multiplicativa sobre a taxa de falha, valores de z_i iguais ou próximos a 1 não alteram significativamente a taxa de falha, enquanto valores de z_i grandes e maiores que 1 aumentam a taxa de falha.

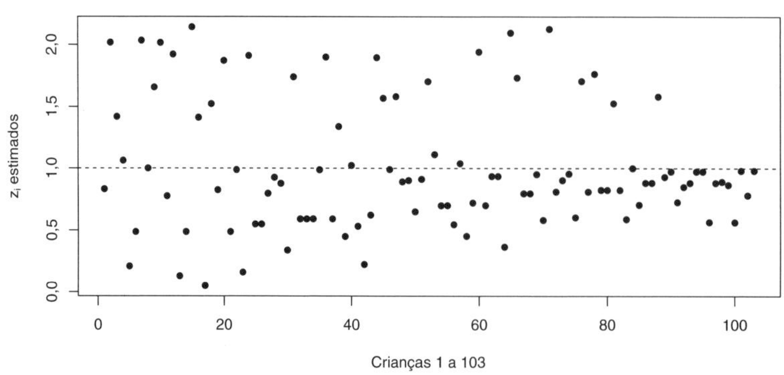

Figura 11.4 – Valores de z_i para os dados de leucemia pediátrica.

Com base na Figura 11.4, nota-se que há crianças com valores de z_i estimados em torno de 2, o que indica que elas provavelmente apresentam variações biológicas devidas a fatores genéticos, ou outros fatores, que as tornam mais suscetíveis do que aquelas com z_i estimados próximos ou inferiores a 1. Em consequência, isso afeta o tempo até recidiva ou morte dessas crianças. A inclusão da fragilidade para a análise dos dados desse estudo traz, portanto, informações adicionais que podem ser úteis ao pesquisador. Ainda, ao comparar as estimativas apresentadas na Tabela 11.3 com as produzidas pelo modelo de Cox (Tabela 5.12, Capítulo 5), pode-se notar que elas são similares, indicando que a presença da fragilidade não alterou significativamente o efeito das covariáveis.

Tabela 11.3 – Modelo de fragilidade gama para os dados de leucemia

Covariável	Coeficiente	Erro-padrão	Valor p
LEUINI	1,84	0,573	0,001
IDADE	1,03	0,528	0,051
ZPESO	−2,39	0,732	0,001
PAS	−1,60	0,623	0,010
VAC	1,61	0,595	0,007

Quanto às interpretações, elas são essencialmente as mesmas. Ou seja, a taxa de recidiva ou morte aumenta à medida que aumenta a leucometria inicial (LEUINI), idade e porcentagem de vacúolos (VAC). O inverso ocorre com o aumento do peso padronizado (ZPESO) e porcentagem de linfoblastos (PAS). Os comandos para obtenção dos resultados estão listados a seguir.

```
> leucc<-read.table("https://docs.ufpr.br/~giolo/asa/dados/leucc.txt",h=T)
> library(survival); attach(leucc); id<-1:103
> fit1<-coxph(Surv(tempos,cens)~leuinic+idadec+zpesoc+pasc+vacc +
            frailty(id,dist="gamma"),data=leucc,method="breslow")
> summary(fit1); wi<-fit1$frail; zi<-exp(wi)
> plot(id,zi,xlab="Crianças 1 a 103",ylab=expression(z[i]~estimados),pch=16)
> abline(h=1,lty=2)
```

11.6.2 Exemplo 2: estudo sobre seleção de touros Nelore

O gado da raça Nelore é utilizado no Brasil para a produção comercial de carne. Portanto, tempos não muito longos para um ganho específico de peso no período do nascimento ao desmame, bem como do desmame ao abate são economicamente desejáveis. Logo, identificar touros que produzam animais com um ganho rápido e específico de peso em um desses períodos é de interesse dos criadores de gado. Para auxiliar nesta seleção de touros, o modelo de fragilidade gama (11.2) é utilizado, nesta seção, para a análise dos dados de animais da raça Nelore. Como estudos dessa natureza envolvem uma grande quantidade de animais, foi utilizado um subconjunto dos dados analisados por Giolo et al. (2003). Este subconjunto contém os dados de 4 touros Nelore que produziram um total de 155 animais (bezerros/bezerras), todos nascidos na primavera entre os anos de 1993 e 1998, sendo 68% fêmeas. O número de animais por touro variou de 31 a 56. A variável resposta foi o tempo, em dias, até um ganho de peso de 160 kg no período do nascimento ao desmame. Albuquerque e Fries (1998) consideram este ganho de peso realístico para essa raça e período. As covariáveis consideradas foram: sexo do animal (1 se macho e 0 se fêmea) e idade da vaca no parto, que variou de 3 a 16 anos.

Como é razoável supor que os tempos dos animais produzidos pelo mesmo touro apresentam uma correlação devida a fatores genéticos compartilhados, variáveis aleatórias i.i.d. foram introduzidas no modelo a fim de considerar esta correlação. Assim, considerando $T_j = \{T_{1j}, T_{2j}, .., T_{n_j j}\}$, os n_j tempos até os animais do j-ésimo touro apresentarem um ganho de peso de 160 kg e $Z_j \sim \Gamma(1/\xi, 1/\xi)$ a variável de fragilidade associada a este touro, assume-se, condicional a $Z_j = z_j$, que os componentes de T_j são independentes, bem como que a função taxa de falha para o animal i $(i = 1, \ldots, 155)$ do touro j $(j = 1, \ldots, 4)$ é dada por

$$\lambda(t \mid \mathbf{x}_{ij}, z_j) = z_j\, \lambda_0(t) \exp(\boldsymbol{\beta}'\mathbf{x}_{ij}),$$

ou, equivalentemente, por $\lambda(t \mid \mathbf{x}_{ij}, w_j) = \lambda_0(t) \exp(\boldsymbol{\beta}'\mathbf{x}_{ij} + w_j)$, em que $\mathbf{x}_{ij}$ é o vetor de covariáveis observadas para o animal i do touro j, $\lambda_0(t)$ é uma função taxa de falha de base arbitrária, $\boldsymbol{\beta}$ é o vetor de parâmetros associados às covariáveis e $z_j = \exp(w_j)$, $j = 1, \ldots, 4$, correspondem a uma amostra de variáveis aleatórias i.i.d. Z_j com distribuição gama.

A Tabela 11.4 apresenta os resultados obtidos para o modelo ajustado. Com base neles, pode-se notar a presença de efeito significativo do sexo do animal e de efeito não significativo da idade da vaca no parto. Nota-se, também, a presença de efeito significativo da fragilidade, o que indica correlação significativa entre os tempos dos animais de um mesmo touro.

Tabela 11.4 – Resultados do modelo de fragilidade gama ajustado aos dados

Covariável	Coeficiente	Erro-padrão	χ^2	Valor p
Sexo do animal: macho	0,7912	0,248	10,18	0,0014
Idade da vaca no parto	0,0311	0,046	0,45	0,5000
Fragilidade gama	–	–	16,71	0,0006

Removendo do modelo a covariável que apresentou efeito não significativo, foram obtidos os resultados apresentados na Tabela 11.5, que mostram efeito significativo do sexo do animal e da fragilidade, em que $\widehat{\xi} = 0{,}822$.

Tabela 11.5 – Resultados do modelo de fragilidade final ajustado aos dados

Covariável	Coeficiente	Erro-padrão	χ^2	Valor p
Sexo do animal: macho	0,797	0,248	10,4	0,001
Fragilidade gama	–	–	24,1	<0,001

Como o efeito da fragilidade foi significativo, há interesse em avaliar os valores de z_j mostrados na Tabela 11.6, a fim de identificar os touros que produziram animais com o ganho de peso desejado no menor tempo.

Tabela 11.6 – Estimativas associadas ao modelo ajustado

Fragilidade	$\widehat{z}_j = \exp(\widehat{w}_j)$	I.C. 95%
Touro 1: z_1	0,767	(0,29; 2,03)
Touro 2: z_2	0,128	(0,03; 0,52)
Touro 3: z_3	1,798	(0,71; 4,56)
Touro 4: z_4	1,306	(0,50; 3,40)

Como z_j atua de forma multiplicativa na função taxa de falha, quanto maior o valor de z_j mais rápido esta função cresce, o que implica em um ganho de peso mais rápido. Ou, equivalentemente, quanto maior o valor de

z_j, mais rápido decresce a função de sobrevivência dada por

$$S(t \mid \mathbf{x}_{ij}, z_j) = \left[S_0(t)\right]^{z_j \exp(\boldsymbol{\beta}' \mathbf{x}_{ij})}, \; t \geq 0,$$

o que implica em um ganho de peso mais rápido. Desse modo, touros com os maiores valores de z_j são os de interesse. Com base nos valores exibidos na Tabela 11.6, os touros 3 e 4, nesta ordem, foram os que apresentaram melhor desempenho. Ou seja, espera-se que os animais produzidos por eles ganhem 160 kg mais rápido no período do nascimento ao desmame. Nota-se, ainda, que a estimativa associada à covariável sexo do animal é positiva (Tabela 11.5) e, sendo assim, espera-se que os animais machos ganhem peso mais rápido que as fêmeas. Este fato pode ser visualizado na Figura 11.5 que mostra as curvas $S(t)$ estimadas para os animais dos touros 1 e 3.

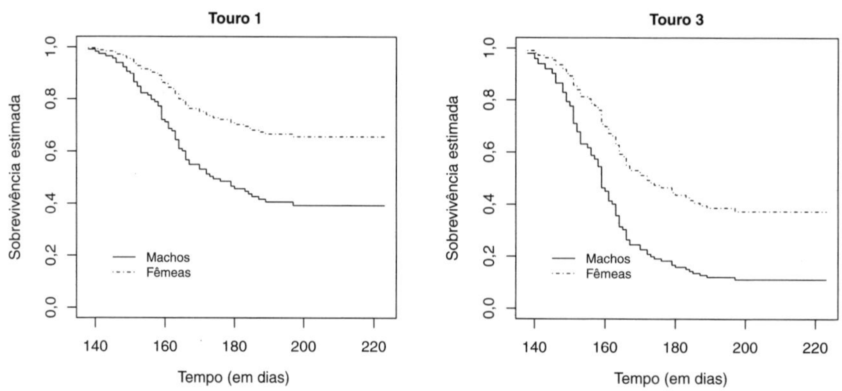

Figura 11.5 – Curvas $S(t)$ estimadas para machos e fêmeas dos touros 1 e 3.

Como mencionado, o interesse está nas curvas $S(t)$ que decrescem mais rápido, visto a resposta ser o tempo até um ganho de peso de 160 kg. Comparando, por exemplo, as curvas para machos e fêmeas dos touros 1 e 3 mostradas na Figura 11.5, nota-se que as do touro 3 decrescem mais rápido que as do touro 1. Espera-se, assim, que os animais do touro 3 ganhem peso mais rápido do que os animais do touro 1. Desse modo, dentre os 4 touros avaliados, o touro 3 deve estar dentre os selecionados.

Os resultados apresentados foram obtidos no *software* *R* utilizando os comandos listados a seguir. Quanto aos gráficos, os comandos estão disponíveis em https://docs.ufpr.br/~giolo/asa.

```
> cattle<-read.table("https://docs.ufpr.br/~giolo/asa/dados/cattle.txt",h=T)
> attach(cattle); library(survival)
> fit1<-coxph(Surv(tempo,censura)~factor(sex)+ agedam + frailty(sire,dist="gamma"))
> fit2<-coxph(Surv(tempo,censura)~factor(sex)+ frailty(sire,dist="gamma"))
> summary(fit1); summary(fit2)
```

11.6.3 Exemplo 3: estudo sobre infecções recorrentes

A doença granulomatosa crônica (DGC) é uma imunodeficiência primária incomum que, na maioria dos casos, surge na infância. Ela consiste na incapacidade do organismo em combater infecções causadas por certos fungos e bactérias. Neste exemplo, os dados de infecções recorrentes registradas para 128 pacientes com DGC (FLEMING; HARRINGTON, 2005) são utilizados para ilustrar o ajuste do modelo AG apresentado na Seção 11.3.2. As covariáveis são: tratamento (interferon gama: rIFN-g ou placebo), clínica, sexo, idade em anos, padrão de herança (autossômica ou ligada ao cromossomo X) e uso de esteroides (sim ou não).

A Figura 11.6 mostra o histórico de infecções dos 63 pacientes que receberam rIFN-g e dos 65 que receberam placebo. Nota-se que vários pacientes não apresentaram infecção (49 no grupo rIFN-g e 35 no grupo placebo).

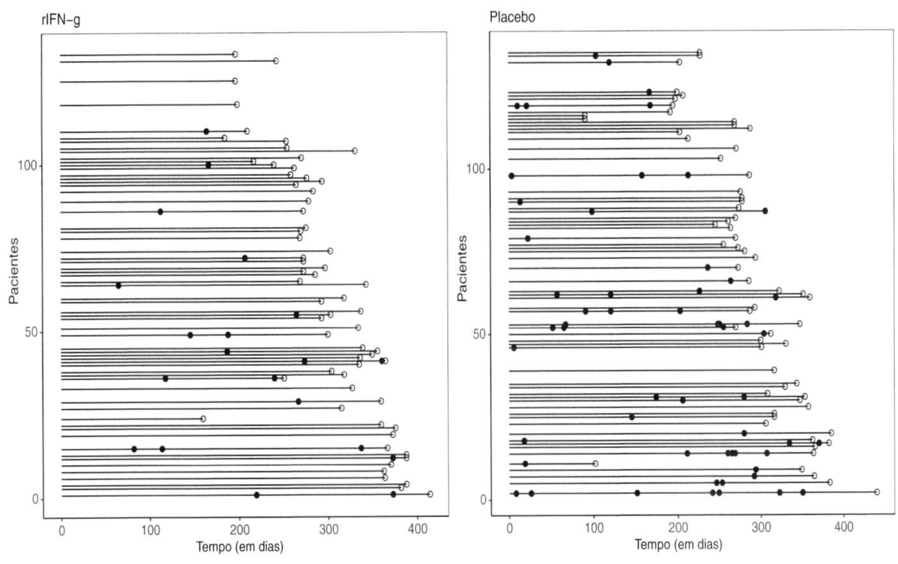

Figura 11.6 – Infecções de acordo com os tratamentos (• evento e ○ censura).

Ao escolher um modelo, o analista deve considerar o processo biológico da doença. Por exemplo, é provável que após a primeira infecção o risco da próxima infecção aumente. Isso poderia acontecer se cada infecção comprometesse permanentemente a capacidade do sistema imunológico de responder a ataques subsequentes. Os cientistas que conduziram o estudo sugeriram que o risco permaneceu constante, independente do número de infecções anteriores, o que sugere o uso do modelo AG.

Ajustando este modelo (escala do tempo TC), foram obtidas, para as covariáveis com efeito significativo, as estimativas mostradas na Tabela 11.7. Com base nelas, pode-se concluir que a taxa de infecção entre os pacientes que receberam o placebo foi $\exp(1{,}127) \approx 3{,}1$ (IC 95%: 1,7; 5,7) vezes a dos que receberam o rIFN-g. Ainda, a taxa de infecção diminuiu com o aumento da idade e foi maior dentre os que usavam esteroide, em torno de 2,8 vezes a dos que não usavam (IC 95%: 1,0; 8,0).

Tabela 11.7 – Estimativas dos parâmetros do modelo AG

Parâmetro	Estimativa	Erro-padrão robusto	Valor p
β_1 trat: rIFN-g	−1,127	0,314	<0,001
β_2 idade	−0,034	0,014	0,014
β_3 esteroide: sim	1,037	0,535	0,053

Os comandos para o ajuste do modelo AG estão em https://docs.ufpr.br/~giolo/asa. Neste endereço também são fornecidos os comandos para o ajuste dos modelos PWP e WLW.

11.7 Exercícios

1. Ajuste o modelo de fragilidade gama (contexto univariado) aos dados do estudo de aleitamento materno analisados na Seção 5.7.2.

2. Faça o mesmo para os dados do estudo de câncer de laringe descritos na Seção 5.7.1.

3. Para os dados de infecções recorrentes apresentados na Seção 11.6.3, ajuste o modelo PWP. Considere a escala de tempo TC, limitando o número de infecções a $N = 2$.

4. Para os dados de infecções recorrentes (Seção 11.6.3), ajuste o modelo WLW. Considere a escala de tempo TT, limitando o número de infecções a $N = 2$.

Apêndices

Apêndice A

Método iterativo de Newton-Raphson

O método iterativo de Newton-Raphson é um método numérico utilizado para resolver um sistema de equações não lineares, o qual baseia-se na expansão de $U(\hat{\theta}_{(k)})$ em série de Taylor. A expansão em série de Taylor de primeira ordem de uma função $f(x)$ em torno de x_0 é expressa por $f(x) = f(x_0) + f'(x_0)(x - x_0)$. Por analogia, tem-se, para $k = 1$, que

$$U(\widehat{\theta}_{(1)}) = U(\theta_{(0)}) + U'(\theta_{(0)})(\widehat{\theta}_{(1)} - \theta_{(0)}).$$

Tomando um valor inicial $\widehat{\theta}_{(0)}$ para $\theta_{(0)}$ e igualando a expressão obtida a zero, obtém-se

$$\begin{aligned}
U(\widehat{\theta}_{(0)}) \quad &+ \quad U'(\widehat{\theta}_{(0)})\,(\widehat{\theta}_{(1)}) - \, U'(\widehat{\theta}_{(0)})\,\widehat{\theta}_{(0)} = 0 \\
\widehat{\theta}_{(1)} \quad &= \quad \widehat{\theta}_{(0)} - \left[U'(\widehat{\theta}_{(0)})\right]^{-1} U(\widehat{\theta}_{(0)}) \\
\widehat{\theta}_{(1)} \quad &= \quad \widehat{\theta}_{(0)} - \left[\mathcal{F}(\hat{\theta}_{(0)})\right]^{-1} U(\hat{\theta}_{(0)}),
\end{aligned}$$

em que $U'(\widehat{\theta}_{(0)}) = \dfrac{\partial^2 \log(\theta)}{\partial^2 \theta} \mid_{\theta=\hat{\theta}_{(0)}} = \mathcal{F}(\hat{\theta}_{(0)})$ e $[\mathcal{F}(\widehat{\theta}_{(0)})]^{-1}$ é a inversa da matriz $\mathcal{F}(\widehat{\theta}_{(0)})$.

Repetindo este procedimento para $k = 2$, e tomando $\widehat{\theta}_{(1)}$ obtido no passo anterior, obtém-se

$$\widehat{\theta}_{(2)} = \widehat{\theta}_{(1)} - \left[\mathcal{F}(\widehat{\theta}_{(1)})\right]^{-1} U(\widehat{\theta}_{(1)}).$$

No $(k+1)$-ésimo passo, a expressão para o método iterativo de Newton--Raphson será, portanto,

$$\widehat{\theta}_{(k+1)} = \widehat{\theta}_{(k)} - \left[\mathcal{F}(\widehat{\theta}_{(k)})\right]^{-1} U(\widehat{\theta}_{(k)}).$$

Um critério de parada (convergência) definido para esse procedimento iterativo é, por exemplo,

$$\frac{\mid \widehat{\theta}_{(k)} \mid}{\mid \widehat{\theta}_{(k+1)} \mid} < \epsilon,$$

em que ϵ é um valor tão pequeno quanto desejável. Por exemplo, $\epsilon = 10^{-8}$.

Observações importantes sobre o método iterativo de Newton-Raphson são apresentadas a seguir.

1. Se a função de verossimilhança for unimodal, o método é bastante eficiente com convergência obtida em poucos passos;
2. Se a função de verossimilhança for multimodal, o método não é muito eficiente, pois pode fornecer um máximo local em vez do máximo global;
3. Se a função de verossimilhança apresentar um platô, o método apresentará problemas de convergência;
4. O método é muito sensível ao valor inicial $\theta_{(0)}$, que deve ser próximo de θ para que a convergência seja obtida.

Apêndice B

Método delta

Seja $\boldsymbol{\theta}$ um vetor de p parâmetros $\theta_1, \ldots, \theta_p$ e, para g uma função diferenciável de $\boldsymbol{\theta}$, defina, para $k = 1, \ldots, p$,

$$g'_k(\boldsymbol{\theta}) = \frac{\partial}{\partial \theta_k} g(\boldsymbol{\theta}) \bigg|_{\boldsymbol{\theta} = \widehat{\boldsymbol{\theta}}}$$

com $\widehat{\boldsymbol{\theta}}$ o estimador de máxima verossimilhança de $\boldsymbol{\theta}$.

Então, pela expansão em série de Taylor para g($\boldsymbol{\theta}$) em torno de $\widehat{\boldsymbol{\theta}}$, pode-se mostrar que

$$\mathrm{Var}[g(\widehat{\boldsymbol{\theta}})] \approx \sum_{k=1}^{p} [g'_k(\widehat{\boldsymbol{\theta}})]^2 \mathrm{Var}(\widehat{\theta}_k) + 2 \sum \sum_{k<\ell} [g'_k(\widehat{\boldsymbol{\theta}})] [g'_\ell(\widehat{\boldsymbol{\theta}})] \mathrm{Cov}(\widehat{\theta}_k, \widehat{\theta}_\ell),$$

em que $\mathrm{Var}(\widehat{\theta}_k)$ corresponde à variância do estimador de máxima verossimilhança $\widehat{\theta}_k$, $k = 1, \ldots, p$, e $\mathrm{Cov}(\widehat{\theta}_k, \widehat{\theta}_\ell)$ às respectivas covariâncias entre $\widehat{\theta}_k$ e $\widehat{\theta}_\ell$, para $k, \ell = 1, \ldots, p$, com $k \neq \ell$.

Logo, uma estimativa aproximada para Var[g($\widehat{\boldsymbol{\theta}}$)], isto é, $\widehat{\mathrm{Var}}[g(\widehat{\boldsymbol{\theta}})]$, pode ser obtida substituindo-se $\widehat{\theta}_k$, $\mathrm{Var}(\widehat{\theta}_k)$ e $\mathrm{Cov}(\widehat{\theta}_k, \widehat{\theta}_\ell)$, para $k, \ell = 1, \ldots, p$, com $k \neq \ell$, por suas respectivas estimativas, de modo que

$$\widehat{\mathrm{Var}}[g(\widehat{\boldsymbol{\theta}})] \approx \sum_{k=1}^{p} [g'_k(\widehat{\boldsymbol{\theta}})]^2 \widehat{\mathrm{Var}}(\widehat{\theta}_k) + 2 \sum \sum_{k<\ell} [g'_k(\widehat{\boldsymbol{\theta}})] [g'_\ell(\widehat{\boldsymbol{\theta}})] \widehat{\mathrm{Cov}}(\widehat{\theta}_k, \widehat{\theta}_\ell),$$

com $\widehat{\mathrm{Var}}(\widehat{\theta}_k)$ e $\widehat{\mathrm{Cov}}(\widehat{\theta}_k, \widehat{\theta}_\ell)$ as variâncias e as covariâncias estimadas.

Nota-se que, para $\boldsymbol{\theta}$ composto de um único parâmetro, tem-se

$$\mathrm{Var}[g(\widehat{\boldsymbol{\theta}})] \approx [g'_1(\widehat{\theta}_1)]^2 \, \mathrm{Var}(\widehat{\theta}_1)$$

e, em consequência,

$$\widehat{\mathrm{Var}}[g(\widehat{\boldsymbol{\theta}})] \approx [g'_1(\widehat{\theta}_1)]^2 \, \widehat{\mathrm{Var}}(\widehat{\theta}_1),$$

em que $\widehat{\mathrm{Var}}(\widehat{\theta}_1)$ corresponde à variância estimada de $\widehat{\theta}_1$.

Referências

AALEN, O. O. Nonparametric inference for a family of counting processes. *Annals of Statistics*, v. 6, p. 701-726, 1978.

AALEN, O. O. *A model for nonparametric regression analysis of counting processes*. In: Klonecki W., Kozek A., Rosiński J. (eds) Mathematical Statistics and Probability. Lecture Notes in Statistics, v. 2, New York: Springer, 1980.

AALEN, O. O. A linear regression model for the analysis of lifetimes. *Statistics in Medicine*, v. 8, p. 907-925, 1989.

AALEN, O. O.; BORGAN, O.; GJESSING, H. K. *Survival and event history analysis: a process point of wiew*. New York: Springer, 2008.

AALEN, O. O.; JOHANSEN, S. An empirical transition matrix for nonhomogeneous Markov chains based on censored observations. *Scandinavian Journal of Statistics*, v. 5, p. 141-150, 1978.

AKAIKE, H. A new look at the statistical model identification. *IEEE Transactions on Automatic Control*, v. 19, n. 6, p. 716-723, 1974.

ALBUQUERQUE, L. G.; FRIES, L. A. Selection for reducing ages of marketing units in beef cattle. In: World Congress Genetic Applied to Livestock Production, 6, 1998, Armide. *Proceedings...* Armide, v. 27, p. 235-238, 1998.

ALLISON, P. D. *Event history analysis*. London: Sage University Paper, 1984.

AMICO, M.; VAN KEILEGOM, I. Cure models in survival analysis. *Annual Review of Statistics and Its Application*, v. 5, n. 1, p. 311-342, 2018.

AMORIM, L. D. A. F; CAI, J. Modelling recurrent events: a tutorial for analysis in epidemiology. *International Journal of Epidemiology*, v. 44, n. 1, p. 324--333, 2015.

ANDERSEN, P. K. Testing goodness of fit for Cox's regression and life model. *Biometrics*, v. 38, p. 67-77, 1982.

ANDERSEN, P. K.; BORGAN, O.; GILL, R. D.; KEIDING, N. *Statistical models based on counting processes.* New York: Springer-Verlag, 1993.

ANDERSEN, P. K.; GILL, R. Cox's regression model for counting processes: a large sample study. *Annals of Statistics*, v. 10, p. 1100-1200, 1982.

ANDERSEN, P. K.; GESKUS, R. B.; WITTE, T.; PUTTER, H. Competing risks in epidemiology: possibilities and pitfalls. *International Journal of Epidemiology*, v. 41, n. 3, p. 861-870, 2012.

ANDERSEN, P. K.; VAETH, M. Simple parametric and nonparametric models for excess and relative mortality. *Biometrics*, v. 45, p. 523-535, 1989.

ANDERSON-BERGMAN, C. icenReg: regression models for interval censored data in R. *Journal of Statistical Software*, v. 81, n. 12, p. 1-23, 2017.

AQUINO, E. M. L.; BARRETO, S. M.; BENSENOR, I. M.; CARVALHO M. S.; CHOR, D.; DUNCAN, B. B.; LOTUFO, P. A., et al. Brazilian Longitudinal Study of Adult Health (ELSA-Brasil): objectives and design. *American Journal of Epidemiology*, v. 175, n. 4, p. 315-324, 2012.

ARJAS, E. A graphical method for assessing goodness of fit in Cox's proportional hazards model. *Journal of the American Statistical Association*, v. 83, p. 204-212, 1988.

AUSTIN, P. C.; LEE, D. S.; FINE, J. P. Introduction to the analysis of survival data in the presence of competing risks. *Circulation*, v. 133, p. 601-609, 2016.

AUSTIN, P. C.; FINE, J. P. Practical recommendations for reporting Fine-Gray model analyses for competing risk data. *Statistics in Medicine*, v. 36, p. 4391-4400, 2017.

BAILAR III, J. C.; MOSTELLER, F. *Medical uses of statistics.* 2. ed. Boston: NEJM Book, 1992.

BALAKRISHNAN, N.; KUNDU, D. Birnbaum-Saunders distribution: a review of models, analysis, and applications. *Applied Stochastic Models in Business and Industry*, v. 35, n. 1, p. 4-49, 2018.

BALAN, T. A.; PUTTER, H. frailtyEM: an R package for estimating semiparametric shared frailty models. *Journal of Statistical Software*, v. 90, n. 7, p. 1-29, 2019.

BALAN, T. A.; PUTTER, H. A tutorial on frailty models. *Statistical Methods in Medical Research*, v. 29, n. 11, p. 3424-3454, 2020.

BEBBINGTON, M.; LAIA, C.-D.; ZITIKIS, R. A flexible Weibull extension. *Reliability Engineering and System Safety*, v. 92, p. 719-726, 2007.

BENDEL, R. B.; AFIFI, A. A. Comparison of stopping rules in forward regression. *Journal of the American Statistical Association*, v. 72, p. 46-53, 1977.

BERKSON, J.; GAGE, R. Survival curve for cancer patients following treatment. *Journal of the American Statistical Association*, v. 47, n. 259, p. 501-515, 1952.

BEYERSMANN, J.; ALLIGNOL, A.; SCHUMACHER, M. *Competing risks and multistate models with R.* New York: Springer, 2012.

BIRNBAUM, Z. W.; SAUNDERS, S. C. A statistical model for life-length of materials. *Journal of the American Statistical Association*, v. 53, p. 151-160, 1958.

BIRNBAUM, Z. W.; SAUNDERS, S. C. A new family of life distribution, *Journal of Applied Probability*, v. 6, p. 319-327, 1969.

BOAG, J. W. Maximum likelihood estimates of the proportion of patients cured by cancer therapy. *Journal of the Royal Statistical Society*, v. 118, p. 15-53, 1949.

BOHORIS, G. A. Comparison of the cumulative-hazard and Kaplan-Meier estimators of the survivor function. *IEEE Transactions on Reliability*, v. 43, p. 230-232, 1994.

BOLFARINE, H.; RODRIGUES, J.; ACHCAR, J. A. *Análise de sobrevivência.* Rio de Janeiro: IM-UFRJ (II Escola de Modelos de Regressão), 1991.

BOX-STEFFENSMEIER, J. M; JONES, B. S. *Event history modeling: a guide for social scientists.* Cambridge: Cambridge University Press. 2004.

BRESLOW, N. E. Generalized Kruskal-Wallis for comparing K samples subject to unequal patterns of censorship. *Biometrika*, v. 57, p. 579-594, 1970.

BRESLOW, N. E. Discussion of Professor Cox's paper. *Journal of the Royal Statistical Society B*, v. 34, p. 216-217, 1972.

BRESLOW, N. E.; CROWLEY, J. A large sample study of the life table and product limit estimates under random censorship. *Annals of Statistics*, v. 2, p. 437-453, 1974.

BRESLOW, N. E.; DAY, N. E. *Statistical methods in cancer research: the analysis of case-control studies.* Lyon: IARC Scientific Publications, 1980.

BRESLOW, N. E.; DAY, N. E. *Statistical methods in cancer research: the design and analysis of cohort studies.* Lyon: IARC Scientific Publications, 1987.

BROOKMEYER, R.; CROWLEY, J. A confidence interval for the median survival time. *Biometrics*, v. 38, p. 29-41, 1982.

BROWN, B. W.; FLOOD, M. M. Tumbler mortality. *Journal of the American Statistical Association*, v. 42, p. 562-574, 1947.

CARRASCO, J. M. F.; ORTEGA, E. M. M.; CORDEIRO, G. M. A generalized modified Weibull distribution for lifetime modeling. *Computational Statistics and Data Analysis*, v. 53, p. 450-462, 2008.

CARVALHO, M. S.; ANDREOZZI, V. L.; CODEÇO, C. T.; BARBOSA, M. T. S.; SHIMAKURA, S. E. *Análise de sobrevida: teoria e aplicações em saúde.* Rio de Janeiro: Fiocruz, 2005.

CASTRO, M.; CANCHO, V. G.; RODRIGUES, J. A hands-on approach for fitting long-term survival models under the GAMLSS framework. *Computer Methods and Programs in Biomedicine*, v. 97, n. 2, p. 168-77, 2010.

CENTER FOR DISEASE CONTROL (CDC). Recommendations for prevention of HIV transmission in health-care settings. *MMWR Suppl. 1987*, v. 36, n. 2, 1S-18S, 1987. PMID: 3112554.

CHALITA, L. V. A. S.; COLOSIMO, E. A.; DEMÉTRIO, C. G. B.; BARBIN, D.; SIMÃO, S. Modelos de regressão para dados de sobrevivência agrupados aplicados a um estudo agronômico. *Revista de Matemática e Estatística*, v. 17, p. 193-207, 1999.

CHALITA, L. V. A. S.; COLOSIMO, E. A.; DEMÉTRIO, C. G. B. Likelihood approximations and discrete models for tied survival data, *Communications in Statistics: Theory and Methods*, v. 31, p. 1215-1229, 2002.

CHARNET, R.; FREIRE, C. A. L.; CHARNET, E. M. R.; BONVINO, H. *Análise de modelos de regressão linear com aplicações*. 2. ed. Campinas: Editora Unicamp, 2008.

CHEN, M.-H.; IBRAHIM, J. G.; LIPSITZ, S. R. Bayesian methods for missing covariates in cure rate models. *Lifetime Data Analysis*. v. 8, n. 2, p. 117-146, 2002.

CHEN, M.-H.; IBRAHIM, J. G.; SINHA, D. A new Bayesian model for survival data with a surviving fraction. *Journal of the American Statistical Association*, v. 94, n. 447, p. 909-919, 1999.

COLLETT, D. *Modelling survival data in medical research*. 2. ed. London: Chapman & Hall, 2003.

COLLETT, D. *Modelling binary data*. Boca Raton: Chapman & Hall, 2003a.

COLOSIMO, E. A. A note on the stratified proportional hazards model. *International Journal of Mathematical & Statistical Sciences*, v. 6, p. 201-209, 1997.

COLOSIMO, E. A. *Análise de sobrevivência aplicada*. Piracicaba: Esalq-USP (46ª Reunião da RBRAS e 9º SEAGRO), 2001.

COLOSIMO, E. A.; CHALITA, L. V. A. S.; DEMÉTRIO, C. G. B. Tests of proportional hazards and proportional odds models for grouped survival data. *Biometrics*, v. 56, p. 1233-1240, 2000.

COLOSIMO, E. A.; HO, L. L. A practical approach to interval estimation for the Weibull mean lifetime. *Quality Engineering*, v. 12, p. 161-167, 1999.

COLOSIMO, E. A.; NOGUEIRA, M. L. G.; ROCHA, N. R. M.; VIANA, M. B. Comparação de modelos de sobrevivência aplicados a um estudo de leucemia em crianças. *Revista Brasileira de Estatística*, v. 53, p. 5-13, 1992.

COLOSIMO, E. A.; VIEIRA, A. M. C. O modelo de regressão de Cox com covariável dependente do tempo: uma aplicação envolvendo pacientes infectados pelo HIV. *Revista Brasileira de Estatística*, v. 54, p. 139-152, 1996.

COLOSIMO, E. A.; FERREIRA, F. F.; OLIVEIRA, M. D.; SOUZA, C. B. Empirical comparisons between Kaplan-Meier and Nelson-Aalen survival functions estimators. *Journal of Statistical Computation and Simulation*, v. 72, p. 299-308, 2002.

CONGDON, P. *Bayesian statistical modelling.* New York: John Wiley & Sons, 2001.

CONSTANZA, M. C.; AFIFI, A. A. Comparisons of stopping rules in forward stepwise discriminant analysis. *Journal of the American Statistical Association*, v. 74, p. 777-785, 1979.

COOK, R. J.; LAWLESS, J. F. *The statistical analysis of recurrent events.* New York: Springer, 2007.

CORBIÈRE, F.; JOLY, P. A SAS macro for parametric and semiparametric mixture cure models. *Computer Methods and Programs in Biomedicine*, v. 85, n. 2, p. 173-180, 2007.

CORDEIRO, G. M. *Introdução a teoria de verossimilhança.* Rio de Janeiro: UFRJ & Associação Brasileira de Estatística (10º SINAPE), 1992.

CORDEIRO, G. M.; CASTRO, M. A new family of generalized distributions. *Journal of Statistical Computation and Simulation*, v. 81, p. 883- 898, 2011.

CORDEIRO, G. M.; ORTEGA, E. M. M.; NADARAJAH, S. The Kumaraswamy Weibull distribution with application to failure data. *Journal of the Franklin Institute*, v. 347, p. 1399-1429, 2010.

CORDEIRO, G. M.; PESCIM, R. R.; ORTEGA, E. M. M. The Kumaraswamy generalized half-normal distribution for skewed positive data. *Journal of Data Science*, v. 10, p. 195-224, 2012.

COX, D. R. Regression models and life tables (with discussion). *Journal of the Royal Statistical Society B*, v. 34, p. 187-202, 1972.

COX, D. R. Partial likelihood. *Biometrika*, v. 62, p. 269-276, 1975.

COX, D. R. A note on the graphical analysis of survival data. *Biometrika*, v. 66, p. 188-190, 1979.

COX, D. R.; HINKLEY, D. V. *Theoretical statistics.* London: Chapman & Hall, 1974.

COX, D. R.; SNELL, E. J. A general definition of residuals. *Journal of the Royal Statistical Society B*, v. 30, p. 248-275, 1968.

COX, D. R.; SNELL, E. J. *Applied statistics: principles and examples.* London: Chapman & Hall, 1981.

CROWLEY, J; HU, M. Covariance analysis of heart transplant survival data. *Journal of the American Statistical Association*, v. 72, p. 27-36, 1977.

CROWLEY, J.; STORER, B. E. Contribution to the discussion of the paper by M. Aitkin, N. Laird and B. Francis. *Journal of the American Statistical Association*, v. 78, p. 277-281, 1983.

CUI, S.; SUN, Y. Checking for the gamma frailty distribution under the marginal proportional hazards frailty model. *Statistica Sinica*, v. 14, p. 249-267, 2004.

DEMPSTER, A.; LAIRD, N.; RUBIN D. Maximum likelihood from incomplete data via the EM-algorithm. *Journal of the Royal Statistical Society B*, v. 39, p. 1-38, 1977.

DOREY, F. J.; LITTLE, R. J.; SCHENKER, N. Multiple imputation for threshold-crossing data with interval censoring. *Statistics in Medicine*, v. 12, p. 1589-1603, 1993.

DRAPER, N. R.; SMITH, H. *Applied regression analysis.* New York: John Wiley & Sons, 1998.

DRZEWIECKI, K. T.; LADEFOGED, C.; CHRISTENSEN, H. E. Biopsy and prognosis for cutaneous malignant melanoma in clinical stage I. *Scandinavian Journal of Plastic and Reconstructive Surgery*, v. 14, p. 141-144, 1980.

EBELING, C. E. *An introduction to reliability and maintainability engineering.* New York: McGraw Hill, 1997.

EFRON, B. The efficiency of Cox's likelihood function for censored data. *Journal of the American Statistical Association*, v. 72, p. 557-565, 1977.

EFRON, B.; TIBSHIRANI, R. J. *An introduction to the bootstrap.* 1. ed. Boca Raton: Chapman & Hall, 1994.

ELANDT-JOHNSON, R. C.; JOHNSON, N. L. *Survival models and data analysis.* New York: John Wiley & Sons, 1980.

EUGENE, N.; LEE, C.; FAMOYE, F. Beta-Normal distribution and its applications. *Communication in Statistics: Theory and Methods*, v. 31, p. 497-512, 2002.

FAREWELL, V. T. The use of mixture models for the analysis of survival data with long-term survivors. *Biometrics*, v. 38, n. 4, p. 1041-1046, 1982.

FAREWELL, V. T.; PRENTICE, R. L. The approximation of partial likelihood with emphasis on case-control studies. *Biometrika*, v. 67, p. 273-279, 1980.

FARRINGTON, C. P. Residuals for proportional hazards models with interval-censored survival data. *Biometrics*, v. 56, p. 473-482, 2000.

FARRINGTON, P.; UNKEL, S.; ANAYA-IZQUIERDO, K. The relative frailty variance and shared frailty models. *Journal of the Royal Statistical Society B*, v. 74, p. 673-696, 2012.

FEIGL, P.; ZELEN, M. Estimation of exponential survival probabilities with concomitant information. *Biometrics*, v. 21, n. 4, p. 826-838, 1965.

FINE, J. P.; GRAY, R. J. A proportional hazards model for the subdistribution of a competing risk. *Journal of the American Statistical Association*, v. 94, p. 496-509, 1999.

FITZMAURICE, G. M.; LAIRD, N. M.; WARE, J. H. *Applied longitudinal analysis*. 2. ed. New York: John Wiley & Sons, 2011.

FLEMING, T. R.; HARRINGTON, D. P. *Counting processes and survival analysis*. New York: John Wiley & Sons, 1991.

FLEMING, T. R.; HARRINGTON, D. P. *Counting processes and survival analysis*. 2. ed. New York: John Wiley & Sons, 2005.

FLEMING, T. R.; O'FALLON, J. R.; O'BRIEN, P. C.; HARRINGTON, D. P. Modified Kolmogorov-Smirnov test procedures with application to arbitrarily right censored data. *Biometrics*, v. 36, p. 607-626, 1980.

FREITAS, M. A.; De TOLEDO, M. L. G.; COLOSIMO, E. A., PIRES, M. C. Using degradation data to assess reliability: a case study on train wheel degradation. *Quality and Reliability Engineering International*, v. 25, p. 607--629, 2009.

FREITAS, M. A.; COLOSIMO, E. A. *Confiabilidade: análise de tempo de falha e testes de vida acelerados*. Belo Horizonte: Fundação Cristiano Ottoni, 1997.

FRIEDMAN, L. M.; FURBECG, C.; DEMETS, D. L. *Fundamentals of clinical trials*. New York: Springer-Verlag, 1988.

GEHAN, E. A. A generalized Wilcoxon test for comparing arbitrarily singly-censored samples. *Biometrika*, v. 52, p. 203-223, 1965.

GEERDENS C; CLAESKENS, G.; JANSSEN, P. Goodness-of-fit tests for the frailty distribution in proportional hazards models with shared frailty. *Biostatistics*, v. 14, p. 433-446, 2013.

GILARDONI, G. L.; COLOSIMO, E. A. Optimal maintenance time for repairable systems. *Journal of Quality and Techonology*, v. 39, n. 4, p. 49-53, 2007.

GIOLO, S. R. *Introdução à análise de dados categóricos com aplicações*. São Paulo: Blucher, 2017.

GIOLO, S. R. *Turnbull's nonparametric estimator for interval censored data*. Technical Report, 2004. Disponível em: <https://www.researchgate.net/profile/Suely-Giolo>. Acesso em: 10 mar. 2020.

GIOLO, S. R.; HENDERSON R.; DEMÉTRIO, C. G. B. Um critério para a seleção de touros Nelore usando modelos de sobrevivência. *Revista de Matemática e Estatística*, v. 21, n. 3, p. 115-123, 2003.

GIOLO, S. R.; COLOSIMO, E. A.; DEMÉTRIO, C. G. B. Different approaches for modeling grouped survival data: a mango tree study. *Journal of Agricultural, Biological, and Environmental Statistics*, v. 14, n. 2, p. 154-169, 2009.

GLIDDEN, D. V. Checking the adequacy of the gamma frailty model for multivariate failures times. *Biometrika*, v. 86, p. 381-393, 1999.

GONÇALVES, D. U. Incidência, marcadores de prognóstico e fatores de risco relacionados às manifestações otorrinolaringológicas em pacientes infectados pelo HIV. Belo Horizonte, MG, 1995. Dissertação de Mestrado, Faculdade de Medicina, UFMG, 1995.

GRAMBSCH, P. M.; THERNEAU, T. M. Proportional hazards tests and diagnostics based on weighted residuals. *Biometrika*, v. 81, n. 3, p. 515-526, 1994.

GRAY, R. J. A class of k-sample tests for comparing the cumulative incidence of a competing risk. *The Annals of Statistics*, v. 16, n. 3, p. 1141-1154, 1988.

GREGORY, P. B.; KNAUER, M. C.; KEMPSON, R. L.; MILLER, R. Steroid therapy in severe viral hepatitis. *The New England Journal of Medicine*, v. 13, p. 681-687, 1976.

HARRINGTON, D. P.; FLEMING, T. R. A class of rank test procedures for censored survival data. *Biometrika*, v. 69, p. 133-143, 1982.

HERTZ-PICCIOTO, I.; ROCKHILL, B. Validity and efficiency of approximation methods for tied survival times in Cox regression. *Biometrics*, v. 53, p. 1151--1156, 1997.

HOSMER, D. W.; LEMESHOW, S. *Applied logistic regression.* 2. ed. New York: John Wiley & Sons, 2000.

HOSMER, D. W.; LEMESHOW, S. *Applied survival analysis.* New York: John Wiley & Sons, 1999.

HOSMER, D. W.; LEMESHOW, S.; MAY, S. *Applied survival analysis: regression modeling of time-to-event data.* 2. ed. New York: John Wiley & Sons, 2008.

HOUGAARD, P. Life-table methods for heterogeneous populations: distributions describing the heterogeneity. *Biometrika*, v. 71, p. 75-83, 1984.

HOUGAARD, P. Survival models for heterogeneous populations derived from stable distributions. *Biometrika*, v. 73, n. 2, p. 387-396, 1986a.

HOUGAARD, P. A class of multivariate failure time distributions. *Biometrika*, v. 73, n. 3, p. 671-678, 1986b.

HOUGAARD, P. *Analysis of multivariate survival data.* New York: Springer-Verlag, 2000.

HUFFER, F. W.; McKEAGUE, I. W. *Survival analysis using additive risk models.* Technical Report 396: Department of Statistics, Stanford University, 1987. Disponível em: <https://apps.dtic.mil/sti/citations/ADA189053>.

IBRAHIM, J. G.; CHEN, M.-H.; SINHA, D. *Bayesian survival analysis.* New York: Springer-Verlag, 2001.

JACOBSON, L. P.; KIRBY, S. P.; POLK, S; SAAH, A. J.; KINGSLEY, L. A.; SCHRAGER, L. K. Changes in survival after acquired immunodeficiency syndrome (Aids): 1984-1991. *American Journal of Epidemiology*, v. 138, p. 952-964, 1993.

JONHSON, N. L.; KOTZ, S. *Distributions in statistics: continuous distributions.* New York: John Wiley & Sons, 1970.

KALBFLEISCH, J. D.; LAWLESS, J. F. Some useful statistical methods for truncated data. *Journal of Quality and Technology*, v. 24, p. 145-152, 1992.

KALBFLEISCH, J. D.; PRENTICE, R. L. Marginal likelihoods based on Cox's regression and life models. *Biometrika*, v. 60, p. 267-279, 1973.

KALBFLEISCH, J. D.; PRENTICE, R. L. *The statistical analysis of failure time data*. 2. ed. New York: John Wiley & Sons, 2002.

KAPLAN, E. L.; MEIER, P. Nonparametric estimation from incomplete observations. *Journal of the American Statistical Association*, v. 53, p. 457-81, 1958.

KIM, M. Y.; De GRUTTOLA, V. G.; LAGAKOS, S. W. Analyzing doubly censored data with covariates, with application of Aids. *Biometrics*, v. 49, p. 13-22, 1993.

KLEIN, J. P. Semiparametric estimation of random effects using Cox model based on the EM algorithm. *Biometrics*, v. 48, p. 795-806, 1992.

KLEIN, J. P.; MOESCHBERGER, M. L. *Survival analysis: techniques for censored and truncated data*. 2. ed. New York: Springer-Verlag, 2003.

KUMARASWANY, P. A generalized probability density function for double bounded random processes. *Journal of Hydrology*, v. 46, p. 79-88, 1980.

KUK, A. Y. C.; CHEN, C.-H. A mixture model combining logistic regression with proportional hazards regression. *Biometrika*, v. 79, n. 3, p. 531-541, 1992.

LAGAKOS, S. W. General right censoring and its impact on the analysis of survival data. *Biometrics*, v. 35, p. 139-156, 1979.

LANCASTER, T. Econometric methods for the duration of unemployment. *Econometrica*, v. 47, p. 939-956, 1979.

LANCASTER, T.; NICKELL, S. The analysis of re-employment probabilities for the unemployment (with discussion). *Journal of the Royal Statistical Society A*, v. 143, p. 141-165, 1980.

LATHAM, G. A. Accelerating the EM algorithm by smoothing: a special case. *Applied Mathematical Letters*, v. 9, p. 47-53, 1996.

LATTA, R. B. A Monte Carlo study of some two-sample rank tests with censored data. *Journal of the American Statistical Association*, v. 76, p. 713--719, 1981.

LAWLESS, J. F. *Statistical models and methods for lifetime data*. 2. ed. New York: John Wiley & Sons, 2003.

LEE, E. T.; WANG, J. W. *Statistical methods for survival data analysis.* 3. ed. New Jersey: John Wiley & Sons, 2003.

LEE, E. T.; WEISSFELD, L. A. Assessment of covariates effects in Aalen's additive hazard model. *Statistics in Medicine*, v. 17, p. 983-998, 1998.

LIANG, K.-Y.; ZEGER, S. L. Longitudinal data analysis using generalized linear models. *Biometrika*, v. 73, n. 1, p. 13-22, 1986.

LIN, D. Y. Cox regression analysis of multivariate failure time data: the marginal approach. *Statistics in Medicine*, v. 13, p. 2233-2247, 1994.

LIN, D. Y.; YING, Z. Semiparametric analysis of the additive risk model. *Biometrika*, v. 81, p. 61-71, 1994.

LIN, D. Y.; YING, Z. Semiparametric analysis of general additive-multiplicative hazard models for counting processes. *Annals of Statistics*, v. 23, p. 1712--1734, 1995.

LIN, D. Y.; YING, Z. Additive regression models for survival data. In: First Seattle Symposium in Biostatistics: Survival Analysis, 1997, Seattle. *Proceedings...* Seattle, p. 185-198, 1997.

LINDSEY, J. C.; RYAN, L. M. Tutorial in biostatistics: methods for interval-censored data. *Statistics in Medicine*, v. 17, n. 2, p. 219-238, 1998.

LOUIS, T. A. Finding the observed information matrix when using the EM algorithm. *Journal of the Royal Statistical Society B*, v. 44, n. 2, p. 226-233, 1982.

LOUZADA-NETO, F.; MAZUCHELI, J.; ACHCAR, J. A. *Introdução à análise de sobrevivência e confiabilidade.* Maringá, 2002. Maringá: UEM (III Jornada Regional de Estatística e II Semana da Estatística), 2002.

MAHMOOD, S. S.; LEVY, D.; VASAN, R. S.; WANG, T. J. The Framingham Heart Study and the epidemiology of cardiovascular diseases: a historical perspective. *The Lancet*, v. 338, n. 9921, p. 999-1008, 2014.

MALLER, R. A.; ZHOU, X. *Survival analysis with long-term survivors.* New York: John & Wiley, 1996.

MANTEL, N. Evaluation of survival data and two new rank order statistics arising in its consideration. *Cancer Chemotherapy Reports*, v. 50, p. 163-170, 1966.

MANTEL, N.; HAENSZEL, W. Statistical aspects of the analysis of data from retrospective studies of disease. *Journal National Cancer Institute*, v. 22, p. 719-748, 1959.

MARSHALL, A. W.; OLKIN, I. A new method for adding a parameter to a family of distributions with application to the exponential and Weibull families. *Biometrika*, v. 84, p. 641-652, 1997.

MARTINUSSEN, T.; SCHEIKE, T. H. *Dynamic regression model for survival data*. New York: Springer, 2006.

MARUBINI, E.; VALSECCHI, M. *Analysing survival data from clinical trials and observational studies*. Chichester: John Wiley & Sons, 1995.

MAU, J. On a graphical method for the detection of time-dependent effects of covariates in survival data. *Applied Statistics*, v. 35, p. 245-255, 1986.

MAU, J. A comparison of counting process models for complicated life histories. *Applied Stochastic Models and Data Analysis*, v. 4, p. 283-298, 1988.

McCULLAGH, P.; NELDER, J. A. *Generalized linear models*. London: Chapman & Hall, 1989.

McGILCHRIST, C. A. REML estimation for survival models with frailty. *Biometrics*, v. 49, v. 1, p. 221-225, 1993.

McKEAGUE, I. W.; SASIENI, P. D. A partly parametric additive risk model. *Biometrika*, v. 81, p. 501-514, 1994.

MEEKER, W. Q.; ESCOBAR, L. A. *Statistical methods for reliability data*. New York: John Wiley & Sons, 1998.

MEIER, P. Estimation of a distribution function from incomplete observations. *Journal of Applied Probability*, v. 12, n. S1, p. 67-87, 1975.

MICKEY, J.; GREENLAND, S. A study of the impact of confounder selection criteria on effect estimation. *American Journal of Epidemiology*, v. 129, p. 125-137, 1989.

NELSON, W. Theory and applications of hazard plotting for censored failure data. *Technometrics*, v. 14, p. 945-965, 1972.

NELSON, W. *Accelerated life testing: statistical models, data analysis and test plans*. New York: John Wiley & Sons, 1990.

NELSON, W. Hazard plotting of left truncated data. *Journal of Quality and Technology*, v. 20, p. 220-238, 1990a.

NIELSEN, G. G.; GILL, R. D; ANDERSEN, P. K; SØRENSEN, T. I. A. A counting process approach to maximum likelihood estimation in frailty models. *Scandinavian Journal of Statistics*, v. 19, p. 25-43, 1992.

OAKES, D. *Frailty models for multiple event times*. In: Klein J.P., Goel P.K. (eds.) Survival Analysis: State of the Art. Nato Science (Series E: Applied Sciences), v. 211. Dordrecht: Springer, 1992.

ODELL, P. M.; ANDERSON, K. M.; D'AGOSTINHO, R. B. Maximum likelihood estimation for interval-censored data using a Weibull-based accelerated failure time model. *Biometrics*, v. 48, p. 951-959, 1992.

OLIVEIRA, E. A; COLOSIMO, E. A.; SILVA, A. C. S.; MAK, R. H.; MARTELLI, D. B.; SILVA, L. R.; MARTELLI-JÚNIOR, H.; OLIVEIRA, M. C. L. Clinical characteristics and risk factors for death among hospitalised children and adolescents with Covid-19 in Brazil: an analysis of a nationwide database. *Lancet Child & Adolescent Health*, v. 5, p. 559-568, 2021.

OLIVEIRA, V. R. B.; COLOSIMO, E. A. Comparison of methods to estimate the time-to-failure distribution in degradation tests. *Quality and Reliability Engineering International*, v. 20, p. 363-373, 2004.

OZGA, A.; KIESER, M. RAUCH, G. A systematic comparison of recurrent event models for application to composite endpoints. *BMC Medical Research Methodology*, v. 18, Article number 2, 2018.

PAGANO, E.; PETRINCO, M.; DESIDERI, A.; BIGI, R.; MERLETTI, F.; GREGORI, D. Survival models for cost data: the forgotten additive approach. *Statistics in Medicine*, v. 27, p. 3585-3597, 2008.

PAN, W. Extending the iterative convex minorant algorithm to the Cox model for interval-censored data. *Journal of Computational and Graphical Statistics*, v. 78, p. 109-120, 1999.

PARK, S.; HENDRY, D. J. Reassessing Schoenfeld residual tests of proportional hazards in political science event history analyses *American Journal of Political Science*, v. 59, n. 4, p. 1072-1087, 2015.

PENG, Y. Fitting semiparametric cure models. *Computational Statistics & Data Analysis*, v. 41, p. 481-490, 2003.

PENG, Y.; DEAR, K. B. G. A nonparametric mixture model for cure rate estimation. *Biometrics*, v. 56, n. 1, p. 237-243, 2000.

PENG, Y.; TAYLOR, J. M. G. Cure models. In Klein, J., van Houwelingen, H., Ibrahim, J. G., and Scheike, T. H., editors, Handbook of Survival Analysis, Handbooks of Modern Statistical Methods series, chapter 6, p. 113-134. Boca Raton: Chapman & Hall, 2014.

PENG, Y; YU, B. *Cure models: methods, applications, and implementation.* Boca Raton: Chapman & Hall, 2021.

PEREIRA, T. L.; COLOSIMO, E. A.; RAPOSO, M. C. Modelo aditivo de Aalen: uma aplicação para dados de sinusite em pacientes com Aids. *Revista Colombiana de Estadística*, v. 30, p. 129-141, 2007.

PÉREZ-ESCAMILLA, R.; LUTTER, C.; SEGALL, A. M.; RIVERA, A.; TREVINO-SILLER, S.; SNAGHVI, T. Exclusive breast-feeding duration is associated with attitudinal, socioeconomic and biocultural determinants in three latin American countries. *Journal of Nutrition*, v. 125, p. 2972-2984, 1995.

PETO, R. Discussion on Professor Cox's paper. *Journal of the Royal Statistical Society B*, v. 34, p. 205-207, 1972.

PETO, R.; PETO, J. Asymptotically efficient rank invariant test procedures. *Journal of the Royal Statistical Society A*, v. 135, p. 185-206, 1972.

PINTILIE, M. *Competing risks: a practical perspective.* West Sussex: John Wiley & Sons, 2006.

POCOCK, S. J. *Clinical trials: a practical approach.* New York: John Wiley & Sons, 1983.

PRENTICE, R. L. Linear rank tests with right censored data. *Biometrika*, v. 65, p. 167-179, 1978.

PRENTICE, R. L.; GLOECKLER, L. A. Regression analysis of grouped survival data with application to breast cancer data. *Biometrics*, v. 34, p. 57--67, 1978.

PRENTICE, R. L.; WILLIAMS, B. J; PETERSON, A. V. On the regression analysis of multivariate failure time data. *Biometrika*, v. 68, p. 373-379, 1981.

PROSCHAN, F. Theoretical explanation of observed decreasing failure rate. *Technometrics*, v. 5, p. 375-383, 1963.

PUTTER, H.; FIOCCO, M.; GESKUS, R. B. Tutorial in biostatistics: competing risks and multi-state models. *Statistics in Medicine*, v. 26, p. 2389-2430, 2007.

R CORE TEAM. R: a language and environment for statistical computing. 2022. R Foundation for Statistical Computing, Vienna, Austria. Disponível em: http://www.r-project.org.

RAMLAU-HANSEN, H. Smoothing counting process intensities by means of kernel functions. *Annals of Statistics*, v. 11, p. 453-466, 1983.

RIPATTI, S.; PALMGREN, J. Estimation of multivariate frailty models using penalized partial likelihood. *Biometrics*, v. 56, n. 4, p. 1016-1022, 2000.

RODRIGUES, J.; CANCHO, V. G.; CASTRO, M.; LOUZADA-NETO, F. On the unification of long-term survival models. *Statistics & Probability Letters*, v. 79, n. 6, p. 753-759, 2009.

RONDEAU, V. Statistical models for recurrent events and death: Application to cancer events. *Mathematical & Computer Modelling*, v. 52, p. 949-955, 2010.

ROTHMAN, K. J.; GREENLAND, S.; LASH, T. L. *Modern epidemiology*. 3. ed. Philadelphia: Lippincott Williams & Wilkins, 2012.

RÜCKER G.; MESSERER, D. Remission duration: an example of interval-censored observation. *Statistics in Medicine*, v. 7, p. 1139-1145, 1988.

SAKURAI, R.; HATTORI, S. Goodness-of-fit test for the parametric proportional hazard regression model with interval-censored data. *Biostatistics & Epidemiology*, v. 2, n. 1, p. 115-131, 2018.

SCHEIKE, T. H.; ZHANG, M. Flexible competing risks regression modeling and goodness-of-fit. *Lifetime Data Analysis*, v. 14, p. 464-483, 2008.

SCHOENFELD, D. A. Chi-squared goodness of fit tests for the proportional hazards regression model. *Biometrika*, v. 67, p. 145-153, 1980.

SCHOENFELD, D. A. Partial residuals for the proportional hazard regression model. *Biometrika*, v. 69, p. 239-241, 1982.

SCHWARZ, G. Estimating the dimension of a model. *The Annals of Statistics*, v. 6, n. 2, p. 461-464, 1978.

SEBER, G. A. F. *Linear regression analysis.* New York: John Wiley & Sons, 1977.

SHIH, J. H. A goodness-of-fit test for association in a bivariate survival model. *Biometrika*, v. 85, p. 189-200, 1998.

SHIH, J. H.; LOUIS, T. A. Assessing gamma frailty models for clustered failure time data. *Lifetime Data Analysis*, v. 1, p. 205-220, 1995.

SILVERMAN, B. W. *Density estimation for statistics and data analysis.* Boca Raton: Chapman & Hall, 1998.

STACY, E. W. A generalization of the gamma distribution. *The Annals of Mathematical Statistics*, v. 33, p. 1187-1192, 1962.

STALPERS, L. J. A; KAPLAN, E. L. Edward L. Kaplan and the Kaplan-Meier survival curve. *BSHM Bulletin: Journal of the British Society for the History of Mathematics*, v. 33, n. 2, p. 109-135, 2018.

STIGLER, S. M. Citation patterns in the journals of statistics and probability. *Statistical Science*, v. 9, p. 94-108, 1994.

STORER, B. E.; CROWLEY, J. A diagnostic for Cox regression and general conditional likelihoods. *Journal of the American Statistical Association*, v. 80, p. 139-147, 1985.

STORER, B. E.; WACHOLDER, S.; BRESLOW, N. E. Maximum likelihood fitting of general risk models to stratified data. *Applied Statistics*, v. 32, p. 177-181, 1983.

STRUTHERS, C. A.; KALBFLEISCH, J. D. Misspecified proportional hazards models. *Biometrika*, v. 73, p. 363-369, 1986.

SUN, J. A nonparametric test for interval-censored failure time data with application to Aids studies. *Statistics in Medicine*, v. 15, p. 1387-1395, 1996.

SY, J. P.; TAYLOR, J. M. G. Estimation in a Cox proportional hazards cure model. *Biometrics*, v. 56, n. 1, p. 227-236, 2000.

TARONE, R. E.; WARE, J. H. On distribution-free tests for equality for survival distributions. *Biometrika*, v. 64, p. 156-160, 1977.

THERNEAU, T. M.; GRAMBSCH, P. M. *Modeling survival data: extending the Cox model.* New York: Springer-Verlag, 2000.

THERNEAU, T. M.; GRAMBSCH, P. M.; PANKRATZ, V. S. Penalized survival models and frailty. *Journal of Computational and Graphical Statistics*, v. 12, p. 156-175, 2003.

TOLEDO, M. L. G.; FREITAS, M. A.; COLOSIMO, E. A.; GILARDONI, G. L. ARA and ARI imperfect repair models: estimation, goodness-of-fit and reliability prediction. *Reliability Engineering & Systems Safety*, v. 140, p. 107--115, 2015.

TSIATIS, A. A. A large sample study of Cox's regression model. *Annals of Statistics*, v. 9, p. 93-108, 1981.

TSODIKOV, A. Semi-parametric models of long- and short-term survival: an application to the analysis of breast cancer survival in Utah by age and stage. *Statistics in Medicine*, v. 21, n. 6, p. 895-920, 2002.

TURNBULL, B. W. Nonparametric estimation of a survivorship function with doubly censored data. *Journal of the American Statistical Association*, v. 69, n. 345, p. 169-173, 1974.

TURNBULL, B. W. The empirical distribution function with arbitrarily grouped, censored and truncated data. *Journal of the Royal Statistical Society B*, v. 38, n. 3, p. 290-295, 1976.

VAN BUUREN, S.; FREDRIKS, M. Worm plot: a simple diagnostic device for modelling growth reference curves. *Statistics in Medicine*, v. 20, n. 8, p. 1259-1277, 2001.

VAN NOORDEN, R.; MAHER, B.; NUZZO, R. The top 100 papers: Nature explores the most-cited research of all times. *Nature*, v. 514, n. 7524, p. 550--553, 2014.

VAN DER PAS, S.; NELISSEN, R.; FIOCCO, M. Different competing risks models for different questions may give similar results in arthroplasty registers in the presence of few events. *Acta Orthopaedica*, v. 89, n. 2, p. 145-151, 2018.

VAUPEL, J. W.; MANTON, K. G.; STALLARD, E. The impact of heterogeneity in individual frailty on the dynamics of mortality. *Demography*, v. 16, p. 439--454, 1979.

VAUPEL, J. W; YASHIN, A. I. The deviant dynamics of death in heterogeneous populations. *Sociological Methodology*, v. 15, p. 179-211, 1983.

VIANA, M. B.; MURAO, M.; RAMOS, G.; OLIVEIRA, H. M.; CARVALHO, R. I.; BASTOS, M.; COLOSIMO, E. A.; SILVESTRINI, W. S. Malnutrition as a prognostic factor in lymphoblastic leukaemia: a multivariate analysis. *Archives of Disease in Childhood*, v. 71, p. 304-310, 1994.

VOLINSKY, C. T.; RAFTERY, A. E. Bayesian information criterion for censored survival models. *Biometrics*, v. 56, p. 256-262, 2000.

XIE, X.; STRICKLER, H. D.; XUE, X. Additive hazard regression models: an application to the natural history of human papillomavirus. *Computational and Mathematical Methods*, 2013:796270, 2013.

XIE, M.; TANG, Y.; GOH, T. N. A modified Weibull extension with bathtub-shaped failure rate function. *Reliability Engineering System Safety*, v. 76, n. 3, p. 279-285, 2002.

ZAHL, P. H. Regression analysis with multiplicative and time-varying additive regression coefficients with examples from breast and colon cancer. *Statistics in Medicine*, v. 22, p. 1113-1127, 2003.

WALD, A. Tests of statistical hypotheses concerning several parameters when the number of observations is large. *Transactions of the American Mathematical Society*, v. 54, p. 426-482, 1943.

WEI, L. J. Testing goodness of fit for proportional hazards model with censored observations. *Journal of the American Statistical Association*, v. 79, p. 649--652, 1984.

WEI, L. J.; LIN, D. Y; WEISSFELD, L. Regression analysis of multivariate incomplete failure time data by modeling marginal distributions. *Journal of the American Statistical Association*, v. 84, p. 1065-1073, 1989.

WEIBULL, W. *A statistical theory of the strength of materials*. Stockholm: Generalstabens Litografiska Anstalts Förlag, 1939.

WEIBULL, W. A statistical distribution of wide applicability. *Journal of Applied Mechanics*, v. 18, p. 293-297, 1951.

WEIBULL, W. A statistical representation of fatigue failure in solids. *Transactions of the Royal Institute of Technology*, v. 27, p. 1-49, 1954.

YAKOVLEV, A. Y.; ASSELAIN, B.; BARDOU, V. J.; FOURQUET, A.; HOANG, T.; ROCHEFEDIERE, A.; TSODIKOV, A. D. A simple stochastic model of tumor recurrence and its application to data on premenopausal breast cancer. *Biometrie et analyse de donnees spatio-temporelles*, v. 12, p. 66-82, 1993.

Índice remissivo

GRÁFICA PAYM
Tel. [11] 4392-3344
paym@graficapaym.com.br